高职高专煤化工专业规划教材
编审委员会

“十二五”职业教育国家规划教材
经全国职业教育教材审定委员会审定

炼焦工艺

第三版

王晓琴　主编
郝志强　主审

化学工业出版社
·北京·

本书内容主要包括焦炭及其性质、室式结焦过程、炼焦煤料的预处理技术、炼焦炉的结构、炼焦炉的机械与设备、炼焦炉热工评定及热工管理、炼焦炉的传热、炼焦炉的加热制度及特殊操作等。比较详尽地介绍了焦炭的用途及质量要求、炼焦用煤的热处理技术、炭化室的结焦过程、焦炉结构与生产操作过程、焦炉机械与附属设备及焦炉的加热制度等基本内容，并介绍了焦炉热工评定、焦炉气体力学、焦炉传热等热工原理。扼要介绍了焦炉机械自动化、焦炉生产过程中的环境污染控制措施、焦炉加热的特殊操作及常见事故处理等知识。本书还结合我国目前的生产实际，介绍了捣固炼焦、煤调湿技术、7.63m焦炉及清洁型热回收焦炉。

本书可作为高职高专煤化工类专业教学用书，也可供煤炭深加工与利用、城市煤气化专业和金属材料专业作为教学参考用书，还可作为大中型焦化企业的职工培训教材或焦化企业的工人、工程技术人员的参考资料。

图书在版编目（CIP）数据

炼焦工艺/王晓琴主编. —3版. —北京：化学工业出版社，2015.9（2024.8重印）
“十二五”职业教育国家规划教材
ISBN 978-7-122-24728-5

Ⅰ.①炼… Ⅱ.①王… Ⅲ.①炼焦-工艺学-高等职业教育-教材 Ⅳ.①TQ520.6

中国版本图书馆CIP数据核字（2015）第171040号

责任编辑：张双进　　文字编辑：荣世芳
责任校对：边　涛　　装帧设计：王晓宇

出版发行：化学工业出版社（北京市东城区青年湖南街13号　邮政编码100011）
印　　刷：三河市航远印刷有限公司
装　　订：三河市宇新装订厂
787mm×1092mm　1/16　印张18　字数440千字　　2024年8月北京第3版第11次印刷

购书咨询：010-64518888　　售后服务：010-64518899
网　　址：http://www.cip.com.cn
凡购买本书，如有缺损质量问题，本社销售中心负责调换。

定　　价：46.00元

前　言

随着国家产业政策的调整以及各高职高专院校煤化工专业的发展与教学改革，相关教材内容也应与时俱进。为满足各学校教学的需求，同时根据近几年炼焦技术的发展，我们对《炼焦工艺》这本教材进行了第三次修订。

本次修订在第二版内容的基础上，首先是结合了目前高职院校工学结合的教学特点，将一些现场操作方面的知识融合在相关内容中，强化了新炉型的内容介绍，并对一些即将或正在淘汰的老炉型内容进行了弱化处理；对书中的一些细节内容进行了修改更新，并使文中各单位名称更符合国家规范要求；为增加学生的思考能力，每章后面均增加了一定数量的复习思考题；为方便教师教学和学生自学，本教材配套有电子课件，欢迎广大师生登陆 www.cipedu.com.cn 下载，授课教师可通过 ciphge@163.con 索取其他相关教学资料。

本书第三版由山西能源学院王晓琴任主编，山西综合职业技术学院陈启文和山西煤炭职业技术学院郭玉梅任副主编。参加编写的人员有：太原科技大学化工分院赵晓霞（第一章、第二章、第十章），陈启文（第三章、第十一章）；河北工业职业技术学院张现林（第四章），吕梁学院白保平（第五章），王晓琴（第六章、第八章），郭玉梅（第七章、第九章）。全书由太原煤炭气化集团公司第二焦化厂郝志强主审，在此深表感谢。

由于编者水平有限，书中难免存在不妥和不足，在此恳请读者批评和指正。

编者

2014 年 2 月

第一版前言

随着教育的快速发展，各高职、高专类院校煤化工专业的不断建设与教学用书的缺乏这一矛盾就显得尤为突出。为满足学校对教材的需求，我们根据高职、高专教育的特点，编写了《炼焦工艺》这本教材。

本书可作为高职高专焦化专业教学用书，也可供煤炭综合利用专业、城市煤气化专业和钢铁冶金专业作为教学参考用书。由于本书的一个突出特点是注重实用性，故也可作为焦化企业的职工培训教材或焦化企业的工人、工程技术人员参考资料。

本书由王晓琴主编，陈启文和白保平为副主编。参加编写人员有：山西煤炭职业技术学院王晓琴（第六章、第八章）、山西综合职业技术学院陈启文（第三章、第十一章）、吕梁高等专科学校白保平（第五章、第九章）、太原科技大学化工分院赵晓霞（第一章、第二章、第十章）、河北工业职业技术学院张现林（第四章、第七章）等。全书由吕梁高等专科学校唐福生主审，在此深表感谢。编者根据审稿的意见，对书稿做了最终修改、整理。

由于编者水平有限，书中难免存在错误和不足，请读者批评和指正。

编　者

2004年9月

第二版前言

随着近几年高职教育的快速发展，各高职高专院校煤化工专业的发展与教学改革，对教材内容的要求也在不断提高。为满足学校教学的需求，同时根据近几年炼焦技术的发展，我们对《炼焦工艺》这本教材进行修订。

本次修订删去了一些陈旧的内容，并根据近几年炼焦工业的不断发展，焦炉炉型、炼焦工艺等方面都有了很大的改进。为了适应炼焦新形势的需要，在第一版内容的基础上，我们进行了适当修改，增加了捣固炼焦、煤调湿技术、7.63m焦炉炉型及清洁型热回收焦炉等内容。

本书第二版由王晓琴、郭玉梅共同策划修订，王晓琴任主编，陈启文和白保平为副主编。参加编写人员有：太原科技大学化工分院赵晓霞（第一章、第二章、第十章）、山西综合职业技术学院陈启文（第三章、第十一章）、河北工业职业技术学院张现林（第四章）、吕梁学院白保平（第五章、第九章）、山西煤炭职业技术学院王晓琴（第六章、第八章）、山西煤炭职业技术学院郭玉梅（第七章）。全书由郝志强主审，在此深表感谢。

本书可作为高职高专煤化工类专业教学用书，也可供煤炭综合利用、城市煤气化专业和金属材料专业作为教学参考用书。由于本书的一个突出特点是注重实用性，故也可作为大中型焦化企业的职工培训教材或焦化企业的工人、工程技术人员参考资料。

由于编者水平有限，书中难免存在错误和不足，请读者批评和指正。

编者

2010 年 5 月

目 录

绪　言

烟煤隔绝空气加热到950～1050℃，经过干燥、热解、熔融、黏结、固化、收缩等过程最终制得焦炭，这一过程叫高温炼焦（高温干馏）。由高温炼焦得到的焦炭可供高炉冶炼、铸造、气化和化工等工业部门作为燃料或原料；炼焦过程中得到的干馏煤气经回收、精制可得到各种芳香烃和杂环化合物，供合成纤维、染料、医药、涂料和国防等工业做原料；经净化后的焦炉煤气既是高热值燃料，也是合成氨、合成燃料和一系列有机合成工业的原料。因此，高温炼焦是煤综合利用的重要方法之一，也是冶金工业的重要组成部分。

早在16世纪人们就已经开始发展高温炼焦，它始于炼铁的需要，几百年来高温炼焦随冶金、化工的发展而不断变革。近十几年来随高炉技术的发展和能源构成的变化，高温炼焦技术正在出现新的进展。目前，虽然炼焦工业取得了很大成就，炼焦技术达到了一定的发展水平，但由于种种原因，炼焦工作者仍需不断地研究和开发炼焦新技术。

到目前为止，虽然世界上已经研制出一些铁矿石直接还原的中间试验设备，但预计在今后20年，甚至更长时期内，还不可能用新的冶炼工艺取代传统的冶炼工艺，高炉仍将是炼铁的主要设备，焦炭仍将是炼铁的主要燃料。

近年来高炉炼铁技术发展相当迅速，高炉已进入大型化和电子计算机控制的时代，许多国家已建造了大容积高炉。由于高炉冶炼技术的发展，对焦炭质量的要求也日益严格。传统的冷态强度、化学组成、筛分组成等指标已不能全面评定焦炭质量。焦炭的高温性能、显微结构和其他新的检验和评定焦炭质量的方法逐步得到应用。

焦炉大型化对焦炉操作的机械化和自动化提出了更高的要求。电子计算机开始用于焦炉生产（操作和加热管理）。焦炉机械化和自动化为改善环境污染创造了有利条件，各种装煤出焦的防尘措施不断出现。干熄焦的采用不仅有利于熄焦过程的环境保护，还可以节约能源，改善焦炭质量和扩大次煤用量，成为中国焦化工业今后发展的一个方向。

在现有的水平室式炼焦炉生产冶金焦的方法中，焦炭质量的优劣，在很大程度上取决于炼焦煤料的质量。钢铁工业的发展，对冶金焦的数量和质量将提出更高的要求，其结果势必增加对优质炼焦煤（低灰、低硫、强黏结性的煤）的依赖程度，而世界优质炼焦煤明显短缺更突出了这一矛盾，它推动着配煤炼焦和非炼焦煤炼焦技术的发展。为了扩大炼焦煤源，将弱黏结煤或不黏结煤用于炼焦，适合于常规焦炉配煤炼焦的各种新技术（煤干燥、预热、选择粉碎、捣固、配型煤、配用人造黏结煤或抗裂剂等）已达到工业化水平，从而成为解决用较差的炼焦煤炼出优质焦炭的主要方法。型焦作为广泛利用劣质煤的最有效方法，经过20多年的试验和发展，世界上已有年产20万～50万吨的工业性试验装置，这将成为今后发展冶金和非冶金用焦的重要方向。

因此，为使中国焦化工业的发展适应时代发展的要求，让更多的焦化工作者学习和掌握专业知识，用现代的技术装备中国的焦化工业，使中国从焦炭生产大国快速成为焦炭生产强国，也是加速我国钢铁工业发展的重要途径之一。

本书对炼焦生产的工艺和技术进行了较为详细的论述，希望本书的出版能对中国焦化工业的发展起到积极的推动作用。

第一章 焦炭及其性质

第一节 焦炭的通性

一、焦炭的宏观构造

焦炭是一种质地坚硬，以碳为主要成分的、含有裂纹和缺陷的不规则多孔体，呈银灰色。其真密度为1.8～1.95g/cm^3，视密度为0.80～1.08g/cm^3，气孔率为35%～55%，堆密度为400～500kg/m^3。用肉眼观察焦炭都可看到纵横裂纹。沿粗大的纵横裂纹掰开，仍含有微裂纹的是焦块。将焦块沿微裂纹分开，即得到焦炭多孔体，也称焦体。焦体由气孔和气孔壁构成，气孔壁又称焦质，其主要成分是碳和矿物质。焦炭的裂纹多少直接影响焦炭的粒度和抗碎强度。焦块微裂纹的多少和焦体的孔孢结构则与焦炭的耐磨强度和高温反应性能有密切关系。孔孢结构通常用焦炭的裂纹度、气孔率、气孔平均直径和比表面积等参数表示。

1. 裂纹度

裂纹度即焦炭单位面积上的裂纹长度。裂纹分纵裂纹和横裂纹两种，规定裂纹面与焦炉炭化室炉墙面垂直的裂纹称纵裂纹；裂纹面与焦炉炭化室炉墙面平行的裂纹称横裂纹。焦炭中的裂纹有长短、深浅和宽窄的区分，可用裂纹度指标进行评价。

焦炭裂纹度常用测量方法是将方格（1cm×1cm）框架平放在焦块上，量出纵裂纹与横裂纹的投影长度即得。所用试样应有代表性，一次试验要用25块试样，取统计平均值。

2. 焦炭气孔率

焦炭的气孔率是指气孔体积与总体积比的百分数，焦炭的气孔有大有小，有开口的有封闭的。气孔率可以利用焦炭的真密度和视密度的测定值加以计算。焦炭的气孔数量还可以用比孔容积来表示，即单位质量多孔体内部气孔的总容积，可用四氯化碳吸附法测定。

$$\text{气孔率}=\left(1-\frac{\text{视密度}}{\text{真密度}}\right)\times 100\% \tag{1-1}$$

3. 气孔平均直径与孔径分布

焦炭中存在的气孔大小是不均一的，一般称直径大于100μm的气孔为大气孔，20～100μm的为中气孔，小于20μm的为微气孔。焦炭与CO_2作用时，仅大的气孔才能使CO_2进入，因此焦炭的孔径分布常用压汞法测量。

$$r=\frac{75000}{p} \tag{1-2}$$

式中 r——外加压力为p(kgf/cm^2)[1]时，汞能进入孔中的最小孔径。

设半径在r到$r+\mathrm{d}r$范围内的孔体积为dV，孔径大小的分布函数为$D(r)$，则

$$\mathrm{d}V=D(r)\mathrm{d}r$$

[1] 1kgf/cm^2=98066.5Pa，下同。

对式（1-2）微分得 $$dr=-75000\frac{dp}{p^2}$$

代入上式得 $$D(r)=\frac{dV}{dr}=-\frac{p^2}{75000}\times\frac{dV}{dp} \tag{1-3}$$

p 和 dV/dp 可由实验测出，由此可按式（1-2）、式（1-3）分别得出 r 和 $D(r)$，按$D(r)$ 对 r 绘图，即得孔径分布曲线，进而算出气孔平均直径。

4. 比表面积

指单位质量焦炭内部的表面积，其单位是 m^2/g，一般用气相吸附法或色谱法进行测定。

二、焦炭的物理力学性能

焦炭由于用途不同，对其质量要求也不同。高炉生产对焦炭的质量指标要求最高，其基本要求是：粒度均匀，耐磨性和抗碎性强。焦炭的这些物理力学性能主要由筛分组成和转鼓实验来评定。

1. 筛分组成

焦炭是外形和尺寸不规则的物体，只能用统计的方法来表示其粒度，即用筛分实验获得的筛分组成计算其平均粒度。一般用一套具有标准规格和规定孔径的多级振动筛将焦炭筛分，然后分别称量各级筛上焦炭和最小筛孔的筛下焦炭质量，算出各级焦炭的质量分数简称焦炭的筛分组成，国际标准允许筛分实验用方孔筛（以边长 L 表示孔的大小）和圆孔筛（以直径 D 表示孔径的大小）。相同尺寸的两种筛，其实际大小不同，实验得出两者关系为

$$D/L=1.135\pm0.04 \tag{1-4}$$

即圆孔直径为 60mm 时，对应的方孔筛 $L=60/1.135=52.86$mm，通过焦炭的筛分组成计算焦炭的平均粒度及粒度的均匀性，还可估算焦炭的比表面积、堆积密度，并由此得到评定焦炭透气性和强度的基础数据。

（1）平均粒度　根据筛分组成及筛孔的平均直径可由式（1-5）、式（1-6）来计算焦炭的平均粒度

$$d_s=\sum w_i d_i \tag{1-5}$$

或 $$d_b=\left(\sum\frac{w_i}{d_i}\right)^{-1} \tag{1-6}$$

式中　w_i——各粒度级的质量分数，%；

d_i——各粒度级的平均粒度，由粒级上、下限的平均值计算，mm；

d_s——算术平均直径，mm；

d_b——调和平均直径（是以实际焦粒比表面积与相当球体比表面积相同的原则确定的平均粒度），mm。

（2）粒度均匀性　粒度均匀性可由下式计算

$$k=\frac{w_{40\sim80}}{w_{>80}+w_{25\sim40}}\times100\% \tag{1-7}$$

式中　k——粒度均匀性指数，%；

$w_{25\sim40}$、$w_{40\sim80}$、$w_{>80}$——分别表示焦炭中 25～40mm、40～80mm 和＞80mm 各粒级的质量分数，%。

k 值愈大，粒度愈均匀。对中、小型高炉也可按 $k=\frac{w_{25\sim40}}{w_{>40}+w_{10\sim25}}\times100\%$计算。

2. 耐磨强度和抗碎强度

（1）转鼓实验方法　焦炭强度通常用抗碎强度和耐磨强度两个指标来表示。焦炭无论在

运输途中还是使用过程中，都会受摩擦力作用而磨损，受冲击力作用而碎裂。焦炭在常温下进行转鼓实验可用来鉴别焦炭强度。因焦炭在一定转速的转鼓内运行，可以模仿其在运输和使用过程中的受力情况。当焦炭表面承受的切向摩擦力超过气孔壁的强度时，会产生表面薄层分离现象，形成碎屑或粉末，焦炭抵抗摩擦力破坏的能力称为焦炭的耐磨强度，用 M_{10}（质量分数，下同）表示。

$$M_{10}=\frac{\text{出鼓焦炭中粒度小于 10mm 的质量}}{\text{入鼓焦炭质量}}\times 100\% \tag{1-8}$$

当焦炭承受冲击力时，焦炭沿结构的裂纹或缺陷处碎成小块，焦炭在外力冲击下抵抗碎裂的能力称焦炭抗碎强度，用 M_{25}（M_{40}）（质量分数，下同）表示。

$$M_{25}=\frac{\text{出鼓焦炭中粒度大于 25mm(40mm)的质量}}{\text{入鼓焦炭质量}}\times 100\% \tag{1-9}$$

焦炭的孔孢结构影响耐磨强度指标 M_{10} 值，焦炭的裂纹度影响其抗碎强度指标 M_{25} 值。M_{25} 值和 M_{10} 值的测定方法很多，中国多采用德国米库姆转鼓实验方法，如表 1-1 所示。

表 1-1　米库姆转鼓实验方法

转鼓特性			焦炭试样		筛　分		强度指标	
(直径/长度)/mm	转速/(r/min)	转数/r	质量/kg	粒度/mm	孔形	筛孔/mm	耐磨强度 M_{10}/%	抗碎强度 M_{25}/%
1000/1000	25	100	50	>60	圆形	25,10	<10	>25

(2) 焦炭在转鼓内的运动特征　焦炭在转鼓内要靠提料板才能提升，故转鼓内均设有不同规格的提料板。焦炭在转鼓内随鼓转动时的运动情况可由图 1-1 表示，装入转鼓的焦炭在转鼓内旋转时，一部分被提料板提升，达到一定高度时被抛出下落（图中位置 A)，使焦炭受到冲击力的破碎作用，一部分超出提料板的焦炭在提料板从最低位置刚开始提升时，就滑落到鼓底（位置 B)，这部分焦炭仅能在转鼓底部滚动和滑动（位置 C)，故破坏作用不大，当靠到下一块提料板时再部分被提起。此外转鼓旋转时焦炭层内焦炭间彼此相对位移及焦炭与鼓壁间的摩擦，则是焦炭磨损的主要原因，鼓内焦炭的填充量越多，这种磨损作用就越明显。

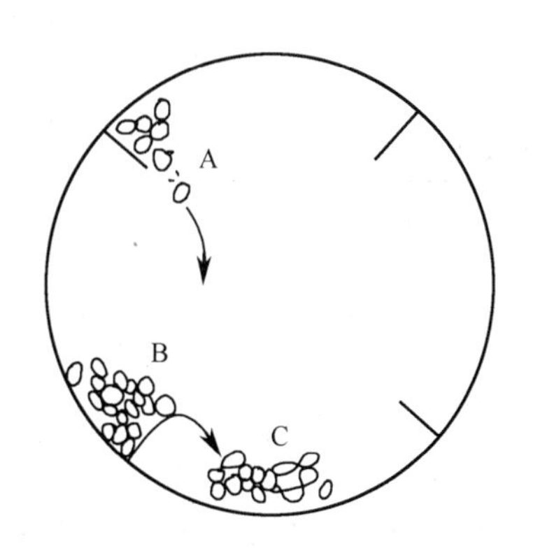

图 1-1　焦炭在转鼓内的运动情况

焦炭的机械强度是在冷态下实验的结果，不能准确地反映焦炭在高炉内二次加热下的热强度。

三、焦炭的化学组成

焦炭的化学组成主要用焦炭工业分析和元素分析数据来加以体现。

1. 工业分析

焦炭的工业分析包括焦炭水分、灰分和挥发分的测定以及焦炭中固定碳的计算，焦炭工业分析方法见国家标准 GB/T 2001—1991。

(1) 水分（M_t）　焦炭的水分是焦炭试样在一定温度下干燥后的失重占干燥前焦样的百分数。生产上要求稳定控制焦炭的水分，水分波动会使焦炭计量不准，并且引起炉况波动。此外，焦炭水分提高会使 M_{25} 偏高，M_{10} 偏低，给转鼓指标带来误差。但水分也不宜过低，否则不利于降低高炉炉顶温度，且会增加装卸及使用中的粉尘污染。焦炭的水分与炼焦煤料的水分无关，也不取决于炼焦工艺条件，焦炭的水分因熄焦方式而异，并与焦炭粒度、焦粉含量、采样地点、取样方法等因素有关。湿熄焦时，焦炭水分（质量分数，下同）3%～6%，因喷水、沥水条件和焦炭粒度不同而波动；干熄焦时，焦炭在储运过程中也会吸附空气中水汽，使焦炭水分达0.5%～1%，干焦炭比湿焦炭容易筛分。中国规定冶金焦水分为：＞40mm 粒度级为 3%～5%；＞25mm 粒度级为 3%～7%，含有适量水分，有利于降低高炉炉顶温度。

（2）灰分（A_d） 灰分是指焦炭试样在规定条件下燃烧后所得的残留物。灰分是焦炭中的有害杂质，主要成分是高熔点的 SiO_2 和 Al_2O_3 等酸性氧化物，在高炉冶炼中要用 CaO 等熔剂与它们生成低熔点化合物，才能以熔渣形式由高炉排出。如果灰分高，就要适当提高高炉炉渣碱度，不利于高炉生产。此外，焦炭在高炉内被加热到高于炼焦温度时，由于焦质和灰分热膨胀性不同，会沿灰分颗粒周围产生并扩大裂纹，加速焦炭破碎或粉化。灰分中的碱金属还会加速焦炭同 CO_2 的反应，也使焦炭的破坏加剧。

因此，一般焦炭灰分（质量分数，下同）每增加 1%，高炉焦比（每吨生铁消耗焦炭量）约提高 2%，炉渣量约增加 3%，高炉熔剂用量约增加 4%，高炉生铁产量下降2.2%～3.0%。

几个国家冶金用焦炭与精煤灰分国家标准（A_d）见表 1-2。

表 1-2 冶金用焦炭与精煤灰分国家标准

国别	中国			美国	俄罗斯	德国	法国	日本
	Ⅰ级	Ⅱ级	Ⅲ级					
焦炭灰分/%	≤12.0	≤13.5	≤15.0	＜7.0	＜10.0	＜8.0	＜9.0	＜10.0
精煤灰分/%	＜12.5			5.5～6.5	8.0～8.5	6.0～7.0	＜7.0	6.6～8.0

可见，中国高炉焦的灰分指标与其他一些国家相比偏高，它是焦炭质量差的主要原因，焦炭灰分高的原因是炼焦精煤的灰分高所致。若能将焦炭灰分由 14.5%降至 10.5%，以年产 7000 万吨生铁的高炉计算，可以节约熔剂 227 万吨、焦炭 385 万吨，同时可以增加生铁 1015 万吨，还可大大降低铁路运输量。

精煤合理灰分要从煤炭资源特点，如煤的可选性、各级选煤的回收率，并结合选煤技术、中煤和矸石的合理利用等方面，进行综合经济技术分析加以确定，炼焦精煤的灰分以 7%左右为宜。

（3）挥发分（V_{daf}）和固定碳［w(FC)］ 挥发分是指焦炭试样在规定条件下隔绝空气加热，并进行水分校正后的质量损失。挥发分是衡量焦炭成熟程度的标志，通常规定高炉焦的挥发分（质量分数，下同）应为 1.2%左右，若挥发分大于 1.8%，则表示生焦，其不耐磨，强度差；若挥发分小于 0.7%，则表示过火，过火焦裂纹多且易碎。焦炭的挥发分同原料煤的煤化程度及炼焦最终温度有关，炼焦煤挥发分高，在一定的炼焦工艺条件下，焦炭挥发分也高。随着炼焦的最终温度升高，焦炭挥发分降低，如图 1-2、图 1-3 所示。

焦炭挥发分也是焦化厂污染控制的指标之一，挥发分升高，推焦时粉尘放散量显著增加，烟气量及烟气中的多环芳烃含量也增加。

固定碳是煤干馏后残留的固态可燃性物质，可由下式计算

$$w_{ad}(\mathrm{FC})=100-M_{ad}-A_{ad}-V_{ad} \tag{1-10}$$

式中 w_{ad}(FC)——固定碳含量，%；

M_{ad}——水分含量，%；

A_{ad}——灰分含量，%；

V_{ad}——挥发分含量，%。

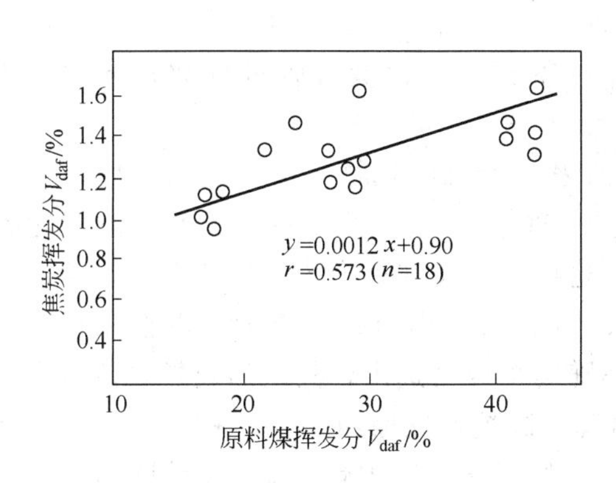

图 1-2　焦炭挥发分与原料煤挥发分的关系

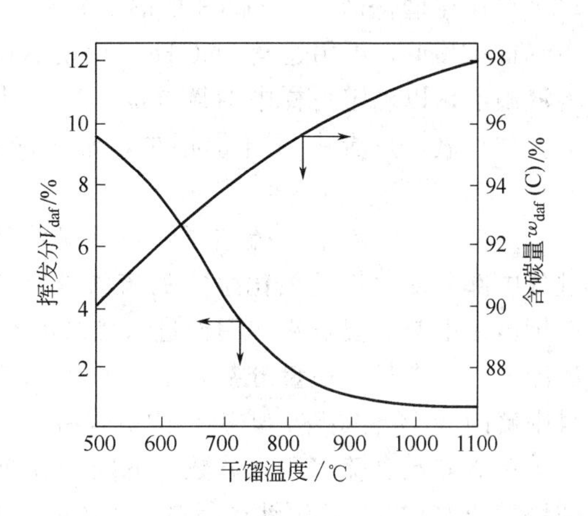

图 1-3　焦炭挥发分与炼焦温度的关系

2. 元素分析

焦炭按碳、氢、氧、氮、硫和磷等元素组成确定其化学成分时，称为元素分析。

(1) 碳和氢　碳是构成焦炭气孔壁的主要成分，氢则包含在焦炭的挥发分中，将焦炭试样在氧气中燃烧，生成的 H_2O 和 CO_2 分别用吸收剂吸收，由吸收剂的用量确定焦样中的碳和氢的含量（质量分数，下同）。其成分为碳含量 92%～96%，氢含量 1%～1.5%。结焦过程中，不同煤化程度的煤中碳、氢、氮含量随干馏温度升高而变化的规律如图 1-4 所示。

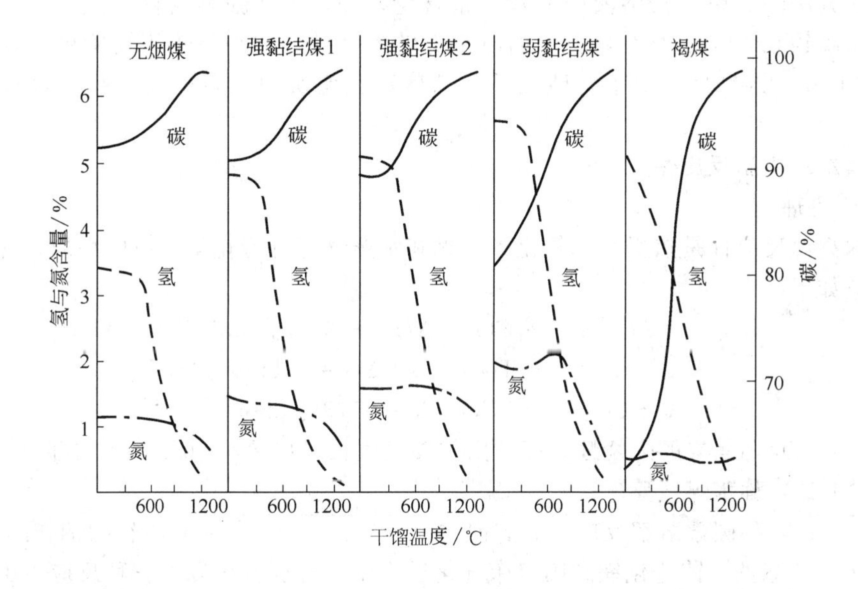

图 1-4　各种煤的碳、氢、氮含量随干馏温度升高而变化的规律

从图 1-4 可以看出，由不同煤化程度的煤制取的焦炭，其含碳量基本相同。氢含量随炼焦温度的变化比挥发分随炼焦温度的变化明显，且测量误差也小，因此以焦炭的氢含量可以更可靠地判断焦炭的成熟程度。

(2) 氮　焦炭中的氮是焦炭燃烧时生成 NO_x 的来源，结焦过程中氮含量（质量分数，下同）变化不大，仅在干馏温度达800℃以上时才稍有降低。

焦样在催化剂（$K_2SO_4+CuSO_4$）存在的条件下，能和沸腾浓硫酸反应使其中的氮转化为NH_4HSO_4，再用过量NaOH反应使NH_3分解出来。经硼酸溶液吸收，最后用硫酸标准溶液滴定，以确定焦样中的氮含量，其含量为0.5%～0.7%。

（3）氧　焦炭中氧含量很少，常用减差法计算得到，其含量（质量分数，下同）为0.4%～0.7%。

（4）硫　焦炭中的硫包括：煤和矿物质转变而来的无机硫化物（FeS、CaS等），熄焦过程中部分硫化物被氧化生成的硫酸盐（$FeSO_4$、$CaSO_4$），炼焦过程中生成的气态硫化物在析出途中与高温焦炭作用而进入焦炭的有机硫，这些硫的总和称全硫。工业上通常用质量法测定，其含量（质量分数，下同）为0.7%～1.0%。高炉焦的硫（质量）占整个高炉炉料中硫的80%～90%，炉料中的硫仅有5%～20%随高炉煤气逸出，其余的硫靠炉渣排出。

一般焦炭含硫（质量分数，下同）每增加0.1%，高炉焦比增加1.2%～2.0%，高炉熔剂用量约增加2%，生铁产量减少2.0%～2.5%。一些国家对高炉焦含硫指标规定如表1-3所示。

表1-3　一些国家的高炉焦硫分指标

国别	中国			美国	德国	法国	英国	日本
	Ⅰ级	Ⅱ级	Ⅲ级					
指标值/%	<0.6	<0.8	<1.0	0.6	0.9	0.8	0.6	0.6

（5）磷　焦炭中的磷主要以无机盐类形式存在。将焦样灰化后，从灰分中浸出磷酸盐，再用适当的方法测定磷酸盐溶液中的磷酸根含量，即可得出焦样含磷（质量分数，下同）。通常焦炭含磷约0.02%。高炉炉料中的磷全部转入生铁，转炉炼钢不易除磷，要求生铁含磷低于0.01%～0.015%。煤中含磷几乎全部残留在焦炭中，高炉焦一般对含磷不做特定要求。

四、焦炭的高温反应性

1. 反应机理

焦炭的高温反应性是焦炭与二氧化碳、氧和水蒸气等进行化学反应的性质，简称焦炭反应性，反应如下

$$C+O_2 \longrightarrow CO_2 \quad \Delta H=-394kJ/mol \tag{1-11}$$

$$C+H_2O \longrightarrow H_2+CO \quad \Delta H=131110kJ/mol \tag{1-12}$$

$$C+CO_2 \longrightarrow 2CO \quad \Delta H=173kJ/mol \tag{1-13}$$

反应（1-11）称焦炭的燃烧性，高炉内主要发生在风口区1600℃以上的部位；

反应（1-12）称水煤气反应；

反应（1-13）称碳素溶解反应（高炉内主要发生在900～1300℃的软融带和滴落带）。

焦炭在高炉炼铁、铸造化铁和固定床气化过程中，都要发生以上三种反应。由于焦炭与氧和水蒸气的反应有与二氧化碳的反应类似的规律，因此大多数国家都用焦炭与二氧化碳间的反应特性评定焦炭反应性。

焦炭是一种碳质多孔体，它与CO_2间的反应属气固相反应，其反应是通过到达气孔表面上的CO_2和C反应来实现的，所以反应速率不仅取决于化学反应速率，还受CO_2扩散影响。当温度低于1100℃时，化学反应速率较慢，焦炭气孔内表面产生的CO分子不多，CO_2

分子比较容易扩散到内表面上与 C 发生反应，因此整个反应速率由化学反应速率控制。当温度为 1100～1300℃时，化学反应速率加快，生成的 CO 使气孔受堵，阻碍 CO_2 的扩散，因此，整个反应速率由气孔扩散速率控制。当温度大于 1300℃时，化学反应速率急剧增加，CO_2 分子与焦炭一接触，来不及向内扩散就在表面迅速反应形成 CO 气膜，反应速率受气膜扩散速率控制。当焦炭的粒度加大时，气孔的影响增强，则气孔扩散速率控制区将增大，相应减小气膜扩散速率控制区。

总之，焦炭与 CO_2 的反应速率与焦炭的化学性质及气孔比表面积有关。只有采用粒径为几十微米到几百微米的细粒焦进行反应性实验时，才能排除气体扩散的影响，获得焦炭和 CO_2 的化学动力学性质。通常从工艺角度评价焦炭的反应性，均采用块状焦炭，要使所得结果有可比性，焦炭反应性的测定应规定焦样粒度、反应温度、CO_2 浓度、反应气流量、压力等。

2. 影响焦炭反应性因素

(1) 原料煤性质　焦炭反应性随原料煤煤化程度变化而变化，如图 1-5 所示。低煤化程度的煤炼制的焦炭反应性较高；相同煤化程度的煤，当流动度和膨胀度高时制得的焦炭，一般反应性较低；不同煤化程度的煤所制得的焦炭，其光学显微组织不同，反应性就不同。金属氧化物对焦炭反应性有催化作用，原料煤灰分中的金属氧化物（K_2O、Na_2O、Fe_2O_3、CaO、MgO 等）含量增加时，焦炭反应性增高，其中钾、钠的作用更大。一般情况下，钾、钠在焦炭中每增加 0.3%～0.5%，焦炭与 CO_2 的反应速率提高 10%～15%。

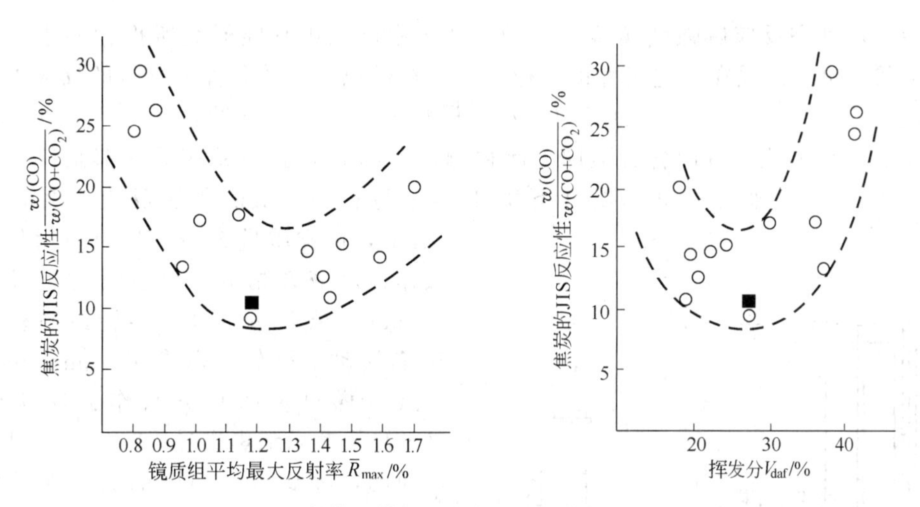

图 1-5　原料煤的煤化程度与所得焦炭反应性的关系

○ 实验室单种煤焦炭；■ 生产焦炭

(2) 炼焦工艺　提高炼焦最终温度，结焦终了时采取焖炉等措施，可以使焦炭结构致密，减少气孔表面，从而降低焦炭反应性。采用干熄焦可以避免水汽对焦炭气孔表面的活化反应，也有助于降低焦炭反应性。

五、焦炭反应性及反应后强度

焦炭反应性及反应后强度实验方法见 GB/T 4000—2008。

焦炭与 CO_2 反应过程中，反应速率受多种因素的影响，如其他条件不变，在规范化的装置内按统一规定的条件，通过反应前后焦炭试样质量的变化率或气体中 CO_2 浓度的变化率，可以表示焦炭的反应速率。目前一些国家均采用焦炭反应性这一指标。它是按取样规范采集一定量的、具有代表性的焦炭，破碎后筛分，取其中符合规定的粒度级，从中随机取一定量作为试样。将一定量的焦炭试样在规定的条件下与纯 CO_2 气体反应一定时间，然后充氮气冷却、称重，反应前后焦炭试样质量差与焦炭试样质量之比的百分数称为焦炭反应性（CRI）。

$$CRI=\frac{m_0-m_1}{m_0}\times100\% \tag{1-14}$$

式中　m_0——参加反应的焦炭试样质量，kg；

m_1——反应后残存焦炭质量，kg。

也可用化学反应后气体中 CO 体积分数 φ（相当于反应掉的碳）和（$CO+CO_2$）体积分数 φ 之比的百分数表示焦炭反应性，即

$$CRI=\frac{\varphi(CO)}{\varphi(CO)+\varphi(CO_2)}\times100\% \tag{1-15}$$

式中　$\varphi(CO)$、$\varphi(CO_2)$——反应后气体中 CO、CO_2 气体的体积分数，%。

经过与 CO_2 反应的焦炭，充氮冷却后，全部装入转鼓，转鼓实验后，粒度大于某规定值的焦炭质量（m_2）占装入转鼓的反应后焦炭质量（m_1）的百分数，称为反应后强度（CSR）。

$$CSR=\frac{m_2}{m_1}\times100\% \tag{1-16}$$

焦炭反应性和反应后强度实验有多种形式，中国鞍山热能研究所推荐的小型装置如图 1-6 所示。块状焦炭在一定尺寸的反应器中，在模拟生产的条件下进行的反应性实验属焦炭反应性实验。根据研究目的不同，在试样粒度大小、试样数量、反应温度、反应气组成和指标表示方式等方面各有不同。此种测定法与日本新日铁相同，都是使实验条件更接近高炉情况，即在 1100℃ 温度下用纯 CO_2 与直径 20mm 焦块反应，反应时间为 12min，试样质量 200g，以反应后失重百分数作为反应性指数。反应后的焦炭在直径 130mm、长 700mm 的 I 型转鼓中以每分钟 20 转转动 600 转，以大于 10mm 筛上物与入鼓试样总重的百分数作为反应后强度（CSR）。考虑到焦炭受碳溶反应的破坏是不可逆的，故反应后强度的测定在常温下进行，从而大大简化了实验设备和操作。

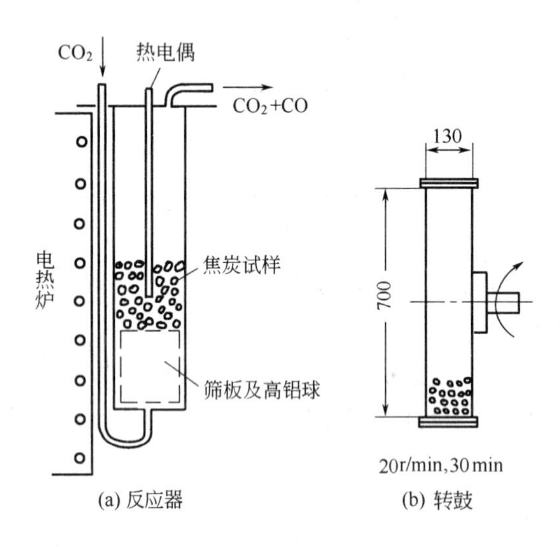

图 1-6　焦炭反应性和反应后强度实验装置示意图

由于焦炭的冷态强度与焦炭的气孔孔径及其分布有关，而高温强度则与焦炭的孔壁厚度密切相关，所以焦炭的冷态强度高，高温强度不一定高。同一牌号的不同矿点的单种煤，即使它们的黏结性、结焦性相似，炼成的焦炭的高温强度也不相近，有的相差甚远，应引起焦化厂的重视，并应探讨合理的配煤方案和炼焦的工艺条件。

第二节　高炉炼铁

焦炭主要用于高炉冶炼，其次还用于铸造、气化和生产电石等，它们对焦炭有不同的要求。但高炉炼铁用焦炭（冶金焦）的质量要求为最高，用量也最大。中国制定的冶金焦质量标准（GB/T 1996—2003）就是高炉焦质量标准，见表 1-4。

表 1-4　冶金焦炭的技术指标（GB/T 1996—2003）

<table>
<tr><th colspan="4" rowspan="2">指　　标</th><th colspan="3">粒度/mm</th></tr>
<tr><th>>40</th><th>>25</th><th>25～40</th></tr>
<tr><td colspan="3" rowspan="3">灰分 A_d/%</td><td>一级</td><td colspan="3">≤12.0</td></tr>
<tr><td>二级</td><td colspan="3">≤13.5</td></tr>
<tr><td>三级</td><td colspan="3">≤15.0</td></tr>
<tr><td colspan="3" rowspan="3">硫分 $S_{t,d}$/%</td><td>一级</td><td colspan="3">≤0.060</td></tr>
<tr><td>二级</td><td colspan="3">≤0.80</td></tr>
<tr><td>三级</td><td colspan="3">≤1.00</td></tr>
<tr><td rowspan="9">机械强度</td><td rowspan="6">抗碎强度</td><td rowspan="3">M_{25}/%</td><td>一级</td><td colspan="2">≥92.0</td><td rowspan="9">按供需双方协议</td></tr>
<tr><td>二级</td><td colspan="2">≥88.0</td></tr>
<tr><td>三级</td><td colspan="2">≥83.0</td></tr>
<tr><td rowspan="3">M_{40}/%</td><td>一级</td><td colspan="2">≥80.0</td></tr>
<tr><td>二级</td><td colspan="2">≥76.0</td></tr>
<tr><td>三级</td><td colspan="2">≥72.0</td></tr>
<tr><td colspan="2" rowspan="3">耐磨强度 M_{10}/%</td><td>一级</td><td colspan="2">M_{25}时≤7.0；M_{40}时≤7.5</td></tr>
<tr><td>二级</td><td colspan="2">≤8.5</td></tr>
<tr><td>三级</td><td colspan="2">≤10.5</td></tr>
<tr><td colspan="3" rowspan="3">反应性 CRI/%</td><td>一级</td><td colspan="2">≤30</td><td rowspan="6"></td></tr>
<tr><td>二级</td><td colspan="2">≤35</td></tr>
<tr><td>三级</td><td colspan="2">—</td></tr>
<tr><td colspan="3" rowspan="3">反应后强度 CSR/%</td><td>一级</td><td colspan="2">≥55</td></tr>
<tr><td>二级</td><td colspan="2">≥50</td></tr>
<tr><td>三级</td><td colspan="2">—</td></tr>
<tr><td colspan="4">挥发分 V_{daf}/%</td><td colspan="3">≤1.8</td></tr>
<tr><td colspan="4">水分含量 M_t/%</td><td>4.0±1.0</td><td>5.0±2.0</td><td>≤12.0</td></tr>
<tr><td colspan="4">焦末含量/%</td><td>≤4.0</td><td>≤5.0</td><td>≤12.0</td></tr>
</table>

注：百分号为质量分数。

一、高炉冶炼过程

1. 高炉内总体状况

如图 1-7 所示，高炉系中空竖炉，从上到下分为炉喉、炉身、炉腰、炉腹、炉缸五段。高炉本体是由以下各部分组成：钢筋混凝土制成的炉基、钢板卷成的炉外壳、耐火砖砌成的炉衬、冷却设备以及框架和支柱等。从炼铁的工艺过程来看，它包括上料、鼓风、出铁排渣和煤气等系统。耐火炉衬围成的空间称为高炉炉型，是进行炼铁过程的所在。

根据炼铁过程的特点，炉型各段结构不同。高炉炉料中的铁矿石（天然矿、烧结矿、球团矿）、焦炭和助熔剂（石灰石或白云石）从炉顶依次分批装入炉内，送风系统将 800℃以上的高温空气（或富氧空气）由位于炉缸上部的风口鼓入炉内，使焦炭在风口前的回旋区内激烈燃烧而放热，并使高炉下部形成自由空间，上部的炉料借重力稳定地下降，从而构成连

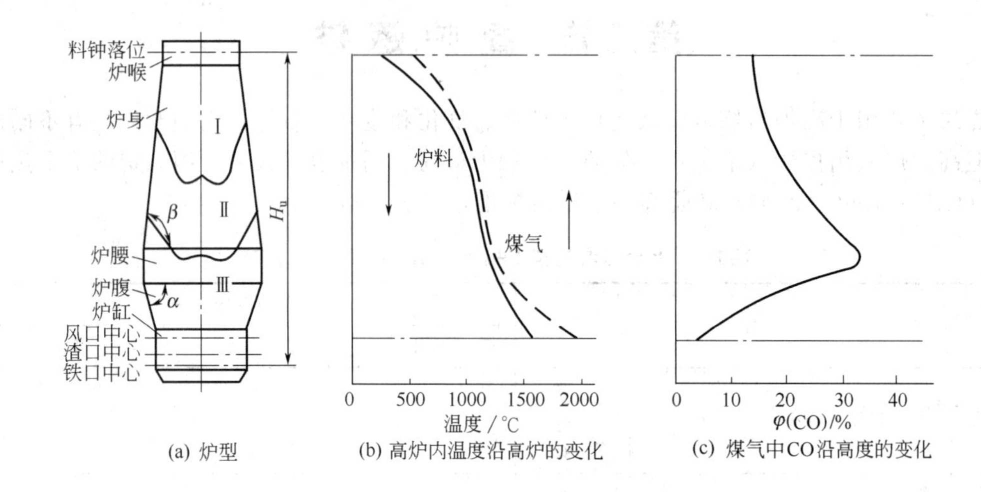

(a) 炉型　(b) 高炉内温度沿高炉的变化　(c) 煤气中CO沿高度的变化

图 1-7　高炉炉型及各部位温度与煤气组成

Ⅰ—800℃以下区域；Ⅱ—800～1100℃区域；Ⅲ—1100℃以上区域；

H_u—有效高度；α—炉腹角；β—炉身角

续的高炉冶炼过程。

燃烧放出的热量是高炉冶炼过程的主要热源，占冶炼所需热量的75%～80%，反应后生成的CO作为高炉冶炼过程的主要还原剂，使铁矿石中的铁氧化物还原，因此，自下而上煤气温度逐渐降低［图1-7(b)］。从风口开始，由于煤气中CO_2与焦炭反应及铁氧化物被高温焦炭直接还原产生大量CO，所以煤气中CO含量逐渐增加，到炉腹以上部位则由于CO与铁氧化物间接还原生成CO_2而逐渐降低［图1-7(c)］。

炉料在下降过程中，经预热、脱水、间接还原、直接还原而转化为金属铁，温度逐渐升高。铁矿石中的脉石（主要成分为SiO_2、Al_2O_3的高熔点化合物）同助熔剂作用形成低熔点化合物——炉渣。铁水和炉渣在向下流动过程中相互作用，进行脱硫等反应，到炉缸下部，两者借互不溶性和密度差异而分离，并分别从渣口和铁口定期放出炉外。产生的高炉煤气从炉顶导出，经冷却除尘制成净煤气。炉料在高炉内的下降时间称冶炼周期，为5～8h。高炉内煤气从燃烧生成到流出炉外共4～6h。

综上所述，高炉的基本功能是将铁矿石预热、还原、造渣、脱硫、熔化、渗碳，从而得到合格的铁水。

2. 高炉炼铁的化学反应

在风口区，焦炭燃烧生成CO_2并放出大量热，温度可达1500～1800℃，使铁、渣完全熔化而分离。

$$C+O_2 = CO_2 \qquad \Delta H=-399.440\text{MJ}$$

温度在1100℃以上的炉腹及炉腰地带即Ⅲ区内，煤气中的CO_2与焦炭作用生成CO并吸收热量。

$$CO_2+C = 2CO \qquad \Delta H=165.6\text{MJ}$$

此处焦炭的消耗约为35%，同时未被还原的FeO与SiO_2作用生成炉渣并开始熔化，还原后生成的海绵铁则与焦炭作用，渗碳熔化，炉料体积变小，为此炉腹按炉腹角α向下逐渐收缩，以利炉料稳定下降。

炉身下部温度为800～1100℃的Ⅱ区内，同时存在铁的氧化物与碳之间的直接还原反应，到1100℃以上因CO_2几乎100%与焦炭作用生成CO，从全过程看是直接还原反应。

$$FeO+CO \!=\!=\!= Fe+CO_2 \qquad \Delta H=-13.59MJ$$

$$+\qquad CO_2+C \!=\!=\!= 2CO \qquad \Delta H=165.6MJ$$

$$FeO+C \!=\!=\!= Fe+CO \qquad \Delta H=152.01MJ$$

直接还原的铁量占铁氧化物还原的总铁量之比称直接还原度r_d，一般高炉的$r_d=0.35\sim0.50$。

炉料边下降边升温膨胀，为此炉身以炉身角β向下逐渐扩大，以利顺行。炉身上部，温度低于800℃的Ⅰ区内，主要是铁的氧化物与CO之间的间接还原反应。

$$3Fe_2O_3+CO \!=\!=\!= 2Fe_3O_4+CO_2 \qquad \Delta H=-37.09MJ$$

$$Fe_3O_4+CO \!=\!=\!= 3FeO+CO_2 \qquad \Delta H=20.87MJ$$

$$FeO+CO \!=\!=\!= Fe+CO_2 \qquad \Delta H=-13.59MJ$$

间接还原反应的特点是得到的气体产物为CO_2，总的热效应是放热。

从以上反应可以看出，直接还原大量吸热，不利于高炉内的热能利用，又因碳溶反应使焦炭气孔壁削弱，所以应发展间接还原。

整个高炉炉体，从料钟落位高度到铁口中心线的距离称为有效高度（H），其间的容积称为高炉的有效容积（V），中国定型设计的中小型高炉有$55m^3$、$255m^3$和$620m^3$等，大型高炉有$1053m^3$、$1513m^3$、$2500m^3$及近期从国外引进的$4000m^3$的大高炉。有效高度是决定CO和热能利用效率的主要因素，高炉产量则取决于有效容积及它的利用率。衡量高炉操作水平的主要经济技术指标有高炉有效容积利用系数［η，t(铁)/($m^3\cdot24h$)］、焦比［c，t(焦)/t(铁)］、冶炼强度［l，t(焦)/($m^3\cdot24h$)］。

$$\eta=\frac{\text{高炉产铁量 }P[t/(24h)]}{\text{高炉的有效容积 }V(m^3)} \tag{1-17}$$

$$c=\frac{\text{高炉 24h 耗焦量 }G[t/(24h)]}{P[t/(24h)]} \tag{1-18}$$

$$l=\frac{G[t/(24h)]}{V(m^3)} \tag{1-19}$$

将式(1-18)和式(1-19)合并，得

$$P=\frac{l}{c}V \tag{1-20}$$

式(1-20)表明：扩大高炉生产能力的途径是增大炉容（V），降低焦比和提高冶炼强度。当高炉容积增大到原炉容积的2倍时，风口个数最多增加到原风口个数的$\sqrt{2}$倍，所以在增大炉容的同时，提高冶炼强度的可能性不大，因此应该设法提高焦炭质量，以降低焦比。

3. 造渣脱硫

造渣的主要目的：一是使铁矿石中的脉石和焦炭中的灰分（其中大部分为高熔点的酸性氧化物，如SiO_2熔点为1713℃、Al_2O_3为2025℃）与助熔剂（如CaO、MgO）作用，生成熔点较低，流动性好的液态炉渣，从而与铁水分开，由炉中放出，以除去炉料带入的杂质；二是利用造渣脱硫和控制硅、锰等元素的还原，以获得合格的生铁。

(1) 高炉冶炼过程中硫的动态　高炉中的硫主要由焦炭带入，一般为炉料中总硫量的80%以上。焦炭中的硫，大多以硫碳复合体形态与焦炭物质结合在一起，也有一些以硫化铁

和硫酸盐存在于灰分中。铁矿石和助熔剂中的硫，主要呈 FeS_2 形态，也有少量的 $CaSO_4$ 等硫化物。在高炉中焦炭带入的硫有 10%～20%以 SO_2 和 H_2S 的形态随煤气流出炉外，有 50%～70%在风口燃烧生成 SO_2，但在随煤气流经高炉下部高温区时，被焦炭还原成硫蒸气

$$SO_2+2C \longrightarrow 2CO+S\uparrow$$

铁矿石和助熔剂中的 FeS_2 被高温煤气加热分解

$$FeS_2 \xrightarrow{>565℃} FeS+S\uparrow$$

这些硫蒸气在随煤气上升过程中又被 CaO、海绵铁和铁氧化物吸附而随炉料下降。生铁中的硫以 FeS 的形态溶于铁水中，只有在铁水滴穿渣层时被部分脱除。

(2) 影响生铁含硫的因素　铁水和熔渣互不相溶，脱硫反应只能在铁水和炉渣的接触面上进行

$$[FeS]+(CaO) \longrightarrow (CaS)+[FeO]$$

$$[FeO]+[C] \longrightarrow Fe+CO$$

分子式外加［　］表示铁水中的物质，加（　）表示渣中的物质。

在高炉操作条件下，由于渣、铁接触面少，接触时间短，扩散慢，故上述可逆反应远不能达到平衡，铁水中的硫就不能全部转入炉渣中。

① 当其他条件一定时，炉料带入的硫分越多，则生铁含硫量越高，为了制得低硫生铁，首先应降低硫负荷［炼 1t 生铁所需炉料带入的硫分，kg(硫)/t(生铁)］，因此铁矿石宜用经过焙烧的人造富矿，焦炭要控制硫分，故降低焦比是降低硫负荷的重要途径。

② 随煤气流走的硫越多，生铁含硫量就越低，采用自熔性烧结矿，大大减少炉料中游离的 CaO 是增加煤气中硫含量的有效途径。

③ 渣铁比高，则脱硫效率高，但焦比增加。

④ 硫的分配系数 l_s($l_s=\frac{(S)}{[S]}$)越大，则脱硫效率越高，生铁含硫量就越低。l_s 值主要取决于炉渣的流动性，即取决于其组成和温度。

(3) 炉渣脱硫的实质　硫化物的稳定性排列次序是 CaS、MnS、FeS。炉渣脱硫的目的是将熔于铁水中的 FeS 转化为不熔于铁水中的硫化物，并转入炉渣。首先铁水中的 FeS 向炉渣内扩散，即[FeS]→(FeS)，已扩散到炉渣中的 FeS 与炉渣中的氧化物作用，生成更稳定的硫化物。例如：(FeS)+(CaO)══(CaS)+(FeO)，由于炉渣中的 FeO 又与焦炭或铁水中的碳作用：(FeO)+C══Fe+CO，从而促使反应向脱硫方向进行。因此反应的全过程是：(FeS)+(CaO)+C══CaS+Fe+CO−141230kJ，其中提高硫化铁从铁水中向炉渣扩散的速率，是整个过程的关键。提高炉缸和炉渣的温度，一方面有利于吸热的脱硫反应向右进行；另一方面降低炉渣黏度，有利于铁水中的 FeS 通过界面向炉渣扩散。

用白云石［$MgCa(CO_3)_2$］代替部分石灰石来增加炉渣中 MgO 的含量，可以提高炉渣的稳定性，使之具有良好的流动性，有利于造渣脱硫。

炉渣中的 CaS 含量高于 6.5%时，炉渣黏度和熔化温度明显提高，故一般规定炉渣中 CaS 的许可质量分数为 5.5%～6.5%。但实际生产条件下，CaS 的含量远低于该值。

二、料柱构造及对焦炭的要求

1. 料柱构造

高炉内自上而下的温度总趋势是逐渐升高，但高炉内的等温线并非沿横截面呈水平状，

而是因高炉炉型、原料品位和操作参数等因素，等温线可呈W形或倒V形（见图1-8）。

料柱上部低于1100℃的区域，炉料保持入炉前的固体块状，焦炭与煤气流分配层作用，该区域称块状带。

料柱中部温度在1100～1350℃的部位，焦炭和矿石仍保持层层相间，但矿石从外表到内部逐渐软化熔融，靠焦炭层支撑才不至于聚堆，该区域称软融带。由于高炉内中心气流与边缘气流速度以及温度的差异，使软融带的形状同等温线相对应，也呈倒V形或W形。在软融带内融着层几乎不透气，上升煤气几乎全部从焦炭缝隙流过。

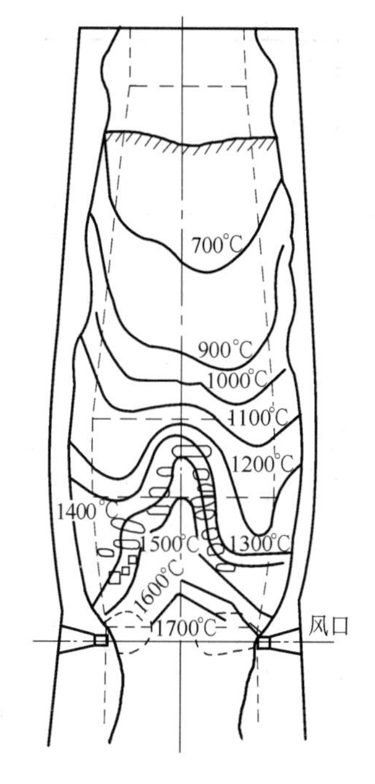

图1-8　高炉内不同温度区域示意

料柱中下部温度高于1350℃的部位，此处仅焦炭呈固块状，熔化的铁水和炉渣则沿焦炭层缝隙向下流动并滴落，高温煤气则沿黏附有铁水和熔渣的焦炭层缝隙向上流动。该区域称滴落带。在滴落带下方的中心部位，有一个缓慢移动的呆滞焦炭层（也称死料层），这主要是当料层移动时由软融带上层滑落下来，经受剧烈碳溶反应的焦炭组成。

进入滴落带以下风口前的焦炭在高速热气流的吹动下剧烈回旋并猛烈燃烧形成回旋的风口区，风口区的周边是焦块、焦屑、铁水，与风口区边界层形成动平衡。风口区焦炭空气燃烧生成的CO_2，在流经边界层时与灼热焦炭反应，几乎全部转化为CO，提供铁氧化物还原所需的还原剂。

2. 焦炭的作用

焦炭燃烧产生的热能是高炉冶炼过程的主要热源，燃烧反应生成的CO作为高炉冶炼过程的主要还原剂。

由于焦炭位于风口区以上地区，始终处于固体状态，在高炉中其体积占高炉体积的35%～50%。所以对上部炉料起支撑作用，并成为煤气上升和铁水、熔渣下降所必不可少的高温疏松骨架。

焦炭在风口区内不断燃掉，使高炉下部形成自由空间，上部炉料稳定下降，从而形成连续的高炉冶炼过程。

综上所述，焦炭在高炉中起着热能源、还原剂和疏松骨架三个作用。近年来，为降低焦炭消耗，增加高炉产量，改善生铁质量，采用了在风口喷吹煤粉、重油、富氧鼓风等强化技术。焦炭的热能源、还原剂作用可在一定程度上被部分取代。但作为高炉料柱的疏松骨架不能被取代，而且随高炉大型化和强化冶炼，该作用更显重要。

3. 高炉焦的质量要求

各国对高炉焦的质量均提出了一定的要求，且已形成了相应的标准，表1-5列出了一些国家（或企业）的高炉焦质量标准（或达到水平）。

高炉焦要求灰低、硫低、强度高、粒度适当且均匀、气孔均匀、致密、反应性适度、反应后强度高。

表 1-5　各国高炉焦质量标准

指标		中国	俄罗斯	日本	美国	德国	英国	法国	波兰
水分 M_t/%		4.0～12.0	<5	3～4		<5	<3		<6
挥发分 V_{ad}/%		1.9	1.4～1.8		0.7～1.1				
灰分 A_{ad}/%		12.00～15.00	10～12	10～12	6.6～10.8	9.8～10.2	<8	6.7～10.1	11.5～12.5
硫分 $w_{ad}(S_t)$/%		0.60～1.00	1.79～2.00	<0.6	0.54～1.11	0.9～1.2	<0.6	0.7～1.0	
粒度/mm		>25，>40	40～80 25～80	15～75	>20 20～51	40～80	20～63	40～80 40～60	>40
转鼓强度指数/%	稳定度				51～62				
	硬度				62～73				
	M_{25} Ⅰ	>92.0	73～80						63～69
	M_{25} Ⅱ	92.0～88.1	68～75	75～80		>84	>75	>80	52～63
	M_{25} Ⅲ	88.0～83.0	62～70						45～52
	M_{10} Ⅰ	≤7.0	8～9						8～10
	M_{10} Ⅱ	≤8.5	9～10			<6	<7	<8	<12
	M_{10} Ⅲ	≤10.5	10～14						<13
	I_{10}							<20	
	DI_{15}^{30}			>92					

三、焦炭在高炉内的性质变化

图 1-9 为高炉中焦炭沿高向的机械强度、粒度、气孔率、反应性和钾、钠元素等的变化情况。在高炉上部块状带变化不大，只有在高炉中部超过 1000℃的区域才开始急剧变化。

1. 焦炭在高炉内粒度和强度的变化

焦炭在高炉的块状带内虽受静压挤压、相互碰撞和磨损等作用，但由于散料层所受静压远低于焦炭的抗压强度，撞击和磨损力也较小，故块状带内焦炭强度的降低、粒度的减小以

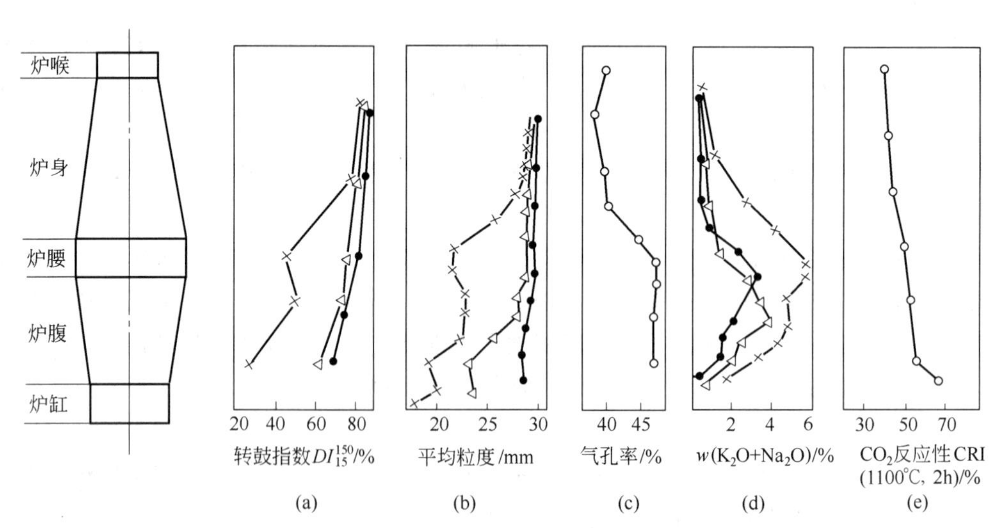

图 1-9　高炉中焦炭性质的变化

● 高炉中心试样；△ 炉墙与炉中心之间试样；× 靠近炉墙试样；○ 平均试样

及料柱透气性的变化均不明显。

焦炭进入软融带后，由于受高温热力，尤其是碳溶反应的作用，使焦炭气孔壁变薄、气孔率增大、强度降低，并在下降过程中受挤压、摩擦作用，使焦炭粒度减小和粉化，料柱透气性变差。

焦炭在滴落带内碳溶反应不太剧烈，但因铁水和熔渣的冲刷，并受温度1700℃左右的高温炉气冲击，焦炭中部分挥发分蒸发，使焦炭气孔率进一步增大，强度继续降低。

焦炭进入风口回旋区边界层，在强烈高速气流冲击和剪切作用下很快磨损，进入回旋区后剧烈燃烧，使焦炭强度急剧降低，粒度急剧减小。

2. 高炉内碱金属和焦炭反应性的变化

矿石和焦炭带入高炉内的碱金属多数是硅酸盐和碳酸盐，在高炉内碳酸盐分解成氧化物，硅酸盐则被还原成碱金属、碱土金属、铁、锰、镍等，对碳溶反应能起催化作用，其中钾、钠的催化作用最为显著。焦炭中钾、钠含量很低，一般小于0.5%，对焦炭还不足以产生有害影响，但在高炉内，矿石和焦炭带入的碱金属盐类会分解，并进一步被碳还原和气化成钾、钠蒸气。这些气态的钾、钠随煤气上升至炉顶，因温度降低和 CO_2 分压升高又生成碳酸盐析出，这些碱金属碳酸盐，一部分黏附在炉壁上侵蚀耐火材料，但大部分被焦炭表面吸附或黏附在矿石表面上，又随炉料下降至温度高于碳酸钾、碳酸钠分解温度的区域，又发生分解、还原和气化。只有少部分随煤气带出，如此形成钾、钠等碱金属在高炉内的循环和富集，如图1-10所示。

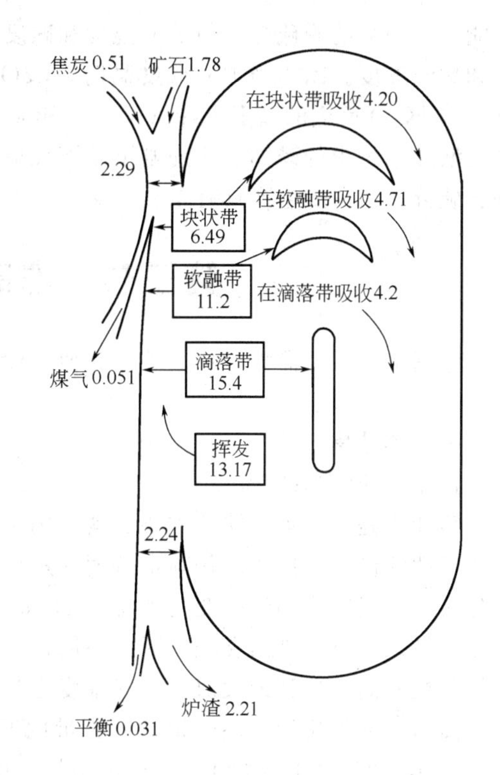

图1-10　高炉内碱金属循环示意图

图中数字为碱金属的质量分数（%）

研究结果表明，循环碱量可达入炉焦炭和矿石碱量的6倍，高炉内焦炭的钾、钠含量可高达3%以上，这就足以对焦炭的碳溶反应起催化作用。因此，通常焦炭经高温处理后，产生石墨化，气孔壁被加固，反应性理应降低，但经高炉解体取焦样分析表明，焦炭反应性在炉身下部明显增强，其原因就是由碱金属在软融带的富集所引起的。

由此得出结论，要降低碱金属对高炉生产的影响，一方面应提高随炉渣的排出碱量，另一方面应减少炉料的带入碱量。

3. 焦炭的灰分和硫分的变化

焦炭中的灰分主要成分是 SiO_2 和 Al_2O_3，它们的熔点分别为1713℃和2050℃，为了脱除这些灰分，必须加入 CaO、MgO 等碱性氧化物或相应的碳酸盐，使之和 SiO_2、Al_2O_3 反应生成低熔点化合物，从而在高炉内形成流动性的熔融炉渣，借密度的不同和相互不熔性而与铁水分离。因此当焦炭带入炉内的灰分增多时，加入的熔剂也必须增加，即增加炉内的碱量，促进焦炭的降解。

高炉内的硫主要来自焦炭，降低生铁含硫量的途径是减少炉料带入硫量、提高炉渣的脱硫能力，炉渣的脱硫能力与炉渣温度和碱度有关。当炉料带入硫量较高时，必须提高炉缸温度和炉渣碱度。因为当炉渣碱度高时，CaO 相对过剩，SiO_2 处于较完全的束缚状态，使得 SiO_2 与 K_2O 反应的概率下降（$K_2O+SiO_2 \longrightarrow K_2SiO_3$）。这样做又将使炉渣带出的碱量减少，增加了炉内的碱循环，加剧了碳溶反应，促进了焦炭的降解。由此可见，降低焦炭的灰分、硫分，对高炉生产具有重要意义。

第三节　非高炉用焦的特性

除高炉炼铁所需大量焦炭外，其他工业所用焦炭也不少，如铸造用焦、气化用焦、电石焦等。

一、铸造焦

1. 冲天炉熔炼过程

铸造焦是冲天炉熔铁的主要燃料，用于熔化炉料，并使铁水过热，还起支撑料柱保证良好透气性和供碳等作用。每吨生铁消耗焦炭量称为焦铁比（K），通常 $K=0.1$。冲天炉内炉料分布、炉气组成和温度变化如图 1-11 所示，焦炭在冲天炉内分为底焦和层焦，底焦在风口区与鼓入的空气剧烈燃烧，因此在风口以上的氧化带内，炉气中 O_2 含量迅速降低，CO_2 含量很快升高并达到最大值，炉气温度也相应升至最高值，熔化铁水的温度在氧化带的底部达最高值。在氧化带上端开始的还原带内，由于过量 CO_2 的存在，与焦炭发生碳溶反应而产生 CO，随炉气上升 CO 含量逐渐增加；由于反应强烈吸热，故炉气温度在还原带内随炉气上升则急剧降低。还原带以上焦炭与金属料层层相间，装入冲天炉的炉料被炉气干燥、预热，在该区间炉气中氧含量很低（或为零），CO_2 和 CO 的含量基本保持不变，在装料口炉气中一般 CO_2 的含量（体积分数）为 10%～15%，CO 的含量（体积分数）为 8%～16%，温度为 500～600℃。

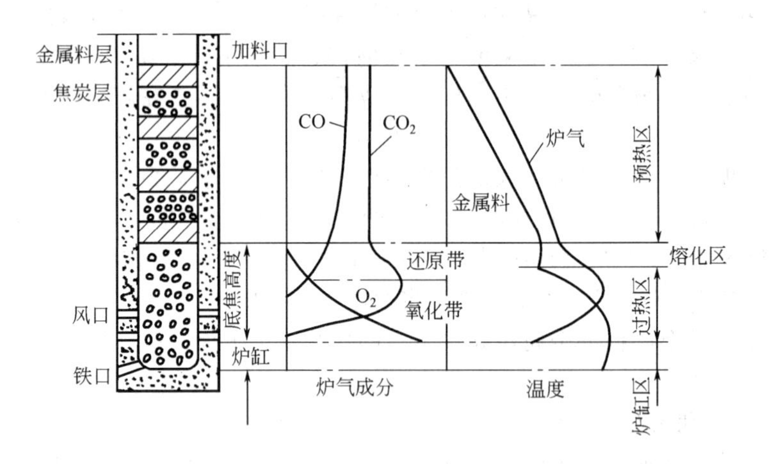

图 1-11　冲天炉内炉料分布、炉气组成及温度变化

冲天炉的氧化带和还原带内除焦炭燃烧和 CO_2 被还原成 CO 外，还发生一系列复杂的反应，在氧化带内炉气中的 CO_2 及鼓风空气中带入的水汽会按以下反应使铁水部分氧化。

$$Fe+CO_2 \longrightarrow FeO+CO$$

$$Fe+H_2O \longrightarrow FeO+H_2$$

铁水中的部分硅和锰在氧化带内能被炉气中的氧烧损，形成 SiO_2 和 MnO，铁水中的碳也能与氧反应而降低。因此在炉缸以上的氧化带，铁水中的 C、Si、Mn、Fe 均有所损失，但铁水失碳时铁水表面形成的一层脱碳膜可以制约 Si、Mn、Fe 的氧化，且温度愈高，Si、Mn、Fe 的氧化烧损愈少，这就要求有较高的铁水温度。

铁水流过焦炭层还会发生吸收碳的所谓渗碳作用，由于渗碳是吸热反应，温度越高越有利于渗碳。铁的初始含碳量越低，渗碳越多，增加焦比也使渗碳增加，渗碳有利于炉料中废钢的熔化。

炉气中的水汽与铁水或焦炭反应产生的 H_2 易溶解在铁水中，当铁水凝固时，H_2 的溶解度突然降低，H_2 从铁水中逸出，使铸件表皮下形成内壁光滑的球形小气孔，增加铸件的缺陷。因此应降低鼓风空气的湿度，这还有利于提高炉温。

在渗碳的同时也发生渗硫作用，硫主要来源于金属炉料和焦炭，废铁料的含硫可高达 0.1%～0.6%，焦炭带入铸铁的硫占焦炭总硫量的 30%～60%，渗硫随温度的增加而增加，铁水中的硫通过造渣可以部分除去，但只有在碱性炉渣时才能起脱硫作用。

冲天炉中也要加入一定数量的熔剂，以降低炉渣黏度并利于排渣，黏性炉渣附着在焦炭上会妨碍其燃烧及铁水渗碳，并容易造成悬料事故，故一般冲天炉中炉渣量仅为铁水量的 5%～6%，这表明冲天炉内通过炉渣脱硫是有限的。炉渣中除发生类似高炉炉渣与铁水间硫的转移而进行铁水脱硫反应外，炉渣的存在还有利于铁水中氧化物的还原。炉缸中温度约为 1500℃，这时铁水中的 FeO、MnO、SiO_2 能被浸渍在铁水和炉渣中的焦炭还原，从而减轻 Si、Mn 的烧损，这种还原反应随炉渣厚度增高而增强。

2. 铸造焦的质量要求

(1) 粒度　一般要求粒度大于 60mm。冲天炉内的主要反应有：氧化带 $C+O_2 \longrightarrow CO_2$，还原带 $C+CO_2 \longrightarrow 2CO$。为提高冲天炉过热区的温度，使熔融金属的过热温度足够高，流动性好，应保持适宜的氧化带高度（h），该高度可用下式表示

$$h=A\frac{Wd_k}{v} \tag{1-21}$$

式中 h——氧化带高度，m；

A——系数，6.75×10^{-5}；

W——送风强度，$m^3/(m^2 \cdot min)$；

d_k——铸造焦平均直径，m；

v——铸造焦在氧化带内燃烧的线速度，m/min。

由式(1-21) 可知：铸造焦平均直径（d_k）小而焦炭反应性（v）高，则氧化带高度（h）小。由于冲天炉内底焦的高度是一定的，氧化带高度减小，必然使还原带高度增加，炉气的最高温度降低，进而使过热区的温度降低。但铸造焦粒度过大，使燃烧区不集中，也会降低炉气温度。

(2) 硫　硫是铸铁中的有害元素，通常应控制在 0.1%以下，冲天炉内焦炭燃烧时，焦炭中的硫一部分生成 SO_2，随炉气上升，在预热区和熔化区内与固态金属炉料作用发生如下反应

$$3Fe(固)+SO_2 \longrightarrow FeS+2FeO \qquad \Delta H=-363000kJ/kg$$

因此含硫低于 0.1%的原料铁，经气相增硫后，铁料的含硫量可达 0.45%。铁料熔化成铁水后，在流经底焦炭层时硫还要进一步增加。

焦炭硫分高，粒度小，气孔率大，则铁水增硫量大。一般在冲天炉内，铁水增硫约为焦炭含硫量的30%，而当炉渣碱度达1.5%～2%，造渣脱硫效率不过50%。所以铸造焦的硫分应严格控制。

(3) 强度 铸造焦除了在入炉前运输过程中受到破碎损耗外，主要在冲天炉内承受金属炉料的冲击破坏，因此要求有足够高的转鼓强度（主要是抗碎指标），以保证炉内焦炭的块度和均匀性。

(4) 灰分和挥发分 铸造焦的灰分应尽可能低，因为灰分不仅降低了焦炭的固定碳和发热值，不利于铁水温度的提高，而且还增加了造渣量和热损失。此外焦炭中的灰分在炉缸内高温下会形成熔渣黏附在焦炭表面，阻碍铁水的渗碳。一般铸造焦灰分减少1%，焦炭消耗约降低4%，铁水温度约提高10℃。铸造焦的挥发分应低，因为挥发分高的焦炭，固定碳含量低，熔化金属的焦比高，一般焦炭强度也低。

(5) 气孔率与反应性 铸造焦要求气孔率小、反应性低，这样可以制约冲天炉的氧化、还原反应，使底焦高度不会很快降低，减少CO的生成，提高焦炭的燃烧效率、炉气温度和铁水温度，并有利于降低焦比。

目前中国铸造焦的质量标准见表1-6。

表1-6 铸造焦质量标准

指标	级别			指标	级别		
	特级	一级	二级		特级	一级	二级
粒度/mm	>80			硫分 $w_{ad}(S_t)$/% ≤	0.60	0.80	0.80
	80～60			转鼓强度 M_{40}/% ≥	85.0	81.0	77.0
	>60			落下强度/% ≥	92.0	88.0	84.0
M_t/% ≤	5.0			显气孔率/% ≤	40	45	45
灰分 A_{ad}/%	≤8.00	8.01～10.00	10.01～12.00	碎焦率(<40mm)/% ≤	4.0		
挥发分 V_{ad}/% ≤	1.50						

二、气化焦

气化焦是用于生产发生炉煤气或水煤气的焦炭，以作为合成氨的原料或民用煤气。气化的基本反应是

$$2C+O_2 \longrightarrow 2CO$$

$$C+H_2O \longrightarrow CO+H_2$$

由上述反应可知，为提高气化效率，气化焦应尽量减少杂质以提高有效成分含量，力求粒度均匀，改善料层的透气性。气化用焦的炼焦煤可以多配气煤，甚至可以以单独气煤炼焦，气化用焦的挥发分也可以高些，甚至半焦也可选用。以焦炭为原料的煤气发生炉为固定床形式，气化后残渣以固体排出，所以焦炭灰分应有较高的灰熔点，一般应在1300℃以上，以免造成煤气发生炉内形成液态炉渣而使气流难以均匀分布，灰分组成应该以SiO_2和Al_2O_3为主。此外，煤气中硫含量正比于焦炭硫分，所以气化焦的硫含量不宜过高。

根据以上气化用焦的质量标准要求，原料煤的质量指标应该是：灰分A_{ad}<11.3%，硫分$w_{ad}(S_t)$<1.8%。

三、电石焦

电石焦是生产电石（CaC_2）的原料。每生产1t电石约需0.5t焦炭。电石生产过程是在电炉内将生石灰熔融，并使其与碳素材料发生如下反应

$$CaO+3C \xrightarrow{1800\sim2200℃} CaC_2+CO$$

对电石焦的要求如下。

① 生石灰粒度3～40mm，生石灰的导热系数约为焦炭的2倍，因此电石焦的粒度以3～20mm为宜。

② 电石焦作为碳素材料，含碳量要高，灰分要低，通常规定：碳 $w_{ad}(C)>80\%$；灰分 $A_{ad}<8\%\sim10\%$。焦炭和生石灰中的灰分在电炉内会变成黏结性熔渣，引起出料困难；灰分中的氧化物部分会被焦炭还原，进入电石中，降低电石纯度，且多消耗电能和焦炭。

③ 为避免生石灰消化，电石焦水分应控制在6%以下。

④ 电石焦要求硫分 $w_{ad}(S_t)<1.5\%$，磷分 $w_{ad}(P)<0.04\%$。焦炭中的硫和磷在电炉中与生石灰作用会生成硫化钙和磷化钙混入电石中，当用电石生产乙炔时，这些杂质会转化为硫化氢和磷化氢。当遇空气磷化氢会自燃，有引起爆炸的可能；在乙炔燃烧时，硫化氢会转化为 SO_2 而腐蚀金属设备并污染环境。

电石焦的质量要求不太严格，所以炼焦用煤的要求也就不太严格，只要按照上述焦炭要求进行简单计算就可求出对煤的要求。现在有的电石厂所用焦炭往往用半焦代替，这样生产成本将会大大降低。

除上述用途外，焦炭还用于制造碳素材料、有色金属冶炼、生产钙镁磷肥、民用等方面，所以用途极广。

复习思考题

1. 解释名词：焦炭　筛分组成　耐磨强度　抗碎强度　高温反应性。
2. 焦炭的耐磨强度和抗碎强度如何测定？
3. 焦炭水分的适宜值是多少？并说明水分高低的影响因素。
4. 焦炭的灰分对高炉冶炼过程有何影响？
5. 如何通过挥发分值来衡量焦炭的成熟度？
6. 硫分对焦炭质量有何影响？
7. 影响焦炭反应性的因素有哪些？
8. 如何测定焦炭的反应性和反应后强度？
9. 掌握我国各级冶金焦的质量指标。
10. 说明高炉炼铁过程中物料的下降过程。
11. 高炉炼铁过程中不同温度区段的化学反应有哪些？
12. 造渣脱硫的实质是什么？
13. 焦炭在高炉内是如何起到疏松骨架的作用的？
14. 结合碱金属在炉内的循环情况，说明它对高炉冶炼过程有何影响。
15. 结合冲天炉的工作原理，说明其对铸造焦的要求。
16. 电石焦生产电石的原理是什么？有何质量要求？

第二章　室式结焦过程

第一节　炭化室内的结焦过程

炭化室内煤料结焦过程的基本特点：一是单向供热、成层结焦；二是结焦过程中传热性能随炉料的状态和温度而变化。

一、温度变化与炉料动态

1. 成层结焦过程及炼焦最终温度

由于单向供热，炭化室内煤料的结焦过程所需热能是从高温炉墙侧向炭化室中心逐渐传递的。煤的导热能力很差（尤其是胶质体），在炭化室中心面的垂直方向上，煤料内的温度差较大，所以在同一时间，距炉墙不同距离的各层煤料的温度不同，炉料的状态也就不同，如图 2-1 所示。各层处于结焦过程的不同阶段，总是在炉墙附近先结成焦炭而后逐层按照焦炭层、半焦层、塑性层、干煤层、湿煤层等逐层向炭化室中心推移，这就是所谓的成层结焦。炭化室中心面上炉料温度始终最低，因此结焦末期炭化室中心面温度（焦饼中心温度）可以作为焦饼成熟程度的标志，称为炼焦最终温度。据此，生产上常测定焦饼中心温度以考察焦炭的成熟程度，并要求测温管位于炭化室中心线上。

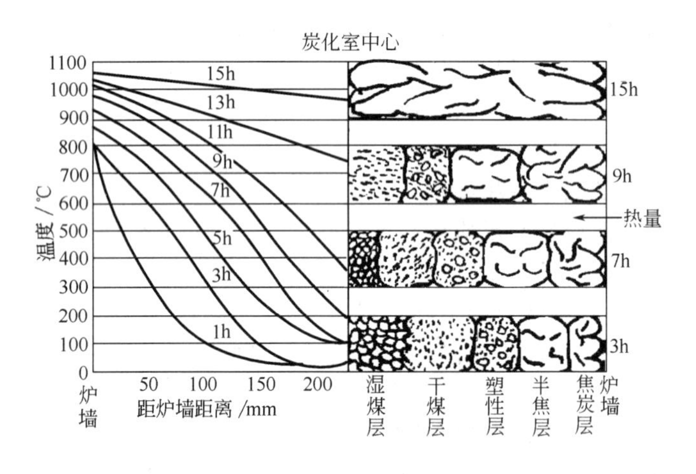

图 2-1　不同结焦时间炭化室内各层煤料的温度与状态

2. 各层炉料的传热性能对料层状态和温度的影响

各层煤料的温度与状态由于单向供热和成层结焦，各层的升温速度也不同，如图 2-2 所示。结焦过程中不同状态的各种中间产物的比热容、导热系数、相变热、反应热等都不相同，所以炭化室内煤料是不均匀、不稳定温度场，其传热过程属不稳定传热。

湿煤装炉时，炭化室中心面煤料温度升到 100℃以上所需时间相当于结焦时间的一半左右。这是因为水的汽化潜热大而煤的导热系数小，同时由于结焦过程中湿煤层始终被夹在两

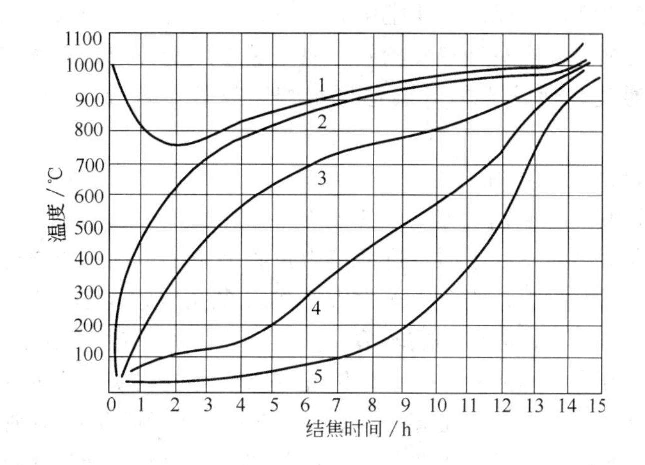

图 2-2　炭化室内各层煤料的温度变化

1—炭化室表面温度；2—炭化室墙附近煤料温度；3—距炉墙 50～60mm 处的煤料温度；4—距炉墙 130～140mm 处的煤料温度；5—炭化室中心部位的煤料温度

个塑性层中，水汽不易透过塑性层向两侧炭化室墙的外层流出，致使大部分水汽窜入内层湿煤中，并因内层温度更低而冷凝下来，使内层湿煤中水分增加，从而使炭化室中心煤料长期停留在 110℃以下。煤料水分越多，结焦时间越长，炼焦耗热量越大。

由于成层结焦，两个大体上平行于两侧炭化室墙面的塑性层也从两侧向炭化室中心面逐渐移动，又因炭化室底面温度和顶面温度也很高，在煤料的上层和下层也会形成塑性层。这样，塑性体及其周围煤粒就构成了一个膜袋，膜袋内的煤料热解产生气态产物使膜袋膨胀，又通过半焦层和焦炭层而施与炭化室墙以侧压力（即膨胀压力）。膨胀压力是随结焦过程而变化的，当塑性膜袋的两个侧面在炭化室中心面汇合时，两边外侧已是焦炭和半焦，由于焦炭和半焦需热少而传热好，致使塑性膜袋的温度急剧升高，气态产物迅速增加，这时膨胀压力达到最大值，通常所说的膨胀压力即指最大值。

煤料结焦过程中产生适当大小的膨胀压力有利于煤的黏结，但要考虑到炭化室墙的结构强度。炼焦炉组的相邻两个炭化室总处于不同的结焦阶段，每个炭化室内煤料膨胀压力方向都是从炭化室中心向两侧炭化室墙面。所以相邻两个炭化室施于其所夹炉墙的侧负荷是膨胀压力之差 Δp。为了保证炉墙结构不致破裂，焦炉设计时，要求 Δp 小于导致炉墙结构破裂的侧负荷值——极限负荷 W。

二、炭化室不同部位的焦炭质量及裂纹特征

1．不同部位的焦炭特征

从图 2-2 可以看出，当炉料温度达到 350～500℃时，靠近炉墙的煤料（曲线 2）升温速度很快（约 5℃/min），即使装炉煤的黏结性较差，靠近炉墙的焦炭也表现为熔融良好，结构致密，耐磨强度高；距炉墙越远，升温速度越慢，则焦炭结构就越疏松，耐磨强度也更低，炭化室中心部位的升温速度最慢（约 2℃/min），故焦炭质量相对较差。在半焦收缩阶段（500℃以后），炉墙附近半焦升温速度快，产生焦炭裂纹多且深，并产生“焦花”（与炉墙表面接触的煤层形成胶质体固化后，形体扭曲，外形如菜花，故称“焦花”）；距炉墙较远的内层，由于升温速度较慢，产生焦炭裂纹较少，也较浅。在炭化室中心部位，当两个胶质层在中心汇合后，由于热分解的气态产物不能通过被胶质体浸润的半焦层顺利析出而产生膨

胀，将焦饼压向炉墙两侧，形成与炭化室中心面重合的焦饼中心裂纹；此后，由于外层已经形成焦炭，不需要热能，且焦炭导热性较好，能迅速将热量传向炭化室中心，加以热气流直接经焦饼中心裂缝通过，使这里的升温速度加快，故处于炭化室中心部位的焦炭裂纹也较多。

2. 不同煤种的焦炭裂纹特征

造成焦炭裂纹多的根本原因是半焦的热分解和热缩聚反应。由于相邻层的升温速度不同，导致热分解和热缩聚的速度不同，进而使半焦收缩速度不同，收缩速度相对较小的那一层阻碍收缩，由此产生内应力，当此内应力大于焦炭多孔体结构强度时，焦炭就产生裂纹。气煤的胶质体温度间隔较窄，故半焦层较薄，加以气孔率大，焦炭物质脆，往往是本层内部由于收缩产生的拉应力使半焦或焦炭破裂，因此气煤焦炭的裂纹，主要是垂直于炭化室墙的纵裂纹，即气煤焦炭多呈细条状。肥煤由于胶质层温度间隔宽，半焦层厚，加以本层内部黏结性强，其拉应力的破坏作用居于次要地位，而相邻层间因收缩速度不同产生切应力，且相邻层间黏结力不强，故切应力的破坏作用是主要的，所以肥煤焦炭中以平行于炭化室墙的横裂纹居多。纵横裂纹使炭化室内的焦饼碎成不同块度的焦炭，也就具有不同的抗碎强度。炭化室内由于单向供热必然造成各层升温速度不同，从而使各层焦炭的块度、耐磨强度和抗碎强度也就不同。

三、工艺条件对结焦过程的影响

1. 加热速度

提高加热速度使煤料的胶质体温度范围加宽，流动性增加，从而改善煤料的黏结性，使焦块致密。实验证明这是因为改变了煤的热解动态过程，即快速加热使侧链断裂形成液相的速度和碳网增加，液相显出速度之差值增加，从而加大了胶质体的温度停留范围，改善了胶质体的流动性，同时单位时间内产生的气体增加，增大了膨胀压力，因而提高了煤的黏结性。利用快速加热，可以提高弱黏结性的气煤、弱黏煤甚至长焰煤的黏结性，这就扩大了炼焦煤源，热压型焦就属于这一基本原理。但快速加热对半焦收缩是不利的，因为提高加热速度使收缩速度加快，相邻层的连接强度加大，从而收缩应力大，产生的裂纹多，故合理的加热速度应是黏结阶段快、收缩阶段慢。

现代焦炉炭化室内的结焦过程无法调节各阶段的加热，且实际上湿煤、干煤、胶质体由于导热性能差，加热速度慢，半焦和焦炭反而加热快，这是现代焦炉炭化室的根本缺点。

2. 煤料细度

实验表明，煤料粉碎度和焦炭强度呈如下关系：同一种煤的粉碎度增加，焦炭强度增加，当煤粉碎度达到某极限值后，继续增加时焦炭强度反而降低。不同的煤种，其焦炭强度的极大值对应的粉碎度取决于煤的黏结性，黏结性愈好的煤，其焦炭强度极大值对应的煤粉碎度愈高，这是因为粉碎度提高时，煤粉的分散表面积增加，由于固体颗粒对液体的吸附作用使胶质体黏度增大，不利于气体的析出，使黏结阶段的膨胀压力增大，因而使煤的黏结性提高。

煤料越肥，对焦炭强度的影响趋向于收缩应力的降低，故细粉碎有利于得到裂纹少、块度大、质量均一的焦炭。但对配合煤而言，应根据单种煤的特性确定粉碎度。一般情况为增加弱黏结煤的用量，则应对强黏结煤粗粉碎以保持其黏结性，弱黏结煤细粉碎以利于分散。

所以，对于不同的煤料，为得到强度最好的焦炭，应寻找各自最适合的细度。

3．堆密度

增加装炉煤的堆密度，使煤粒间隙减小，膨胀压力增大，填充间隙所需的液态物质减少，在胶质体数量和性质一定时，可以改善煤的黏结性。但堆密度的增大，使相邻层的连接强度加强，且伴随着收缩应力的增加，使焦炭的裂纹增加。因此，只有当黏结性差的气煤配用量较大时，采用增加堆密度的方法可以提高焦炭的强度。

4．添加物

煤料黏结性不好时，可以加入沥青等黏结剂，增加结焦过程中的液相产物以改善黏结性。但这种黏结剂要求在煤料胶质体阶段有较好的热稳定性，故最好采用高沸点沥青。

当煤料收缩性很大时，可在不使煤黏结性降低很多的情况下，加入经细粉碎的无烟煤粉、焦粉等瘦化剂以减少收缩内应力，从而提高焦炭块度。

四、室式结焦过程中煤料硫分、灰分与焦炭硫分、灰分的关系

1．硫的动态与焦炭硫分

配合煤硫分既可按单种煤硫分用加和法进行计算，也可直接测定。在炼焦过程中，煤中的部分硫，如硫酸盐和硫化铁，转化为 FeS、CaS、Fe_nS_{n+1} 而残留在焦炭中（$S_{残}$），另一部分硫，如有机硫，则转化为气态硫化物，在流经高温焦炭层缝隙时，部分与焦炭反应生成复杂的硫碳复合物（$S_{复}$）而转入焦炭，其余部分则随煤气排出（$S_{气}$），随焦炉煤气带出的硫量因煤中硫的存在形态及炼焦最终温度而异。

煤中硫分转入焦炭的质量分数，按物料平衡得

$$\Delta w(S)=\frac{w(S_{残})+w(S_{复})}{w(S_{煤})}\times 100\%=\frac{w(S_{煤})-w(S_{气})}{w(S_{煤})}\times 100\% \tag{2-1}$$

式中　$\Delta w(S)$——煤中硫分转入焦炭的质量分数，%；

$w(S_{煤})$——煤中硫的质量分数，%；

$w(S_{残})$——煤中硫残留在焦炭中的质量分数，%；

$w(S_{复})$——煤中硫与焦炭反应生成复杂的硫碳复合物的质量分数，%；

$w(S_{气})$——煤中硫随煤气排出的质量分数，%。

一般 $\Delta w(S)=60\%\sim70\%$，即室式焦炉的脱硫能力为 30%～40%，煤中的硫有60%～70%转入焦炭中。因此配合煤硫分控制值可按焦炭硫分要求用下式计算

$$w(S_{煤})=\frac{K}{\Delta w(S)}w(S_{焦}) \tag{2-2}$$

式中　$w(S_{焦})$——焦炭硫分，%；

K——全焦率，%。

当 $\Delta w(S)=60\%\sim70\%$、$K=74\%\sim76\%$时，$w(S_{焦})/w(S_{煤})=80\%\sim93\%$。即室式炼焦条件下，焦炭中硫分为煤中硫分的 80%～93%，提高炼焦终温度可使 $\Delta w(S)$降低，从而使焦炭硫分有所降低。

2．焦炭灰分

配合煤灰分既可按单种煤灰分用加和计算，也可直接测定。在炼焦过程中，煤中的矿物质只有某些组分如碳酸盐和二硫化铁等在结焦过程中分解生成氧化物和硫化铁等。因此从灰分这个概念而言，可以认为煤中灰分全部转入焦炭，故

$$A_{煤}=KA_{焦} \tag{2-3}$$

式中　$A_{煤}$、$A_{焦}$——煤、焦炭的灰分，%。

降低煤中灰分有利于焦炭灰分降低，可使高炉、化铁炉等降低焦耗，提高产量。

第二节 炼焦过程的化学产品

一、化学产品的产生

在胶质体生成、固化和半焦分解、缩聚的全过程中，都有大量气态产物析出。由于炭化室内层层结焦，而塑性层的透气性一般很差，大部分气态产物不能穿过胶质体层，因此，炭化室内干煤层热解生成的气态产物和塑性层内所产生的气态产物中的一部分只能向上或从塑性层内侧流往炉顶空间，这部分气态产物称“里行气”，见图 2-3。里行气占气态产物的 20%～25%。塑性层内所产生的气态产物中的大部分及半焦层内产生的气态产物则穿过高温焦炭层缝隙，沿焦饼与炭化室墙之间的缝隙向上流入炉顶空间，这部分气态产物称“外行气”，外行气占气态产物的 75%～80%。里行气和外行气最后全部在炉顶空间汇集而导出。煤热解的产物（常称为一次热解产物）在流经高温的焦炭、炉墙和炉顶空间时，不可避免地要发生进一步的化学变化，常称为二次热解。煤热解过程中的化学反应是非常复杂的，包括煤中有机质的裂解、裂解产物中轻质部分的挥发、裂解残留物的缩聚、挥发产物在析出过程中的分解和化合、缩聚产物的进一步分解、再缩聚等过程。总的来讲包括裂解和缩聚两大类反应。从煤的分子结构看，可认为热解过程是基本结构单元周围的侧链和官能团等，对热不稳定成分不断裂解，形成低分子化合物并挥发出去，而基本结构单元的缩合芳香核部分对热稳定成分互相缩聚形成固体产品（半焦或焦炭）。

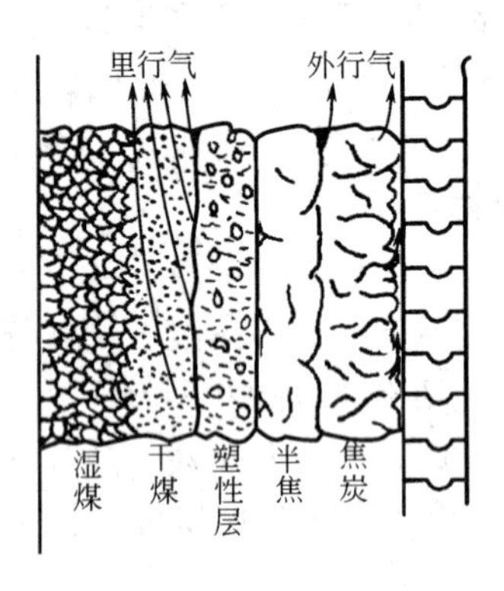

图 2-3 化学产品析出示意图

煤热解中的化学反应可分为以下几种。

1. 煤热解中的裂解反应

① 结构单元之间的桥键断裂生成自由基，主要是：$-CH_2-$、$-CH_2-CH_2-$、$-CH_2-O-$、$-O-$、$-S-$、$-S-S-$等，桥键断裂成自由基碎片。

② 脂肪侧链受热易裂解，生成气态烃类，如 CH_4、C_2H_6、C_2H_4 等。

③ 含氧官能团的裂解，含氧官能团的热稳定性顺序为

$$-OH > \;\rangle C{=}O > -COOH$$

羧基热稳定性低，200℃就开始分解，生成 CO_2 和 H_2O。羰基在 400℃左右裂解成 CO，羟基不易脱除，到 700℃以上，有大量氢存在，可氢化生成 H_2O。含氧杂环在 500℃以上也可能断开，生成 CO。

④ 煤中低分子化合物的裂解，是以脂肪结构为主的低分子化合物，其受热后，可分解成挥发性产物。

2. 一次热解产物的二次热解反应

炼焦化学产品主要是二次热解产物，二次热解的反应主要有以下几种。

（1）裂解反应

$$C_2H_6 \longrightarrow C_2H_4 + H_2$$

$$C_2H_4 \longrightarrow CH_4 + C$$

$$CH_4 \longrightarrow C + 2H_2$$

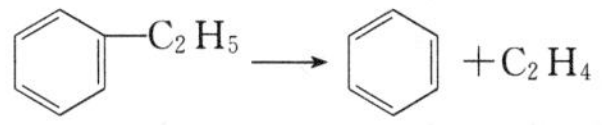

$$C_6H_5-C_2H_5 \longrightarrow C_6H_6 + C_2H_4$$

（2）脱氢反应

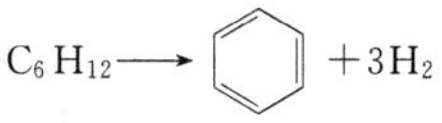

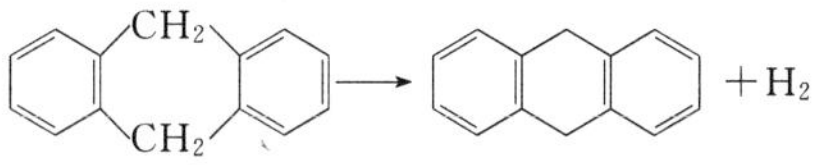

$$C_6H_{12} \longrightarrow C_6H_6 + 3H_2$$

$$CH_2 \quad CH_2 \longrightarrow + H_2$$

（3）加氢反应

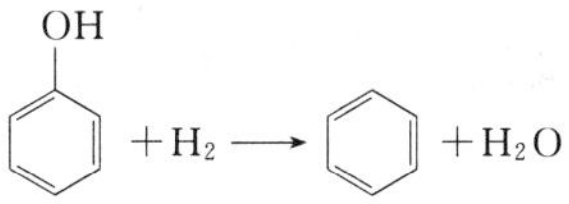

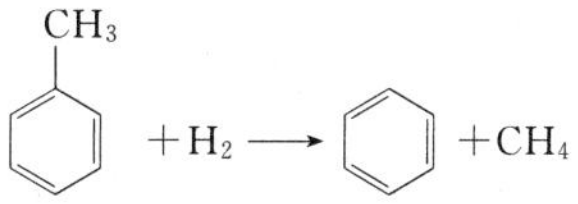

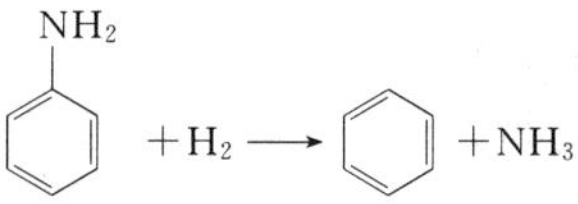

$$C_6H_5OH + H_2 \longrightarrow C_6H_6 + H_2O$$

$$C_6H_5CH_3 + H_2 \longrightarrow C_6H_6 + CH_4$$

$$C_6H_5NH_2 + H_2 \longrightarrow C_6H_6 + NH_3$$

（4）缩合反应

$$C_{10}H_8 + C_4H_6 \longrightarrow C_{14}H_{10} + 2H_2$$

$$C_6H_6 + C_4H_6 \longrightarrow C_{10}H_8 + 2H_2$$

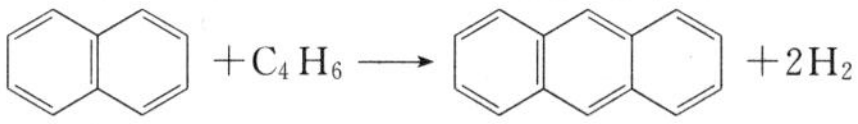

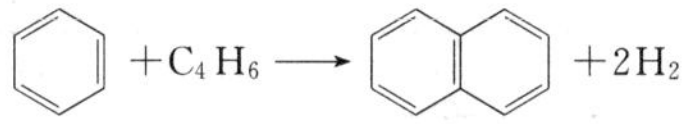

（5）桥键分解

$$-CH_2- + H_2O \longrightarrow CO + 2H_2$$

$$-CH_2- + -O \longrightarrow CO + 4H_2$$

3．煤热解中的缩聚反应

煤热解的前期以裂解反应为主，而后期则以缩聚反应为主。缩聚反应对煤的热解生成固态产品（半焦或焦炭）影响较大。

（1）胶质体固化过程的缩聚反应　主要是在热解生成的自由基之间的缩聚，其结果生成半焦。

（2）半焦分解　残留物之间的缩聚，生成焦炭。缩聚反应是芳香结构脱氢，苯、萘、联苯和乙烯参加反应，如

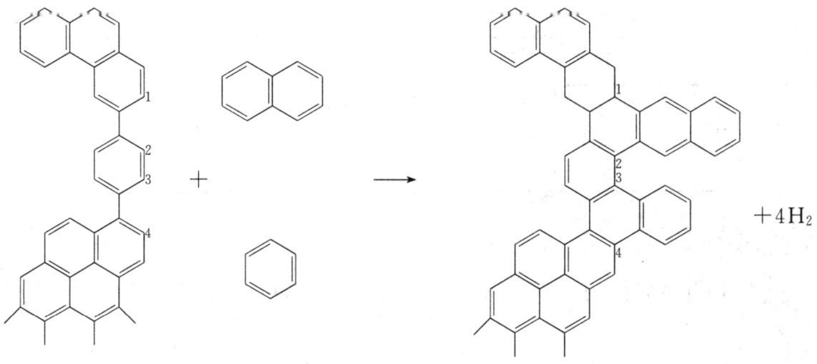

1 2 3 4 + ⟶ 1 2 3 4 $+4H_2$

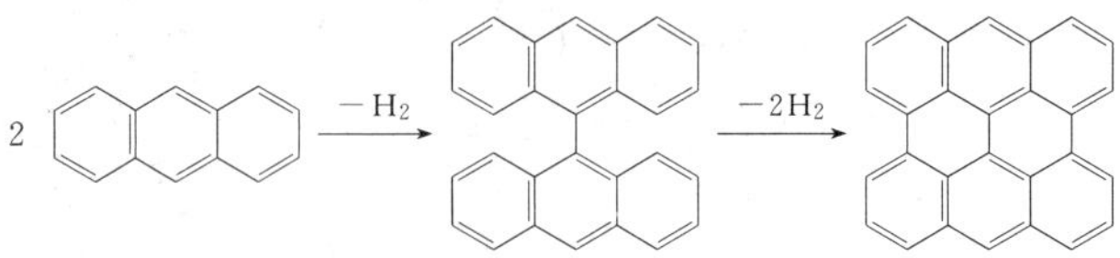

$$2\,(\text{蒽}) \xrightarrow{-H_2} \cdots \xrightarrow{-2H_2} \cdots$$

（3）加成反应　具有共轭双烯及不饱和键的化合物，在加成时，进行环化反应，如

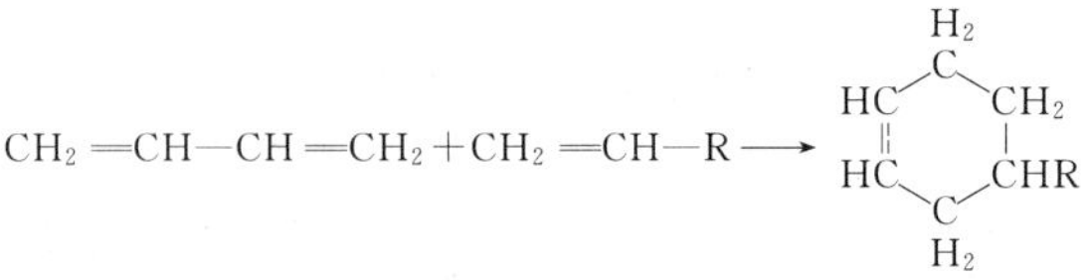

$$CH_2{=}CH{-}CH{=}CH_2+CH_2{=}CH{-}R \longrightarrow \text{(环状产物：}H_2C,\ HC{=}HC,\ CH_2,\ CHR\text{)}$$

二、影响化学产品的因素

影响煤热解（化学产品生成）的因素很多，有原料煤的影响，它包括煤化程度、岩相组成、煤的粒度等，还有外界条件的影响，包括加热条件（升温速度、热解最终温度、压力）、装煤条件（散装、型煤、捣固、预热等）、添加剂和预处理（氧化、加氢、水解和溶剂抽提）等。

1．原料煤的影响

（1）煤化程度　煤化程度对煤的热解影响很大，它直接影响煤开始热解的温度、热解产物、热解反应活性、黏结性和结焦性等。

随着煤化程度的增加，煤中有机质开始热解的温度逐渐升高，见表 2-1。

表 2-1　煤中有机质开始热解温度

煤种	泥炭	褐煤	烟煤					无烟煤
			长焰煤	气煤	肥煤	焦煤	瘦煤	
开始热解温度/℃	＜100	160	170	210	260	300	320	380

对加热产物及产率的影响表现为：在同一热解条件下，由于煤化程度的不同，其热解产物及产率也不同。煤化程度低的煤（如褐煤）热解时，煤气、焦油和热解水产率高，但由于没有黏结性（或很小），不能结成块状焦炭；中等变质程度的烟煤，热解时煤气、焦油产率高而热解水少，黏结性强，能形成强度高的焦炭；煤化程度高的煤（贫煤以上），煤气量少，基本没有焦油，由于没有黏结性，故生成大量焦粉。

（2）岩相组成的影响　不同煤岩成分的热解产物及产率也不同（见表 2-2）。煤气产率以稳定组为最高，丝质组最低，镜质组居中；焦油产率以稳定组为最高，丝质组最低，镜质组焦油产率居中；焦炭产量丝质组最高，镜质组居中，稳定组最低。

表 2-2　不同煤岩成分的热解产物及产率

产　品	质量分数/%			产　品	质量分数/%		
	镜质组	丝质组	稳定组		镜质组	丝质组	稳定组
焦炭	69.53	80.02	58.28	化合水	7.18	4.07	4.31
焦油	3.62	1.24	7.93	净煤气	15.28	11.16	23.88
苯	2.05	0.98	4.17				

2．外界条件的影响

（1）热解最终温度的影响　因煤热解的终点温度不同，热解产品的组成及产率也不同，见表 2-3。

表 2-3　不同终温下干馏产品的分布与性状

产品分布与性状	最　终　温　度/℃		
	600℃低温干馏	800℃中温干馏	1000℃高温干馏
固体产品	半焦	中温焦	高温焦
产品产率:焦炭/%	80～82	75～77	70～72
焦油/%	9～10	6～7	3.5
煤气(标准状态)/[m^3/t(干煤)]	120	200	320
产品性状:焦炭着火点/℃	450	490	700
机械强度	低	中	高
挥发分/%	10	约 5	<2
焦油:密度/(kg/m^3)	<1	1	>1
中性油/%	60	50.5	35～40
酚类/%	25	15～20	1.5
焦油盐基/%	1～2	1～2	约 2
沥青/%	12	30	57
游离碳/%	1～3	约 5	4～7
中性油成分	脂肪烃,芳烃	脂肪烃,芳烃	芳烃
煤气主要成分:氢/%	31	45	55
甲烷/%	55	38	25
煤气中回收的轻油	气体汽油	粗苯-汽油	粗苯
产率/%	1.0	1.0	1～1.5
组成	脂肪烃为主	芳烃 50%	芳烃 90%

随着热解最终温度的升高，焦油和焦炭的产率下降，煤气产率增加，但煤气中氢含量增加，而烃类减少，因此其热值降低；焦油中的沥青和芳烃增加，酚类和脂肪烃含量降低。

可以看出，由于热解的最终温度不同，煤热解的深度就不同，其产品的组成和产率也不同。

焦炉的生产实践表明，温度为 800℃时氨的产率最高，由 500℃起石蜡烃开始转变为芳烃，故 700～800℃最适宜生产贵重的芳烃、苯、甲苯和二甲苯，此时产率最高。因此焦饼中心温度过高不利于化学产品的回收。但为保证焦炭的质量，不能因增产化学产品而降低焦饼中心温度。

(2) 炉顶空间温度和容积的影响　从化学产品的产率和质量来说，炉顶空间温度以 750℃左右为宜，但生产上为使焦饼中心温度达到 950～1050℃，炉顶空间温度总是大于 750℃，只能力求降低，不能完全满足。炉顶空间温度超过 900℃，焦油中含游离碳、萘、蒽、沥青增加，密度增大，含酚减少。在平煤操作良好、荒煤气导出顺利的条件下，炉顶空间容积应尽可能小，以减少荒煤气在此停留时间，使二次热解适当。

(3) 加热速度的影响　随着加热速度的增加，气体开始析出的温度和气体析出最大速度的温度迅速提高，见表 2-4。

表 2-4　加热速度对煤热分解的影响

煤的加热速度/(℃/min)	温　度/℃		煤的加热速度/(℃/min)	温　度/℃	
	气体开始析出	气体最大析出		气体开始析出	气体最大析出
5	225	435	40	347	503
10	300	458	50	355	515
20	310	486			

提高加热速度（缩短结焦时间），使煤气和焦油产率增加，焦炭产率减少。煤气中增加烯烃、苯、乙炔。如在800℃以上热解，焦油中芳烃增加，萘含量增加，酸性油中苯酚较多，杂酚较少。另外热解时的压力增加，可以阻止热解产物挥发和抑制低分子气体的生成，不利于化学产品的回收。

三、化学产品产率的估算

炼焦化学产品是煤料一次热解产物在高温下二次热解生成，而一次热解产物主要是胶质体固化前煤热解的气态产物及胶质体固化后，胶质体和半焦进一步热分解的气态产物，是煤有机质大分子上断下的侧链及其分解产物。由于大分子中侧链数量可以近似用煤的挥发分（V_{daf}）表示，所以当炼焦温度等工艺条件变化不大时，炼焦化学产品的产率主要取决于煤的性质。因此，炼焦化学产品的产率与煤的挥发产率之间既有密切关系，又不是单纯的函数关系。当V_{daf}一定时，化学产品的产率总是在较小的范围内波动，即两者密切相关。

据此，可以用大量的生产数据为基础，应用数理统计方法，使各偶然因素互相抵消，找出化学产品产率和V_{daf}之间的关系式，反过来又用此关系式估算化学产品的产率。

1. 全焦率K

$$K=\frac{100-V_{d,煤}}{100-V_{d,焦}}+a \tag{2-4}$$

式中　$V_{d,煤}$、$V_{d,焦}$——分别表示煤和焦炭的干燥基挥发分，%；

a——校正值。

式（2-4）中的校正值a是一次热解产物在流经灼热焦炭时，经二次热解而析出的游离碳以石墨的形态沉积在焦炭的气孔壁上，使焦炭质量增加。一般炼焦温度越高，煤的挥发分越高，二次热解中的裂解反应越剧烈，石墨析出越多，a值越大。根据各焦化厂的生产实践进行的数理统计：$a=1.1\pm0.3$。

2. 苯产率y

$$y=a+bV_{daf} \tag{2-5}$$

式中　y——粗苯产率（干燥基煤），%；

V_{daf}——煤的干燥无灰基挥发分，%；

a、b——常数。

常数a、b因各厂的装炉煤性质和主要工艺条件的不同而异，在一定的条件下a和b是定值。以某焦化厂为例：$a=-0.64$，$b=0.065$（适用范围：$V_{daf}=27.96\%\sim30.37\%$，$y=0.988\%\sim1.379\%$），公式精确度$\delta=0.078\%$。

3. 焦油产率x

$$x=a'+b'V_{daf} \tag{2-6}$$

式中　x——焦油产率（干燥基煤），%。

常数a'、b'因装炉煤的性质和主要工艺条件不同而异，在一定的条件下，a'和b'为定值。据某焦化厂生产数据的数理统计：$a'=-1.4$，$b'=0.184$（适用范围$V_{daf}=27.96\%\sim30.37\%$，$x=3.48\%\sim4.26\%$），公式精确度$\delta=0.24\%$。

4. 氨产率

氨是煤气中含氮化合物转化而来的，一般煤中含氮$w_{daf}(N)$为1%～3%，其中有15%～20%在高温下与氢化合转化为氨。中国多数焦化厂的氨产率为0.25%～0.35%，硫铵产率为1%～1.2%(干燥基煤)。

5. 净煤气产率

按中国多数焦化厂的配煤，净煤气产率(标准状态)为 320～330m^3/t(干燥基煤)。

综上所述，估算化学产品产率用的相关关系式，都是以大量生产数据为基础，用数理统计的方法得来的。它具有特殊性和局限性，而且有适用范围和一定误差，不能任意套用。

化学产品产率除用上述方法计算外，也可用下列经验公式计算。

(1) 苯产率 y(%)

$$y=-1.6+0.144V_{daf}-0.0016V_{daf}^2 \tag{2-7}$$

式中符号代表意义同前（V_{daf}在 20%～30%之间）。

(2) 焦油率 x(%)

$$x=-18.36+1.53V_{daf}-0.026V_{daf}^2 \tag{2-8}$$

式中符号意义同前（V_{daf}在 20%～30%之间）。

(3) 氨产率 G(%)

$$G=aw_{daf}(\mathrm{N})\times\frac{17}{14}\times\frac{100-(A_{ad}+M_{ad})}{100} \tag{2-9}$$

式中　a——煤中的氮转化为氨的系数，一般取 a=0.15～0.20；

$w_{daf}(\mathrm{N})$——配煤中干燥无灰基含氮量，%；

A_{ad}——配煤的分析基灰分，%；

M_{ad}——配煤的分析基水分，%；

14、17——定值系数。

(4) 净煤气产率 Q(%)

$$Q=a\sqrt{V_{daf}} \tag{2-10}$$

式中　V_{daf}——煤的干燥无灰基挥发分，%；

a——系数（对气煤 a=3，焦煤 a=3.3）。

复习思考题

1. 为什么说炭化室内是单向供热？叙述炭化室内煤料的成层结焦过程。
2. 为什么炭化室中心部位的煤料由湿煤转变为干煤所需时间占结焦时间的一半左右？
3. 炭化室内结焦过程中煤料的膨胀压力是如何产生的？何时产生最大膨胀压力？
4. 叙述炭化室内不同部位焦炭的质量特征。
5. 焦炭产生裂纹的原因是什么？了解不同煤化程度的煤所形成的裂纹特征。
6. 影响煤料结焦过程的因素有哪些？
7. 试求如果想要炼出二级冶金焦，煤的灰分及硫分分别应如何控制。
8. 煤料在炭化室内结焦过程中化学产品的析出途径有哪些？
9. 影响化学产品的因素有哪些？
10. 了解煤料热解过程的化学反应情况。

第三章 炼焦煤料的预处理技术

第一节 炼焦配煤

一、单种煤的结焦特性

单种煤的结焦特性是配合煤结焦的基础，掌握单种煤的结焦特性，是指导配煤比变化的主要依据。

（1）褐煤　褐煤是煤化程度最低的煤，变质程度只比泥炭高，在隔绝空气加热时不产生胶质体，也没有黏结性。在近代炼焦炉中，不能单独炼成焦炭，但在配煤中加入少量褐煤以增加配煤的挥发分，已取得一定的成果。如果采用特殊的工艺处理，褐煤也可以炼焦，在国外某些褐煤多而炼焦煤少的国家，有的就采用褐煤炼焦，但其工艺过程复杂。

（2）长焰煤　长焰煤是烟煤中煤化程度最低的煤，变质程度比褐煤高。其含氧量高，高沸点的液态产物少，胶质层厚度小于5mm，因此结焦性能很差，在现代焦炉中不能炼出合格的焦炭。若采用压紧、薄装及快速加热等方法，可在土焦炉中炼制出细长条的焦炭。配煤中加入少量长焰煤，可起瘦化作用。但长焰煤的配入量较高时，会使焦炭的耐磨强度降低，特别是配煤中肥煤不多，焦炭质量显著变坏，因此在配入长焰煤时要注意对焦炭质量的影响。长焰煤的脆性小，一般难以粉碎，若配入长焰煤时，最好将其单独粉碎，以免影响焦炭质量的均匀性。

（3）气煤　气煤的煤化程度比长焰煤高，煤的分子结构中侧链多且长，含氧量高。在热解过程中，不仅侧链从缩合芳环上断裂，而且侧链本身又在氧键处断裂，所以生成了较多的胶质体，但黏度小，流动性大，其热稳定性差，容易分解。在生成半焦时，分解出大量的挥发性气体，能够固化的部分较少。当半焦转化成焦炭时，收缩性大，产生了很多裂纹，大部分为纵裂纹，所以焦炭细长易碎。

在配煤中，气煤含量多，将使焦炭块度降低，强度低。但配以适当的气煤，可以增加焦炭的收缩性，便于推焦，又保护了炉体，同时可以得到较多的化学产品。由于中国气煤储存量大，为了合理利用炼焦煤资源，在炼焦时应尽量多配气煤。

（4）肥煤　肥煤的煤化程度比气煤高，属于中等变质程度的煤。从分子结构看，肥煤所含的侧链较多，但含氧量少，隔绝空气加热时能产生大量的相对分子质量较大的液态产物，因此，肥煤产生的胶质体数量最多，其最大胶质体厚度可达25mm以上，并具有良好的流动性能，且热稳定性能也好。肥煤胶质体生成温度为320℃，固化温度为460℃，处于胶质体状态的温度间隔为140℃。如果升温速度为3℃/min，胶质体的存在时间可达50min，由此决定了肥煤黏结性最强，是中国炼焦煤的基础煤种之一。由于其挥发分高，半焦的热分解和热缩聚都比较剧烈，最终收缩量很大，所以生成焦炭的裂纹较多，又深又宽，且多以横裂纹出现，故易碎成小块，抗碎强度较差，高挥发分的肥煤炼出的焦炭的抗碎强度更差一些，但耐磨强度较好。肥煤单独炼焦时，由于胶质体数量多，又有一定的黏性，膨胀性较大，导致推焦困难。

在配煤中，加入肥煤后，可起到提高黏结性的作用，所以肥煤是炼焦配煤中的重要组分，并为多配入黏结性差的煤创造了条件。

（5）焦煤　焦煤的变质程度比肥煤稍高，挥发分比肥煤低，分子结构中大分子侧链比肥煤少，含氧量较低。热分解时生成的液态产物比肥煤少，但热稳定性更高，胶质体数量多，黏性大，固化温度较高，半焦收缩量和收缩速度均较小，所以焦煤炼出的焦炭不仅耐磨强度高、焦块大、裂纹少，而且抗碎强度也好。就结焦性而言，焦煤是最好的能炼制出高质量焦炭的煤。

配煤时，焦煤的配入量可在较宽范围内波动，且能获得强度较高的焦炭。所以配入焦煤的目的是增加焦炭的强度。由于中国焦煤储量有限，在配煤时，应尽量减少焦煤的用量，以节约焦煤。

（6）瘦煤　瘦煤的煤化程度较高，是低挥发分的中等变质程度的黏结性煤，加热时生成的胶质体少，黏度大。单独炼焦时，能得到块度大、裂纹少、抗碎强度高的焦炭，但焦炭的熔融性很差，焦炭耐磨性能也差。在配煤时配入瘦煤可以提高焦炭的块度，作为炼焦配煤效果较好。

（7）贫煤　贫煤是煤化程度最高的烟煤，属于高变质程度的煤。贫煤没有黏结性，在炼焦炉中不结焦，故不能单独炼焦。在配煤中加入少量贫煤可起瘦化剂的作用。因其硬度大，配入贫煤时最好将其单独粉碎以增加焦块的均匀性。

（8）无烟煤　无烟煤是煤化程度最高的煤。挥发分低，固定碳含量高，密度大，燃烧时不冒烟，加热时不产生胶质体，没有黏结性和结焦性。在没有瘦煤的地区可配入无烟煤作为瘦化剂使用，由于其密度大，脆性小，配入时应单独粉碎。采用新的工艺，如配入一定量的沥青或强黏结煤作为黏结剂，可将无烟煤加压成型而生产型焦。

除了以上煤种之外，在中国煤的分类中还有许多煤，如气肥煤、1/3 焦煤、贫瘦煤等，这些过渡性煤种的结焦性介于两种煤之间，作为配合用煤时，要考虑他们各自不同的性质差异。

二、配煤的意义和原则

早期炼焦只用单种煤，随着炼焦工业的发展，炼焦煤储量明显不足。随着高炉的大型化，对冶金焦质量提出了更高的要求，单种煤炼焦的矛盾也日益突出，如膨胀压力大，焦饼收缩量小，容易损坏炉墙，并造成推焦困难等。针对此种现象，结合中国煤源丰富，煤种齐全，但炼焦煤储量较少的现状，走配煤之路势在必行。所以单种煤炼焦已不可能，必须采用多种煤配合炼焦。

配煤炼焦就是将两种或两种以上的单种煤，均匀地按适当的比例配合，使各种煤之间取长补短，生产出优质焦炭，并能合理利用煤炭资源，增加炼焦化学产品。

不同的煤种其黏结性不同，从结焦性来说主焦煤最好，但中国焦煤储量少，不能满足焦化工业的需要，同时储量丰富的其他煤种又不能得到充分利用。因此中国从 20 世纪 50 年代就开始了炼焦配煤的研究和生产实践，建立了以气煤、肥煤为基础煤种，适当的配入焦煤，使黏结成分、瘦化成分比例适当，并尽量多配高挥发分弱黏结煤的配煤原则。

为了保证焦炭质量，又利于生产操作，配煤应遵循以下原则。

① 配合煤的性质与本厂的煤料预处理工艺以及炼焦条件相适应，保证炼出的焦炭质量符合规定的技术质量指标，满足用户的要求。

② 焦炉生产中，注意不要产生过大的膨胀压力，在结焦末期要有足够的收缩度，避免

推焦困难和损坏炉体。

③ 充分利用本地区的煤炭资源，做到运输合理，尽量缩短煤源平均距离，便于车辆调配，降低生产成本。

④ 在尽可能的情况下，适当多配一些高挥发分的煤，以增加化学产品的产率。

⑤ 在保证焦炭质量的前提下，应多配气煤等弱黏结性煤，尽量少用优质焦煤，努力做到合理利用中国的煤炭资源。

中国大多数地区煤炭有以下几个特点：

① 肥煤、肥气煤黏结性好，有一定的储量，但灰分和硫分较高，大部分煤不易洗选；

② 焦煤黏结性好，在配煤中可以提高焦炭强度，但储量不多，且大部分焦煤灰分高、难洗选；

③ 弱黏结性煤储量较多，灰分、硫分较低，且易洗选。

因此在确定配煤比时，应以肥煤和肥气煤为主，适当配入焦煤，尽量多利用弱黏结性煤。按此原则确定的配煤方案，结合中国煤炭资源的实际，打破了过去沿袭前苏联以焦煤、肥煤为主，少量配入气煤、瘦煤的配煤传统，为合理利用资源和不断扩大炼焦煤源开辟了新的途径。

各焦化厂在确定配煤比时，应以配煤原则为依据，结合本地区的实际情况，尽量做到就近取煤，防止南煤北运及对流，避免重复运输，降低炼焦成本。此外应考虑焦炉炉体的具体情况，回收车间的生产能力，备煤车间的设备情况等，如炉体损坏严重时，配煤的膨胀压力应小些，回收车间生产能力大时，可多配入高挥发分的煤。

总之，制定配煤比应遵循上述原则，因地制宜，根据单种煤的特性，通过配煤试验，拟定初步配煤方案，然后进行试生产。若更换煤种，更改配煤比或遇炉体严重损坏时，都可通过配煤试验进行调整，以其试验结果指导生产，炼出符合质量要求的焦炭。

三、配煤理论与焦炭质量预测

由于煤的多样性和结构的复杂性，要提出一个普遍适用的配煤理论和焦炭质量预测的方法比较困难。又由于各种配煤理论都有一定的局限性，都是在一定区域内或煤源条件下得到采用，所以确定的配煤方案，也需经过配煤试验来验证其合理性。目前常用的配煤理论及焦炭质量预测方法有以下几种。

1. 黏结组分和纤维质组分的配煤概念

这一配煤概念的出发点是根据煤岩学理论，将煤分为黏结组分（活性组分）和纤维质组分（惰性组分）两大类。评价炼焦配煤的指标，一是用黏结组分的数量表示黏结能力的大小；二是用纤维质组分的强度决定焦炭的强度。具体方法是：将煤用吡啶抽提，提出物为黏结组分，残留物为纤维质组分，将纤维质组分与一定量的沥青混合成型后干馏，用干馏后所得固块的最高耐压强度表示纤维质组分的强度。当配合煤达不到相应要求时，可添加黏结剂或瘦化剂进行调整。它们的关系如图 3-1 所示。

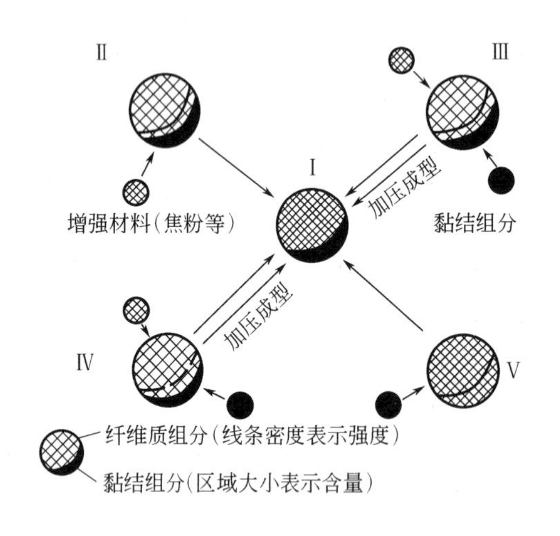

图 3-1　黏结组分与纤维质组分的配合关系示意图

Ⅰ—强黏结煤；Ⅱ—黏结组分多的弱黏结煤；Ⅲ—弱黏结煤；Ⅳ—非黏结煤；Ⅴ—无烟煤

（1）强黏结性煤　由于该煤种黏结性组分适量，纤维质组分的强度高，所以可制得高强度的焦炭。

（2）黏结组分多的高挥发分弱黏结煤　由于该煤种纤维组分强度低，所以需要配入瘦化组分或焦粉之类的补强剂。

（3）一般的弱黏结煤　该种煤不仅黏结组分少，而且纤维质组分强度低，在配用时既要加入黏结剂（沥青）以增加黏结组分，还要加入补强材料（加入瘦化剂或焦粉）来提高纤维质组分强度，并加压成形，以改善纤维质组分的接触和黏结剂的填充，才能得到强度好的焦炭。

（4）非黏结煤　由于黏结组分更少，纤维质组分强度也更低，需要与一般弱黏结煤相同的处理措施才能改善焦炭的强度。

（5）无烟煤　只有强度较高的纤维质组分，需要添加黏结剂，才能得到足够强度的焦炭。

2. 挥发分、流动度配煤概念及焦炭质量的预测方法

（1）基本概念　煤料的特性通常可用煤化程度指标和黏结性指标来反映。挥发分、流动度配煤概念是以煤化程度及黏结性做配煤依据的一种方案。

除了灰分、硫分等化学组成以外，用煤化程度指标（挥发分）和黏结性指标（最大流动度）相结合可以反映煤的结焦性，而且这两个指标并非孤立，有着相互关系。因此不但应该分别考虑各自的适宜值，而且应该考虑两者共同构成的适宜范围。由此出发，在 V_{daf}-MF 配煤图中将烟煤分成九类，并提出配合煤的适宜范围，如图 3-2 所示。

一般，位于对角线两侧区域内的煤相互配合后，若两个指标落入图中斜线则可炼出合格

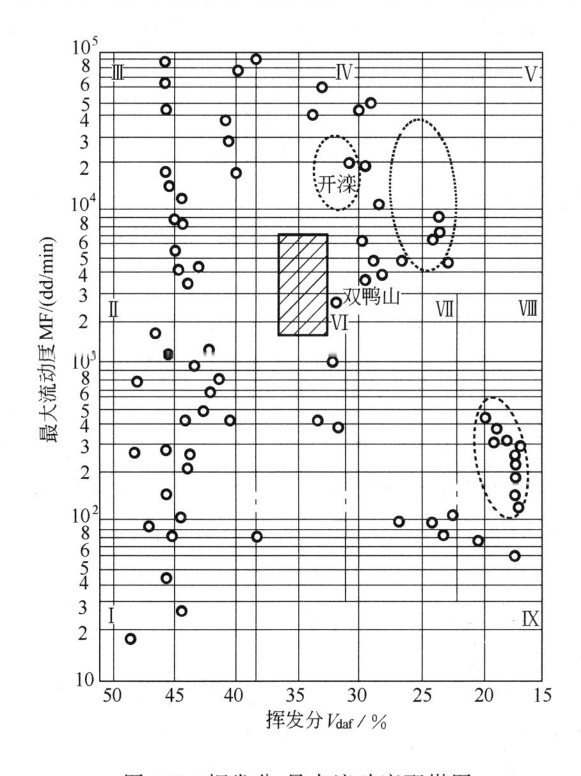

图 3-2　挥发分-最大流动度配煤图

的焦炭。该最佳配煤区为：V_{daf}=32%～37%，MF=1500～1700dd/min。

（2）预测焦炭质量的方法　根据上述基本概念，曾对多种煤样进行了试验，得出了焦炭强度 DI_{15}^{150} 与煤样挥发分 V_{daf} 和流动度（对数值）的关系图（见图 3-3）。

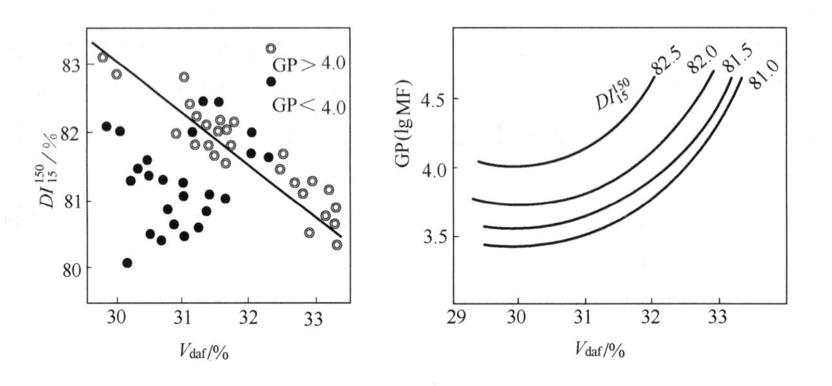

图 3-3　焦炭强度与煤样挥发分、流动度的关系

由图可见，当流动度的对数值 GP＜4.0 时，焦炭强度主要取决于流动度，而当 GP＞4.0时，则主要取决于挥发分。

但是，这一预测方法是在一定条件下的统计规律，使用时应注意其局限性。这是由于焦炭质量还与煤料水分、堆密度等配煤条件参数以及火道温度、焖炉时间等炼焦条件参数有关，因此尚有多种关系应予以考虑。

3. 煤岩配煤理论及焦炭质量预测方法

（1）煤岩配煤的基本理论　煤岩学理论及其在配煤方面应用技术的内容相当丰富，就其实质而言，煤岩配煤的基本原理归纳为如下几点。

① 同一组型的煤性质相同，按煤岩学原理，各种煤之所以有种种不同，在于煤岩组成和煤化程度不同，因此同一组型的煤由于煤岩实体相同，反射率相同，其性质（包括应用性质）必然相同。这样在多种多样的煤中找到了“细胞”组型，若事先进行大量基础研究，测定各种组型的性质，那么通过测定所研究煤中的各组型含量，不仅可以预测单种煤的性质，而且可预测配合煤的性质。

② 惰性物质为配煤所不可缺少，煤岩学将惰性物质看作结焦中的“沙石”。因此除了矿物质应尽可能少外，对于惰性物质应比例适宜。据此煤岩配煤指出了“组分平衡指数”这一指标。

③ 结焦时各组分间发生界面作用，按煤岩理论，结焦过程中并非煤粒互熔成均一焦块，而是活性物质和惰性物质之间的界面作用和界面反应。因此焦炭强度既取决于活性物质的组型和各种组型的含量，又取决于惰性物的相对含量。煤岩配煤的另一指标——强度指数，其意义即在于此。

（2）组分平均指数和强度指数　由于大多数煤中活性物主要是镜煤组分，再加上用反射率来区分活性物和惰性物，因此常以镜煤组型为代表。由于不同的镜煤组型的黏结性不同，所以在结焦过程中每个镜煤组型与惰性物相结合时，都有一个活性物含量与惰性物含量的最佳比，此时得到的焦炭强度最优。从 V_3～V_{21} 的活性物含量与惰性物含量的最优比 $R_{佳}$（从 V_3～V_{21} 为煤岩实体分类中煤型的代号，见表 3-1），据夏皮洛等的大量实验数据统计得到

图 3-4。由图 3-4 可看出，当反射率为 1.2%的可熔融镜煤组型 V_{12}，其$R_{佳}=4$，即需要 4 份 V_{12}与一份惰性物相结合，也就是活性物 V_{12}含量为 80%，而惰性物含量为 20%。若已知煤料各活性镜煤组型的含量，即可由图 3-4 查出各自的 $R_{佳}$ 值，而后按下式求出此煤的最佳惰性物含量。

$$\varphi(G_{佳}^{惰})=\sum\frac{\varphi(V_i)}{R_{佳i}}$$

式中　$\varphi(G_{佳}^{惰})$——该煤料的最佳惰性物的体积分数，%；

$R_{佳i}$——各活性镜煤组型的最优比；

$\varphi(V_i)$——该煤料中实测的各活性镜煤组型的体积分数（由图 3-4 查得），%。

表 3-1　煤岩实体的分类

类　别	实体的名称	煤型的代号	类　别	实体的名称	煤型的代号
活性物	可熔融镜煤组	$V_0\sim V_{21}$	惰性物	惰性镜煤组	$V_{22}\sim V_{70}$
	可熔融半丝炭组	$SF_0\sim SF_{21}$		惰性半丝炭组	$SF_{22}\sim SF_{40}$
	角质组	$E_0\sim E_{15}$		碎片组	$M_{18}\sim M_{70}$
	树脂组	$R_0\sim R_{15}$		丝质组	$F_{40}\sim F_{70}$
				矿物质	—

组分平衡指数（CBI）就是煤料中实际惰性物含量 $\varphi(G_{实}^{惰})$ 与该煤料中最佳惰性物含量的比值，即

$$CBI=\frac{\varphi(G_{实}^{惰})}{\varphi(G_{佳}^{惰})}$$

组分平衡指数表示出了煤料按其各个镜煤组型为达到焦炭最高强度所需要的最佳惰性物含量，但没有表明焦炭强度值。由于各种镜煤组型与最佳惰性物含量结合所生成焦炭强度不同，同一镜煤组型与不同惰性物含量所生成的焦炭强度也不同，故焦炭强度指数（SI）与镜煤组型及惰性物含量两个因素有关，如图 3-5 所示。

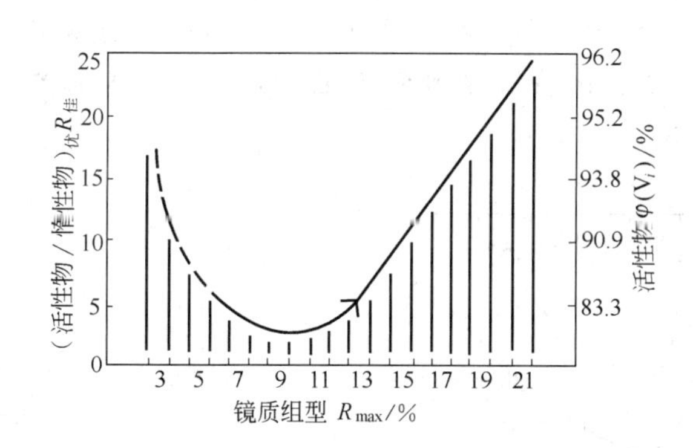

图 3-4　各种可熔融镜煤组型的最优比

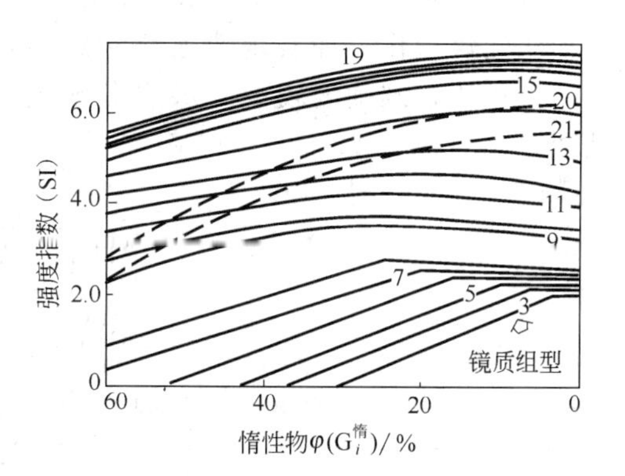

图 3-5　各镜煤组型在不同惰性物含量时的强度指数

某一煤料（包括配合煤）的强度指数可按下式计算

$$SI=\frac{\sum[\varphi(V_i)k_i]}{\sum\varphi(V_i)}$$

式中　$\varphi(V_i)$——该煤料中实测的各镜煤组型含量，%；

k_i ——各镜煤组型的强度指数，即图 3-5 中的 SI 值。

【例 3-1】 某煤料的实测含量 $V_9=11.4\%$，$V_{10}=45.4\%$，$V_{11}=17\%$，$V_{12}=0.7\%$，$V_{13}=0.5\%$，惰性物含量为 25%，由图 3-4 查得 $R_{佳}$ 值分别为 2.3、2.8、3.2、4.0 和 5.0，求此煤料的最佳惰性物含量、组分平衡指数以及煤料的强度指数。

解 该煤料为制得最优强度的焦炭所需的最佳惰性物含量为

$$\varphi(G_{佳}^{惰})=\frac{11.4}{2.3}+\frac{45.4}{2.8}+\frac{17}{3.2}+\frac{0.7}{4.0}+\frac{0.5}{5.0}=26.8\%$$

煤料的组分平衡指数为 $$CBI=\frac{25.0}{26.8}=0.93$$

煤料的强度指数计算如下。

查图 3-5 得：$V_9\sim V_{13}$ 的 $k_9\sim k_{13}$ 分别为 3.6、3.7、4.2、4.7、5.1，则

$$\sum[\varphi(V_i)k_i]=11.4\times3.6+45.5\times3.7+17\times4.2+0.7\times4.7+0.5\times5.1=290.8$$

$$\sum\varphi(V_i)=11.4+45.5+17+0.7+0.5=75$$

故 $$SI=\frac{\sum[\varphi(V_i)k_i]}{\sum\varphi(V_i)}=\frac{290.8}{75}=3.9$$

（3）制作等强度曲线预测图及焦炭质量预测方法　上面叙述的组分平衡指数、强度指数与镜煤组型、惰性物的关系及有关计算公式，都是煤岩学所研究的共性。要根据炼焦煤的 CBI 值和 SI 值来预测焦炭强度，还要通过实验绘制出等强度曲线。其方法是用多种煤样分别炼焦，炼焦前分别测定各煤样的镜煤组型的含量，并算出 CBI 值和 SI 值，同时分别测定各种煤样的焦炭强度，用所得的大量数据，以 SI 为纵坐标，CBI 为横坐标，绘出等强度曲线，如图 3-6～图 3-8 所示。

由于焦炭质量不仅与煤料性质有关，而且还与备煤、炼焦条件等因素有关，因此焦炭强度不同，绘出的等强度曲线也不同。各厂在采用煤岩配煤预测焦炭质量时，必须经过试验绘制本厂的等强度曲线，或以某一等强度曲线为工具自制换算曲线，绝不能任意套用。

（4）自动快速煤岩分析用于配煤　利用组分平衡指数和强度指数的配煤概念可以实现自动化配煤操作，即实现快速科学配煤，预测焦炭质量，控制来煤质量。其优点是煤样少，操作快，准确度较高。煤岩分析的快速自动化装置是显微镜电子计算机，其流程见图 3-9。

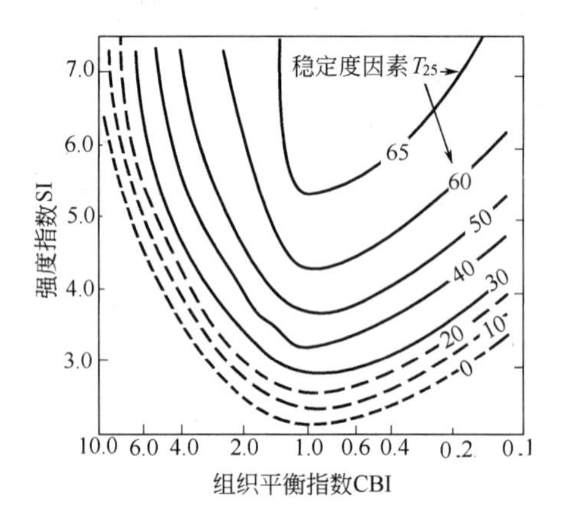

图 3-6　焦炭的稳定性指标 T_{25} 与煤料 CBI 及 SI 的关系图例

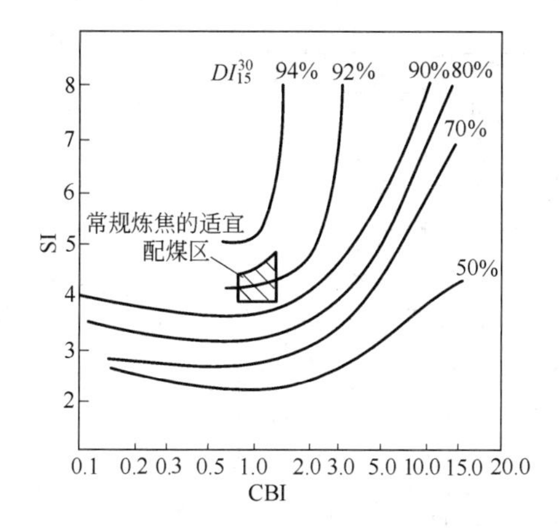

图 3-7　焦炭 DI_{15}^{30} 与煤料 CBI 和 SI 关系图例

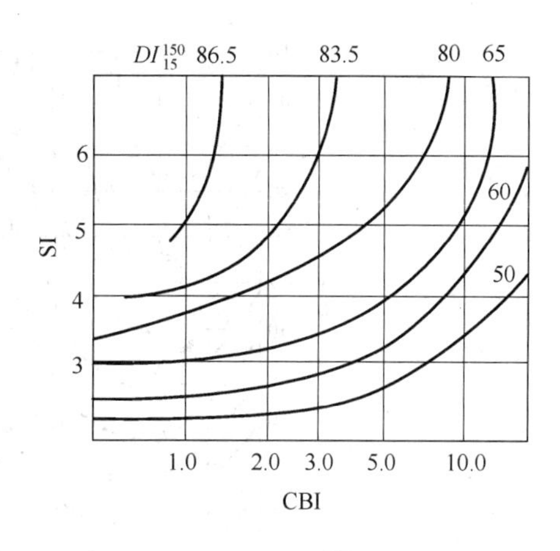

图 3-8　焦炭 DI_{15}^{150} 与煤料 CBI 和 SI 关系图例

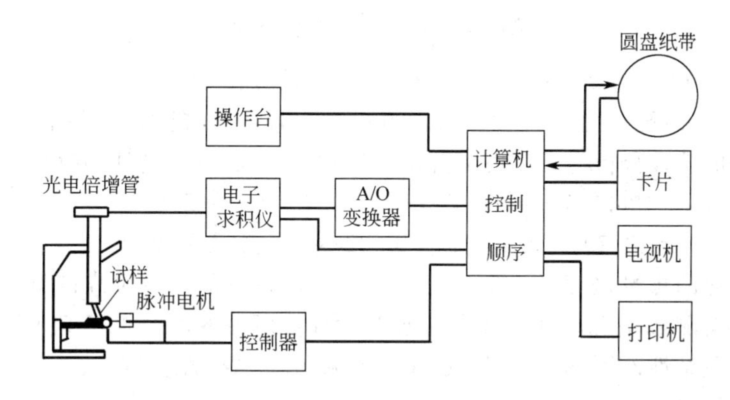

图 3-9　煤岩分析自动测定装置方框图

自动化快速煤岩分析测定可分为以下几个步骤。

① 测定活性镜煤组型及惰性物含量。将所测的具有代表性的煤样碾细粉碎后制成光片，置于自动反射率测定装置的载物盘上，随着光片在显微镜下的匀速等距离移动，连续记录各活性组型出现的次数并分别累计，各组分的累计值与总测点数的比值，即为该组型的含量，100%减去各活性组型含量之和，即为惰性组分含量。

② 将上述获得的数据（各组型含量和惰性组分含量）通过计算机处理。首先求出各活性组型的 $R_{佳i}$，然后为 $\varphi(G_{佳}^{惰})$，再求出 CBI 值、k_i 值及 SI 值，最后求出焦炭强度值。

该法是北京煤化研究所在进行中国烟煤分类方案的基础上提出的，用黏结指数 G 作为黏结性指标，得出了 V_{daf}-G 配煤图（见图 3-10），图中标出了最佳配煤区的 $V_{daf}=28\%\sim32\%$，

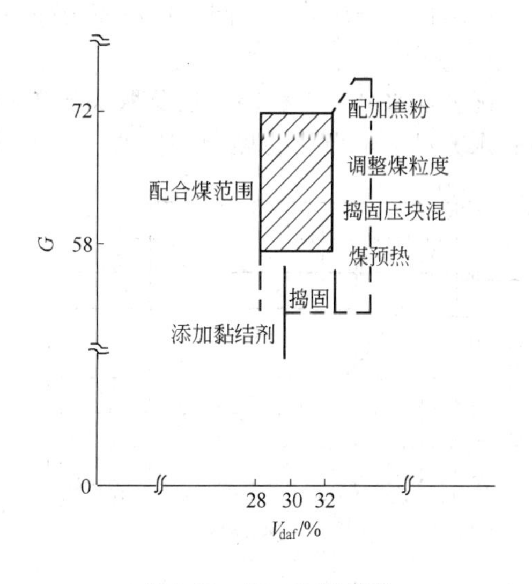

图 3-10　V_{daf}-G 配煤图

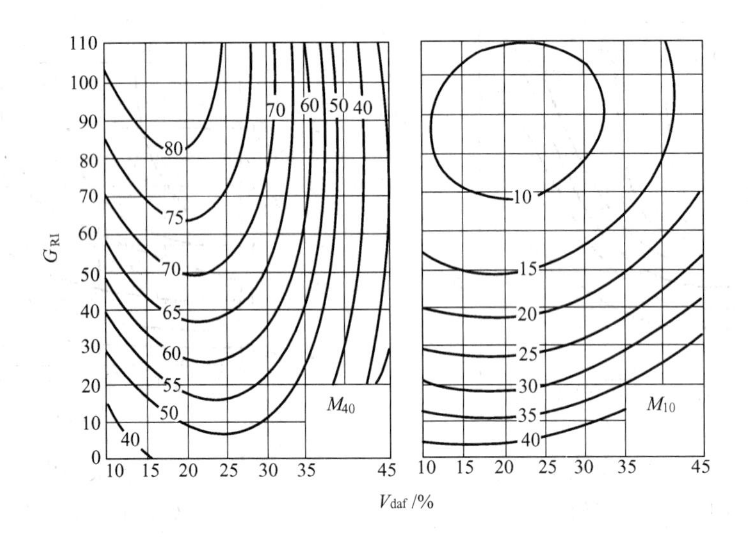

图 3-11 V_{daf}-G 等强度曲线图

G=58～72。以 V_{daf}-G 预测焦炭强度（M_{40}和 M_{10}）的等强度曲线如图 3-11 所示，由图表明，当 $V_{daf}<30\%$时，M_{40}随 G 值增高而增大，当 $G<60$ 时，M_{10}随 G 值增加而降低。某厂通过对多年生产数据的统计分析得到了用 V_{daf}和 G 值预测焦炭强度的回归方程

$$M_{40}=126.147-2.104V_{daf}+0.144G \quad （相关系数\ r=0.925）$$

$$M_{10}=12.794+0.452V_{daf}-0.0243G \quad （相关系数\ r=0.886）$$

在预测配合煤的焦炭强度时，配合煤的挥发分可以近似用单种煤的挥发分以加和性确定。但配合煤的实测 G 值和单种煤 G 值按加和性计算所得的配合煤 G 值有一定偏差。某厂试验表明，煤的黏结性差别不太大时，G 值有加和性。黏结性差别较大时，如肥煤和贫煤、瘦煤之间，G 值的加和性存在偏差。

四、配合煤的质量指标及其计算方法

配合煤质量指标主要是指配合煤的水分、灰分、挥发分、硫分、胶质层厚度、膨胀压力、黏结性及细度等。不同的焦炭使用部门对其质量要求不同，则配合煤指标也有所不同。

1. 水分

配合煤水分是否稳定，主要取决于单种煤的水分。水分过小，会恶化焦炉装煤操作环境；水分过大，会使装煤操作困难。通常水分每增加 1%，结焦时间延长 10～15min。另外装炉煤水分对堆密度也有影响，如图 3-12 所示为二者的关系。由图可见，煤料水分低于 6%～7%时，随水分降低堆密度增高。水分大于 7%，堆密度稍有增加，这是由于水分的润滑作用，促进煤粒相对位移所致。但水分增高，水分汽化热大，煤料导热性差，会使结焦时间延长，炼焦耗热量增高，所以装炉煤水分不宜过高，水分过高不仅影响焦炭产量，也影响炼焦速度，同时影响焦炉寿命。所以要力求使配煤的水分稳定，以利于焦炉加热制度稳

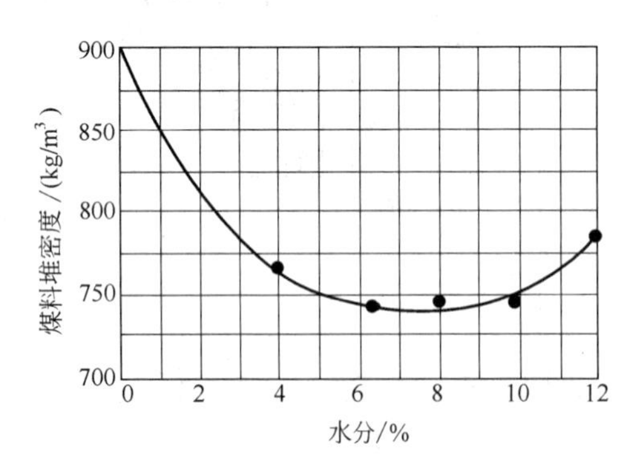

图 3-12 煤料堆密度与水分关系

定。操作时，来煤应尽量避免直接进配煤槽，应在煤场堆放一定时期，通过沥水稳定水分，也可通过干燥，稳定装炉煤的水分。一般情况下，配合煤水分稳定在10%左右较为合适。

2. 灰分

成焦过程中，煤料中的灰分几乎全部转入焦炭中，因此要严格控制配煤灰分。一般配煤的成焦率为70%～80%，焦炭的灰分即为配煤灰分的1.3～1.4倍。

灰分是惰性物质，灰分高则黏结性降低。灰分的颗粒较大，硬度比煤大，它与焦炭物质之间有明显的分界面，而且膨胀系数不同，当半焦收缩时，灰分颗粒成为裂纹中心，灰分颗粒越大则裂纹越宽、越深、越长，所以配合煤的灰分高，则焦炭强度降低。高灰分的焦炭，在高炉冶炼中，一方面在热作用下裂纹继续扩展，焦炭粉化，影响高炉透气性；另一方面在高温下焦炭结构强度降低，热强度差，使焦炭在高炉中进一步破坏。配合煤灰分可直接测定，也可以将各单种煤灰分用加和性原则进行计算，如下式

$$A_d=\sum(A_{di}x_i)$$

式中　A_d——配合煤的干燥基灰分，%；

A_{di}——各单种煤的干燥基灰分，%；

x_i——各单种煤的干燥基煤配比量，%。

中国规定：一级冶金焦的灰分不大于12%，按成焦率75%计算，配合煤灰分应不大于12%×75%=9%，若焦炭灰分小于13%，全焦率按78%计算，则配合煤灰分约为13%×78%=10.14%。

一般情况下，冶金焦、铸造焦要求配合煤灰分为7%～8%较合适，气化焦要求灰分为15%左右。

【例3-2】　某焦化厂配煤情况见表3-2，求配合煤灰分。

表3-2　某焦化厂的配煤情况

煤种	配煤比/%	单煤种灰分 A_{di}/%	煤种	配煤比/%	单煤种灰分 A_{di}/%
气煤	35	11.4	焦煤	25	9.75
肥煤	32	10.81	瘦煤	8	8.42

解　配合煤灰分为

$$\begin{aligned}A_d&=\sum(A_{di}x_i)\\&=11.4\%\times35\%+10.81\%\times32\%+9.75\%\times25\%+8.42\%\times8\%\\&=10.56\%\end{aligned}$$

降低配合煤的灰分有利于降低焦炭的灰分，可使高炉、化铁炉等降低焦耗，提高产量；但是降低灰分会使洗精煤产率降低，提高了洗精煤成本。因此应从经济效益、资源利用等方面进行综合考虑。中国的煤炭资源中，多数的焦煤和肥煤含灰分高，属于难洗煤，而高挥发分弱黏结性气煤则储量较多，且低灰、易洗，所以可将灰分较高的焦煤、肥煤和灰分较低的气煤相配合。

3. 硫分

配合煤硫分可直接测出，也可将各单种煤的硫分按加和性计算。

$$w_d(S_t)=\sum[w_{di}(S_t)x_i]$$

式中　$w_d(S_t)$——配合煤的干燥基全硫，%；

$w_{di}(S_t)$——各单种煤的干燥基全硫，%；

x_i——各单种干燥基煤的配比量，%。

硫在煤中是一种有害物质，在配煤炼焦中，可通过控制配煤比以调节配合煤的硫分含量，使硫分控制在1.1%左右。而且在确定配煤比时，必须同时兼顾对焦炭灰分、硫分、强度的要求。降低配合煤硫分的根本途径是降低洗精煤的硫分或配用低硫洗精煤。

4. 挥发分

配煤的挥发分 V_{daf} 的高低，决定煤气和化学产品的产率，同时对焦炭强度也有影响。

配合煤的挥发分可进行直接测定，也可按单种煤的挥发分用加和性计算，但两者之间有一定的差异。

对大型高炉用焦炭，在常规炼焦时，配合煤料适宜的 $V_{daf}=26\%\sim28\%$，此时焦炭的气孔率和比表面积最小，焦炭的强度最好。若挥发分过高，焦炭的平均粒度小，抗碎强度低，而且焦炭的气孔率高，各向异性程度低，对焦炭质量不利。若挥发分过低，尽管各向异性程度高，但煤料的黏结性变差，熔融性变差，耐磨强度降低，可能导致推焦困难。确定配合煤的挥发分值应根据中国煤炭资源的特点，合理利用煤炭资源，尽量提高化学产品的产率，尽可能多配气煤，也可以使配煤挥发分控制在28%～32%之间。中小型高炉用焦的配煤挥发分可以更高一些。另外，还要结合黏结性指标的适宜范围统筹考虑。

5. 配合煤的黏结性指标

配合煤的黏结性指标是影响焦炭强度的重要因素。根据结焦机理，配合煤中各组分的煤塑性温度区间应彼此衔接和依次重叠。以此为基础的反映黏结能力大小的指标的适宜范围为：黏结指数 $G=58\sim72$，胶质层最大厚度 $Y=16\sim20$mm，奥亚膨胀度指标 $b_t\geqslant50\%$。配合煤的黏结性指标一般不能用单种煤的黏结性指标按加和性计算。

6. 配合煤的膨胀压力

单种煤的膨胀压力由多种因素决定，煤热解时配合煤中各组分煤之间存在着相互作用，因此其膨胀压力不能用简单的加和性来计算，只能通过实验的方法加以测定。一般可采用200kg的试验焦炉，将炭化室的一侧炉墙做成可以活动的，通过活动炉墙和框架间的测压装置测定膨胀压力的大小。在确定配煤方案时有两点内容值得参考：一是在常规炼焦配煤范围内，煤料的煤化程度加深时，膨胀压力增大；二是对同一煤料，增大堆密度，膨胀压力增加。当用增加堆密度的方法来改善焦炭质量时，要注意膨胀压力可能产生的对炉墙的损害。根据中国的生产经验，膨胀压力的极限值应不大于10～15kPa。

7. 煤料细度

煤料必须粉碎才能均匀混合。煤料细度是指粉碎后配合煤中的小于3mm的煤料量占全部煤料的质量分数。目前国内焦化厂常规炼焦煤料细度一般控制在80%左右，相邻班组细度波动不应大于1%；捣固炼焦细度一般大于85%。

细度过低，配合煤混合不均匀，焦炭内部结构不均一，强度降低。细度过高，不仅粉碎机动力消耗增大，设备生产能力降低，而且装炉煤的堆密度下降（如表3-3所示），更主要的是细度过高，反而使焦炭质量受到影响。因为细度过高，煤料的表面积增大，生成胶质体时，由于固体颗粒对液相量的吸附作用增强，使胶质体的黏度增大而流动性变差，因此细度过高不利于黏结。故要尽量减少粒度小于0.5mm的细粉含量，以减轻装炉时的烟尘逸散，以免造成集气管内焦油渣增加，焦油质量变坏，甚至加速上升管的堵塞。关于不同细度对焦炭质量的影响，某焦化厂曾在200kg试验焦炉上进行对比试验，其结果见表3-4。

表 3-3 装炉煤的堆密度和细度的变化关系

细度/%	风干煤堆密度/(kg/m³)	水分 5.7%的湿煤堆密度/(kg/m³)
80	827	602
86	820	590
90	815	583

表 3-4 不同细度的配煤所得焦炭质量对比

细 度/%	粒 度 级/%						转鼓强度/%	
	>5mm	5～3mm	3～2mm	2～1mm	1～0.5mm	<0.5mm	M_{40}	M_{10}
67.4	18.2	14.5	12.0	8.4	13.8	33.2	64.39	10.11
73.7	12.0	14.5	12.6	8.4	14.6	38.1	65.39	9.87
82.2	4.8	13.0	13.0	9.6	17.0	42.6	65.17	9.98

在具体的配煤操作中，从焦炭质量出发，不同的煤种应有不同的要求。比如，对于弱黏结煤，细度过低所造成的损害是主要的，应细粉碎；而对强黏结煤，细度过高所造成的不利是主要的，应粗粉碎。肥煤、焦煤较脆易碎，而气煤硬度较大，难碎。所以肥煤、焦煤适宜粗粉碎，气煤应细粉碎。配煤时，除选择合适的粉碎机械外，还应根据煤种特点，考虑煤料粉碎的工艺流程。

五、配煤试验

前面讲述的配煤理论，可粗略的指导配煤，但要获得优质焦炭，确定配煤方案，还需通过配煤试验来确定。

1. 配煤试验的目的

根据配煤要求为新建的焦化厂寻求供煤基地，节约优质炼焦煤，确定合理的配煤方案；为新建煤矿试验其煤质情况，评定在配煤中的结焦性能，以扩大炼焦煤源；对生产上已使用的炼焦用煤进行工艺试验，扩大炼焦配煤途径，以提供增加产量和改善质量的措施；此外，变更煤种或较大范围调整配煤比例时，也必须做配煤试验。

2. 配煤试验的煤源调查和煤样采集

① 煤源调查要求准确。要了解煤矿的名称、地理位置、生产规划、采矿能力和洗选能力。

② 制定采样计划。若采集的为原煤煤样，要首先进行洗选，并做浮沉试验，然后再制样；若采集的是洗精煤，可直接制样。

③ 对煤样进行煤质分析。煤质分析包括煤的工业分析、岩相分析、全硫测定、黏结性指标的测定等。

④ 根据分析结果，对煤质进行初步鉴定，并拟定出配煤方案。

⑤ 按照配煤方案对洗精煤进行粉碎，配合后在实验室试验焦炉和半工业试验焦炉中进行炼焦试验。

3. 炼焦配煤试验

(1) 200kg 小焦炉试验　配煤炼焦试验设备有 2kg、45kg 试验小焦炉及铁箱试验，4.5kg 膨胀压力炉和 5kg 化学产品产量率试验炉以及 200kg 试验炉。中国最常用的是 200kg 试验炉。此试验焦炉所做的配煤试验结果与生产焦炉比较接近，各试验结果对不同的配煤有较好的区分能力。因此，把此试验小焦炉作为配煤的半工业性试验。小焦炉的结构如下：

炭化室有效长	800mm	结焦时间	16h
炭化室有效高	900mm	装煤量(干燥基煤)	0.23t/孔
炭化室平均宽	450mm	火道平均温度	1050℃
有效容积	0.32m³		

炉体用铝镁砖砌筑，具有抗急冷急热性能，弹性模量大，受压变形小等优点。焦炉的一侧墙炉可以移动，活动炉墙砌在一个平放在双轨上面的可移动小车上，墙上设有膨胀压力测定装置。200kg小焦炉为顶装焦炉，每个燃烧室有3个火道。附属设备有推焦车、熄焦车各一台，还有一台吊车用以提升装煤斗。

试验用的是原煤样品，需先经过洗选，洗选后的精煤应先粉碎后混合。要求配煤指标是：一次装干燥基煤量230kg，细度（85±5)%，水分（M_{ad})(10±1)%。每个煤样按9点取样法缩取出化验室煤样，同时对煤样进行化验室检验。配煤计算时，一律采用干燥基，配煤时将各种粉碎后的单种煤充分混合均匀，并根据计算量将水均匀喷入煤中（粉碎时精煤含水量4%～6%)。装炉前炭化室炉墙表面温度不得低于940℃，焦炉的平均火道温度为1050℃，要求试验焦炉的火道温度必须均匀、稳定、上下温差不超过±10℃，两侧平均温差应不大于±10℃。出焦后立即熄焦。焦炭除了测定水分、灰分、硫分和挥发分外，还要测定机械强度和筛分组成。

(2) 在炼焦炉中的试验　通过200kg小焦炉试验，选出最佳方案，然后根据此方案，在生产焦炉上选择一孔或数孔焦炉进行工业试验。主要目的是用于测定推焦是否顺利，按此配煤方案能否达到所规定的焦炭质量，从而决定煤料能否在实际生产中应用。进行生产焦炉的炉孔试验时，必须严格控制配煤比、细度和水分，准确记录结焦时间、焦饼中心温度、焦饼收缩情况和推焦电流。通过炉孔试验，最终确定配煤方案。

为了最终鉴定焦炭是否适应用户的要求，还需做炉组试验和炼铁试验。

第二节　扩大炼焦配煤的途径

由于中国炼焦煤分布不均匀，大部分地区高挥发弱黏结性煤较多，肥煤和焦煤较少，要炼出符合高炉冶炼要求的高质量焦炭，就地取材往往品种不全。所以，针对当地煤质特点，改进炼焦配煤技术，扩大炼焦煤源，对煤炭资源的综合利用及促进中国的炼焦工业的发展具有重要意义。

扩大炼焦煤源的基本途径主要有以下几个方面。

① 为了利用大量高挥发分弱黏结性煤，常采用炉外干燥、预热、捣固的方法炼焦，对高挥发分弱黏结煤，可采用选择粉碎、改善配煤比等方法。

② 为了提高化学产品的产率，改善焦炭质量或制取特殊用焦，可以配入添加物炼焦。

③ 为了利用高硫煤炼焦，可采用炼制缚硫焦等。

一、捣固炼焦

捣固炼焦是利用弱黏结煤炼焦的最有效加工方法。捣固炼焦是将配合煤在入炉前在捣固机内捣实成体积略小于炭化室的煤饼后，从焦炉的机侧推入炭化室内的炼焦方法。煤饼捣实后堆密度可由散装煤的0.70～0.75t/m³提高到0.95～1.15t/m³。随着煤料堆密度的增大，煤料颗粒间距缩小，空隙也减小，从而减小了结焦过程中为填充空隙所需的胶质体液相产物的数量，即用一定的胶质体液相产物可多配入高挥发分弱黏结性煤。结焦过程中产生的气相产物由于煤粒间空隙减少而不易析出，增大了胶质体的膨胀压力，使变形的煤粒受压挤紧，加强了煤粒间的结合，从而改善了焦炭质量。

1. 捣固炼焦的特点及效果

（1）原料范围宽　可多配入高挥发分煤和弱黏结煤，利用捣固炼焦生产焦炭时，既可掺入焦粉和石油焦粉生产优质冶金焦，还可采用高配比的高挥发分煤生产气化焦等。例如，山西某焦化煤气公司按40%～50%的瘦煤、10%～15%的焦煤、35%～45% 的 1/3 焦煤的配比，采用捣固炼焦可生产出一级冶金焦；江苏某焦化厂用 21%的高挥发分煤、42%的中等挥发分煤、37%的低挥发分石油焦、沥青、焦粉生产铸造焦；安徽某化肥厂用 100%的气煤生产气化焦；山西某厂采用 50%的无烟煤、12%的焦粉、38%的肥煤生产二级铸造焦等。一般捣固炼焦可多配高挥发分煤 10%～20%。因散装煤炼焦时，一般配合煤挥发分大于 29%时，焦炭强度将明显下降，而当捣固炼焦时，只要挥发分小于 34%，焦炭强度仍可满足要求，见图 3-13。

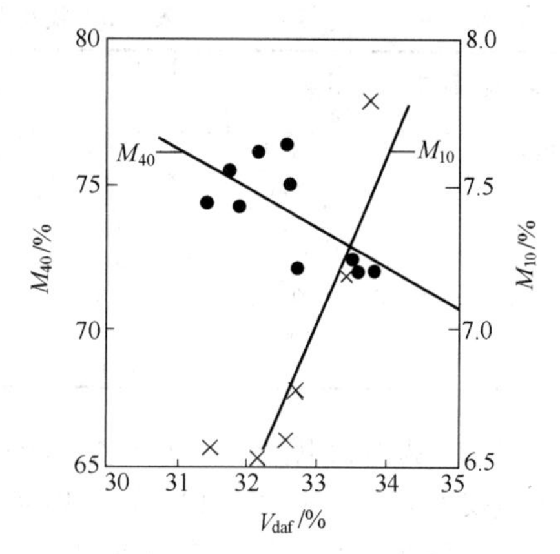

图 3-13　装炉煤挥发分与捣固焦质量的关系

$M_{40}=121.076-1.44V_{daf}$，

$n=10$，$r=-0.66$；$M_{10}=-12.21+0.582V_{daf}$，

$n=10$，$r=0.645$

• M_{40}数据；× M_{10}数据

由此可见，采用捣固炼焦工艺可以为国家节约大量的、不可再生的优质炼焦煤资源。国内外部分厂捣固炼焦配煤情况见表 3-5。

表 3-5　国内外部分厂捣固炼焦配煤情况一览表

国　　别	配　煤　比	焦炭用途
法国	高挥发分煤 65%～75%；中挥发分煤 20%～25%；低挥发分煤 5%～10%	高炉用焦
德国	634：62%；621：15%；321：15%；焦粉：8%	高炉用焦和铸造用焦
罗马尼亚	高挥发分煤 50%；中等挥发分煤 15%～16%；低挥发分煤 34%～35%	铸造焦
中国某化肥厂	高挥发分煤 100%	气化焦
中国某焦化厂	高挥发分煤 67.1%；焦煤 12.9%；肥煤 6.4%；瘦煤 13.6%	高炉用焦
中国某焦化厂	高挥发分煤 21%；中等挥发分煤 42%；低挥发分石油焦、沥青、焦粉 37%	高炉用焦

（2）提高焦炭强度　由于捣固炼焦增大了煤料的堆密度，故可以提高焦炭的冷态强度和反应后强度。在配入 30%的高挥发分煤时，焦炭的 M_{40} 可提高 2%～4%，M_{10} 可改善 3%～5%，如图 3-14 所示。由图可知随着堆密度的提高，焦炭的 M_{40} 增加，M_{10} 降低，强度的改善几乎呈线性关系，故提高堆密度，可以改善焦炭的机械强度。

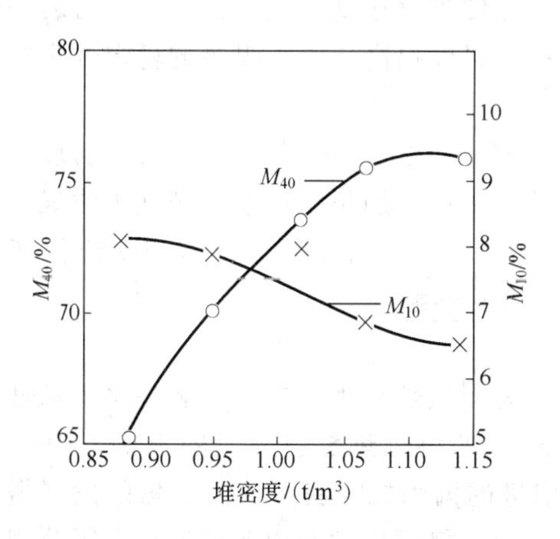

图 3-14　堆密度对捣固焦质量的影响

配煤比：淮南气煤 76%；张大庄焦煤 20%；焦粉 4%；○ M_{40}数据；× M_{10}数据

（3）提高焦炭产量　捣固炼焦的装炉煤堆密度是常规顶装炉煤料堆密度的 1.4 倍左右，而结焦时间延长仅为常规顶装工艺的 1.1～1.2 倍，所以焦炭产量增加，其生产能力与顶装煤焦炉比较见表 3-6。

由表 3-6 可以看出，同等炭化室高度的焦炉，单炉的生产能力捣固炼焦要高于顶装煤炼焦，而且随着炭化室高度的增加，其产量增加的幅度越大。

表 3-6　捣固焦炉与顶装焦炉生产能力比较

焦炉炉型	炭化室高/m	宽/m	长/m	每个炭化室有效装煤量/t	结焦时间/h	每孔炭化室年产量/万吨
顶装	4.3	500	14.08	20.0	20	0.67
顶装	5.5	450	—	27.0	18	0.99
顶装	6.0	450	15.48	28.48	18	1.0
顶装	7.63	590	18.8	57.2	25	1.67
捣固	4.3	500	14.08	24.0	22.5	0.72
捣固	5.5	550	—	40.6	25.5	1.05
捣固	6.25	490	17.25	45.0	19.5	1.40

此外，捣固炼焦还可以提高焦炭的筛分粒度，山东某焦化煤气公司 JN66 型焦炉改为捣固炼焦技术以后，粒度＞40mm 的焦炭增加了 10.8%。

(4) 环保方面　与顶装煤焦炉相比较，当产量相同时，由于结焦时间不同，捣固焦炉具有减少出焦次数、减少机械磨损、降低劳动强度、改善操作环境和减少无组织排放的优点，但由于捣固装煤时机侧炉门是敞开的，这样会造成机侧炉头大量冒烟，而采用炉顶的消烟除尘设备，效果并不满意。近几年来，采用安装于炉顶导烟车上的 U 形导烟管将装炉烟气导入临近的处于结焦后期的炭化室，并配合高压氨水喷射技术，再采用在装煤推焦车上安装的活动式密封框和炉顶吸尘罩，以进一步减少烟尘外泄，是解决这一问题的较好方法。

捣固炼焦也有一定的缺点，主要是捣固机比较庞大，操作复杂，投资高，由于煤饼尺寸小于炭化室，因此炭化室的有效率低。此外，由于煤饼与炭化室墙面间有空隙，影响传热，使结焦时间延长。捣固炼焦技术具有区域性，这种工艺主要适应在高挥发分煤和弱黏结煤储量多的地区。

总之，捣固炼焦是利用高挥发分弱黏结煤的有效措施之一。

2. 捣固炼焦的要求及影响因素

(1) 水分控制　捣固炼焦的煤料水分是煤粒之间的黏结剂，一般应控制在 9%～11%较为合理。水分少，煤饼不易捣实，装炉时易造成损坏；但水分过高，会使煤饼强度明显降低，对捣固、炭化均不利，而且会延长结焦时间。因此，在配煤之前，对煤料的水分要严格控制。

(2) 细度要求　细度小于 3mm 的煤应控制在 90%～93%，其中粒度＜0.5mm 的应在 40%～50%之间。若细度低，需消耗较高的捣固功才能使煤饼达到一定的稳定性；若装炉煤细度过高，会使堆密度和抗压强度均降低，但会使抗剪强度提高。由于煤饼的稳定性主要取决于抗剪强度，所以捣固煤料应有较高的细度。

(3) 增加瘦化组分　配煤中，为提高捣固炼焦的 M_{40}，需加入一定数量和品种的瘦化组分，因瘦化组分可减少焦炭的裂纹形成。在相同条件下，往往用焦粉作瘦化剂优于瘦煤，但焦粉作瘦化剂时，须控制焦粉的配入比和粒度，并混合均匀，否则容易导致焦炭热性能变坏，并产生裂纹。表 3-7 所示为瘦化组分对捣固焦质量的影响。

3. 中国捣固炼焦技术的发展现状

捣固炼焦技术在中国已有几十年的历史，但原有捣固焦炉从生产规模到装备水平都处于较低水平。近年来，随着优质炼焦煤的不断紧缺，中国的捣固炼焦技术发展很快。1997 年青岛煤气公司建成投产的 3.8m 捣固焦炉和从德国引进的捣固机为我国捣固炼焦的发展做了有益的铺垫，2002 年由我国自行设计的全国产化的 4.3m 捣固焦炉在山西同世达有限公司投产，随后，一大批捣固焦炉建成投产。目前，5.5m 和 6.25m 的特大型捣固焦炉已在云南曲靖、攀钢、涟钢以及唐山佳华等建成投产。

表 3-7　瘦化组分对捣固焦质量的影响

方案	配煤比/%			配煤质量					焦炭强度/%	
	淮南气煤	张大庄焦煤	青龙山瘦煤	V_{daf}/%	Y/mm	堆密度/(t/m³)	细度/%	水分/%	M_{40}	M_{10}
1	75	10	15	31.76	16.5	1.14	96.0	10.9	75.30	6.26
2	75	15	10	31.78	16	1.13	95.6	11.1	70.26	6.82
3	75	20	5	32.26	16	1.13	93.4	10.8	62.30	6.10
4	75	19	—	31.85	16.5	1.14	95.0	10.7	74.40	6.58

二、配入添加物炼焦

1. 添加改制黏结剂炼焦

由于优质炼焦煤短缺，造成炼焦煤料中黏结组分的比例下降，惰性组分相应增加，必然导致焦炭质量下降。若添加适当的黏结剂或人造煤来补充低流动度配合煤的黏结性，就可以提高焦炭的质量。

(1) 黏结剂的种类　配入的黏结剂主要属于沥青类，按使用原料的不同可分为石油系、煤系、煤-石油混合系。日本等国家使用的黏结剂类型和性质如表 3-8、表 3-9 所示。

表 3-8　黏结剂的开发状况

类　系	原始材料	处理方法概要	工艺名称	黏结剂代号
石油系	石油沥青	丙烷萃取后加入配煤		PDA
	石油沥青	经分馏、蒸汽热处理后配加	尤里卡-住金法	ASP 和 KRP
	石油沥青	真空裂解处理后配加	日本矿业法和日本钢管法	AC
煤系	焦油沥青	经热处理后配加	大阪煤气公司 Cherry-T 法	CT
	非黏结煤	溶剂加氢裂解处理后配加	SRC 法	SRC
煤-石油混合系	煤-石油沥青	溶剂萃取分解处理后配加	九州工业研究所法	SP
	煤-石油沥青	溶剂萃取分解处理后配加	大阪煤气公司 Cherry-T 法	CP

表 3-9　各种黏结剂的性质（示例）

黏结剂代号	软化点/℃	挥发分/%	溶剂抽提①/%				罗加指数	元素分析/%				
			HI	BI	PI	QI		w(C)	w(H)	w(N)	w(S)	w(O)
PDA	70	84.5	—	—	—	—	53.6	83.78	9.55	0.28	5.87	0.51
ASP	177	41.7	77.9	50.9	18.0	—	—	86.2	5.6	1.0	5.7	1.5
KRP	180	31.7	98.2	45.6	26.7	16.4	85.2	91.17	4.17	0.08	0.16	0.42
AC	170～240	26～42	70～90	45～80	30～70	27～56	70～84	87～90	5～6	1.2～1.4	4～6	0.1～0.3
CT	—	54.9	—	55.5	—	3.2	77	93.13	4.19	1.10	0.59	0.99
SRC	210～360	30～52	—	—	0～7	—	83～85	88～91.5	4.7～5.5	1.1～2.0	0.2～1.1	2.1～4.0
三池煤 SP	—	40～45	—	60～75	—	10～44	80～90	—	—	—	—	—

① HI、BI、PI、QI 分别表示正庚烷、苯、吡啶、喹啉不溶物。

以上各种改质黏结剂作为强黏结煤的代用品，在配煤炼焦时，都可得到一定的效果。

(2) 黏结剂的要求　沥青类黏结剂和煤共炭化研究结果表明：要想对煤有较好的改质性能，对改质黏结剂的性质需达到如下要求。

① 黏结剂需有一定的黏结机能。沥青类黏结剂应有足够的芳香度、适宜的相对分子质量才能产生大量的液相，才能具有良好的流动性能，也才能达到改善中间相的生成的目的。如图 3-15 所示，黏结剂的苯溶物（BS）的含量是衡量黏结剂性能的一个重要指标。BS 含量

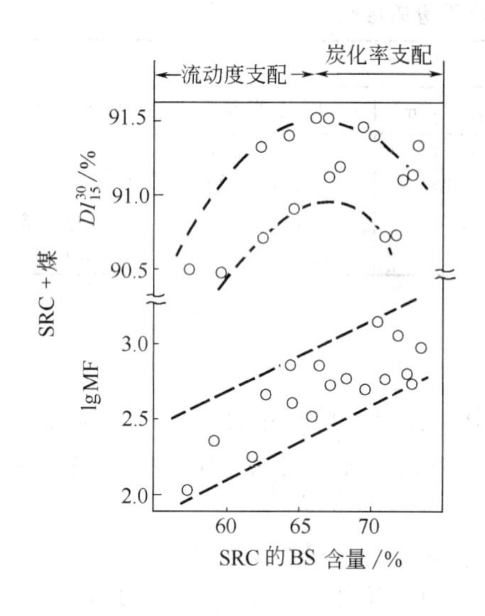

图 3-15　BS 含量对黏结性的影响

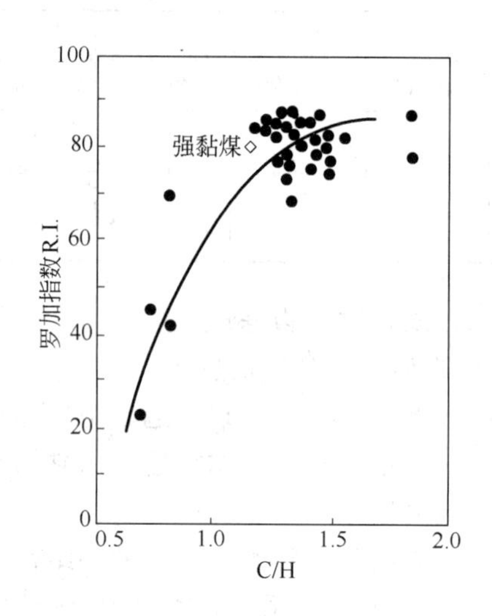

图 3-16　黏结剂的罗加指数与 C/H 原子比关系

增加，配合煤流动度增加，焦炭的 DI_{15}^{30} 也逐渐提高，当 BS 含量达到某一数据，超过流动度支配范围时，由于轻质 BS 含量增加，黏结剂在炭化过程中的残留率（炭化率或残炭率）减少，使 DI_{15}^{30} 逐渐降低。

② 黏结剂需有溶剂效能，即黏结剂对煤应有溶剂化作用，这样可以促进可溶物的生成，提高煤的流动度，从而有利于分子重排，使中间相得到改善。溶剂效能与黏结剂的分子结构有关，具有足够芳香度的黏结剂，可以提高溶剂效能。

③ 黏结剂需有适宜的供氢性能，因为具有一定的供氢能力的黏结剂可以去掉煤热解过程中的含氧官能团，使热解产生的游离基被氢饱和，防止炭网间发生交联，降低系统的流动性。如图 3-16 所示，C/H 比要有一定的适度，C/H 增加，罗加指数增加，但超过一定的 C/H 原子比，黏结性不再增加。

（3）配入黏结剂的效果

① 改善了焦炭质量，日本某公司以挥发分 29.1%、基氏流动度 0.36、惰性组分含量 60.7%及镜煤平均反射率 0.79 的劣质材料添加了 KRP（石油系：用尤里卡-住金法将石油油渣分馏、蒸汽减压热裂解所得）、ASP（同 KRP）、CT（煤系：用大阪煤气公司 Cherry-T 法将焦油沥青热处理所得）、PDA（用丙烷脱沥青法将石油油渣丙烷萃取所得）等黏结剂后，焦炭强度和反应性都得到了改善，如图 3-17 和图 3-18 所示。

由此可知，以 KSP 和 ASP 为最好。当 ASP 添加量为 20%时，焦炭强度 DI_{15}^{30} 达到最高值，超过 20%，焦炭的强度开始降低。研究表明：这是由于流动度过大，挥发分过剩，超出了最佳的活性与非活性配比范围。另外，添加黏结剂对于流动性大的煤料，焦炭强度无明显改善，但反应性降低。

② 可代替强黏结煤或增加非黏结煤的用量。日本某厂曾用反射率 1.28、C/H 为 1.36 的 SRC 代替生产中的强黏结煤，得到如图 3-19 所示的结果。由图看出，SRC 优质剂可替代强黏结煤，且焦炭强度还有所改善。国内不少焦化厂曾进行配尤里卡沥青的炼焦试验，试验表明尤里卡沥青可替代强黏结剂。

增加非黏结煤的用量，对焦炭的强度的影响，如图 3-20 所示。此图为日本某公司用

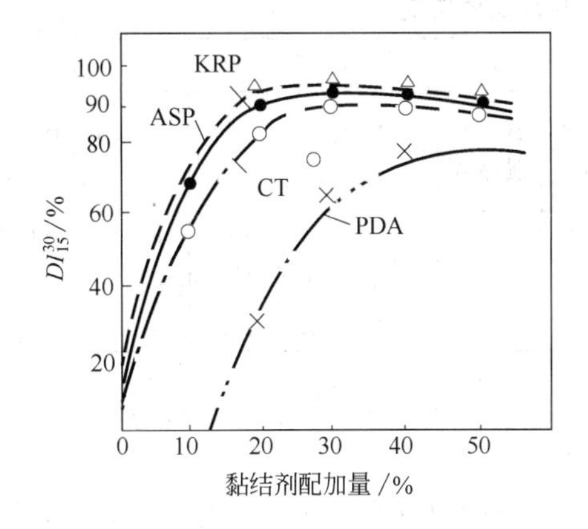

图 3-17 几种黏结剂添加量与 DI_{15}^{30} 的关系

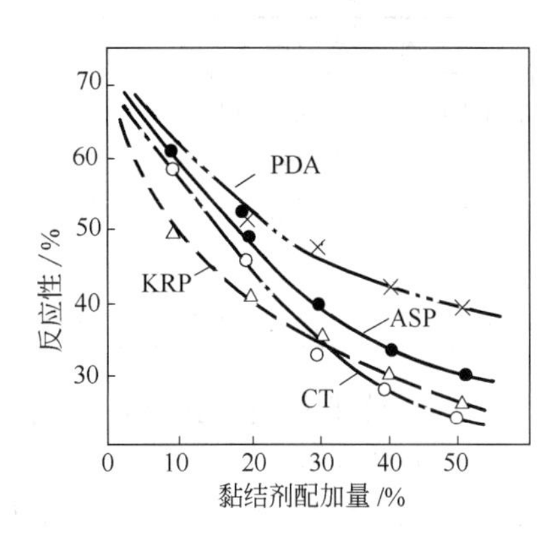

图 3-18 几种黏结剂添加量与反应性的关系

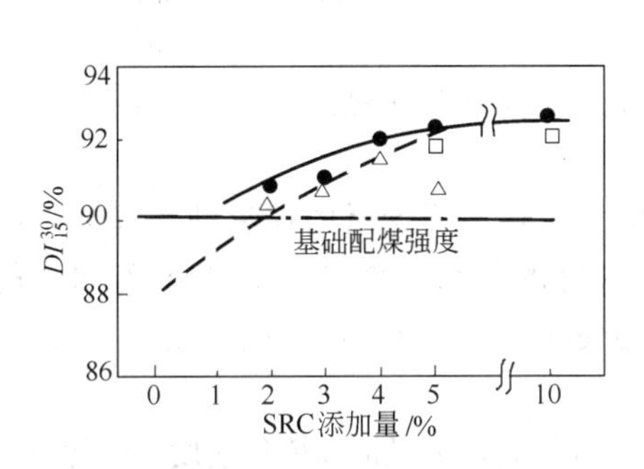

图 3-19 SRC 替代强黏结煤的效果

● SRC；△ SRC+残渣；□ 强黏结煤

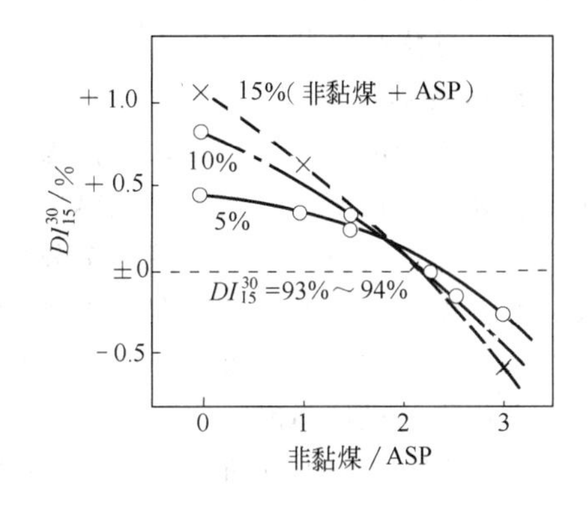

图 3-20 ASP 使用非黏结煤对配煤的影响

ASP 改善非黏结煤的配合煤炼焦所作图，它表明当煤 ASP 为 2 时，配合煤中煤＋ASP 的代替率可达 10％～15％，仍能维持在基本配煤的焦炭强度值上。例如，吉林电石厂将 70％的大庆延迟焦与 30％的铁厂焦煤配合炼焦，焦炉生产正常，焦炭灰分约 7％，固定碳含量大于 92％，用于电石生产效果很好。

2. 添加瘦化剂炼焦

高挥发分、高流动度的煤料配入瘦化剂，如配入无烟煤粉、半焦粉或焦粉等含碳的惰性物质炼焦时，由于瘦化剂可以吸附一定数量的煤热解生成的液相物质，使流动度和膨胀度降低，气体产物易于析出，黏结度提高，气孔壁增厚，同时减慢了结焦过程的收缩速度，减少了焦炭的裂纹(故也称为抗裂剂)，因可提高焦炭的强度和块度。但胶质体的流动度和膨胀度只能降低到一定限度。否则使黏结性降低，焦炭的耐磨性降低。配瘦化剂改变焦炭质量的实例见表 3-10。

配入瘦化剂时，对瘦化剂的选用应遵循以下原则。

① 当配煤中挥发分和流动度均很高，加入瘦化剂以降低配煤的挥发分，减弱气体析出量，增大块度和抗碎强度，一般用焦粉比用瘦煤好。

② 当配煤中挥发分和流动度中等，并且希望耐磨性好，可选用无烟煤粉或挥发分约 15％的半焦粉。

表 3-10 掺瘦化剂改善焦炭质量的实例

序号	配煤比/%						配合煤质量						焦炭质量			
	南屯QF	唐村QF	陶庄$\frac{1}{3}$JM	山家林FM	埠村SM	焦粉	V_{daf}/%	Y/mm	b/%	罗加指数	自由膨胀序数	细度/%	M_{40}/%	M_{10}/%	>25mm/%	成焦率/%
1	50	10	15	20		5	35.84	14.0	−15	68	5.5	79.89	69.7	10.5	87.2	68.46
2	60		10	30			36.97	17.0	−14.5	70	6	77.39	60.2	11.6	86.1	67.7
3	50	10	10	20	10		36.09	15.0	−16	67	5.5	77.48	61.5	11.1	86.6	68.34

③ 若要求降低焦炭气孔率，提高块度和抗碎强度，还希望降低焦炭的灰分、反应性，可选用延迟焦粉。

选择瘦化剂还要根据资源、经济等条件综合考虑，瘦化剂也可混合使用，也可配适量的黏结剂调整装炉煤的黏结性。注意瘦化剂均应单独细粉碎，以防混合过程形成焦炭的裂纹中心。

三、干燥煤炼焦

干燥煤炼焦是将装炉煤预先干燥，使其水分降到6%以下，然后再装炉炼焦。

1. 干燥煤炼焦的效果

干燥煤炼焦可以增加产量，改善焦炭质量和多配入高挥发分弱黏结煤，且具有稳定焦炉操作、提高焦炭强度、降低炼焦耗热量等功效。

（1）改善焦炭质量或增加高挥发分弱黏结性煤的配用量　干燥后的煤流动性提高，使装炉煤的堆密度增大，有利于黏结。装炉煤水分与堆密度的关系见图 3-12。由图可知，选择合适的水分，可增加入炉煤的堆密度。水分降低，还使炭化室内各部位的堆密度均匀化，有利于提高焦炭的机械强度。

（2）提高炼焦炉的生产能力　入炉煤水分降低，堆密度提高，可以提高炼焦速度，缩短结焦时间，见图 3-21。水分越低，停留在低温区的时间越短，生产周期就越短，从而生产能力得到提高。

（3）降低炼焦耗热量　一般情况下，装炉煤水分降低 1%（绝对值），炼焦耗热量减少 60～100kJ/kg。此外，装炉煤干燥后，可稳定煤料水分，便于炉温管理，使焦炉各项操作指标稳定。同时减轻炉墙温度波动，有利于保护炉体，减少了回收时的冷凝水量，故有利于污水处理。

中国首钢曾进行干燥煤炼焦实验，当配合煤水分降至 3%时，保持焦炭强度不变，可多配 5%的大同弱黏煤；若多配了 5%～15%的弱黏煤，采用干燥煤炼焦，焦炭强度还有所提高，如表 3-11 所示。

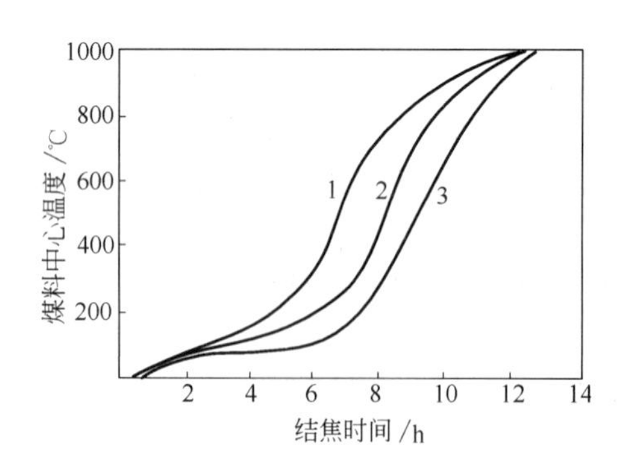

图 3-21　结焦时间与入炉煤水分的关系

1—水分为 1%；2—水分为 5%；3—水分为 12%

2. 工艺过程

煤干燥工艺是炼焦煤准备工艺的一个组成部分，所用设备主要包括：煤干燥器、除尘装置和输送装置。此干燥工序一种是可设在炼焦配合煤粉碎之后，即对配合煤进行干燥处理；另一种是对单种煤进行干燥处理。由于对单种煤进行干燥后再配合、粉碎易有大量粉尘逸出，所以一般不采用单种煤进行干燥处理的工艺。

常用的煤干燥器有转筒干燥器、直立管气流式干燥器和流化床干燥器。

表 3-11　干燥煤炼焦对焦炭强度影响的实例

煤　样	装炉煤水分/%	配煤比/%					焦炭强度/%	
		大同弱黏煤		峰三肥煤	井径焦煤	王庄肥气煤	M_{40}	M_{10}
		马武山	忻州窑					
生产煤	11	25	—	25	30	20	71.0	11.2
实验煤	3	20	10	23	32	15	72.0	9.8
实验煤	3	20	20	23	27	10	72.8	9.0
实验煤	3	20	30	25	25	—	71.6	11.0
实验煤	3	20	40	20	20	—	67.8	11.2

转筒干燥器如图 3-22 所示，是一个倾斜安装的水平长圆筒，靠传动机构的齿轮啮合固定在筒上的齿圈低速旋转，整个圆筒箍有两个滚圈，并支撑在辊托上转动。旋转筒内设置的扬料板把送入转筒内的物料不断扬起而散落，被并流或逆流的热废气加热并蒸出水分，干燥后的煤料从转筒的低端卸出。

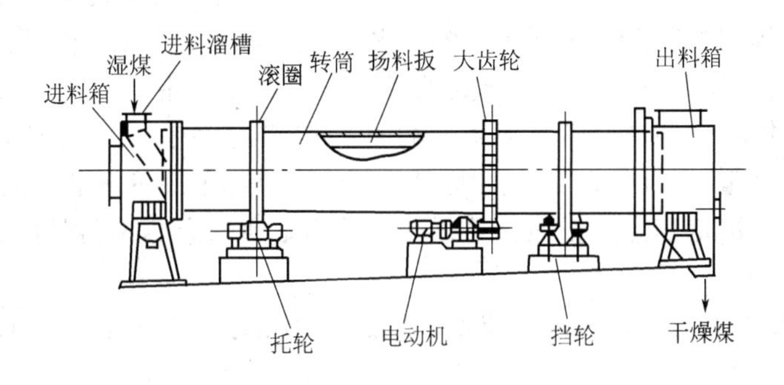

图 3-22　转筒干燥器

直立管气流式干燥器如图 3-23 所示，此干燥器属于流态化设备。在直立管中，热气流速度大于煤颗粒的扬出速度，热气流夹带湿煤粒上升的同时将湿煤迅速干燥，干燥后煤粒随气流一起离开直立管，经旋风分离器分出。

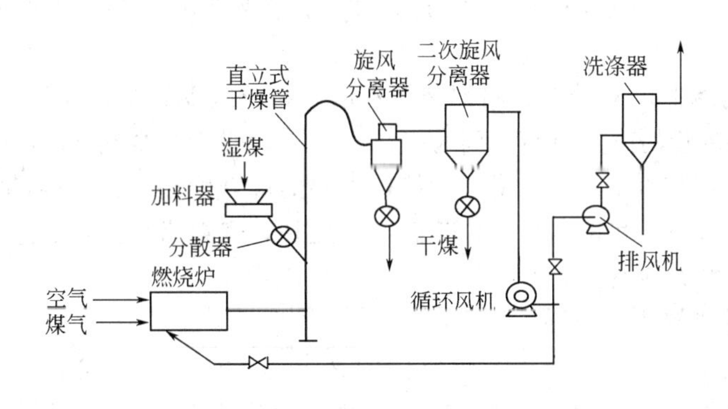

图 3-23　直立管气流式干燥器

流化床干燥器如图 3-24 所示。流化床内，热气流经分布板上升，湿煤粒在分布板上呈沸腾状态而被热气流不断蒸出水分，大部分干燥煤在沸腾层表面出口溢出，少部分细颗粒被热气流带出流化床经旋风分离器分出。

直立管气流式干燥器和流化床干燥器相比较而言，直立管式气流速度大，设备尺寸小，

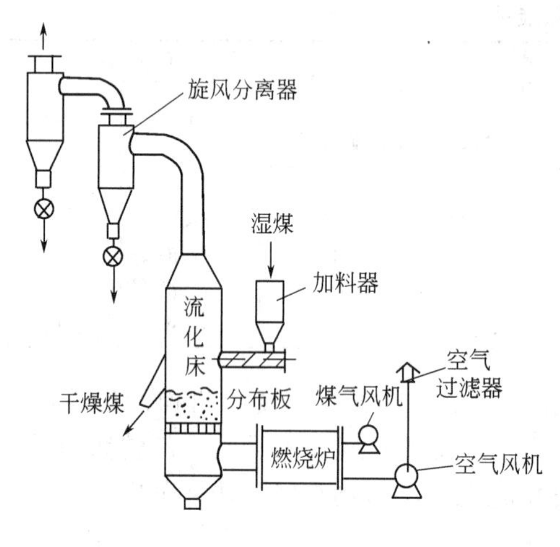

图 3-24 流化床干燥器

器壁磨损较严重；流化床干燥器设备尺寸大，结构复杂，操作时较容易，干燥的生产能力大，效率高。

四、煤调湿技术

煤调湿是“装炉煤水分控制工艺”的简称，它是通过加热来降低并稳定、控制装炉煤的水分。它与煤干燥技术的区别在于，不追求最大限度地去除装炉煤的水分，而只是把水分调整稳定在相对低的水平（5%～6%），使之既可达到提高效益的目的，又不致因水分过低引起焦炉和回收系统操作困难。

煤调湿以其显著的节能、环保和经济效益受到国内外焦化企业的普遍重视，美国、德国、法国、日本等国都进行了不同形式的煤调湿试验和生产。其中，发展最快的是日本。最早在 1982 年由新日铁开发出第一代导热油煤调湿装置并应用于生产，1991 年又开发出第二代蒸汽回转式干燥机煤调湿装置在君津厂投产，1996 年在室兰厂投产了第三代烟道气流化床煤调湿装置。截至 2000 年，日本的大多数焦化企业都采用了烟道气流化床煤调湿技术。我国的宝钢、太钢、济钢等焦化企业目前也开始采用烟道气余热煤调湿技术。

1. 煤调湿的效果

近 20 年来，日本大力兴建煤调湿装置，经过多年的生产实践，第三代煤调湿技术的效果主要表现在以下方面。

① 采用煤调湿技术后，煤料含水量每降低 1%，炼焦耗热量就降低 62.0MJ/t（干煤）。当煤料水分从 11%下降至 6%时，炼焦耗热量相当于节省了 310MJ/t（干煤）。

② 由于装炉煤水分的降低，结焦时间缩短，因此，在保证焦炭质量不变的情况下，焦炉生产能力可以提高 11%，在不提高焦炉产能的情况下可以改善焦炭质量，其 DI_{15}^{150} 可提高 1%～1.5%，焦炭反应后强度 CSR 提高 1%～3%；在保证焦炭质量不变的情况下，可多配弱黏结煤 8%～10%。

③ 煤料水分的降低可减少 1/3 的剩余氨水量，相应减少剩余氨水蒸氨用蒸汽 1/3，同时也减轻了废水处理装置的生产负荷。同时平均每吨入炉煤可减少约 35.8kg 的 CO_2 排放量。

④ 因煤料水分稳定在 6%的水平上，使得煤料的堆密度和干馏速度稳定，这非常有益于改善焦炉的操作状态，有利于焦炉的降耗高产。此外，煤料水分的稳定还可保持焦炉操作的稳定，有利于延长焦炉寿命。

2. 煤调湿后需要解决的问题

① 煤料水分的降低，使炭化室荒煤气中的夹带物增加，造成焦油中的焦油渣含量增加 2～3 倍，为此，必需设置三相超级离心机，将焦油渣分离出来，以保证焦油质量。

② 炭化室炉墙和上升管结石墨有所增加，为此，必需设置除石墨设施，以有效地清除石墨，保证焦炉正常生产。

③ 调湿后煤料用皮带输送机送至煤塔过程中散发的粉尘量较湿煤增加了 1.5 倍，为此，应加强输煤系统的严密性和除尘设施。

④ 调湿后煤料在装炉时，因含水分的降低很容易扬尘，必须设置装煤地面站除尘设施。

从以上可以看出，尽管煤调湿技术实施中有一些相关问题需要解决，但是从节能、提高产能等角度看，煤调湿技术的优势是其他技术所无法替代的。因此，在今后的炼焦工业发展进程中，该技术应该是煤预处理技术的发展方向。

五、预热煤炼焦

装炉煤在装炉前用气体载热体或固体载热体将煤预先加热到150～250℃后，再装入炼焦炉中炼焦，称为预热煤炼焦。预热煤炼焦，可以扩大炼焦煤源，增加气煤用量，改善焦炭质量，提高焦炉的生产能力，减轻环境污染。

1. 预热煤炼焦的效果

(1) 增加气煤用量、改善焦炭质量　预热煤炼焦所得焦炭与同一煤料的湿煤炼焦相比，预热煤装炉后，炭化室内煤料的堆密度比装湿煤时的堆密度提高10%～13%，而且沿炭化室高度方向煤料的堆密度变化不大（预热煤为2%左右，而湿煤则达20%），这就使沿焦饼高度方向的焦炭的物理力学性能如气孔率、强度、块度等得到了显著改善，见表3-12。另外，在200～550℃的温度范围内，预热煤的加热速度比装湿煤时快，这样可显著改善黏结性，炼出高质量的焦炭。预热时，煤中部分不稳定的有机硫发生分解，使焦炭含硫量降低。而且当装炉煤中结焦性较差的高挥发分煤的配比高时，改善的幅度更大，见表3-13。

表3-12　预热煤炼焦改善焦炭质量的实例

单位	工艺	焦炭强度/%			焦炭粒度		真密度	气孔率/%	反应性/%	反应后强度/%	[$w(S_{焦})$/$w(S_{煤})$]/%
		M_{40}	M_{10}	DI_{30}^{150}	平均/mm	40～80mm/%					
宝钢(200kg)	湿煤	71.3	12.8	75.2	—	55.3	—	—	44.7	44.0	—
	预热煤(200℃)	72.8	8.0	82.2	—	66.3	—	—	38.6	56.1	—
前苏联	湿煤	71.9	11.8	—	44.5	—	1.68	51.4	—	—	81.6
	预热煤(200℃)	78.8	8.2	—	50.4	—	1.79	37.3	—	—	68.6

表3-13　不同煤料配比方案的预热效果

配煤方案	煤质指标		结焦时间/h		炭化室生产能力/(kg/h)		冶金焦率/%		M_{40}/%		M_{10}/%	
	挥发分/%	Y/mm	a	b	a	b	a	b	a	b	a	b
Ⅰ	26.7	14	16.20	15.83	8.45	9.90	92.25	92.8	71.9	78.8	11.8	8.2
Ⅱ	33.7	11	16.30	15.13	7.45	9.70	88.85	92.1	63.8	70.4	19.3	11.5

注：本表为在炭化室宽为400mm的试验炉中所得数据。a—湿煤；b—预热煤（200～230℃）。

(2) 增大焦炉的生产能力　由于预热煤炼焦的周期缩短，装入炭化室内的煤量增多，所以焦炉的生产能力显著提高，一般能提高20%～25%。如图3-25所示，在相同燃烧室温度下，湿煤炼焦的结焦时间为18.5h，预热到250℃的煤结焦时间可缩至12.5h，预热到200℃可缩至15h，即焦炉生产能力可提高20%～30%，再加上预热煤装炉使堆密度提高10%～12%，则焦炉生产能力一般可提高30%～40%。

(3) 在不降低焦炭质量的情况下，可多配用弱黏结性煤　表3-14为鞍钢在200kg小焦炉上用预热煤炼焦（预热温度180℃）的试验结果。由表分析：方案4与方案1相比，气煤增加10%，G值降低了8%，但M_{10}却改善了1.9%，DI_{15}^{150}增加了3.1%，M_{40}则略有减少。

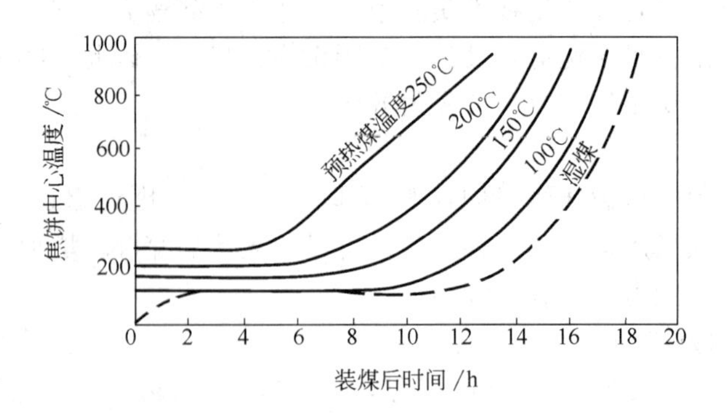

图 3-25 预热温度与结焦时间的关系

表 3-14 鞍钢用煤的预热煤炼焦试验

方案	工艺	配煤比/%					配合煤质量						焦炭强度/%			块焦反应性/%	
		老万气煤	小衡山气煤	林西焦煤	新建1/3焦煤	彩屯贫煤	A_d/%	V_{daf}/%	$w_d(S_t)$/%	Y/mm	G	b/%	M_{40}	M_{10}	DI_{15}^{150}	CRI	CSR
1	湿煤	20	25	20	25	10	10.63	30.88	0.57	12.5	61	−19	67.5	10	76.8	37.8	37.9
2	预热煤	20	25	20	25	10	10.63	30.88	0.57	12.5	61	−19	61.5	6.8	82.8	38.4	40.5
3	湿煤	20	35	10	25	10	10.77	30.69	0.47	12.0	53	−26	67.7	12.0	74.8	—	—
4	预热煤	20	35	10	25	10	10.77	30.69	0.47	12.0	53	−26	66.0	8.5	79.9	—	—
5	湿煤	20	45	—	25	10	10.30	32.03	0.45	10.5	48	收缩	64.3	14.8	69.7	44.3	25.7
6	预热煤	20	45	—	25	10	10.30	32.03	0.45	10.5	48	收缩	59.0	10.1	77.2	44.4	34.0

进一步增加气煤用量至65%（方案5和方案6）湿煤炼焦的焦炭质量很差，但预热煤炼焦时M_{10}和DI_{15}^{150}仍优于方案1。所以得出结论，预热煤炼焦所得焦炭的反应性变化不大，但反应后强度明显提高。配合煤质量越差，预热煤炼焦对提高焦炭质量的效果越明显。

(4) 减少炼焦耗热量　由于干燥和预热设备大多数采用了效率较高的热交换设备，如沸腾炉等流态化设备，使预热煤炼焦比传统的湿煤炼焦耗热量低约4%。

(5) 其他　使用了密闭的装炉系统，取消了平煤操作，消除了平煤时带出的烟尘，减少了空气污染。另外，预热煤炼焦时炉墙温度变化大为减小，所以延长了硅砖炉墙的使用寿命。

预热煤炼焦有如此多的优点，尤其是在炼焦煤日益短缺的情况下，更显得这些优点的突出。因此，此炼焦工艺越来越受到国内外的重视。但就目前的技术水平来看，在预热煤运输和装炉等方面存在一些问题。如运输必须密封和充填惰性气体以防煤粒氧化引起爆炸；装炉时烟尘增大，夹带进入集气管的烟尘量增加，给集气管系统和煤气净化、冷凝系统的操作带来困难等。

2. 工艺过程

预热煤炼焦比较成功的工艺有三种：一种是德国的普列卡邦法；一种是英国西姆卡法；一种是美国的考泰克法。

(1) 普列卡邦工艺　此种工艺流程如图3-26所示，湿煤由料斗下部的转盘给料器定量排出，然后由旋转布料器把湿煤送入干燥器下部，被来自预热器的约300℃热废气加热干燥后，水分降到2%，干燥后的煤从旋风分离器内排出，经星形给料器和下降管送到预热管下

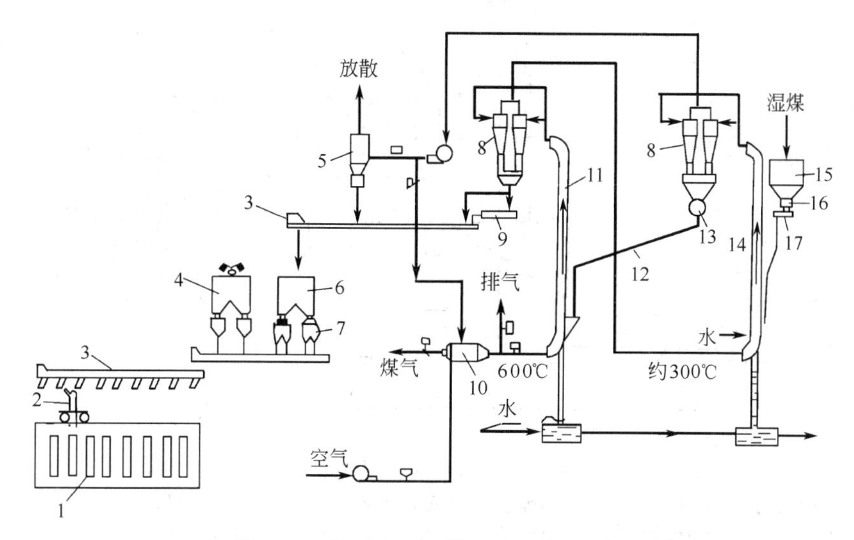

图 3-26 普列卡邦法煤预热工艺流程图

1—焦炉；2—小车；3—链板运输机；4—湿煤仓；5—湿式除尘器；6—热煤仓；7—计量槽；8—分离器；9—混合器；10—燃烧炉；11—预热管；12—下降管；13—星形给料器；14—干燥管；15—料斗；16—转盘给料器；17—旋转布料器

部。在此被从燃烧炉来的约600℃的热气体流化，加热到200℃后，输送到旋风分离器，在此将预热煤和热气流分离。分离后的预热煤由链板运输机运送到热煤仓。被分离的约300℃的载热气体进入干燥管下部，用来干燥湿煤。从干燥管出来的废气中的煤尘，经分离器分离后，由埋刮板运输机送到热煤仓，与已预热的煤混合。而废气再经过湿式除尘器进一步除尘，然后往大气放散。

装炉时，热煤仓中的煤需通过预热煤输送与装煤系统（由计量槽、埋刮板、输送机和分叉装煤小车等组成）进入焦炉。具体来说，热煤仓下面是一个计量槽，计量槽的煤量和装煤炉所需煤量一样，然后通过50m的埋刮板运输机送往焦炉。炉顶上的埋刮板运输机和分叉小车进行无烟装煤。如果预热煤系统出了故障，湿煤可从湿煤仓经埋刮板运输机装入炭化室内炼焦。

该法装炉的优点为：工艺简单，炉顶上可无人操作；重力装煤，堆密度大，使焦炭质量得到改善；用二段式预热，热效率高；可装热煤，也可装湿煤，操作灵活；在已有的焦炉上增设煤预热装置较容易。其缺点为：要求设备严格密封，如漏入空气，可引起预热煤氧化或热煤粉爆炸。

(2) 西姆卡工艺　煤的预热系统与普列卡邦工艺相同，如图3-27所示。西姆卡的装煤方式由装煤车来完成。装煤车包括密封连接、强制给料、抽尘系统、自动称量和取盖等装置。预热煤进入热煤仓后，经过计量槽，再经密封接口放到装煤车煤斗中，从煤斗挤出的气体除尘后排放。装炉时，煤斗的放煤套管与装煤孔密封连接，并保证煤斗和装煤孔间的严密。装煤车是一次对位式的，有电磁起、闭炉盖装置，装煤时，不会产生余煤，当装到预定的煤料量时，闸门自动关闭。装炉烟气靠抽尘洗涤系统抽出并点燃后排入大气。这种装煤车可装预热煤，也可装湿煤。

利用装煤车装煤的优点和普列卡工艺基本相同。缺点为：装煤车复杂，体积大，炉顶操作环境较差。

(3) 考泰克工艺　见图3-28，煤的预热采用一段气流粉碎式预热器，它由自下而上的气流式干燥段、粉碎机和流化床预热段三部分组成。湿煤由斗槽经筛分筛出大于20mm的

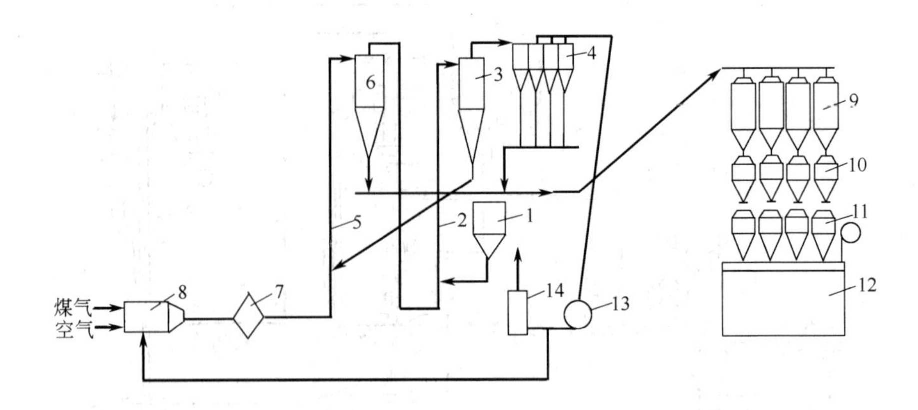

图 3-27　西姆卡预热煤炼焦工艺

1—湿煤斗槽；2—干燥管；3—初次分离器；4—二次分离器；5—预热管；6—旋风分离器；7—喷洒室；8—燃烧炉；9—预热煤斗槽；10—计量槽；11—装煤车；12—焦炉；13—循环风机；14—气体洗涤器

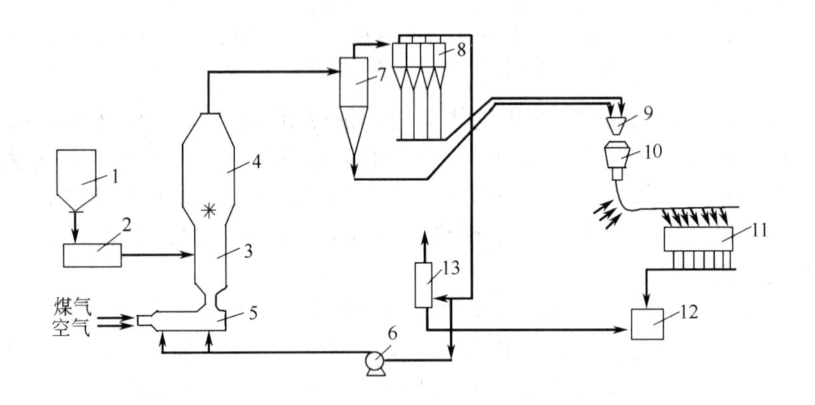

图 3-28　考泰克预热煤炼焦工艺

1—湿煤斗槽；2—粉碎筛分装置；3—气流式干燥段；4—流化床预热段；5—燃烧炉；6—循环风机；7—初次旋分器；8—二次旋分器；9—分配槽；10—计量槽；11—焦炉；12—煤尘回收装置；13—气体洗涤塔

煤粒后，由变速螺旋输送机送入预热器的干燥段，此煤料与来自燃烧炉的热气体接触，热气流温度为 800℃左右，气速为 30m/s。煤粒经流化、干燥，被带到上部流化床预热段，在此段煤粒继续与 400℃左右的热气体接触。小于 3mm 的煤粒，被热气体带出预热器，大于 3mm 的在此处悬浮，由于在此段下部装有一锤式粉碎机，可把没有被气流带走的煤粒粉碎至小于 3mm。预热煤从预热器顶部经一次和二次旋风分离器与气体分离后，由螺旋运输机送到分配槽，然后由气力输送预热煤到管道内。管道内由于有一系列喷吹超音速蒸汽的喷吹，使煤粒推进，直到将煤送入炭化室为止。这个装炉过程又称作“管道装炉”，如图 3-29 所示。

管道装炉的优点包括：取消了装煤孔，简化了炉顶结构，无烟装煤，消除了污染；炉内堆密度增加不大，可使用因堆密度增大而产生危险膨胀压力的煤；预热煤不与空气接触，输送安全以及该系统易实现自动化等。其缺点为：由于一段预热，放入空气中的废气温度高，故热损失大，此法仅适用于装热煤。

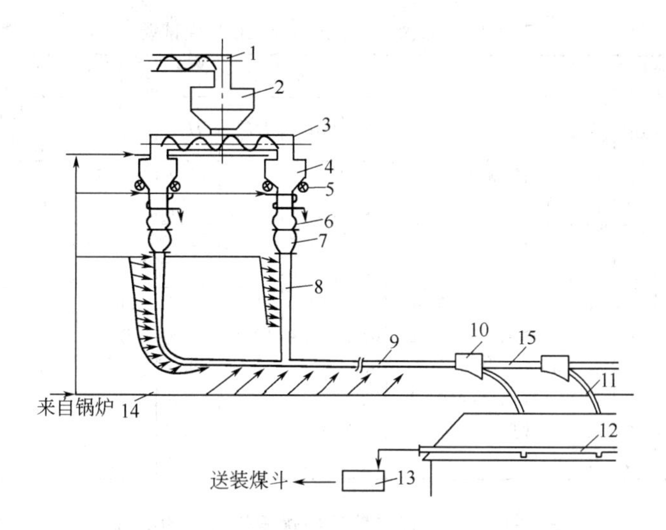

图 3-29　考泰克气流管道装炉系统

1,3—螺旋输送机；2—热煤分配剂；4—计量槽；5—电子秤元件；6—阀门；7—螺旋给料器；8—加速器；9—输煤管道；10—换向阀；11—弯管段；12—装炉集气管；13—装炉煤尘回收装置；14—蒸汽管道；15—直管段

六、配型煤炼焦

以弱黏结煤或不黏结煤为原料加入一定量的有机黏结剂混捏，成型后制成型煤，按一定的比例和粉煤混装炼焦叫配型煤炼焦。此法 1960 年首先由日本研制成功，是提高焦炭质量、扩大弱黏结煤或不黏结煤用量的有效途径之一。

（1）配型煤炼焦的效果　根据日本某厂以同样的煤料在配型煤的焦炉和无型煤的焦炉上所得到的焦炭质量表明（见图 3-30），在配型煤为 10%、20%、30%的条件下，配型煤的焦炭其 DI_{15}^{150}、ASTM 指标及显微强度（MSI）指标均比不配型煤的高。配型煤 30%时，DI_{15}^{150} 增加 3%～4%。

国内对上海宝钢焦化厂配煤和大量使用徐州气煤，多用本溪竖井瘦煤（$Y=0$，罗加指数小于 12）的配煤在 200kg 试验炉上所做的试验（见表 3-15）也表明，配型煤可以明显提高焦炭强度和反应后强度。表 3-16 表明日本烟厂采用配型煤炼焦后，在配煤中多用非黏结煤代替美国强黏结煤，焦炭强度并不降低。表 3-15 也说明当保持一定焦炭强度时，配型煤炼焦法可以节约大量优质炼焦煤。

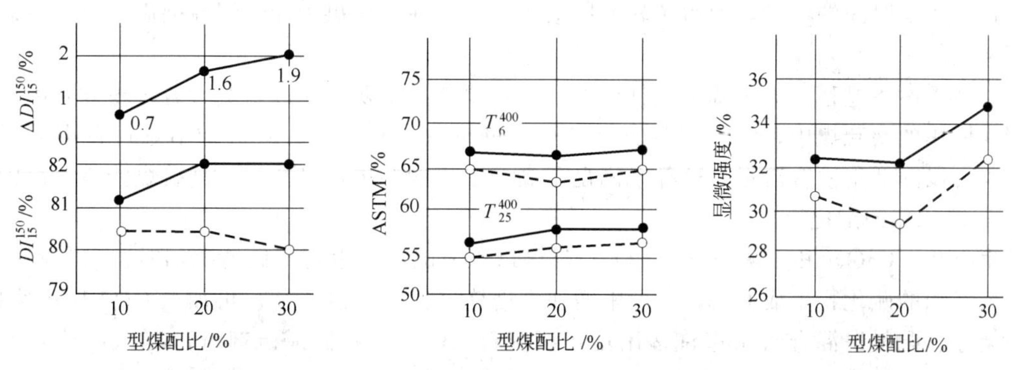

图 3-30　新日铁户烟厂型煤配比与 DI_{15}^{150}、显微强度（MSI）及 ASTM 转鼓指数的关系

—— 配型煤；- - - - 无型煤

表 3-15　国内配型煤炼焦半工业性试验

工厂	配煤比/%					工艺类别	焦炭强度/%				焦炭热反应性/%		焦炭粒度	
	QF	$\frac{1}{3}$JM	FM	JM	SM		M_{40}	M_{10}	DI_{15}^{30}	DI_{15}^{150}	CO_2反应性	反应后强度	平均粒度/mm	块度均匀系数
宝钢	10	45	15	15	15	常规配 30%	71.7	12.8		75.7	44.7	44.0		
	10	45	15	15	15	型煤	72.3	10.7		80.7	36.3	50.0		
西善桥	65	25			10	常规配 30%	63.9	13.8	91.4	75.9				
	65	25			10	型煤	64.1	11.8	91.1	76.1				
鞍钢	25	17	25	20	13	常规(生产配煤)	69.3	13.1	92.7	77.9	36.4	41.2	62.6	2.06
	15	15	20	20	30	常规(多用瘦煤)	67.7	14.4	91.0	73.9	37.4	28.3	62.0	1.70
	15	15	20	20	30	30%型煤	66.0	10.7	93.1	79.3	32.4	46.9	61.1	2.26
本钢	23	10	30	25	12	常规(生产配煤)	72.9	11.7		78.3			65.5	1.50
	10	15	25	20	30	常规(多用瘦煤)	64.0	14.7		73.3	41.0	35.9	58.3	2.12
	10	15	25	20	30	30%型煤	66.2	10.7		80.5	33.4	47.6	57.8	2.89

表 3-16　配型煤炼焦节约优质炼焦煤的实例

序号	工艺类别	配煤比/%						DI_{15}^{150}/%	T_{25}/%	T_6/%
		美国低挥发煤	美国中挥发煤	澳大利亚煤	加拿大煤	前苏联煤	弱黏煤			
1	常规	9	17	24	23		27	81.4	58.7	66.0
2	30%型煤		5	30	20	7	38	81.8	60.3	67.9
3	30%型煤			33	25	7	35	81.2	60.4	66.6
4	30%型煤			30	25	7	38	82.1	61.4	67.2

由于配型煤使煤料堆密度增加，型煤内部煤粒间隙小，使煤料在炭化时的塑性阶段黏结组分与惰性组分充分作用，从而显著提高了煤料的黏结性。

（2）型煤的配入量　型煤的配入量增加，焦炭的强度也随之增加，配合效果大约为：配比每增加10%，DI_{15}^{150}升高0.4%～0.5%，当配比达到40%～50%时，DI_{15}^{150}达到顶点，再增加配比焦炭强度反而降低。生产上考虑到型煤配比增加时，推焦电流增加，型煤设备投资和生产成本提高，以及焦炉允许的膨胀压力等因素，实际操作中型煤配入量以30%～40%为宜。

七、缚硫焦

在炼焦生产中，煤中的大部分硫转入了焦炭中。当煤中含有较高的难以脱除的有机硫以及细分散的无机硫时，制得的焦炭难以合格。中国近年来用高硫煤中加入缚硫剂进行炼焦，并进行了较长时间的试验，取得了较好的效果。这种在高硫煤中加入缚硫剂后炼出的焦炭称为缚硫焦。

在高炉冶炼过程中为了降低生铁中的硫分，要加入石灰石作助熔剂，若将粉末状的石灰石配入炼焦的高硫煤中，将有较多的硫以CaS的形式固定下来，在高炉冶炼过程中直接进入炉渣，以降低生铁含硫量，这样既满足了高炉冶炼的要求，又拓宽了高硫煤的应用范围。

1. 缚硫焦的配比

生石灰（CaO）和石灰石（$CaCO_3$）都可以作缚硫剂。生石灰做缚硫剂时，易与本来可以进入气相的硫化物生成CaS，无形中增加了冶炼过程中的硫负荷，再加上CaO吸水性强，使在储存、配料、混合时带来许多困难；石灰石（$CaCO_3$）做缚硫剂时，$CaCO_3$分解的产物CO_2易与C反应，这种反应为吸热反应，导致炼焦耗热量增加，结焦时间有所延长，因而降低了生产能力。两种缚硫剂比较，倾向使用$CaCO_3$。

缚硫效果和焦炭强度是评价缚硫焦质量的两个重要指标。选择缚硫焦的原料及配比时，只要兼顾上述两个指标，就可获得较好的效果。石灰石起缚硫作用，又起瘦化作用，所以选择合适的石灰石配比量是提高质量的关键。因为增加石灰石的配入量会增强缚硫能力，但超过一定用量，不仅缚硫能力的增强不显著，反而会使煤料黏结性降低。对于黏结煤，这种降低趋势较缓慢，对于弱黏结煤，则降低较快。因此，需根据不同的煤质，配入不同量的缚硫剂。

石灰石的细度及配比将直接影响缚硫效果和焦炭的机械强度。实验证明，在配入石灰石时，需将石灰石研制成小于0.2mm的细度，并准确配比，混合均匀。

2. 缚硫焦的主要特性

(1) 缚硫焦改变了焦炭中的硫的存在形式　在炼焦过程中，加入石灰石，使部分硫转化成了稳定的CaS，使焦炭中以CaS形式存在的硫占全硫的比值有所提高。

(2) 缚硫焦的灰分与挥发分增高　由于在湿法熄焦过程中，焦炭中的CaO与水作用生成$Ca(OH)_2$，同时CaO吸收空气中的CO_2生成$CaCO_3$，在测定挥发分的温度下，原来留在焦炭中的$CaCO_3$和后来生成的$CaCO_3$都有可能分解，而且$Ca(OH)_2$也会失去水分变成CaO，所以这些因素都将使缚硫焦的灰分和挥发分有所提高。

(3) 改善了加热制度，提高了焦炭质量　由于$CaCO_3$的分解和CO_2的还原，导致了结焦末期升温速度减慢，从而减少了裂纹，增大了块度。由于CO_2的还原反应增加了CO的含量，氢含量相对降低，焦炉用这种煤气加热时，使燃烧速度减慢，拉长了火焰，改善了高向加热的均匀性，有利于提高焦炭的成熟度和均一性。

3. 缚硫剂对炉墙的腐蚀问题

缚硫焦中由于碱性物质CaO含量增加，可能会对含酸性较多的硅酸焦炉产生腐蚀作用。实验表明，当煤料中CaO含量低于24%、炉温在1400℃以下时，没有发现对硅砖的腐蚀作用；当CaO含量和温度均高于以上数值时，发现有硅酸玻璃相生成，磷石英骨架被破坏，造成硅砖有剥蚀现象。

一般情况下，缚硫焦中的CaO含量一般在10%以下，炭化室温度低于1400℃，对焦炉的腐蚀影响不大。但工业生产中，硅砖长期受缚硫焦的影响程度，尚无实践。

4. 缚硫焦的炼铁试验

用含硫量为3%的缚硫焦和同一精煤炼制的高硫焦在小高炉上进行铸造生铁试验，结果表明，缚硫焦使生铁含硫量有较大幅度的下降，热耗有所降低，生铁质量基本得到保证。此外炉渣含硫高，流动性好。虽然此项研究取得了较好的效果，但仍存在许多问题，有待以后逐步认识和解决。

第三节　来煤的接受与储存

焦炭质量的高低取决于炼焦煤的质量、煤的预处理技术和炼焦过程三个方面。焦化厂的备煤车间担负着炼焦用煤的入炉前的预处理工作。入炉前煤料的加工处理过程统称为备煤工艺，它包括来煤的接收、储存、倒运、粉碎、配合和混匀等工序。如果来煤属于灰分较高的原料煤，还应包括选煤、脱水工序，中国北方的焦化厂还设有解冻和解冻破碎等工序。

焦化厂不论规模大小，都设有储煤场，所以原料煤的接受与储存通常就在储煤场进行。设置储煤厂的目的，一是保证炼焦炉的连续生产，不至于因来煤短期中断，使焦炉停产保温；二是稳定装炉煤的质量。由于不同牌号的煤表现的结焦性能不同，可选性不同，即使是同一牌号的煤也可能由于来自不同的矿井和不同的矿层使煤的质量有所不同。因此，来煤通过在煤场进行单种成分的混合作业，不仅使装炉煤的质量稳定，而且还有利于煤的沥水。

一、来煤的接受

来煤的接受是备煤车间的第一道工序，在接受来煤时应注意以下几点。

① 每批来煤应按规定程序进行取样分析，并与来煤单位的煤质分析数据对比，煤种核实无误后方可接受，如质量不合要求，应视具体情况及时处理。

② 根据来煤的煤种不同，要分别接受，并卸到指定位置，防止不同煤种在卸煤过程中互混。

③ 为稳定和改善原料煤的质量，来煤应尽可能送往储煤场。设计煤场容量时通常按来煤的70%计算，30%可送往配煤槽。小型焦化厂直接进槽量的比例可大些。

④ 各种煤的卸煤场地必须保持清洁，更换堆放场地时要彻底清扫。受煤坑在更换煤种时也要清扫干净，这样才能做到煤种清楚，配煤质量稳定。

二、煤的储存

在煤场储存有相当数量的煤，煤场管理的好坏，将直接影响到配煤的准确性以及焦炭的质量，因此，储存煤时有如下要求。

① 储煤场应有足够的容量，以保证有一定的储煤量，使焦炉生产能连续、稳定、均衡地进行。储煤场的容量大小，取决于生产规模、距离煤源的远近、交通运输条件以及煤矿的生产规模等。一般大中型焦化厂应有10～15d的储煤量，小型焦化厂则天数更多些。储煤场的大小应能提供各种煤分别堆、取、储的可能性，也就是堆、储与取用分开，所以每种煤需设置2～3个储煤区。为了提供煤场装卸、倒运机械的维修场地，煤场的长度应比有效堆煤长度约长十多米。

② 煤场的地坪应做妥善的处理，必须要有良好的排水条件。根据地下水位的高低，煤场土质及工厂的条件，可采用自然地坪，煤渣夯实，碎石夯实灌浆，原土打夯、素土夯填以及混凝土等方式。对地下水位较高、土质较差的地坪，最好采用混凝土、卵石灌浆的方式；对于地下水位低、土质较好的地面，可采用碎石夯实灌浆，原土打夯后炉渣黏土夯实等方式，这样可防止煤土混杂。处理地坪时，必须考虑坡度，保证雨季排水畅通。否则，煤堆容易塌落。煤场地坪排水一般由中部向两侧流动，同时应当考虑回收煤泥的沉降池。另外，煤场地势应高于周围地表，防止煤场成为凹地而积水。

③ 要确保不同煤种的煤单独存放。对于同一种煤，为了消除和减少由于不同矿井和矿层来煤所造成的煤质差别，在储存过程中，应尽量混匀，通常采用“平铺直取”的操作方式，即在存煤时，沿该煤种的整个场地由低向高逐渐地平铺堆放，取用时，沿该煤堆的一侧由上往下直取。

④ 储煤场的煤堆高度应保持一定的高度。煤堆高度过低，煤场的占地面积就会增大，导致雨季时煤的水分增大，并且也增加了倒运距离，所以煤堆应保持一定的高度。煤堆的高度与煤场机械有关，一般煤堆高度使用斗轮堆取料机可达10～14m，门式抓斗起重机为7～9m，桥式抓斗起重机一般为7～8m。

⑤ 煤的储放时间不能过长，以免氧化。特别是低变质程度的煤气孔率高，吸附氧多，更易被氧化。煤的矿物质中含有FeS_2，它与空气中的氧和水汽可发生如下反应

$$2FeS_2+7O_2+2H_2O \longrightarrow 2FeSO_4+2H_2SO_4+Q$$

该反应使煤块破碎，煤的表面积增加并放出热量，故加速了煤的氧化。煤被氧化后，其结焦性变差，发热量降低，挥发分、碳和氢的含量降低，氧含量和灰分增加，燃点降低，对炼焦不利。若存放时间过长，煤氧化所产生的热量不能很快散发，易发生自燃。因此，对各种煤应规定允许的堆放时间，并按计划取用。煤的氧化除和煤种有关外，还和气温及煤场的通风条件有关。为了控制氧化，应定期检查煤堆温度，将煤堆温度控制在50℃以下。若发现温度接近50℃，应尽快取用，超过50℃时应立即散开煤堆，以防自燃。根据鞍钢和武钢的生产实践，各种煤允许的储存时间见表3-17。

表3-17　各种煤的允许储存时间

煤　种	堆煤季节	堆煤类型	储存时间/天
气煤	夏季	露天	50
	冬季	露天	60
肥煤	夏季	露天	60
	冬季	露天	80
焦煤	夏季	露天	60
	冬季	压实	90
瘦煤	夏季	露天	90
	冬季	露天	150

三、煤场管理

从焦化厂的整个工艺流程来看，煤场的管理是十分重要的，它可以保证为炼焦炉均衡地提供质量稳定的煤料。煤场管理包括来煤调配、合理堆放和取用、质量检验、环境保护等方面。

1. 来煤调配

储煤场应保持各种煤种的煤都有一定的储煤量。如果因煤矿或运输部门的原因，煤未能及时运到，虽然储煤场的存煤可补足这一部分煤料，但是当这种煤波动较为严重时，必然影响煤场所必须进行的均匀化作业，对煤质的稳定性带来不利。因此在煤场管理中，必须根据各类煤的配用量，煤场上各类煤的堆放和取用制度及煤场容量，向煤矿和运输部门提出各类煤的供煤计划，并及时组织调运。要建立各煤种的日进量和日送出量指示图表，及时掌握储煤情况，以利于对煤料的调配工作。要避免煤场用空后来煤直接进配料槽，使煤质发生波动，同时也要避免来煤过多，煤场难以容纳，造成管理混乱。

2. 堆放和使用

焦化厂的来煤，最好全部先进入煤场堆储，经过煤场作业实现煤质的均匀化和脱水，以保证煤料质量的稳定。这是因为，一方面，各种牌号的煤由于矿井和煤层的不同，而存在结焦性能的不同；另一方面，在煤的洗选过程中，各种煤的可洗选性不同，洗精煤的灰分和硫分也不同。因此，来煤的质量是有很大波动的，必须在煤场进行均匀化作业。抓斗类起重机作为煤场机械时，采用“平铺直取”，堆取料机煤场可采用“行走定点堆料”和“水平回转取料”的方法进行均匀化作业。

根据统计数据，在经煤场均匀化作业后，水分、挥发分、灰分、硫分等多项指标的偏差值都有所降低，其中以灰分的均匀化效果最为明显。统计数据还表明，经过煤场堆储10d左右的煤料，平均水分降低2.33%，由于水分的降低和稳定，减少了焦炉的耗热量，改善了焦炭质量和焦炉操作，对延长焦炉寿命有利，同时还有利于配煤槽均匀出料。

3. 质量检验

来煤必须称量，并按规定进行取样，分析来煤的水分、灰分、硫分和结焦性，以核准和掌握煤种和煤质，并考虑该煤的取用和配用。为加快卸车或卸船速度，中国多数焦化厂是采取边取样分析，煤料边进场的方法。铁路运输来煤，取样一般在车厢，也有的是在翻车机皮带上取样；船运来煤一般是在卸船机后送往煤场的皮带上取样。刚进煤场的煤料应单独储放，不得与已混匀的煤料或正在取用的煤料混合。目前国内外都十分注重取样、分析的合理、快速、高效和高准确性，并在这些方面有较大进展。

第四节 炼焦用煤的粉碎与配合

配合煤料的粉碎对焦炭质量有很大的影响，因此煤的粉碎与配合是备煤工艺中十分重要的环节之一。

一、粒度控制

1. 各种煤的粉碎性

煤的黏结性不仅取决于煤化程度和岩相组成，也因煤粒子的大小以及整体煤料的粒度分布而异。各种煤的岩相组成和煤化程度不同，其硬度和脆度就会有很大不同，因而粉碎性也不相同。从煤化程度看，中等挥发分的强黏结煤易被粉碎，如焦煤和肥煤，高挥发分和低挥发分的弱黏结或不黏结煤难粉碎，如长焰煤、气煤、瘦煤和无烟煤。从煤的岩相组成看，镜煤粒子易碎，暗煤粒子难碎。

2. 各种煤的粒度组成对焦炭质量的影响

按煤岩配煤理论，煤的岩相组成可分为活性组分和惰性组分。对于经过粉碎的煤粒，主要由活性组分组成的称为活性粒子，主要由惰性组分组成的称为惰性粒子。中国曾对几种黏结性较好的气、肥、焦、瘦四种煤进行研究，对不同粒度的粗、中、细粒子分别测定其胶质层最大厚度 Y 值（如表 3-18 所示），由表中数据可知，对于黏结性较好的肥煤或焦煤，粗粒度的 Y 值大于中、细粒度的 Y 值。这说明活性组分多的粗粒度的粒子有利于提高黏结性，黏结性较差的气煤和瘦煤则相反，尤其是瘦煤，细粒度的 Y 值远远大于粗粒度的 Y 值，表明细粒度惰性粒子对炼焦有利，所以惰性组分适宜细粉碎。

表 3-18 不同煤化程度的煤料粒度与胶质层厚度的关系

煤种	胶质层最大厚度 Y/mm		
	粗粒	中粒	细粒
气煤	11	12～13	11
肥煤	27	26～27	25～27
焦煤	16～17	14.5～15.5	14～14.5
瘦煤	0	0	5

研究还表明，在炼焦过程中，由惰性组分较多的粗粒级煤得到的焦炭强度较差，随着粉碎粒度逐渐减小，焦炭强度逐渐提高，当粒度为小于 3mm 时，焦炭强度最好，当粉碎到＜0.5mm 时焦炭强度又明显下降。这说明惰性组分较多时，细粉碎有利于黏结，但过细粉碎，由于惰性组分比表面积增大，活性组分被过度地吸附，使胶质层减薄，反而不利于黏结。

活性组分较多的细粒煤料炼焦后得到的焦炭强度高，进一步过细粉碎，其焦炭强度仍略有提高。这表明活性组分多的细粒煤料，过细粉碎虽会降低黏结性，但由于同时降低了收缩阶段的内应力，减小了龟裂，所以对焦炭强度仍有提高。

中国曾对某厂配合煤，测定了各筛分粒级的黏结性，如表 3-19 所示。

表 3-19　某厂配合煤各粒级性质

粒　级/mm	筛分组成/%	工　业　分　析/%			罗加指数 R.I./%	黏结指数 G/%
		A_d	M_{ad}	V_{daf}		
＞5	12	9.11	1.43	34.07	63	56.5
5～3	14.5	8.77	1.23	33.87	66	60
3～2	12.6	8.84	1.98	33.26	68	62
2～1	8.4	—	—	—	70	65
1～0.5	14.6	8.82	1.41	31.92	71	66
＜0.5	38.1	12.04	2.13	33.06	66	59

表 3-19 结果表明，粗粒级（＞5mm）和细粒级（＜0.5mm）煤的罗加指数和黏结指数均较低。因此过细粉碎，不仅降低煤的活性粒子作用，而且增加非活性粒子的比表面积，两者均使煤料的黏结性降低，故必须控制煤料粒度的下限。粉碎中粗粒部分多为非活性粒子，易成为焦炭裂纹的中心，不利于焦炭质量，所以也必须同时控制煤粒度的上限。

3. 装炉煤的粒度分布原则

为实现粒度分布最优化以选择适当的粉碎工艺，应遵循以下原则。

(1) 装炉煤的细粒化和均匀化　装炉煤的大部分粒度应小于 3mm，以保证各组分间混合均匀，从而在炼焦时，煤粒子间能相互作用，相互填充空隙，以保证得到结构均匀的焦块。

(2) 装炉煤的粉碎　装炉煤中含活性组分多的以及黏结性好的煤，应粗粉碎，防止黏结性降低。含惰性组分多的以及黏结性低的煤应细粉碎，以减少裂纹中心，但也不能过细，否则增加了粒子比表面积，不仅气相产物易于析出，减小了液相产物的生成率，而且使胶质体量相对减薄，影响了黏结性，也就影响了焦炭质量。

(3) 控制装炉煤粒度的上下限　一般粒度下限均为 0.5mm，粒度上限随堆密度的提高而降低。不同堆密度的煤料有不同的最佳粒度上限，如图 3-31 所示，在散装煤的堆密度为 $0.75t/m^3$ 时，控制粒度上限为 5mm 较好，如只控制煤粒细度为 85%，所得焦炭强度（DI_{15}^{150}）比控制粒度上限为 5mm 时要低 2.5%。而当堆密度为 $0.90t/m^3$ 时，粒度上限为 3mm 较好。

(4) 煤料的堆密度最大原则　装煤炉中各粒级的含量，应保证粗、中、细煤粒间能相互填满空隙，以实现堆密度最大。散状煤料自然堆积体内空隙率与散料粒度分布关系的一般规律如图 3-32 所示，图中每条曲线是在一定的最大平均粒度与最小平均粒度比的条件下画出的。在任一粒度比下均有一个大颗粒含量的适当时可获得最小的空隙率，即较大的堆密度。随着粒度比增大，即粒度分布加宽，堆密度增加。提高装炉煤堆密度，可改善其黏结性，而且堆积密度升高时，焦炭强度增大。

二、配煤工艺与设备

中国常用的配煤系统是通过配煤槽依靠其下部的定量给料设备进行配煤。

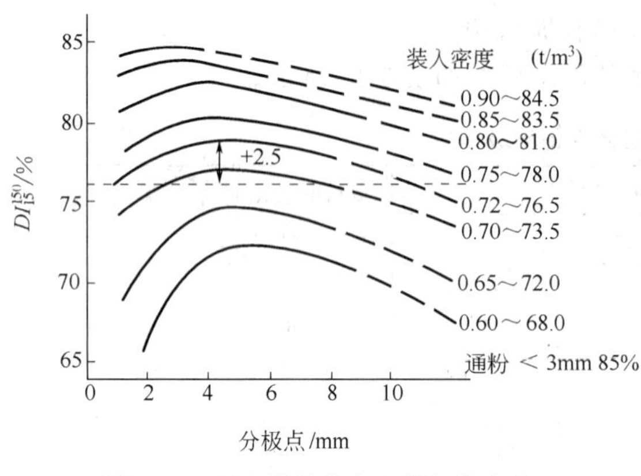

图 3-31 配合煤的粒度上限与堆密度、焦炭强度的关系

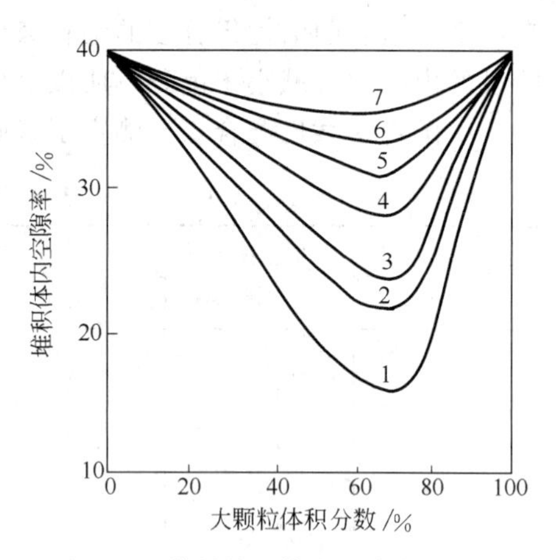

图 3-32 散料堆积体内空隙率与散料粒度分布的关系

$(D_p)_{max}/(D_p)_{min}$：1—100；2—20；3—10；4—5；5—3.3；6—2.5；7—2

1．煤槽个数和容量

在配煤过程中，配煤槽是用来储存所需的各单种煤料的，一般设在给料设备之上。它的数目和容量与煤料及焦化厂的生产规模有关，见表 3-20。

表 3-20 配煤槽的数目和容量

生产焦炭规模/万吨	配煤槽直径/m	每个槽的容量/t	配煤槽的个数	适用煤种数
10～20	6	200	4～6	3～4
40～60	7	350	6～7	3～4
90	8	500	7～8	5～6
120	8	500	10～12	5～6
180	8	500	12～14	6～7
180	10	800	10～12	5～6

一般配煤槽的个数应比配料所用的煤种数多 2～3 个，主要目的是当煤种更换、设备维修、配煤量比较大或煤质波动大的煤需要两个槽同时配煤以提高配煤准确度时，用来备用。生产能力大的焦化厂，配煤槽最好是煤种数的两倍。配煤槽的总容量应能保证焦炉一昼夜的用煤量。

配煤槽主要由卸煤装置、槽体和锥体三部分组成。按槽体的断面形状可划分为圆形和方形两种。由于方形配煤槽挂料严重，所以目前广泛采用的是圆形配煤槽。圆形配煤槽断面积较小，投资最省，挂料轻，一般为钢筋混凝土结构，直径小于 6m 的小型煤槽也可用砖砌筑。

配煤槽顶部一般采用移动胶带机卸料，当来煤胶带机从端部引入顶部时，可采用卸料车卸车。规模较小的焦化厂可用犁式卸料器卸料。配煤槽下部是锥体部分，即圆锥形斗嘴或曲线形斗嘴部分。为保证配煤槽均匀放料，圆锥体的斜角应不小于 60°，内壁面力求光滑，最好衬上瓷砖或铸石板以减少摩擦力。设计配煤槽时，槽的高度与直径之比不小于 1.6，放煤口直径不应小于 0.7m。圆锥形斗嘴下部与配煤盘联结。配煤时，煤料在配煤槽内由上往下移动，通过斗嘴到配煤盘，由配煤盘将煤放到配煤皮带上。配料槽底部通常设有风力震煤装置（见图 3-33），以便及时处理放料口上部堵塞或悬料现象。风力震煤装置由一套送风管路及风阀组成，风阀前的管路为送风管，与具有一定压力的风源相接。风阀后的管路为吹风管，其出口固定在槽底的锥形壁面上，风嘴向下喷，防止煤里的水分流入风管。风的停送由风阀控制，风阀可以自动控制也可手动控制。

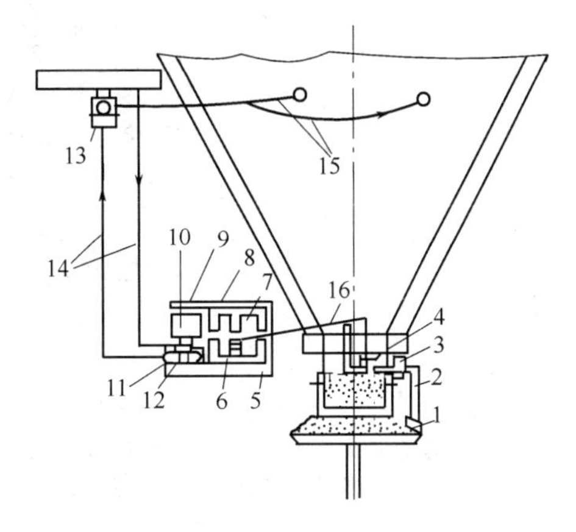

图 3-33　自动风力震煤装置

1—挡煤板；2—探尺；3—转动架；4—水银接点；5—电磁铁架；6—电磁铁；7—线圈；8—压板；9—开关按钮；10—电动气阀；11—风口；12—出风口；13—大风阀；14—风管；15—吹风管；16—电线

风力震煤装置是消除堵塞或悬料的一种方法，但要不产生堵塞，还应从本质上加以分析。因为煤料下降时，若煤料重力大于斗嘴对煤料的摩擦力，煤料就可顺利降落。所以增加煤料下降力，减小摩擦力，就可减小堵塞。双曲线形斗嘴与圆锥形斗嘴相比，双曲线形斗嘴的平均截面收缩率小于圆锥形斗嘴。收缩率小，阻力小，摩擦力小。所以，用双曲线形斗嘴只要收缩率合适就能保证煤料下行畅通。目前，焦化厂多数采用双曲线形斗嘴。

2. 定量给料设备

在配煤槽下部，设有煤料配量的定料给料设备，该设备主要有配煤盘和电磁振动给料机两种形式。

（1）配煤盘　配煤盘由圆盘、调节套筒、刮煤板及减速传动装置等组成。配煤盘能够控制下料，达到定量给料的目的，配煤盘结构如图 3-34 所示。调节套筒可进行上下调节，刮煤板可改变插入煤料的深度，两者结合可调节煤量。调节时，调节套筒可进行大流量调节，刮煤板主要进行微量调节。

配煤盘的优点：调节简单，运行可靠，维护方便。缺点：设备笨重，耗电量大，传动部件多，刮煤板易挂杂物，影响配煤准确度，需要经常清洗。

（2）电磁振动给料机　电磁振动给料机是一种利用电磁铁和弹性元件配合作为振动源，使给料槽做高频率的往复运动，槽上的物料以某一角度被抛出的一种给料机械，结构如图 3-35 所示。电磁振动给料机主要由给料槽体、激振器、减振器等组成，而激振器又由连接

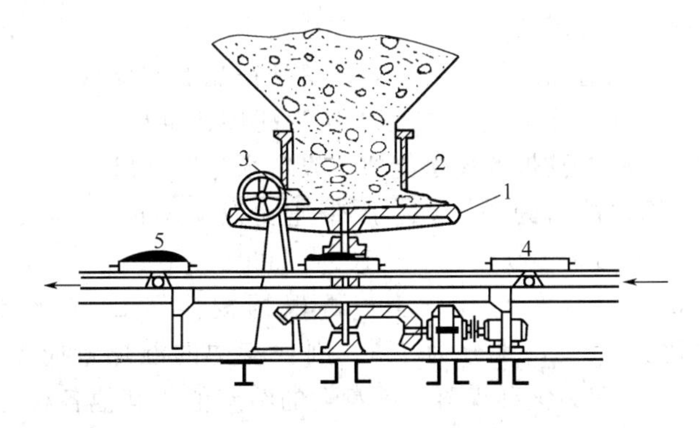

图 3-34　配煤盘示意图

1—圆盘；2—调节套筒；3—刮煤板；4，5—铁盘

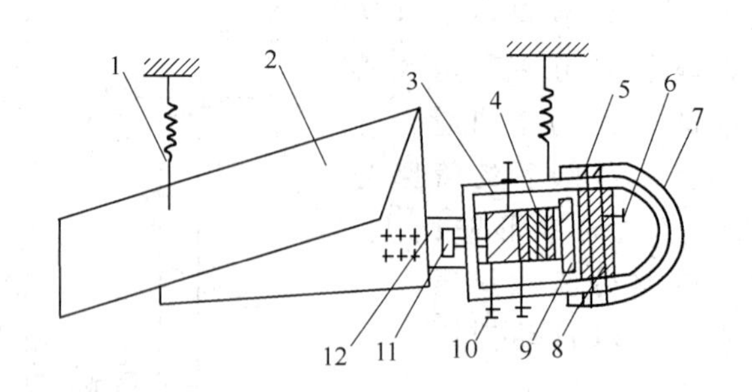

图 3-35　电磁振动给料机结构示意图

1—减震器及吊杆；2—给料槽体；3—激振器壳体；4—板弹簧组；5—铁芯的压紧螺栓；6—铁芯的调节栓；7—密封罩；8—铁芯；9—衔铁；10—检修螺栓；11—顶紧螺栓；12—连接叉

叉、衔铁、板弹簧组、铁芯、激振器壳体组成。连接叉和槽体固定在一起，通过它将激振器的振力传递给槽体，从而使槽体产生振动。板弹簧组是储能机构，连接前质体和后质体组成双质体的振动系统，前质体由槽体、连接叉、衔铁及占槽体 10%～20%的物料组成；后质体由激振器壳体、铁芯构成，铁芯上固定着线圈，线圈的电流是经过单项半波整流的。当电流接通时，在正半周内有电流通过，衔铁和铁芯间产生吸力，这时前质体向后移，后质体向前移，同时板弹簧产生变形，储存一定的弹性势能。在负半周内，线圈中无电流通过，电磁力消失。但由于储存的弹性势能的作用，使衔铁和铁芯分开，前后质体返回各自原来位置，如此往复振动，使物料连续向一定方向移动，从而完成定量给料任务。

电磁振动给料机正常工作时，大幅度给料量的调节靠斗嘴下部溜槽和给料槽体间闸门的开启高度来调节；小幅度的调节靠改变线圈的电流大小来调节，通过调节振幅来改变给料量的大小，通常振幅应控制在 1.5～1.7mm。配煤的准确性与槽体的安装倾角、煤料在槽内的厚度以及煤料的含水量有关。煤料厚度通常保持在 80～120mm 范围较好。

电磁振动给料机的优点：结构简单、维修方便、布置紧凑、投资少、耗电量小、调节方便。缺点：安装、调整时要求严格，如果调整不好，生产中将产生噪声，影响使用效果。

3. 配煤比的控制

配煤比是根据对配煤的质量要求确定的，通常用百分比来表示。配煤比控制的准确与否，和稳定焦炭质量密切相关。为了保证煤量稳定，配煤槽的装满高度应保持在 2/3 以上，并防止在一个煤槽内同时上煤和放煤。生产中为了便于检查，许多焦化厂采用人工跑盘的方法来检查配煤比是否达到了规定的要求。这种方法是用一个 0.5m 长，相当于配煤胶带机宽的铁盘，在配煤胶带上定期监测配煤时各种煤下落到铁盘上的煤量，以多次的平均值与该种煤给定的规定值比较，其误差不超过±150g，作为配煤比准确度标准。各种煤在铁盘上的给定值由规定的配煤比、配煤胶带的输送能力、煤料水分等标出。

例如，某胶带机的输送能力为 400t/h，胶带速度为 1.62m/s，配合煤水分为 10%，则该胶带输送干煤量为：$400\times1000\times(1-10\%)/3600=100$kg/s，每 0.5m 胶带运输量为 $100\times0.5/1.62=30.85$kg。在此基础上，再根据规定的配煤比计算各煤种的配入量。若某种煤的配煤比为 25%，水分为 7%，则铁盘中的湿煤量应为 $30.85\times0.25/(1-7\%)=8.29$kg，则 8.29kg 即为该种煤落在铁盘上的给定值。其他各种配煤也按相同的方法算出。生产上要求每小时检查一次配煤量。

在检查配煤比的同时，还要对配合煤的灰分和挥发分进行检查，以评定配煤操作的好坏。先测量单种煤和配合煤的挥发分和灰分，以配煤前单种煤的挥发分和灰分按配煤比计算得到的配合煤相应值与实际配合煤的测定值比较，要求配煤的挥发分偏差不超过±0.7%，灰分偏差不超过±0.3%。

4. 自动配煤系统

用人工跑盘的方法检查煤料的配比并调整配煤操作，劳动繁重，准确度难以保证。现在许多焦化厂都采用了电子秤自动配煤系统，根据定量给料设备的不同，相应的有两种对应装置，如图 3-36、图 3-37 所示。

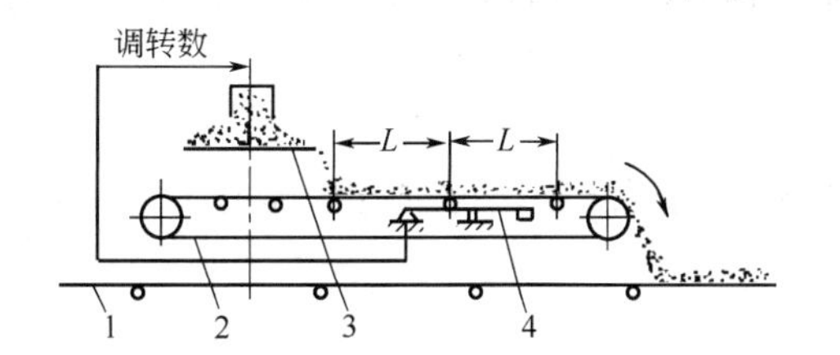

图 3-36　配煤盘——电子秤自动配煤装置
1—配煤大胶带机；2—称量小胶带机；
3—配煤盘；4—电子秤；L—称量区

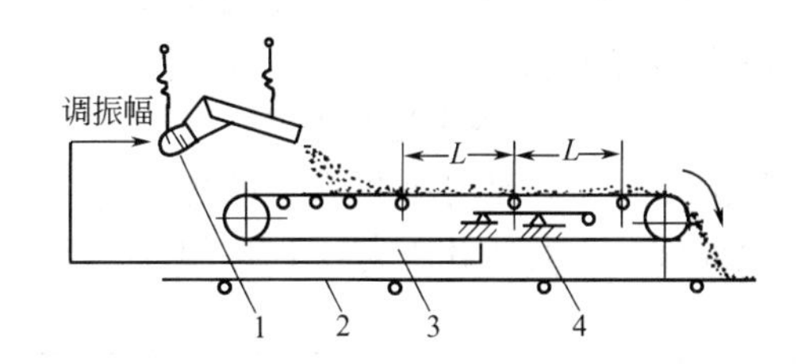

图 3-37　电磁振动给料机——电子秤自动配煤装置
1—电振器；2—配煤大胶带机；3—称量小胶带机；
4—电子秤；L—称量区

通常采用的电子秤配煤装置是在配煤盘和电磁振动给料机下面增设称量小胶带机和电子秤，通过调节装置控制配煤盘的转数或电磁振动给料的振幅来调节下煤量，使配煤量保持定值。称量小胶带机约为长度 4m 的框架式或悬臂式胶带机。

电子秤自动调节系统原理如图 3-38 所示，按要求的配入量，煤量经配煤盘或电磁振动给料机送到称量小胶带机上，均匀铺在胶带机上的煤经过称量区时，由称量托辊和秤框作用于重量传感器上。重量传感器由弹性元件和贴附在弹性体上的电阻应变片组成，这些电阻片按一定的顺序组成了电桥。

根据电桥平衡原理，在一定电压下无负载时，电桥处于平衡状态，输出电压为零；当传感器承受重量时，因弹性元件变形，桥臂电阻失去平衡，电桥处于不平衡状态，输出电压不为零。速度传感器是一个速度变换器，即靠变换器的滚轮和胶带直接摩擦而转换成转数，再将此转数转换成速度信号，用以模拟胶带机的速度大小。一方面该信号与质量传感器得出的质量信号相乘，模拟瞬时输送量；另一方面又相当于一个小发电机，产生质量传感器所需的供桥电压。传感器送出的毫伏信号和质量输送量成正比，此毫伏信号经毫伏变送器将信号放大并转换成 4～20mA 的电流信号，再经质量显示仪表和比例积分单元，分别指示出瞬时量和累计量。当实际下料量与给定

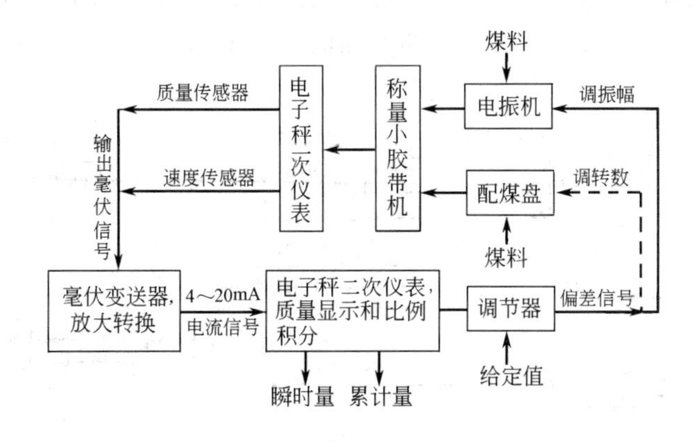

图 3-38　电子秤自动调节系统原理方框图

值（通过的电流量）发生偏差时，调节器给出偏差信号，再转换成电压信号，自动调节配煤盘转数和电磁振动给料机的振幅，使下料量回到给定值，实现自动配煤的目的。

目前新建焦化厂多采用核子秤自动配煤装置。其基本控制原理同电子秤自动调节系统。所不同的是煤料的称量是利用核子源所发射的射线通过煤层时的衰减量来对各单种煤进行计量，并采用变频装置控制各单种煤的下煤量，可配圆盘给料机或小皮带。

三、备煤车间的工艺流程

备煤车间根据不同煤料的岩相组成、性质及其他如投资、场地等的不同，可分别采用先配煤后粉碎、各种煤先单独粉碎再配合、部分硬质煤预粉碎以及选择粉碎等流程，不同情况应采用不同的工艺。

1. 先配合后粉碎工艺流程

先配合后粉碎是将炼焦煤料的各单种煤，先按规定比例配合，再进行粉碎的工艺流程，简称“混破”工艺，此工艺流程见图 3-39。

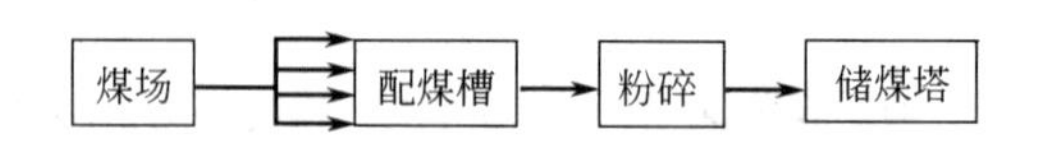

图 3-39　配合粉碎工艺流程示意图

该种流程的特点是：工艺简单，布局紧凑，设备少，投资省，操作方便。但在操作时不能根据不同煤种进行不同粒度的粉碎，因此只适用于煤质较均匀、黏结性较好的煤料。对原料煤硬度差别较大时，粉碎粒度不均匀，对焦炭质量有一定的影响，但此工艺由于投资省，工艺简单，在许多焦化厂普遍采用。

2. 先粉碎后配合工艺流程

这种工艺流程（见图 3-40）是将组成炼焦煤的各单种煤，按各自的性质不同进行不同细度的粉碎，然后按规定的比例配合和混合的工艺，以达到改善焦炭质量的目的。但此工艺过程复杂，需多台粉碎机，且配煤后还需设有单独的混合设备，故投资大，操作复杂。

图 3-40　先粉碎后配合工艺流程

为简化工艺，当炼焦煤只有 1～2 种硬度较大的煤时，可先将硬质煤预粉碎，然后再按比例与其他煤配合、粉碎（见图 3-41)。如气煤的细度要求比肥煤、焦煤的高，所以常将这

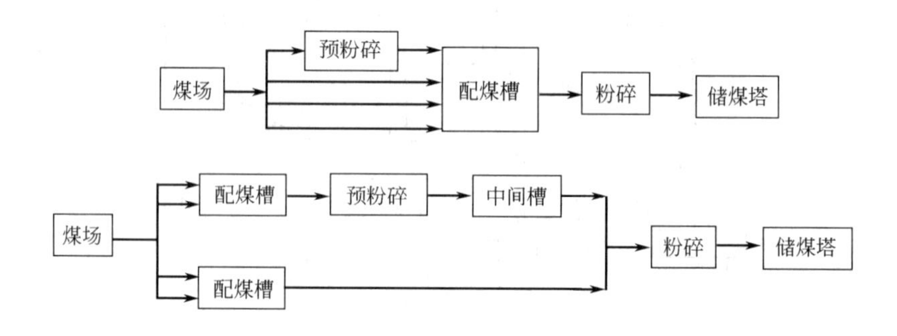

图 3-41　部分硬质煤预粉碎流程

种流程用做气煤预粉碎。部分煤预粉碎机的位置可放置在配煤槽前，也可在配煤槽后。前一种布置的预粉碎机能力要与配煤前输送煤系统能力相适应，因此预粉碎机庞大，设备投资较多；后一种布置的预粉碎机能力可适当减小，所以设备轻、投资省。

3. 分组粉碎工艺流程

此工艺流程是先将组成配合煤的各单种煤，按不同性质和要求分组配合，分别粉碎到不同细度，最后混匀的工艺，见图 3-42。这种工艺与先粉碎后配合工艺流程相比，减少了粉碎设备，即简化了工艺；与先配合后粉碎流程相比，配煤槽和粉碎机多，投资大。所以一般用于生产规模较大、煤种数多、煤质有显著差别的焦化厂。

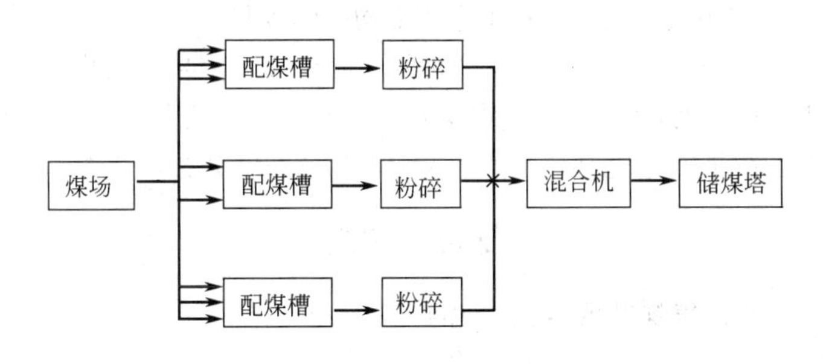

图 3-42　分组粉碎工艺流程

4. 选择粉碎工艺流程

此种工艺的特点是根据炼焦煤料中煤种和岩相组成在硬度上的差异，按不同粉碎粒度的要求，将粉碎和筛分结合，达到煤料均匀的目的。这样既消除了大颗粒，又能防止过细粉碎，并使惰性组分达到要求细度。

根据煤质不同，选择粉碎有多种流程。对于结焦性能较好，但岩相组成不均一的煤料，可采用先筛出细颗粒的单程循环粉碎流程，见图 3-43。煤料在倒运和装卸过程中，黏结组分和软丝炭组分含量高的煤易粉碎，故大多粒度较小，为避免过细粉碎，先过筛将它们筛出后，留在筛上的粒度较大的不易粉碎的惰性组分和煤块，进入粉碎机粉碎，然后与原料煤在混合转筒中混合，再筛出细粒级，筛上物再循环粉碎。这样可将各种煤和岩相组分粉碎至大致相同的粒度，从而改善结焦过程。当煤料中有结焦性差异较大的煤种时，上述单路循环按一个粒级筛分控制粒度组成就不能满足按不同结焦性控制粒度的要求，因此就应采用多路循环选择粉碎流程。图 3-44 是一种两路平行选择粉碎流程，适用于两类结焦性差别较大的煤。它可按结焦性能、硬度及粒度要求，分别控制筛分粒级，以达到合理的粒度组成。如果在结焦性好的煤中含有大量暗煤，则可将筛上物送入结焦性较差的煤粉碎机中实行细粒级的粉

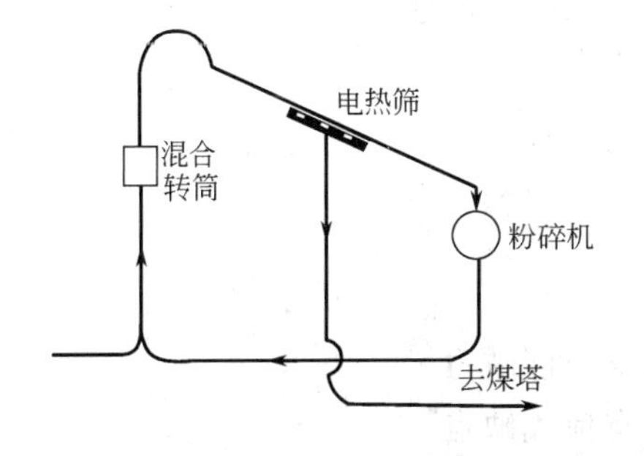

图 3-43　单程循环选择粉碎工艺流程

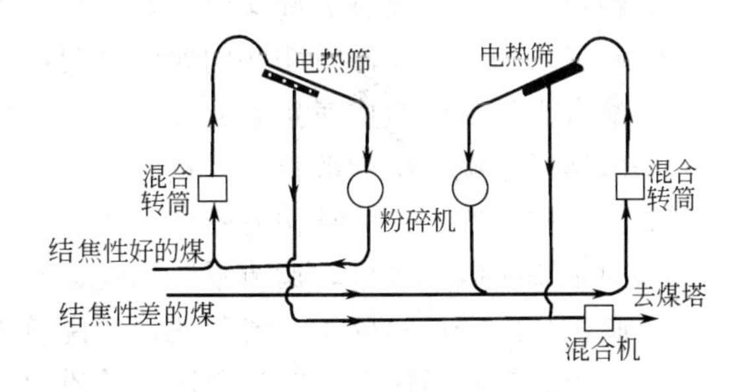

图 3-44　两路平行选择粉碎工艺流程

碎、筛分循环。以上选择粉碎有如下特点：一是控制一定的筛分粒级；二是难粉碎的煤种或煤岩组成处于闭路循环，因此选择粉碎也称分级粉碎或闭路粉碎。

选择粉碎于20世纪50年代最先在法国洛林地区使用，采用电热筛筛分细粒级的湿煤，称为索瓦克法，由于电热筛生产能力和筛分效率低、动力消耗多、投资大，20世纪60年代后期逐渐淘汰。20世纪70年代初，前苏联在下塔吉尔钢铁公司采用风力分离器进行选择粉碎。风力分离器处理能力大、效率高、布置紧凑、投资省，所以风力分离法具有较大的竞争力。20世纪70年代中期，日本用立式圆筒筛代替了电热筛进行选择粉碎，与电热筛相比，具有生产能力大、投资省、效率高的优点。

选择粉碎在各国的应用实践表明，对于岩相不均一的煤料，可以明显改善焦炭质量，扩大岩相不均一的气煤在配合煤中的比例；控制了合理的粒度组成，使装炉煤的堆积密度得到了提高。

邯钢焦化厂利用在粉碎机前增加电热筛的方法，使小于某一粒度的煤料不通过粉碎机，而直接经旁路进入粉碎机后的胶带输送机上，改善了入炉煤料的粒度分布，节省了粉碎机的动力消耗。

复习思考题

1. 对比气煤、肥煤、焦煤和瘦煤的结焦特性。
2. 什么是配煤炼焦？配煤炼焦的目的和意义是什么？
3. 我国配煤炼焦的原则是什么？
4. 常规配煤的原理是什么？
5. 画图说明黏结组分和纤维质组分配煤的概念。
6. 煤岩组分配煤的原理是什么？
7. 简述组分平均指数（CBI)-强度指数（SI）配煤方法。
8. 配合煤的质量指标主要有哪些？并说明各自对炼焦过程或焦炭质量的影响。
9. 什么是煤的细度？细度太大和太小对炼焦有何影响？
10. 什么是配煤试验？做配煤试验的目的是什么？
11. 提高配煤炼焦的途径有哪些？
12. 什么是捣固炼焦？捣固炼焦的效果有哪些？
13. 煤料捣固时有哪些要求？
14. 型煤炼焦的原理是什么？影响型煤炼焦的因素有哪些？
15. 什么是煤调湿技术？煤调湿技术具有哪些优点？
16. 添加黏结剂炼焦的目的是什么？常用的黏结剂有哪些？
17. 瘦化剂在炼焦中起什么作用？常用的瘦化剂有哪些？
18. 备煤工序中主要有哪些岗位？在接受来煤时应注意哪些问题？
19. 储煤场储煤时应注意哪些问题？说明各种煤允许贮存的时间。
20. 配合煤的粒度组成对焦炭的质量有何影响？
21. 怎样确定配煤槽的数目与容量？
22. 画出圆盘给料机的结构简图，说明其工作原理。
23. 图示说明电子秤自动调节系统原理。
24. 画出先配合后粉碎工艺流程图，并说明该流程有何优缺点？
25. 画出先粉碎后配合工艺流程图，并说明该流程有何优缺点？
26. 选择性粉碎工艺流程的优点是什么？画出单程循环选择粉碎流程图。

第四章　炼焦炉的结构

本章以常规焦炉的炉体为主要内容，在阐述几种主要焦炉炉型的基础上，讨论焦炉结构的发展趋势。

第一节　炉体构造

一、炼焦炉的发展阶段及现代焦炉的基本要求

焦炉是炼制焦炭的工业窑炉，焦炉结构的发展大致经过四个阶段，即成堆干馏（土法炼焦）、倒焰式焦炉、废热式焦炉和现代的蓄热式焦炉。

中国早在明代就出现了用简单的方法生产焦炭的工艺，它类似于堆式炼制木炭，将煤置于地上或地下的窑中，依靠干馏时产生的煤气和部分煤的直接燃烧产生的热量来炼制焦炭，称为成堆干馏或土法炼焦。土法炼焦成焦率低，焦炭灰分高，结焦时间长，化学产品不能回收，还造成了环境污染，综合利用差。

为了克服上述缺点，在19世纪中叶出现了将成焦的炭化室和加热的燃烧室分开的焦炉，隔墙上设有通道，炭化室内煤干馏时产生的煤气经此流入燃烧室内，同来自炉顶的通风道内的空气混合，自上而下边流动边燃烧，故称为倒焰式焦炉，干馏时所需热量从燃烧室经炉墙传给炭化室内的煤料。

随着化学工业的发展，要求从干馏煤气中回收有用的化学产品，为此将炭化室和燃烧室完全隔开，炭化室内生产的荒煤气送到回收车间分离出化学产品后，净煤气再送回燃烧室内燃烧或民用。1881年德国建成了第一座回收化学产品的焦炉。由于煤在干馏过程中产生的煤气量及煤气组成是随时间变化的，所以炼焦炉必须由一定数量的炭化室组成，各炭化室按一定的顺序装煤、出焦，才能使全炉的煤气量及煤气组成接近不变，以实现稳定的连续生产，这就出现了炼焦炉组。燃烧产生的高温废气直接排入大气，故称为废热式焦炉。这种焦炉所产生的煤气几乎全部用于自身的加热。

燃烧生成的1200℃的高温废气所带走的热量相当可观。为了减少能耗、降低成本，并将节余部分的焦炉煤气供给冶金、化工等部门做原料或燃料，又发展成为具有回收废气热量装置的换热式或蓄热式焦炉。换热式焦炉靠耐火砖砌成的相邻通道及隔墙，将废气热量传给空气，它不需换向装置，但易漏气，回收废气热量效率差，故近代焦炉均采用蓄热式。蓄热式焦炉所产生的焦炉煤气，用于自身加热时只需煤气产量的一半左右，此外它还可用贫煤气加热，将焦炉所产生的全部焦炉煤气作为产品提供给其他部门使用，这不仅可以降低成本，还使资源利用更加合理。

自1884年建成第一座蓄热式焦炉以来，焦炉在总体上变化不大，但在筑炉材料、炉体构造、炭化室有效容积、技术装备等方面都有显著改进。随着耐火材料工业的发展，自20世纪20年代起，焦炉用耐火材料由黏土砖改用硅砖，使结焦时间从24～28h缩短到14～

16h，炉体使用寿命也从 10 年左右延长到 20～25 年甚至更长，至此，进入了现代化焦炉阶段。由于高炉炼铁技术的发展，要求焦炭强度高，块度均匀；由于有机化学工业的发展需要，希望提高化学产品的产率。这就促进了对炉体构造的研究，使之既实现均匀加热以改善焦炭质量，又能保持适宜的炉顶空间温度以控制二次热解而提高化学产品的产率。

近年来，焦炉向大型化、高效化发展，焦炉发展的主要方向是大容积，20 世纪 20 年代，焦炉炭化室高度达 4～4.5m。此后，不断出现炭化室更高、容积更大的焦炉，到 20 世纪 80 年代初德国的曼内斯曼公司建成炭化室高 7.85m 的焦炉。到现阶段，一些技术较发达的国家所建的焦炉多为 6～7.5m。目前，德国 TKS 公司建成年产 260 万吨的超大型炉组，炭化室 $90m^3$（20.8m×0.6m×8.4m），每孔装温煤 69t，每孔产焦 54t；采用致密硅砖，减薄炭化室墙和提高加热火道的标准温度。

焦炉的发展趋势应满足下列要求。

① 生产优质产品。为此焦炉应加热均匀，焦饼长向和高向加热均匀，加热水平适当，以减轻化学产品的裂解损失。

② 生产能力大，劳动生产率和设备利用率高。为了提高焦炉的生产能力，应采用优质耐火材料，从而可以提高炉温，促使炼焦速度的提高。

③ 加热系统阻力小，热工效率高，能耗低。

④ 炉体坚固、严密、衰老慢、炉龄长。

⑤ 劳动条件好，调节控制方便，环境污染少。

二、现代焦炉炉体各主要部位

现代焦炉虽有多种炉型，但无非是因火道结构、加热煤气种类及其入炉方式、蓄热室结构及装煤方式的不同而进行的有效排列组合。焦炉结构的变化与发展，主要是为了更好地解决焦饼高向与长向的加热均匀性，节能降耗，降低投资及成本，提高经济效益。为了保证焦炭、煤气的质量及产量，不仅需要有合适的煤配比，而且要有良好的外部条件，合理的焦炉结构就是用来保证外部条件的手段。为此，需从焦炉结构的各个部位加以分析，现代焦炉炉体最上部是炉顶，炉顶之下为相间配置的燃烧室和炭化室，炉体下部有蓄热室和连接蓄热室与燃烧室的斜道区，每个蓄热室下部的小烟道通过交换开闭器（也称废气盘）与烟道相连。烟道设在焦炉基础内或基础两侧，烟道末端通向烟囱，故也称焦炉由三室两区组成，即炭化室、燃烧室、蓄热室、斜道区、炉顶区和基础部分。如图 4-1 所示。

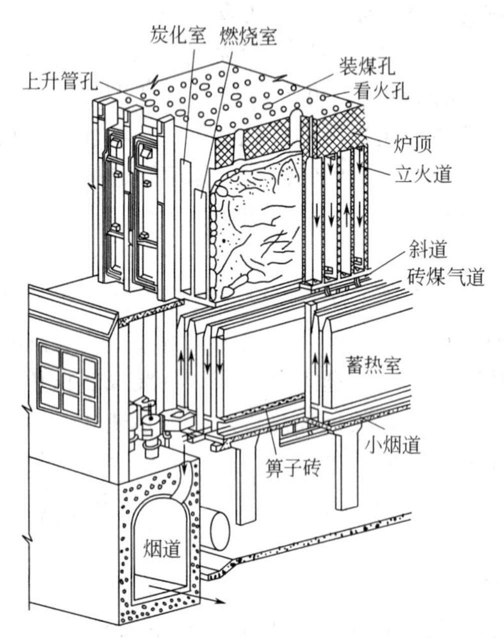

图 4-1　焦炉炉体结构模型图

1. 炭化室

炭化室是接受煤料，并对装炉煤料隔绝空气进行干馏变成焦炭的炉室。一般由硅质耐火材料砌筑而成。炭化室位于两侧燃烧室之间，顶部有 3～4 个加煤孔，并有 1～2 个导出干馏煤气的上升管孔。它的两端为内衬耐火材料的铸铁炉门。整座焦炉靠推焦车一侧称为机侧，另一侧称为焦侧。

顶装煤的焦炉，为顺利推焦，炭化室的水平呈梯形，焦侧宽度大于机侧，两侧宽度之差称锥度，一般焦侧比机侧宽 20～70mm，炭化室越长，此值越大，大多数情况下为 50mm。捣固焦炉由于装入炉的捣固煤饼机侧、焦侧宽度相同，故锥度为零或很小。炭化室宽度一般在 400～550mm 之间，宽度减小，结焦时间能大大缩短，但是一般不小于 350mm。因宽度太窄会使推焦困难，操作次数频繁和耐火材料用量增加。炭化室长度为 13～16m，从推焦机械的性能来看，该长度已接近最大限度。炭化室高度一般为 4～6m（国外可达 8m 或更高），增加高度可以增加生产能力，但受高度方向加热均匀性的限制。增大炭化室的容积是提高焦炉生产能力的主要措施之一，一般大型焦炉的炭化室有效容积为21～40m^3，中国 5.5m 高的大型焦炉为 35.4m^3，6m 高的大型焦炉为 38.5m^3。炭化室尺寸的确定，通常受到多种因素的影响。下面分别叙述有关的影响因素。

（1）炭化室的宽度　炭化室的宽度对焦炉的生产能力与焦炭质量均有影响，增加宽度虽然焦炉的容积增大，装煤量增多，但因煤料传热不良，随炭化室宽度的增加，结焦速度降低，结焦时间大为延长，如表 4-1 所示（火道温度按 1300～1350℃）。因此宽度不宜过大，否则会降低生产能力。宽度减小，结焦时间大为缩短，但不应太窄，否则推焦杆强度降低，推焦困难，而且，结焦时间缩短后，操作次数增加，按生产每吨焦炭计，所需操作时间增多，增加污染，耐火砖用量也相应增加，从而降低了生产能力。

表 4-1　炭化室宽度与结焦速度的关系

炭化室平均宽度/mm	500	450	407	350	300
结焦时间/h	22	18	16	12.5	10
结焦速度/(mm/h)	22.7	25	25.5	28	30

此外，炭化室宽度对煤料的炼焦速度、膨胀压力及焦炭的平均块度等因素均有影响，具体表现如下。

① 干馏过程的传热，是炭化室两侧的燃烧室通过炉墙向炭化室中心的单向不稳定传热。由于煤料的导热系数远低于硅砖，即干馏过程中传热的热阻主要来自煤料。当装炉煤水分、挥发分、堆密度保持不变时，结焦时间与炭化室宽度之间的关系，可由下式近似计算

$$\frac{\tau_1}{\tau_2}=\left(\frac{b_1}{b_2}\right)^{1.1\theta} \tag{4-1}$$

$$\theta=\frac{t_f}{t}$$

式中　b_1、b_2——炭化室宽度，mm；

τ_1、τ_2——宽度分别为 b_1、b_2 的炭化室内煤料的结焦时间，h；

t_f——平均火道温度，℃；

t——焦饼中心温度，℃。

通常将炭化室宽度与结焦时间的比值称为干馏速度。

$$v_C=\frac{b}{\tau} \tag{4-2}$$

式中　v_C——炼焦速度，mm/h。

将上式代入式 (4-1)，并整理后得

$$\frac{v_{C2}}{v_{C1}}=\left(\frac{b_1}{b_2}\right)^{1.1\theta-1} \tag{4-3}$$

因为 $\theta>1$，所以，当 $b_1>b_2$ 时，则 $v_{C1}<v_{C2}$，也就是说在相同的火道温度条件下，炭化室越窄，炼焦速度就越快。

② 高温干馏过程中煤料给予炭化室炉墙的膨胀压力，起因于胶质体层内的煤气压力，其值大小因装炉煤料性质、颗粒组成、堆密度以及燃烧室温度不同而异，也与炭化室宽度有关。

由于炭化室越宽，干馏速度越慢，所以胶质体层内煤气压力就越低。因此，同一煤料在不同炭化室内干馏时，炉墙实际承受的负荷是随着炭化室宽度增加而略有减小，如图 4-2 所示。

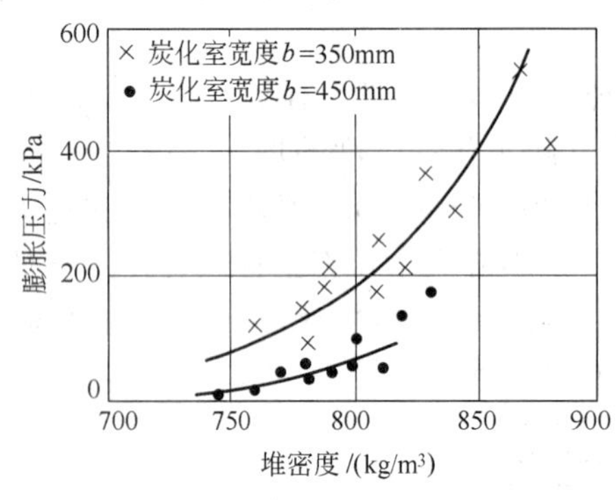

图 4-2 膨胀压力与炭化室宽度的关系

炭化室膨胀压力危险值约 15kPa，故允许承受的极限负荷为 7～10kPa。因此，当装炉煤的膨胀压力偏高时宜采用宽炭化室。

③ 焦炭碎成小块，起因于裂纹。焦块的统计平均尺寸大小取决于裂纹之间的距离。而裂纹的间距与裂纹的深度取决于不均匀收缩所产生的内应力。在相同的结焦温度下，焦炭块度随着炭化室宽度增加而加大。与此同时，当煤料和干馏条件相同时，炭化室越宽，由于结焦速度减慢而使焦炭裂纹减少，故焦炭的抗碎强度也越高。

但是，从生产能力与技术经济指标来看，由于随着宽度的增加结焦时间将延长，每孔炭化室单位时间出焦率将随着宽度的增加而降低。所以，在一定范围内，炭化室宽度越窄，生产能力将越高。故应综合考虑确定炭化室宽度，对黏结性好的煤料宜缓慢加热，否则在半焦收缩阶段，应力过大，焦炭裂纹较多，小块焦增加，因此炭化室以较宽些为宜。对于黏结性较差的煤料，快速加热能改善其黏结性，对提高焦炭质量有利，故以较窄的炭化室为好。JN43-58（JN43-58-Ⅰ，JN43-58-Ⅱ）型焦炉炭化室的平均宽取 407mm 和 450mm 两种规格，大容积焦炉的平均宽度仍为 450mm，目前有些新建焦炉宽度为 500mm；小型焦炉炭化室的平均宽度为 300mm 左右。

（2）炭化室长度　焦炉的生产能力与炭化室长度成正比，而单位产品的设备造价随炭化室长度增加而显著降低。因此，增加炭化室长度有利于提高产量，降低基建投资和生产费用，但长度的增加受下列因素的限制。

① 受炭化室锥度与长向加热均匀性的限制，因为炭化室锥度大小是取决于炭化室长度和装炉煤料的性质。一般情况下，煤料挥发分不高、收缩性小时，要求锥度增加。而随着炭化室长度的增加，锥度也增大。国内大容积焦炉炭化室的长度为 15980mm，锥度为 70mm；卡尔斯蒂式焦炉炭化室长度为 17090mm，锥度为 76mm。随着炭化室长度和锥度的增大，长向加热均匀性问题就比较突出，导致局部产生生焦，这不仅使质量和产率降低，而且使粉焦量显著增加。

② 受推焦阻力及推焦杆的热态强度的限制。随着炭化室长度的增加，不仅由于长向加热不均匀使粉焦量增加而促使推焦阻力增大，还由于焦饼质量增加，焦饼与炭化室墙面、底面之间的接触面增加，从而使整个推焦阻力显著升高。

随着炭化室长度的增加，推焦杆的温度在推焦过程中逐渐上升，而一般钢结构的屈服点随着温度升高而降低，到400℃时，约降低1/3。因此，炭化室长度增加也受此限制。此外，炭化室长度还受到技术装备水平和炉墙砌砖的限制。

(3) 炭化室高度　国内大型焦炉一般为4～6m，增加炭化室高度是提高焦炉生产能力的重要措施，且煤料堆密度的增加有利于焦炭质量的提高。随着高度的增加，为使炉墙具有足够的强度，必须相应增大炭化室的中心距及炭化室与燃烧室的隔墙厚度；为了保证高向加热均匀性，势必在不同程度上引起燃烧室结构的复杂化；为了防止炉体变形和炉门冒烟，应有坚固的护炉设备和有效的炉门清扫机械；由此，使每个炭化室的基建投资及材料消耗增加。因此，应以单位产品的各项技术经济指标进行综合平衡，选定炭化室高度的适宜值。目前大型焦炉的高度一般不超过8m。

综上所述，由炭化室的长度、宽度和高度所决定的炭化室的容积，必须与焦炉的规模、煤质及所能提供的技术装备水平等情况相适应，不能脱离实际，片面的追求焦炉炭化室的大型化。

2. 燃烧室

燃烧室位于炭化室两侧，其中分成许多火道，燃烧室是煤气燃烧的地方，煤气和空气在其中混合燃烧，产生的热量传给炉墙，间接加热炭化室中煤料，对其进行高温干馏。燃烧室数量比炭化室多一个，长度与炭化室相等，燃烧室的锥度与炭化室相等但方向相反，以保证焦炉炭化室中心距相等。一般大型焦炉的燃烧室有26～32个立火道，中小型焦炉为12～16个。燃烧室一般比炭化室稍宽，以利于辐射传热。

(1) 结构形式与材质　燃烧室内用横墙分隔成若干个立火道，通过调节和控制各火道的温度，使燃烧室沿长度方向能获得所要求的温度分布，有利于实行长向加热均匀性，同时又增加了燃烧室砌体的结构强度。由于增加了炉体的辐射传热面积，从而有利于辐射传热。

燃烧室墙面温度高达1300～1400℃，燃烧室的温度分布由机侧向焦侧递增，以适应炭化室焦侧宽、机侧窄的情况。因为燃烧室内每个火道都能分别调节煤气量和空气量，从而保证整个炭化室内焦炭能同时成熟。用焦炉煤气加热时，根据煤气入炉方式不同，可以通过灯头砖进行调节或更换加热煤气支管上的孔板进行调节。贫煤气和空气量的调节是利用在斜道口设置人工阻力，大型焦炉采用更换和排列不同厚度的牛舌砖，可以达到调节气量的目的。

燃烧室材质关系到焦炉的生产能力和炉体寿命，一般均用硅砖砌筑。为进一步提高焦炉的生产能力和炉体的结构强度，其炉墙有发展为采用高密度硅砖的趋势。

(2) 加热水平高度　燃烧室顶部高度低于炭化室顶部，二者之差称为加热水平高度，这是为了保证使炭化室顶部空间温度不致过高，从而减少化学产品在炉顶空间的热解损失和石墨生成的程度。加热水平高度由以下三个部分组成：一是煤线距炭化室顶部的距离，即为炉顶空间高度，一般大型焦炉为300mm，中小型焦炉为150～200mm；二是煤料结焦后的垂直收缩量，它取决于煤料的收缩性及炭化室的有效高度，一般为有效高度的5%～7%；三是考虑到燃烧室顶部对焦炭的传热，炭化室中成熟后的焦饼顶面高应比燃烧室顶面高出200～300mm（大焦炉）或100～150mm（小焦炉）。因此不同高度的焦炉加热水平是不同的。如6m高的焦炉为900mm（1005mm），JN43-58型焦炉为600～800mm，JN66型焦炉为524mm。加热水平高度按下列经验式确定

$$H=h+\Delta h+(200\sim300)$$

式中　h——煤线距炭化室顶部的距离（炭化室顶部空间高度），mm；

Δh——装炉煤炼焦时产生的垂直收缩量，mm；

200～300——考虑燃烧室的辐射传热允许降低的燃烧室高度，mm。

3. 蓄热室

从燃烧室排出的废气温度常高达1300℃左右，这部分热量必须予以利用。蓄热室的作用就是利用蓄积废气的热量来预热燃烧所需的空气和贫煤气。蓄热室通常位于炭化室的正下方，其上经斜道同燃烧室相连，其下经交换开闭器分别同分烟道、贫煤气管道和大气相通。蓄热室构造包括顶部空间、格子砖、箅子砖和小烟道以及主墙、单墙和封墙。下喷式焦炉，主墙内还设有直立砖煤气道，如图4-3和图4-4所示。

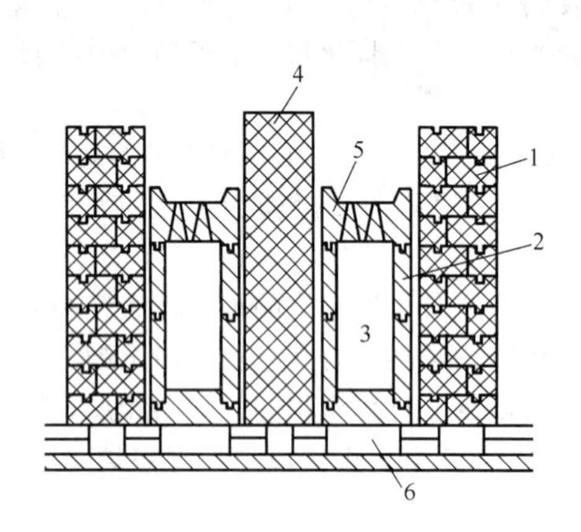

图4-3 焦炉蓄热室结构

1—主墙；2—小烟道黏土衬砖；3—小烟道；4—单墙；5—箅子砖；6—隔热砖

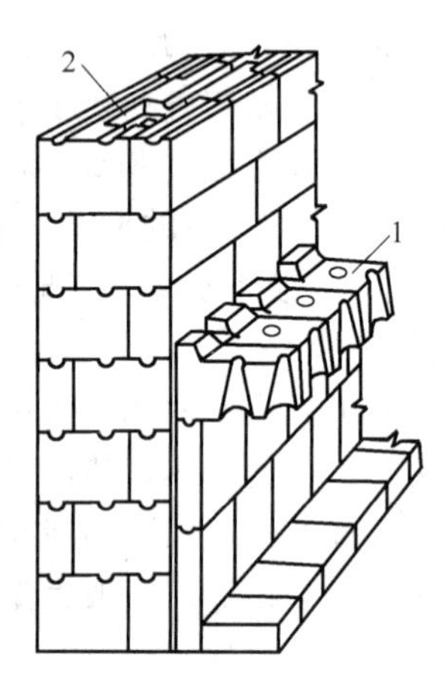

图4-4 箅子砖和砖煤气道

1—扩散型箅子砖；2—直立砖煤气道

当下降废气通过蓄热室时，即将热量传递给格子砖，废气温度由1200～1300℃降至300～400℃，然后，经小烟道、分烟道、总烟道至烟囱排出。换向后，冷空气或贫煤气进入蓄热室，吸收格子砖蓄积的热量，并被预热至1000～1100℃后进入燃烧室燃烧。由于蓄热室的作用，有效地利用了废气显热，减少了煤气消耗量，提高了焦炉的热工效率。

当用焦炉煤气加热时，由于其热值高，不需要预热，故不通过蓄热室，直接由砖煤气道通入立火道燃烧。如果焦炉煤气进入蓄热室预热，会因受热分解而生成石墨，造成蓄热室堵塞，而且预热后会使燃烧速度增高，火焰变短，造成高向加热不均匀。

蓄热室内堆砌的格子砖有十二孔、九孔、六孔、蜂窝式及百叶窗式几种，目前较常用的是九孔格子砖，见图4-5。十二孔格子砖目前多用于单热室大型焦炉。格子砖安装时上下砖孔要对准，高炉煤气含尘量应控制在15mg/m^{3}以下，操作中应定期用压缩空气吹扫。蓄热室内温度变化大，故格子砖采用黏土砖，小烟道需设黏土衬砖，以保护硅砖砌筑的隔墙受温度变化的冲击。格子砖上部留有顶部空间，主要使上升或下降气流在此得到混匀，然后以均匀的压力向上或向下分布。

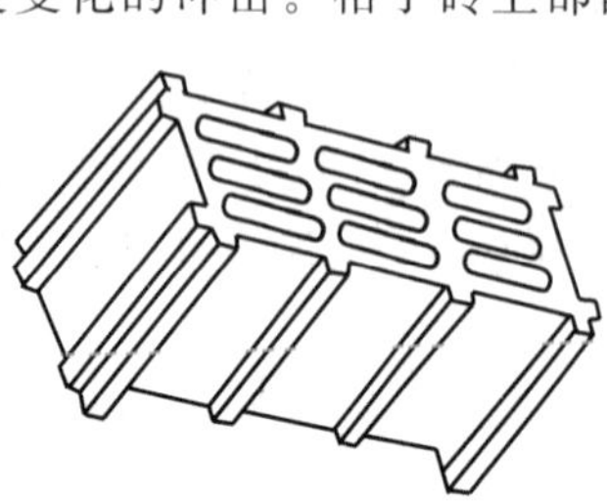

图4-5 九孔薄壁格子砖

为了改善气流分配以提高蓄热效率，多数焦炉采用扩散式箅子砖，箅子砖位于格子砖的下方，一方面支撑格子砖；另一方面利用孔径大小的改变使气流沿长向分布均匀。为使上升和下降气流时都能实现气流沿蓄热室长向均匀分布，箅子砖孔形和尺寸的分布需通过实验和实践才能确定，而且当蓄热室操作条件变化时，仍会受影响。小烟道在上升气流时用于供入空气和贫煤气，并使气流沿蓄热室长向加以均匀分配，在下降气流时则集合并导出废气。煤气和空气的供入以及废气的导出通常由机焦两侧进行。

蓄热室隔墙包括中心隔墙、主墙（异向气流隔墙）和单墙（同向气流隔墙）。中心隔墙将蓄热室分为机侧、焦侧两部分。主墙两边压差大，易漏气。当上升煤气漏入下降蓄热室，不但损失煤气，而且会发生“下火”现象，严重时可烧熔格子砖，使交换开闭器变形；当上升空气漏入下降蓄热室，则会发生“空气短路”现象。故主墙必须坚固和严密，因此厚度较大，且用带舌槽的异型砖砌筑。单墙两边压差小，故厚度较薄。蓄热室端部封墙是为了防止吸入冷空气使边火道温度骤降，故必须严密；同时为了减少热损失，绝热必须良好。封墙一般用黏土砖及隔热砖砌成，总厚度约为 400mm，为此在封墙中砌一层绝热砖以及外部用硅酸铝纤维保温，并在墙外表安装金属外壳。

有的焦炉采用蓄热室分格，即将蓄热室分成若干小格，每对立火道与其对应的下方两格蓄热室形成一个单独的加热系统，这样可以根据火道需要的温度，在地下室分别调节各格的煤气量和空气量，但隔墙增加，主墙结构复杂，用砖量大，施工时必须在分隔墙砌筑前安放格子砖，生产时又不能清扫和更换，故未能推广。对于蓄热室的基本要求是气流分配均匀，蓄热效率高，串漏少和防止局部高温。

蓄热室顶部温度经常在 1200℃ 左右，并且蓄热室隔墙几乎承受着炉体的全部质量，所以现代大型焦炉的蓄热室隔墙都用硅砖砌筑，否则将对焦炉产生不良影响。当缺少硅砖时，也可用黏土砖砌筑，但要考虑与上部硅砖砌体联结处的处理，否则上下膨胀不同，易将黏土砖砌体拉裂。

就蓄热室类型而言，有纵蓄热室和横蓄热室两大类。前者由于阻力大，蓄热效率低，故现代焦炉很少采用。现代焦炉蓄热室均为横蓄热室，即与炭化室的纵轴平行。横蓄热室有并列式和两分式之分。JN 型焦炉等大型焦炉属于并列式，两分式焦炉的蓄热室一般属于两分式。由于并列式蓄热室异向气流接触面大于两分式蓄热室，故蓄热室串漏的可能性也大些。横蓄热室的优点是：能使每个燃烧室成为独立系统，便于调节；当局部产生问题时可以停几个炉室，不会影响整座焦炉；蓄热室的格子砖可以保证各燃烧室的煤气和空气沿长向均匀分配；而且蓄热室的端部面积较小，因此辐射热损失较小；同时炭化室和蓄热室构成一个整体，炉体较坚固。

在大型黏土砖蓄热室焦炉上，曾采用硅砖与黏土砖交界面设置滑动层和相互咬合砌筑两种方案。生产实践表明，前一种方案由于整个上层砌体及其他设备很重，不能实现滑动，结果使蓄热室墙头部拉成较宽的梯形裂纹；后一种方案，蓄热室隔墙虽然也出现了裂纹，但因相互咬合，裂纹分散且较窄，对生产影响不大。

蓄热室隔墙的炉头部位，因受外界大气温度的影响，温度波动较大，硅砖砌成的炉头隔墙易产生一些裂纹，因此有些焦化厂的焦炉在蓄热室炉头部位也采用高铝砖直缝结构。

4. 斜道区

连通蓄热室和燃烧室的通道称为斜道，它位于蓄热室顶部和燃烧室底部之间，用于导入空气和煤气，并将其分配到每个立火道中，同时排出废气。图 4-6 为斜道区的结构图。

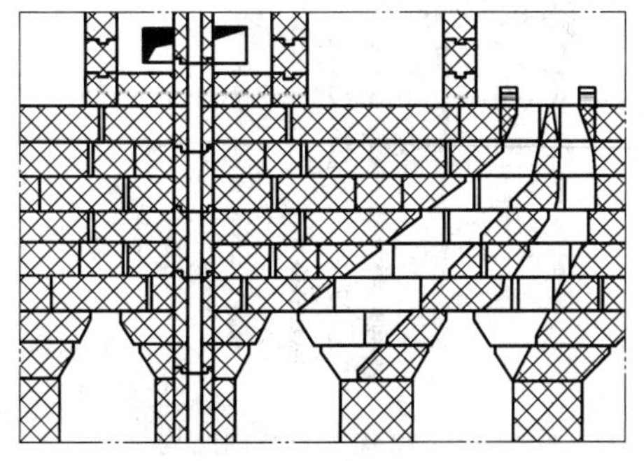

图 4-6　JN 型焦炉斜道区结构图

斜道区结构复杂，砖型很多，不同类型焦炉的斜道区结构有很大差异。一般来说，两分式火道焦炉的斜道区比双联火道焦炉的斜道区要简单；单热式焦炉的斜道区比复热式焦炉的斜道区简单。斜道区的布置、形状及尺寸取决于燃烧室的构造和蓄热室的形式。此外，还应考虑砌体的严密性，砌筑要简单，而且应保证煤气及空气在火道内沿着高度方向缓慢混合。

燃烧室的每个立火道与相应的斜道相连，当用焦炉煤气加热时，由两个斜道送入空气和导出废气，而焦炉煤气由垂直砖煤气道进入。当用贫煤气加热时，一个斜道送入煤气；另一个斜道送入空气，换向后两个斜道均导出废气。

斜道口布置有调节砖，以调节开口断面的大小，并有火焰调节砖以调节煤气和空气混合点的高度。

斜道出口的位置、交角、断面的大小、高低均会影响火焰的燃烧。为了拉长火焰，应使煤气和空气由斜道出口时，速度相同，气流保持平行和稳定，为此两斜道出口之间设有固定尺寸的火焰调节砖（鼻梁砖）。在确定斜道断面尺寸时，一般应使斜道出口阻力占上升气流斜道总阻力的2/3～3/4，这样可以保持斜道出口处调节砖的调节灵敏性。斜道总阻力应合适，阻力过大时，烟囱所需吸力增加，并增加上升与下降气流蓄热室顶的压力差，易漏气，而且上升气流蓄热室顶的吸力减小，烧高炉煤气时，容易引起交换开闭器正压，影响安全操作；阻力太小，对调节火道流量的灵敏度差。由于炉头火道散热量大，为了保证炉头温度，应使炉头斜道出口断面（放调节砖后）比中部大50%～60%，以使通过炉头斜道的气体量比中部多25%～46%。由于炉头部位的炭化室装煤易产生缺角，因此希望炉头的火焰短些，一般炉头部位的调节砖比中部火道的薄一些。

斜道的倾斜角一般不应低于30°，否则坡度太小，容易积灰和存物，日久导致斜道堵塞。斜道断面逐渐缩小的夹角一般应小于7°，以减少阻力。对于侧入式焦炉，各烧嘴断面积之和约为水平砖煤气道断面的60%～70%为宜，太大则各烧嘴的调节灵敏性差，太小则增加砖煤气道内煤气压力，易漏气，且除碳空气不易进入，容易使砖煤气道堵塞。

斜道区膨胀缝多，排砖时各膨胀缝应错开，膨胀缝不要设在异向气流、炭化室底和蓄热室封顶等处，以免漏气。

总之，斜道区通道多，气体纵横交错，异型砖用量大，严密性、准确性要求高，是焦炉中结构最复杂的部位。

5. 基础平台与烟道

基础位于炉体的底部，它支撑整个炉体、炉体设备和机械的质量，并把它传到地基上去。焦炉基础的结构形式随炉型和煤气供入方式的不同而异。焦炉基础有下喷式（见图4-7）和侧喷式两种基础结构（见图4-8）。下喷式焦炉基础是一个地下室，由底板、顶板和支柱

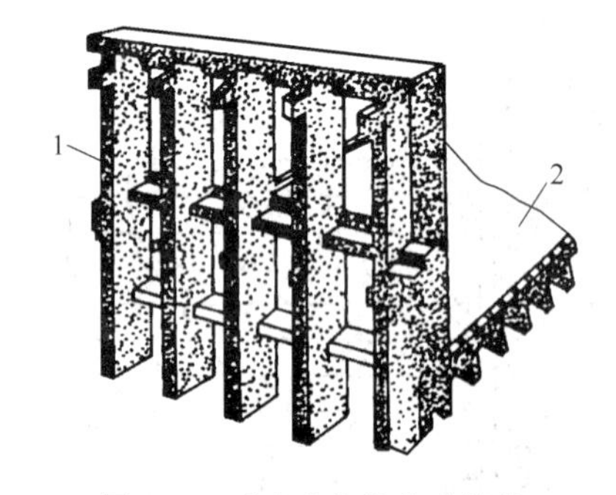

图4-7　下喷式焦炉基础结构

1—抵抗墙构架；2—基础

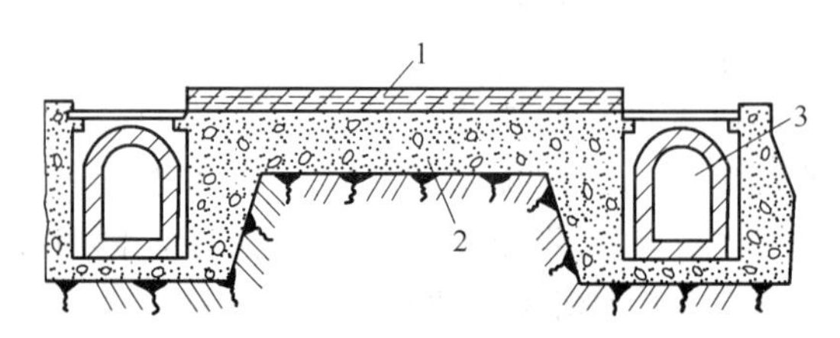

图4-8　侧喷式焦炉基础结构

1—隔热层；2—基础；3—烟道

组成，侧喷式焦炉基础是无地下室的整片基础。

整个焦炉砌筑在基础顶板平台上。浇灌顶板时，按焦炉膨胀后的尺寸埋设好下喷煤气管，烟道位于地下室的机焦两侧，在炉端与总烟道相通。抵抗墙有平板和框架两种结构，考虑到节约材料和对支撑负荷的合理性，现均采用框架式。抵抗墙与顶板间设有膨胀缝。下喷式焦炉地下室三面被烟道包围，一侧有墙挡住，使地下室温度在夏季高达 40～50℃，通风不良。焦炉基础顶部受小烟道热气流的作用，正常生产时，顶板上表面温度达 85～100℃，顶板下表面温度为50～60℃。烘炉末期因受较高气流温度的作用，顶板温度要比上述高30～50℃，如烘炉期拖得太长，尤其是高温下烘炉期太长，对基础强度不利。

为了改善地下室的通风情况，降低地下室温度和基础顶板温度，近年来，一些焦化厂将焦炉机侧、焦侧烟道的标高降低，并在炉组两端敞开，烟道靠地下室侧镶砌一层隔热砖或涂抹一层隔热材料。有的厂将顶板减薄，增加其上的红砖厚度，小烟道不承重的通道部分，在黏土砖下设有隔热砖层，并在浇灌混凝土顶板的材料中配入部分隔热材料。由于基础顶板受温度的影响会发生一定程度的变形，支柱上下节点若采用固接形式，将使支柱产生很大的内应力，故近年设计的焦炉基础支柱中，靠两侧烟道的边支柱做成上下端铰接节点；在焦炉纵向两端的几排中间支柱做成下端节点铰接形式；其余的支柱为增强刚性，仍采取固接形式，这样可以降低构件的内应力，既节省原料，又能适应温度的变化。

大型焦炉的基础均用钢筋混凝土浇灌而成，小型焦炉的基础一般不需配筋，只有当地基的土质不均匀时，才配少量钢筋。为减轻温度对基础的影响，焦炉砌体的下部与基础平台之间均砌有 4～6 层红砖。整个焦炉及其基础的质量全部加在其下的地层上，该地层即地基。

焦炉的地基必须满足要求的耐压力，因此当天然的地基不能满足要求时，应采用人工地基，例如中小型焦炉可采用砂垫层加强地基，提高耐压力；大型焦炉一般均采用钢筋混凝土柱打桩，即采用桩基提高耐压力。为了保证地基土壤的天然结构不被破坏，要求地下水位在基础以下，并在施工中做好防雨排水。由于地基土质不同，因基础和砌体的承重，地基受压，焦炉基础会产生不同程度的沉降。为了防止产生不均匀沉降而拉裂基础，焦炉与分烟道、焦炉与储煤塔等不同承重的基础处，一定要分开留缝——沉降缝。此外当采用人工基础时，焦炉纵横向的倾斜不应超过千分之一。对焦炉基础的沉降应在施工和投产以后的前几年中注意观察和测量，并及时处理异常现象。

6. 炉顶区

炭化室盖顶砖以上部位即为炉顶区，JN43-58 型焦炉炉顶见图 4-9。炉顶区砌有装煤孔、上升管孔、看火孔、烘炉孔及拉条沟等。为减少炉顶区散热，改善炉顶区的操作条件，其不受压部位砌有隔热砖。JN 型焦炉看火孔盖下方设有挡火砖。为节省耐火砖，炉顶的实心部位可用筑炉过程中的废耐火砖砌筑，炭化室和燃烧室的盖顶砖用硅砖，其他部位大都用黏土砖，炉顶表面用耐磨性好、能抵抗雨水侵蚀的缸砖砌筑。

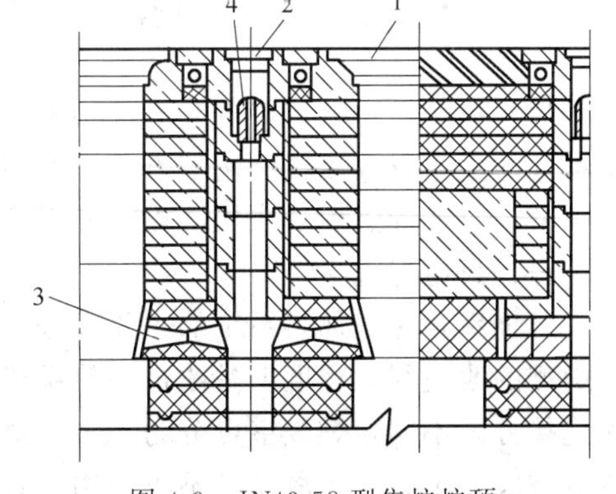

图 4-9　JN43-58 型焦炉炉顶

1—装煤孔；2—看火孔；3—烘炉孔；4—挡火砖

烘炉孔是设在装煤孔、上升管孔等处连接炭化室与燃烧室的通道。烘炉时，燃料在炭化室两封墙外的烘炉炉灶内燃烧后，废气经炭化室，烘炉孔进入燃烧室。烘炉结束后，用塞子砖堵死烘炉孔。为了使废气沿燃烧室长向贯通，从而使热气流能进入各个立火道，以前设计的焦炉，在燃烧室上部设有与各烘炉孔连接的烘炉水平道，它的存在使焦炉在正常生产时，炉顶表面温度较高，而且荒煤气还容易经此串漏至燃烧室，破坏正常燃烧，加速炉体损坏，因此新近设计的焦炉都取消了烘炉水平道。取消水平道后，每个燃烧室有4对立火道不通热气流，但由于依靠砌体传递热量，并不影响烘炉质量。为了提高砌体强度，炭化室的封顶大砖应厚些，一般为170～210mm。炉顶层厚度也和砌体的静力强度有关，增加炉顶厚度，可以提高炉墙所能承受的极限负荷。炉顶厚度一般为900～1200mm。为了装煤顺利，装煤孔呈喇叭状。炉顶还有纵横拉条沟和装煤车轨道，它们的位置应考虑热态膨胀尺寸，以便投产后不压看火孔，炉顶的实体部位也设有膨胀缝。此外，在多雨地区，炉顶最好有一定的坡度以供排水。

7. 炭化室中心距

焦炉砌体除受到自重及炉顶的垂直负荷外，燃烧室的砌体还受到炭化室内煤料在结焦过程中产生的膨胀压力及炉柱对砌体的加压，这些都属于水平负荷。砌体的强度必须足以承受所受到的负荷。焦炉砌体中最薄弱的部位是炭化室墙，要保证炉体有足够长的寿命，必须注意使炭化室墙所受负荷处于能承受的范围之内，其措施主要包括：一是降低所受负荷，主要是控制所用煤料的膨胀压力；二是提高炭化室墙的负荷能力即炉墙的极限负荷，它与焦炉的尺寸（包括炭化室高度、炉顶厚度、煤车负荷、立火道中心距、炭化室中心距、炭化室墙厚度和火道隔墙厚度等）有关。

煤料在炼焦时的膨胀压力随煤的黏结性、装炉煤的堆密度、结焦速度、煤料水分、炭化室宽度等不同而改变，但膨胀压力沿炭化室高向和长向并不相同。炭化室底部煤气外排的阻力最大，故膨胀压力也最大，而到炉顶则接近为零。此外，由于炉墙两侧均受侧压力，因此对炉墙产生弯曲的负荷应为两侧负荷之差。

增加炭化室的高度，砌体的荷重增大，炭化室容积加大后，装煤车负荷也加大，从而使砌体所受垂直应力增大。此外，炭化室高度和立火道中心距增加时，还使砌体的弯曲应力加大。为使砌体的应力在许可范围内，当炭化室增高时，可通过增大炉墙厚度、火道隔墙和燃烧室高度等措施来实现。但加厚炉墙会影响焦炉传热，而火道隔墙加厚则有限，因此主要的办法是加大燃烧室宽度，在炭化室宽度一定的条件下，即增大炭化室的中心距。

炭化室中心距随炭化室高度的增加而增大。从强度上说，炭化室中心距对中小型焦炉来说是足够的，而对大焦炉而言，当提高炭化室高度时，应进行强度核算。

第二节　炉型特性

现代焦炉已定型，但分类方法很多，可以按照装煤方式、加热用煤气种类、空气及加热用煤气的供入方式和气流调节方式、燃烧室火道结构及实现高向加热均匀性的方法等分成许多类型，每一种焦炉形式均由以上分类的组合而成。

一、火道形式

燃烧室是焦炉加热系统的主要部分，其加热是否均匀对焦炉生产影响很大。焦炉的发展和炉型的改进很大程度上是改进加热系统，因此燃烧室有多种形式，根据上升气流与下降气流连接方式不同，燃烧室可分为水平火道式焦炉和直立火道式焦炉。水平火道式焦炉由于气流流程长、阻力大，故现已不再采用；直立火道式焦炉根据火道的组合方式，又可分为两分式、四分式、过顶式、双联火道式和四联火道式5种，如图4-10所示。

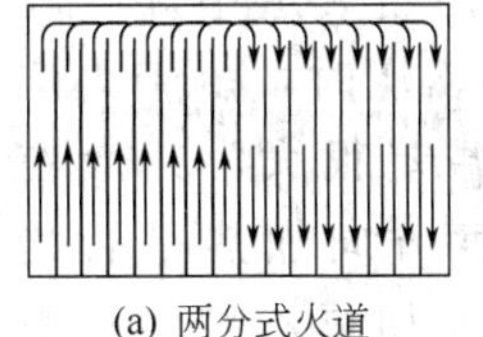
(a) 两分式火道

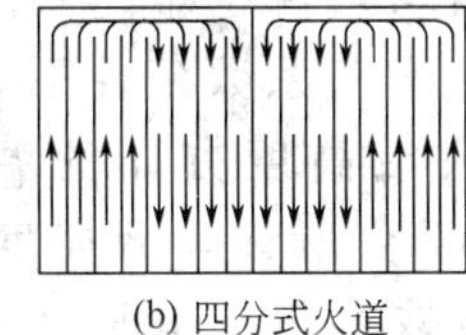
(b) 四分式火道

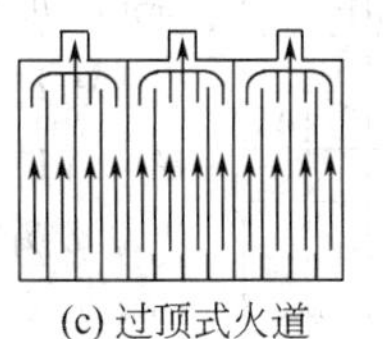
(c) 过顶式火道

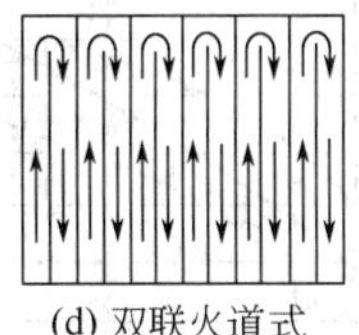
(d) 双联火道式

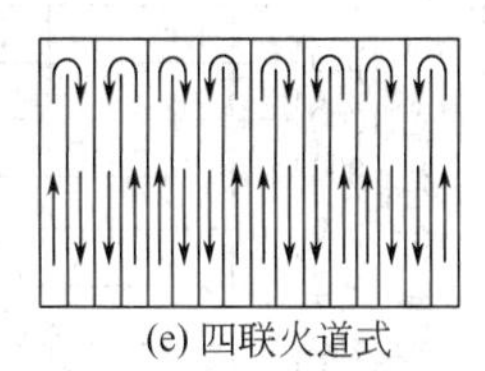
(e) 四联火道式

图 4-10　燃烧室火道形式示意图

两分式火道燃烧室是将燃烧室内火道分成两半，彼此以水平集合烟道相连。在一个换向周期内，一半立火道走上升气流，另一半立火道走下降废气，换向后，则气流向反方向流动。它的最大优点是，结构简单，异向气流接触面小；主要缺点是，由于在直立火道顶部有水平集合烟道，所以燃烧室沿长度方向的气流压力差太大，气流分配不均匀，从而使炭化室内煤料受热不均匀，尤其当焦炉的长度加长或采用低热值煤气加热时更为严重，同时削弱了砌体的强度，因此断面形状和尺寸的确定应合适。为减少气流通过水平集合烟道的阻力，常增大其断面，但将削弱砌体的强度。炭化室容积增大时，燃烧室废气量增多，两分式焦炉的缺点更为突出，相反，中小型焦炉炭化室较短，且一般均用焦炉煤气加热，废气量小，上述缺点就不突出，故中国中小型焦炉多采用两分式结构，而大型焦炉则不采用。国外某些大型焦炉，为充分利用两分式焦炉同侧气流同向的优点，将水平集合烟道设计成由炉头向中部逐渐扩大，以减少其阻力及对砌体强度的影响，故仍有不少大型焦炉采用两分式火道结构，如德国的斯蒂尔焦炉。

对两分式焦炉，当进入焦侧的煤气量和空气量多于机侧时，上升与下降的供热不易平衡，机侧、焦侧温度调节比较困难，因此机侧火道数应比焦侧火道数稍多。如 JN70 型焦炉机侧火道比焦侧多一个，机侧、焦侧温差较 JN66 型焦炉好控制。但焦侧火道数过少时，供热仍会失去平衡。

双联式火道燃烧室中，将燃烧室设计成偶数个立火道，每两个火道分为一组，一个火道走上升气流，另一个火道走下降废气，换向后，气流呈反向流动。这种燃烧室由于没有水平集合烟道，因此具有较高的结构稳定性和砌体严密性，而且沿整个燃烧室长度方向气流阻力小，分配比较均匀，因此炭化室内煤料受热较均匀。但异向气流接触面多，焦炉老龄时易串漏，结构较复杂，砖型多。双联式火道目前被中国大中型焦炉广泛采用。

四联式火道燃烧室中，立火道被分成四个火道或两个为一组，边火道一般两个为一组，中间立火道每四个为一组。这种布置的特点是一组四个立火道中相邻的一对立火道加热，而另一对走废气。在相邻的两个燃烧室中，一个燃烧室中一对立火道与另一燃烧室走废气的一对立火道相对应，或者相反。这样可保证整个炭化室炉墙长向加热均匀。

过顶式燃烧室中，两个燃烧室为一组，彼此借跨越炭化室顶部且与水平集合烟道相连的 6～8 个过顶烟道相连接，形成一个燃烧室全部火道走上升气流，另一个燃烧室全部火道走下降废气，换向后，气流呈反向流动。这种燃烧室中的火道，沿长度方向分 6～8 组，每组 4～5 个火道。每组火道共用一个短的水平集合烟道与过顶烟道相连，因此气流分配较均匀，但炉顶结构复杂，且炉顶温度高。

沿燃烧室长度和高度方向的加热均匀性，是获得质量均匀的焦炭、缩短结焦时间及降低焦炉耗热量的重要手段。为此，应通过控制给每个火道的煤气量及空气量来保证燃烧室沿长度方向的加热均匀性。

二、解决高向加热均匀性的方法

在煤料结焦过程中最重要，也是最困难的是沿炭化室高度方向加热均匀性问题。高度越

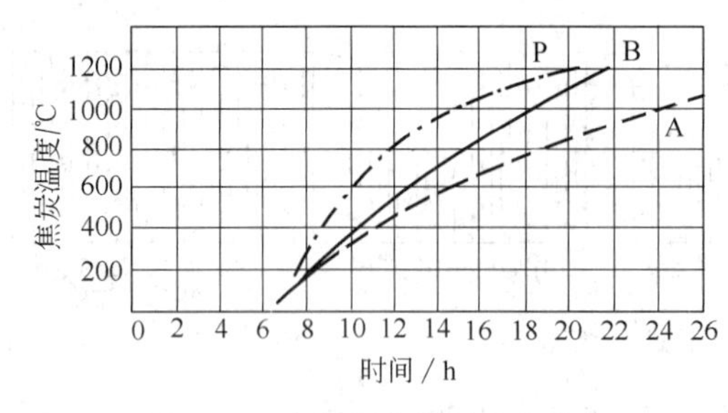

图 4-11 炭化室中煤料升温曲线

高，加热均匀性越难达到。当火道中煤气在正常过剩空气系数条件下燃烧时，由于火焰短而造成沿高度方向的温差很大，一般在50～200℃。所以，沿高度方向加热是否均匀，主要取决于火焰长度。加热不均匀将引起结焦时间延长和产品产量、质量降低等不良后果。由于燃烧室下部温度高，所以炭化室内下部煤料先结成焦块，为了使上部煤料完全成焦，则必须延长加热时间，结果使下部焦炭过火。结焦时间的延长，使热损失增加，甚至使下部耐火材料熔化或炉墙变形。如图 4-11 所示为炭化室中煤料的升温曲线。图中曲线 B 表示加热均匀时煤料升温曲线，当结焦时间达 17h，焦饼全部成熟。曲线 P 和曲线 A 表示加热不均匀时下部煤料与上部煤料的升温曲线。曲线 A 达到结焦终了温度的时间比曲线 P 晚 6h。

近年来，为了实现燃烧室高向加热均匀性，在不同结构的焦炉中，采取了不同措施。根据结构不同，主要有以下四种方法，见图 4-12。

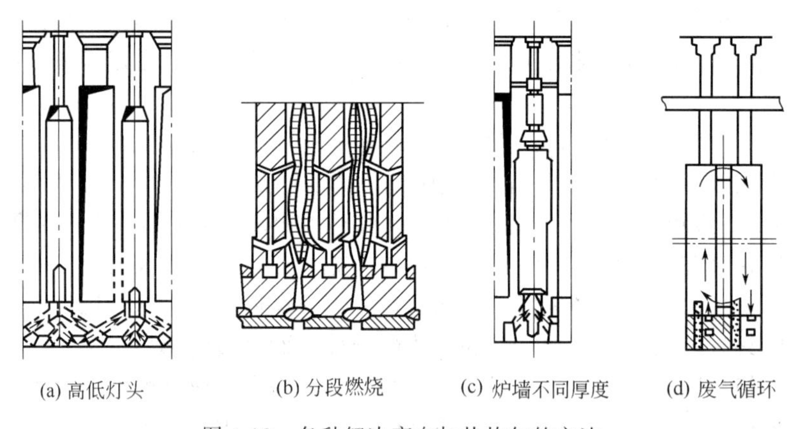

图 4-12 各种解决高向加热均匀的方法

（1）高低灯头　双联火道中，单数火道为低灯头，双数火道为高灯头（灯头即为焦炉煤气喷嘴），火焰在不同的高度燃烧，使炉墙加热有高有低，以改善高向加热均匀性。奥托式焦炉即采用高低灯头法，但此种方法仅适用于焦炉煤气加热，并且效果也不显著。由于高灯头高出火道底面一段距离才送出煤气，故自斜道出来的空气，易将火道底部砖缝中的石墨烧尽，造成串漏。奥托式、JN60-82 型、JNX60-87 型焦炉即用此法。

（2）分段燃烧　分段燃烧是将空气和贫煤气（当用焦炉煤气加热时，煤气则从垂直砖煤气道进入火道底部）沿火道墙上的通道，在不同的高度上通入火道中燃烧，一般分为上、中、下三点，使燃烧分段。这种措施可以使高向加热均匀，但炉墙结构复杂，需强制通风，空气量调节困难，加热系统阻力大。上海宝钢引进的新日铁 M 型焦炉即采用此法。

（3）按炭化室高度采用不同厚度的炉墙　即靠近炭化室下部的炉墙加厚，向上逐渐减薄，以保证加热均匀。由于炉墙加厚，传热阻力增大，结焦时间延长，故此方法现在已不采用。

（4）废气循环　这是使燃烧室高向加热均匀最简单而有效的方法，现在被广泛采用。由于废气是惰性气体，将它加入煤气中，可以降低煤气中可燃组分浓度，从而使燃烧反应速率降低，火焰拉长，因而保证高向均匀加热。双联火道焦炉可在火道隔墙底部开循环孔，依靠空气及煤气上升时的喷射力，以及上升气流与下降气流因温差造成的热浮力作用，将下降气流的部分废气通过循环孔抽入上升气流。国内有关操作数据表明，燃烧室上下温差可降低至40℃。目前中国的大中型焦炉均采用此法。

为确保高向加热均匀，应使煤气流与空气流以平行方向进入火道，且平稳地流动，使煤气与空气缓慢混合，则火焰拉长，上下加热均匀。

废气循环因燃烧室火道形式不同可有多种方式（见图 4-13），其中蛇形循环可以调整燃烧室长向的气流量；双侧式常在炉头四个火道中采用，为防止炉头第一个火道因炉温较低、热浮力小而易产生的短路现象，一般在炉头一对火道间不设废气循环孔，双侧式结构可以保证炉头第二火道上升时，由第三火道的下降气流提供循环废气，隔墙孔道式可在过顶式或两分式焦炉上实现废气循环，下喷式可在过顶式焦炉上通过直立砖煤气道和下喷管实现废气循环。

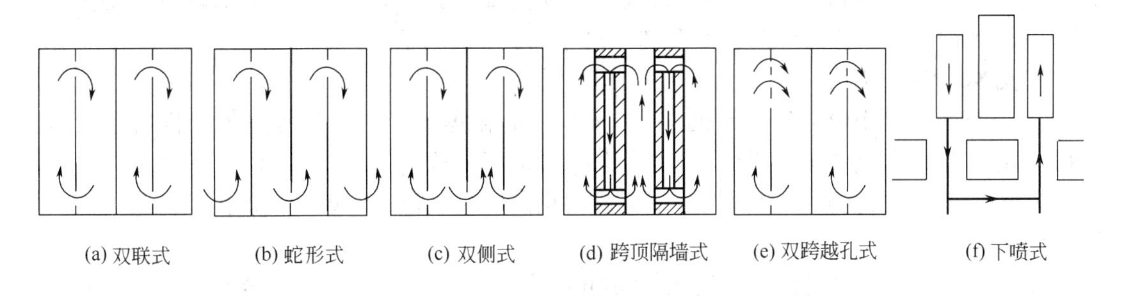

图 4-13　各种废气循环方式

现代大容积焦炉常同时采用几种实现高向加热均匀的方法。

三、煤气入炉方式

煤气入炉可分为侧入式、下喷式两种方式。

1. 侧入式

侧入式焦炉加热用的富煤气由焦炉机焦两侧的水平砖煤气道引入炉内，空气和贫煤气则从交换开闭器和小烟道从焦炉侧面进入炉内。国内小型焦炉富煤气入炉多采用侧入式；国外一些大中型焦炉也采用煤气侧入式，如卡尔·斯蒂尔焦炉、ПВР焦炉等，此种煤气入炉方式由于无法调节进入每个立火道的煤气量，且沿砖煤气道长向气流压差大，从而使进入直立砖煤气道的煤气分配不均，因而不利于焦炉的长向加热，但因焦炉不需设地下室而简化了结构，节省了投资。

2. 下喷式

下喷式焦炉加热用的富煤气由炉体下部通过下喷管垂直地进入炉内，空气和贫煤气则从交换开闭器和小烟道从焦炉侧面进入炉内，如 JN43-58-Ⅱ型、JN43-80 型、JN60-82 型等炉型均采用此法。采用下喷式可分别调节进入每个立火道的煤气量，故调节方便，且易调准确，有利于实现焦炉的加热均匀性，但需设地下室以布置煤气管系，因此投资相应加大。

第三节　炉型举例

中国使用的焦炉炉型，在新中国成立初期（1953年以前）主要是恢复和改建新中国成立前遗留下来的奥托式、考贝式、索尔维式等老焦炉。1958年以前建设了一批苏联设计的ПВР和ПК型焦炉。1958年以后，中国自行设计建造了一大批适合国情的各种类型的焦炉，主要有以下几类。

① 大型的双联火道焦炉：JN43-80型、JN60-82型、JNK43-98D型、JNK43-98F型、JNX43-83型、JNX60-87型及高JN55型大容积焦炉，JN43-58-Ⅰ型和JN43-58-Ⅱ型焦炉。

② 中型焦炉：两分下喷复热式焦炉。

③ 小型焦炉：JN66型。

改革开放以来中国又引进和自行设计建造了一批具有世界先进水平的新型焦炉，它们是由日本引进的新日铁M型焦炉（上海宝钢焦化厂），鞍山焦耐院为宝钢二期工程设计的6m高的下调式JNX60-87型焦炉及JN43-58型焦炉的改造型JN43-80及下调式JNX43-83型焦炉，1982年设计的6m高焦炉JN60-82型和一系列捣固焦炉，以及21世纪以后从德国引进的7.63m焦炉等。这些焦炉的炉型及基本尺寸如表4-2所示。

一、JN66型焦炉

JN66型焦炉是中国自行设计的年产10万吨冶金焦的焦化厂推荐炉型，目前已发展到JN66-5型，其结构如图4-14所示。其结构特点是两分式火道，横蓄热室，焦炉煤气侧喷，加热系统为单热式的焦炉。目前，为使更多的焦炉煤气供作城市煤气，加热系统已有改成复热式。

（1）炭化室　炭化室的平均宽为350mm，锥度为20mm，炭化室全高为2520mm。装煤时上部留有150～200mm的空间，为荒煤气排出的通道，其装煤高度称为炭化室的有效高，高度为2320mm。炭化室全长7170mm，其装煤长度称为有效长度，为6470mm。炭化室的有效容积（炭化室的有效高度、有效长度和平均宽度三者的乘积）为5.25m^3。

（2）燃烧室　燃烧室用横隔墙分隔成14个立火道，与其上部的通长水平集合烟道相连，在结构上使一侧7个火道为上升气流时，另一侧7个火道为下降气流。为避免干馏产物在炉顶空间因温度过高而热解损失，并生成大量石墨，造成推焦困难，JN66型焦炉的加热水平高度为524mm。水平集合烟道的断面形状为矩形，平均断面为289mm×308(298～318)mm。立火道高为1600mm，平均断面为328mm×340mm，火道之间的横隔墙厚度为130mm。

JN66型焦炉的炉体结构提供了使用高炉煤气或其他贫煤气加热的可能，因此，每个立火道底部有两个斜道口，分别与两个相邻的蓄热室相连，一个为空气斜道口，另一个为煤气斜道口，分别在燃烧室中心线的两侧。当使用焦炉煤气时，该两个斜道均为空气斜道。斜道口放有调节砖（牛舌砖），通过拨动其位置或更换不同厚度的调节砖，可以调节进入火道的气体量，火道底部还有烧嘴，位于燃烧室的中心线上，它与进焦炉煤气的水平砖煤气道相连，更换不同直径的烧嘴，可以调节进入火道的焦炉煤气量。燃烧室是焦炉结构的主要部分，又是温度最高的地方，故采用硅砖砌筑。为使砌体严密，以防炭化室和燃烧室互相串通，又要使砌体稳固，并传热良好，故炭化室与燃烧室间的炉墙采用厚度为100mm带舌槽的异型砖砌筑。

表 4-2 中国近年来主要焦炉炉型及基本尺寸

焦炉炉型	设计生产能力/万吨	炉组数:座×孔	炭化室有效容积/m^3	炭化室尺寸/mm							立火道		炉体结构特征	加热水平/mm	设计结焦时间/h
				全长	有效长	全高	有效高	平均宽	锥度	中心距	中心距/mm	个数			
JN60-82 型	100	2×50	38.5	15980	15140	6000	5650	450	60	1300	480	32	双联、复热、下喷	905	19
JNX60-87 型	200	4×50	38.5	15980	15140	6000	5650	450	60	1300	480	32	双联、复热、下喷、下调	905	19
新日铁 M 型	200	4×50	37.6	15700	14800	6000	5650	450	60	1300	500	30	双联、复热、全下喷	755	20.7
JN55 型	72	2×36	35.4	15980	15140	5500	5200	450	70	1350	480	32	双联、复热、下喷	900	18
JN43-80 型	60	2×42	23.9	14080	13280	4300	4000	450	50	1143	480	28	双联、复热、下喷	800	18
JNX43-83 型	60	2×42	23.9	14080	13280	4300	4000	450	50	1143	480	28	双联、复热、下调	800	18
JN43-58 型	90	2×65	21.7	14080	13350	4300	4000	407	50	1143	480	28	双联、复热、下喷	600	16
ΠBP 型	90	2×65	21.7	14080	13350	4300	4000	407	50	1143	480	28	双联、复热、侧入	600	16
鞍 71 型	80	4×36	21.4	13590	12750	4030	3730	450	60	1100	457	28	双联、复热、下喷	700	17
JN28（小 58）型	20	2×32	11.2	11200	10520	2800	2550	420	40	1000	480	22	双联、复热、下喷	500	16
二分下喷式	20	2×35	11.7	11680	10910	2800	2550	420	40	1000	480	28	二分下喷	500	16
JN66-3 型	10	2×25	5.25	7170	6470	2520	2320	350	20	878	470	14	二分、侧入	524	12
JN66-4 型	10	2×25	5.25	7170	6470	2520	2320	350	20	878	438	15	二分下喷	523	12
JNK43-98D 型	50	2×38	26.6	14080	13280	4300	4000	500	50	1143	480	28	双联、单热、下喷	700	20
JNK43-98F 型	60	2×45	26.6	14080	13280	4300	4000	500	50	1143	480	28	双联、复热、下喷	700	20
7.63m 焦炉	200	2×60	76.25	18806	18000	7630	7180	590	50	—	—	36	双联、复热、下喷	—	25

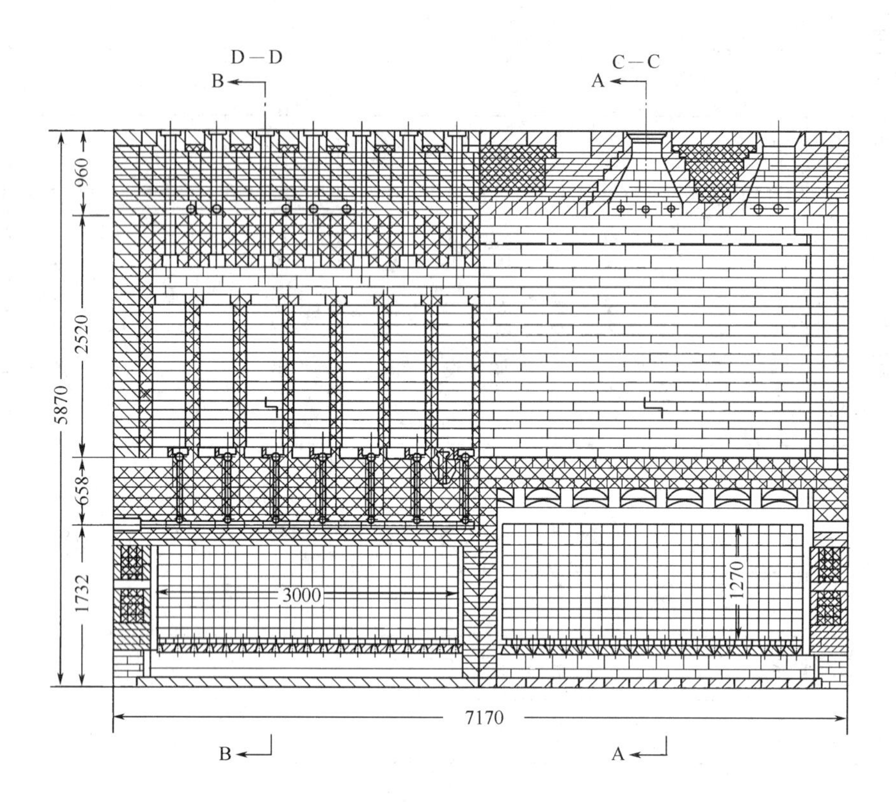

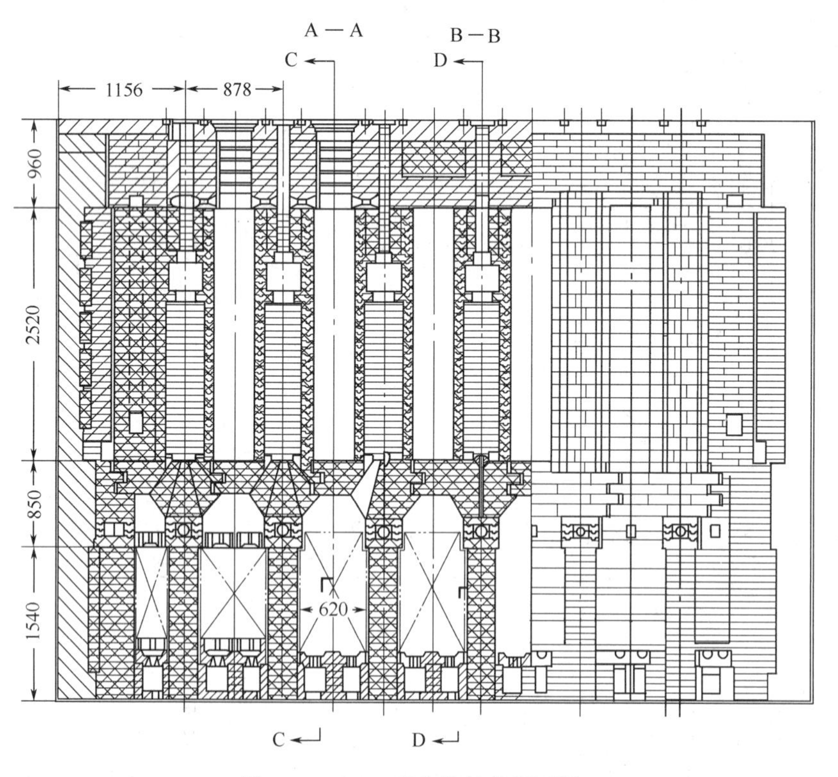

图 4-14 JN66 型焦炉炉体断面图

（3）蓄热室　JN66型焦炉的蓄热室与炭化室平行布置，即为横蓄热室。每个炭化室下部有一个宽蓄热室（628mm），顶部有左右两排斜道，分别与其上部炭化室两侧的燃烧室相连。炉组两端的边蓄热室是窄蓄热室，宽度只有302mm，顶部只有一排斜道与上面的边燃烧室相连。宽蓄热室内放有两排九孔薄壁式格子砖，窄蓄热室内仅放一排格子砖。

蓄热室隔墙厚250mm，因是同向气流，压差较小，用标准黏土砖砌筑。蓄热室的中心隔墙由于两侧气流方向相反，压差较大，故隔墙较厚，为350mm。封墙用黏土砖砌筑，中间砌一层隔热砖，墙外抹以石棉和白云石混合的灰层，以减少散热和漏气。

（4）斜道区　斜道区高850mm，其中还设有水平砖煤气道，焦炉煤气经此水平道分配到各立火道。砖煤气道由黏土砖砌成，为防止炉头温度过低，将炉头两个火道（1号、2号与13号、14号）处的水平砖煤气道的断面加大，以增加进入边火道的煤气量。

（5）燃烧系统气体流动途径（如图4-15所示）　焦炉煤气由焦炉一侧的焦炉煤气主管4经水平砖煤气道5，通过各直立的煤气道和可更换的烧嘴，进入同侧所有立火道6。空气由该侧的所有交换开闭器经小烟道2进入蓄热室3，被预热到1000℃左右，然后经斜道送入立火道与焦炉煤气混合燃烧，燃烧产生的废气上升在燃烧室顶部的水平集合烟道7汇合，再从另一侧的所有立火道下降，由斜道进入蓄热室，在此废气将热量传给格子砖后，经小烟道、交换开闭器进入分烟道8、总烟道9，并由烟囱10排入大气。间隔30min换向一次，换向后气流方向与前相反。

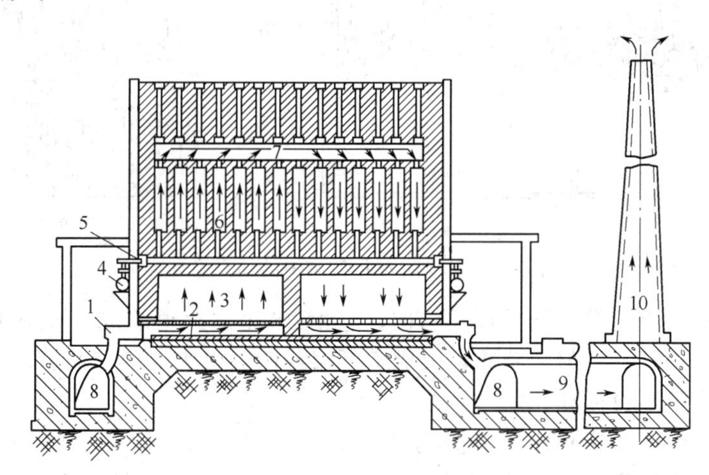

图4-15　JN66型焦炉气流流动途径示意图

1—交换开闭器；2—小烟道；3—蓄热室；4—焦炉煤气主管；5—水平砖煤气道；6—立火道；7—水平集合烟道；8—分烟道；9—总烟道；10—烟囱

JN66型焦炉由于采用两分式火道结构，燃烧气流同侧方向相同，因而具有异向气流接触面积小（仅在蓄热室中心隔墙处，大大减少了串漏的机会），炉体结构简单，砖型少（全炉仅100多种），加热设备简单、容易加工，总投资省，易于兴建等优点。但由于采用两分式火道结构，有水平集合烟道，气体通过时阻力较大，各火道的压力差也较大，气流在各立火道及蓄热室分布不均匀。由于机侧、焦侧各有7个火道，焦侧炭化室较宽，供给的煤气量和空气量较多，则下降到机侧时，废气量也较多，再加上部分煤气和空气在机侧燃烧，均会提高机侧的温度，如调节不好，容易出现机侧、焦侧火道温度反差的现象。

JN66型焦炉目前已从1型发展到5型，其结构也在不断改进，具体表现为：炭化室及立火道的砖型与JN43-58-Ⅱ型焦炉通用，因而减少了砖型；水平集合烟道的断面由腰鼓形改为矩形，使隔墙由原来的150mm减薄为110mm，因而避免了在该处出现生焦，断面尺寸的减小，使进入中部火道的空气量增加，减少了石墨在中部火道烧嘴处沉积的可能，取消了立火道顶部的调节砖，因而减少了气流通过水平集合烟道时的阻力，加热水平由420mm增高到524mm，降低了炉顶空间温度，从而减少了石墨的生成。

JN66型焦炉属于小型焦炉，为中国焦化厂目前已经淘汰的炉型，根据国家政策，已禁止建炭化室高4.3m以下的炉型。

二、JN43-58型焦炉

JN43-58型焦炉（简称58型焦炉）是1958年在总结了中国多年炼焦生产实践经验的基础上，吸取了国内外各种现代焦炉的优点，由中国自行设计的大中型焦炉。其结构特点是：双联火道带废气循环，焦炉煤气下喷，两格蓄热室的复热式焦炉。JN43-58型焦炉经过长期生产实践，多次改进，现已发展到JN43-58-Ⅱ型，如图4-16所示。

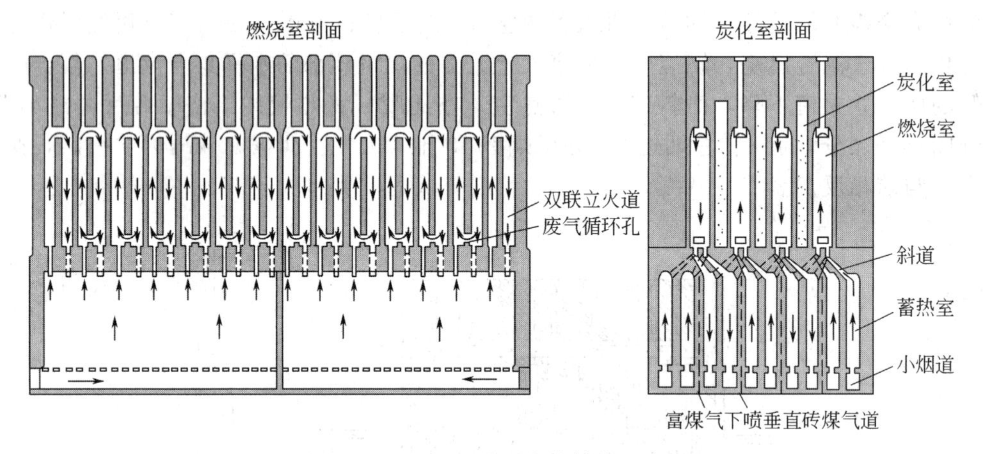

图4-16　JN43-58-Ⅱ型焦炉结构示意图

燃烧室属于双联火道带废气循环式结构，它由28个立火道组成，成对火道的隔墙上部有跨越孔，下部有循环孔，但为防止炉头火道低温或吸力过大等原因而造成短路，机侧、焦侧两端各一对边火道不设循环孔。

JN43-58-Ⅱ型焦炉的炭化室尺寸分为两种宽度，即平均宽为407mm和450mm两种形式，与其相应的燃烧室宽度为736mm和693mm（包括炉墙），炉墙为厚度100mm的带舌槽的硅砖砌筑。相邻火道的中心距为480mm，立火道隔墙厚度为130mm。立火道底部的两个斜道出口设置在燃烧室中心线的两侧，各火道的斜道出口处，根据需要的气体量设有可调节的厚度不同的调节砖（牛舌砖）。

灯头砖布置在燃烧室的中心线上，因下喷式焦炉各火道的焦炉煤气量是通过下喷管的孔板或喷嘴来调节的，故各火道的烧嘴的口径一致并砌死。燃烧室的炉头由于温度变化剧烈，又经常受磨损，容易产生裂缝和变形，JN43-58-Ⅱ型焦炉采用了直缝和高铝砖结构。实践表明：它配合安装大保护板，并加以经常性的维修（如喷浆、抹补），可减少炉头漏气和避免拉裂炉墙。

JN43-58-Ⅱ型焦炉每个炭化室底部有两个蓄热室，一个为煤气蓄热室，另一个为空气蓄热室。它们同时和其侧上方的两个燃烧室相连（一侧连单数火道，另一侧连双数火道），炉组两端各有两个蓄热室，只和端部燃烧室相连（“同双前单”）。燃烧室正下方为主墙，主墙内有垂直砖煤气道，焦炉煤气由地下室煤气主管经此道送入立火道底部与空气混合燃烧。由于主墙两侧气流异向，中间又有砖煤气道，压差大容易串漏，故砖煤气道系用内径 50mm 的管砖，管砖外用带舌槽的异型砖交错砌成厚 270mm 的主墙。炭化室下部为单墙，用厚 230mm 的标准砖砌筑。蓄热室洞宽为 321.5mm，内放 17 层九孔薄壁式格子砖。为使蓄热室长向气流均匀分布，采用扩散式箅子砖，根据气体在小烟道内的压力分布，配置不同孔径的扩散或收缩孔型。蓄热室隔墙均用硅砖砌筑，由于小烟道内温度变化剧烈，故在其内表层衬有黏土砖。格子砖也为黏土砖，上下层对孔干排在蓄热室内。

JN43-58-Ⅱ型焦炉的气体流动途径如图 4-17 所示。

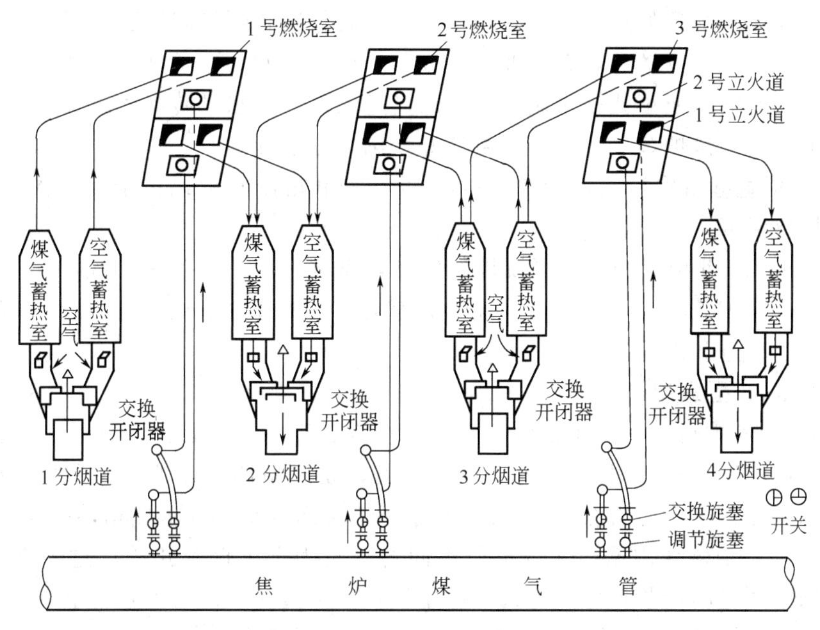

图 4-17 JN43-58-Ⅱ型焦炉气体流动途径示意图

图中所示为第一种交换状态。用焦炉煤气加热时，走上升气流的蓄热室全部预热空气，焦炉煤气经地下室的焦炉煤气主管 1-1、2-1、3-1 旋塞，由下排横管经垂直砖煤气道，进入单数燃烧室的双号火道和双数燃烧室的单号火道，空气则由单数蓄热室进入这些火道与煤气混合燃烧。废气在火道内上升经跨越孔由与它相连的火道下降，经双数蓄热室、交换开闭器、分烟道、总烟道，最后由烟囱排入大气。

用高炉煤气加热时，高炉煤气由交换开闭器的煤气叉部进入蓄热室预热，气流途径与上述相同，只是两个上升蓄热室中，一个走空气，另一个走煤气。

综上所述，蓄热室与燃烧室及立火道的相连关系是：面对焦炉的机侧，燃烧室也是从左至右，立火道编号由机侧到焦侧，则每个蓄热室与同号燃烧室的双数火道和前号燃烧室的单数火道相连，简称“同双前单”。所以，同一燃烧室的相邻立火道和相邻燃烧室的同号立火道都是交错燃烧的。

JN43-58-Ⅱ型焦炉采用焦炉煤气下喷，调节准确方便，对改变结焦时间适应性强，垂直砖煤气道比水平砖煤气道容易维修，气体流动途径比国外一些双联火道焦炉简单，便于操作。JN43-58-Ⅱ型焦炉比早期的 JN43-58-Ⅰ型焦炉又有很大改进，其主要优点如下。

① 炉体结构严密，砖型少，炉体砖型总数为 266 种（炭化室平均宽 450mm）和 271 种

(炭化室平均宽407mm)，而国外同类型的焦炉砖型一般均在500种以上。标准砖的用量占19%，黏土砖占用砖量的30%以上，从而节省了硅砖，降低了投资。

② 高向、长向加热均匀。由于适当提高了砖煤气道的出口位置，烧焦炉煤气时，提高了火焰高度。在用高炉煤气加热时，因稍挡住废气循环孔，防止了高向的温度过高，取消边火道的循环孔，防止了短路，加大边斜道口的断面积，保证了两端炉头的供气量。

③ 根据中国配煤中气煤用量较多的特点，加热水平高度由600mm加大到800mm，降低了炉顶空间温度，减少了化学产品的热解损失。

④ 改善了劳动环境。炉顶取消了烘炉水平道，从而降低了炉顶表面温度，并消除了串漏的可能性，改善了炉顶的操作条件。炉底小烟道底部砌有隔热砖，适当降低了地下室两侧分烟道的标高，从而减少散热，有利通风，改善了地下室的操作条件。此外采用焦炉煤气下喷，用下喷管中的喷嘴或小孔板来调节焦炉煤气进入量，比水平砖煤气道式的焦炉在炉顶更换烧嘴以调节火道的焦炉煤气量，劳动条件好，调节方便准确。

⑤ 炉头采用直缝结构，能减少炉头的损坏，采用九孔薄壁式格子砖，蓄热面积较大，降低废气的排出温度。

总之，JN43-58-Ⅱ型焦炉是中国设计的优良炉型之一，具有结构严密、炉头不易开裂、高向加热均匀、热工效率高、砖型少、投资低等优点。随着生产技术的发展，JN43-58-Ⅱ型焦炉必将进一步改进和提高。

三、JNX43-83型焦炉

JNX43-83型焦炉是鞍山焦耐设计院于1983年在JN43-58型焦炉的基础上设计的全高4.3m的全下调式焦炉，其结构特点是：双联火道，废气循环，焦炉煤气下喷，蓄热室分格及下部调节的复热式焦炉。此焦炉的几何尺寸、气流途径等与JN43-58-Ⅱ型焦炉基本相同(参见图4-16)，其炉体结构见图4-18。所不同的是它为全下调式焦炉。过去设计的焦炉对于一个火道的空气量的调节均为上调式，即用较长的工具在炉顶看火孔调节（或更换）调节砖的位置（或厚度），因此调节困难，准确性差。下调式是利用新设计的一种可调断面积的新型箅子砖（见图4-19）进行调节，每一块箅子砖包括四个固定断面的小孔和一个可调断面的大孔，从地下室经基础顶板上的下部调节孔，可以方便地调节此孔的断面，达到调节流量的目的。为此目的，蓄热室应根据对应的立火道数分格，JNX43-83型焦炉燃烧室设有28个立火道，因此蓄热室也对应地分成28个单元，小格与立火道一一对应，数目相同，否则无法进行下部调节。

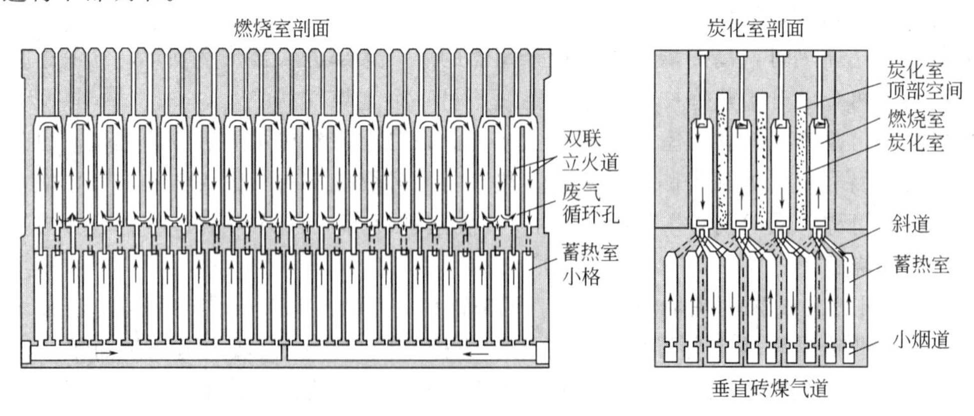

图4-18　JNX43-83型焦炉结构示意图

JNX43-83 型焦炉有如下优点。

(1) 下部调节灵敏 焦炉下部调节在各分格气体严密的基础上，每格气流分配应合理，这就要求箅子孔断面布置合理。每格的下调箅子砖由两部分组成，即固定孔和可调孔，每小格中部一个长方形孔，孔的边缘有长条形的调节砖座台，以不同厚度的调节砖调节孔的断面。

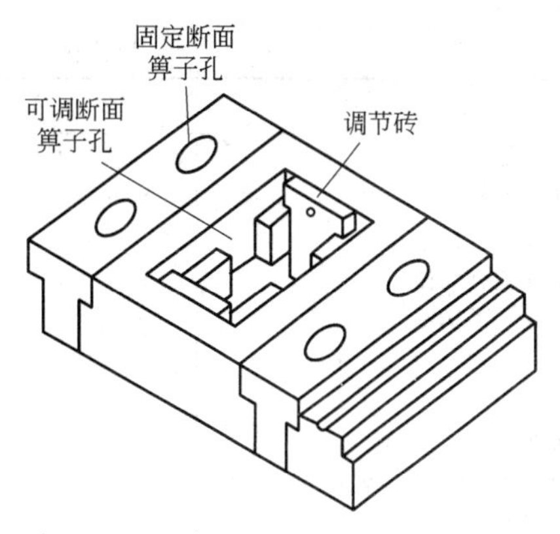

图 4-19 下调式箅子砖结构图

固定的渐扩形圆锥孔上下断面积比，炉头为 0.16，炉中部为 0.21，其阻力系数上升为下降的 1.3～1.4 倍。因为是以上升时气流分配为主，所以应按下部孔的断面积考虑。固定孔总面积炉头二小格为中部各小格的 1.56 倍。

可调孔各格断面均相等，占最大气流断面的比例：炉头为 85%，中部为 90%。JNX43-83 型焦炉下部调节砖的原始排列是：各分格最大气流断面与最初使用断面之比达 1.7～2.2，各格气量调节范围在 10%以上，这在斜道口开度排列较准确的前提下，保证了足够的下部调节范围。

该炉实践热工标定表明，调节部分影响火道温度 30℃，达到了设计的预期效果，满足了生产调节的要求。

(2) 加热均匀合理 JNX43-83 型焦炉炭化室焦饼高向加热均匀。在设计 17h 的周转时间内，机侧、焦侧焦饼上下温度差高炉煤气加热时分别为 10℃、5℃，焦炉煤气加热时分别为 15℃、10℃。在达到焦饼高向加热均匀性的同时，机侧、焦侧焦饼上下部温度差值非常接近。该焦炉横排温度分布合理，不论高炉煤气加热还是焦炉煤气加热，全炉横排 2～27 火道温度均匀上升，横排曲线基本呈一条直线。

全炉加热系统温度分布合理。周转时间 17h，标准温度机侧 1285℃，焦侧 1335℃。全炉燃烧室平均温度机侧为 1286℃，焦侧为 1342℃，小烟道温度机侧 303℃，焦侧 310℃，分烟道温度机侧、焦侧均为 260℃，总烟道温度为 210℃。下降气流箅子砖顶部温度分布均匀，蓄热室长向内外温度差小，煤气蓄热室机侧 14℃，焦侧 12℃，空气蓄热室机侧 11℃，焦侧 10℃，大大低于同类型蓄热室不分格焦炉内外温度差高于 100℃的数值。

(3) 耗热量低，节能效果好 由于良好的技术指标，尤其是箅子砖上部废气温差小，蓄热效率高，而且焦饼加热均匀，使焦炉的炼焦耗热量低，湘钢 2 号焦炉标定 7%水分湿煤炼焦耗热量为 2366kJ/kg，比原冶金部规定的一级炼焦炉炼焦耗热量低 149kJ/kg，比同类型的其他焦炉低 256kJ/kg，约低 10%。以年产 56 万吨焦炭计算，年节约加热煤气量折合标准煤约 6000t。虽然此型焦炉有一定的优点，但同时也存在结构复杂、维修困难等比较突出的缺点，故未能推广。

四、JNX60-87 型焦炉

JNX60-87 型焦炉是鞍山焦耐院为上海宝钢二期工程新建 4×50 孔大容积焦炉而设计的。此焦炉为双联火道，废气循环，富煤气设高低灯头，蓄热室分格，且是下部调节的复热式焦炉，其外形尺寸与 M 型焦炉基本相同，而结构与 JNX43-83 型焦炉相似。此焦炉的主要尺寸及操作指标如表 4-3 所示。

表 4-3　JNX60-87 型焦炉的主要尺寸及操作指标

名　称	单位	数值	名　称	单位	数值
炭化室高	mm	6000	立火道个数	个	32
炭化室有效高	mm	5650	加热水平高度	mm	900
炭化室全长	mm	15980	炉顶厚度	mm	1250
炭化室有效长	mm	15140	炭化室墙厚度	mm	100
炭化室平均宽	mm	450	立火道隔墙厚度	mm	151
机侧宽	mm	420	蓄热室格子砖高度	mm	3018
焦侧宽	mm	480	装煤孔直径	mm	410
炭化室有效容积	m	38.5	装煤孔个数	个	5
炭化室一次装干煤量	t	28.2	上升管孔直径	mm	500
结焦时间	h	19.5	上升管个数	个	2
炭化室中心距	mm	1300	灯头砖出口高度:高灯头	mm	405
立火道中心距	mm	480	低灯头	mm	255

此焦炉有如下的特点。

（1）蓄热室分格与下部调节　蓄热室沿纵长方向共分 32 个格，分隔墙厚度为 60mm，每一小格的箅子砖包括四个固定孔和一个可调断面的大孔（见图 4-19）。从地下室的基础顶板上的下部调节孔可以对此孔进行方便的调节。

（2）高向加热均匀　JNX60-87 型焦炉采用了废气循环，而不用分段加热的办法来拉长火焰，因而大大简化了斜道区的结构，异型砖数仅为 158 个，还不到 M 型焦炉的一半（M 型焦炉为 344 个）。

废气循环在操作条件变化时，有自调的作用，因此焦炉在操作波动大、变化频繁时也有很好的适应性，且废气循环还能有效地降低废气中 NO_x 的含量，降低了对环境的污染。

用焦炉煤气加热时，采用高低灯头，再加上废气循环，可使此焦炉无论是用焦炉煤气加热还是贫煤气加热，都能保证高向加热均匀。

五、新日铁 M 型焦炉

上海宝山钢铁总厂从日本引进的新日铁 M 型焦炉是日铁式改良型大容积焦炉，如图 4-20所示。炭化室高 6m，长 15.7m，平均宽 450mm，锥度 60mm，有效容积 37.6m³。该焦

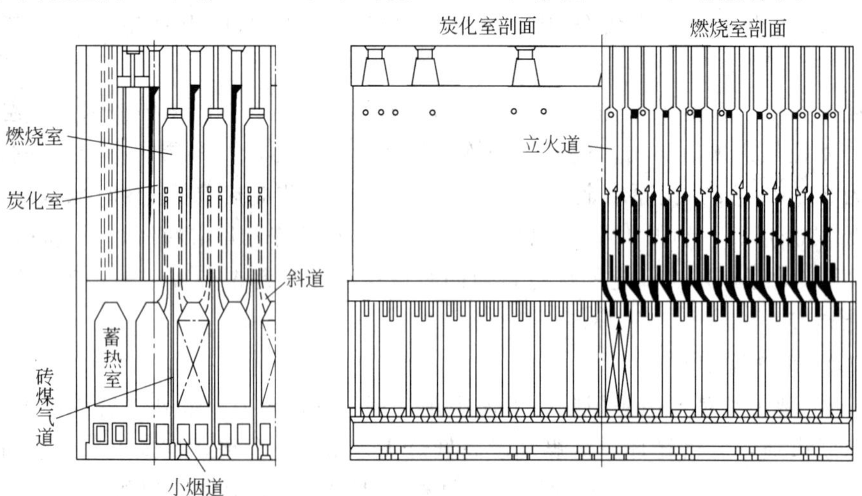

图 4-20　新日铁 M 型焦炉结构示意图

炉为双联火道，蓄热室沿长向分格，为了改善高向加热均匀性，采用了三段加热，为调节准确方便，焦炉煤气和贫煤气（混合煤气）均为下喷式。在正常情况下空气用管道强制通风，再经空气下喷管进入分格蓄热室，强制通风有故障时，则由交换开闭器吸入（自然通风）。

蓄热室位于炭化室下方，每个蓄热室沿长向分成16个格，两端各一个小格，中间14个大格，煤气格与空气格相间排列。每个蓄热室下部平行设两个小烟道，一个与煤气蓄热室相连，另一个与空气蓄热室相连。小烟道在机侧、焦侧相通，无中心隔墙，小烟道顶部无箅子砖，当用自然通风供入空气时，无法调节沿机侧、焦侧长向的空气分配。沿炉组长向蓄热室的气流方向，相间异向排列。沿燃烧室长向的火道隔墙中有2个孔道与斜道相连，一个为煤气流，一个为空气流，每个孔道在距炭化室底1236～1361mm及2521～2646mm处各有一个开孔，与上升火道或下降火道相通，实行分段加热。

炉顶每个炭化室设有5个装煤孔和1个上升管孔。装煤孔和上升管孔的各层砖（包括炭化室顶砖）均镶嵌在一起，结构严密。炉顶区的上升管孔和装煤孔砖四周均用肩钢箍住。在装煤孔两侧和炉头设有烘炉灌浆孔。炉顶从焦炉中心线至两侧炉头，留有50mm的排水坡度。炭化室盖顶砖以上除装煤孔、上升管孔和炉头处用黏土砖之外，其余部分均使用硅砖。盖顶砖上面用黏土砖和隔热砖砌筑，炉顶表面层用低气孔率的黏土砖砌筑。

新日铁M型焦炉加热时的气体流动途径如图4-21所示（第一种换向状态）。用贫煤气加热时，贫煤气经下喷管进入单数蓄热室的煤气小格，空气经空气下喷管进入单数蓄热室的空气小格，预热后进入与该蓄热室相连接的燃烧室的单数火道（从焦侧向机侧排列）燃烧。

燃烧后的废气经跨越孔从与单数火道相连的双数立火道下降，经双数蓄热室各小格进入双数交换开闭器，再经分烟道、总烟道，最后从烟囱排入大气。换向后，贫煤气和空气分别经双数排的贫煤气下喷管和空气下喷管进入双数蓄热室的煤气小格和空气小格，预热后进入与该蓄热室相联结的燃烧室的双数火道，燃烧后，废气经跨越孔从与双数火道相连的单数立火道下降，经单数蓄热室各小格，进入单数交换开闭器，再经分烟道、总烟道和烟囱排出。

用焦炉煤气加热时，对于第一种换向状态，焦炉煤气由焦炉煤气下喷管经垂直砖煤气道进入各燃烧室的单数火道，空气经单数交换开闭器上的风门进入单数蓄热室的各小格，预热后进入与该蓄热室相连接的燃烧室的单数立火道，与煤气相遇燃烧，燃烧产生的废气流动途径与用贫煤气加热时相同。换向后，焦炉煤气则进入各燃烧室的双数火道，空气则经双数蓄热室预热后进入上述立火道，燃烧后的废气流动途径与用贫煤气加热时相同。

该炉型加热均匀，调节准确、方便；但砖型复杂，多达1209余种；蓄热室分格，隔墙较薄，容易发生短路，且从外部很难检查内部情况；贫煤气和空气的下喷管穿过小烟道，容易被废气烧损、侵蚀。

六、TJL43-50D型捣固焦炉

由化学工业第二设计院设计的中国第一座4.3m捣固焦炉（21锤固定连续捣固炼焦），使中国的捣固炼焦技术提高到了一个新的水平。该炉炭化室高4.3m，宽500mm，为宽炭化室、双联火道、废气循环、下喷单热式、捣固侧装焦炉结构，是在总结多年焦炉设计及生产经验的基础上设计的。自2002年投产运行后，经过不断的调试，焦炉已经达到了设计产量，且焦炭质量符合国家一级冶金焦的指标。该焦炉的主要结构特点有以下几方面。

① 焦炉炭化室平均宽度为500mm，属于宽炭化室焦炉，具有可改善焦炭质量和增大焦炭块度的优点。另外，产量相同时（与炭化室宽450mm相比较），还具有减少出焦次数、减少机械磨损、降低劳动强度、改善操作环境和降低无组织排放等优点。

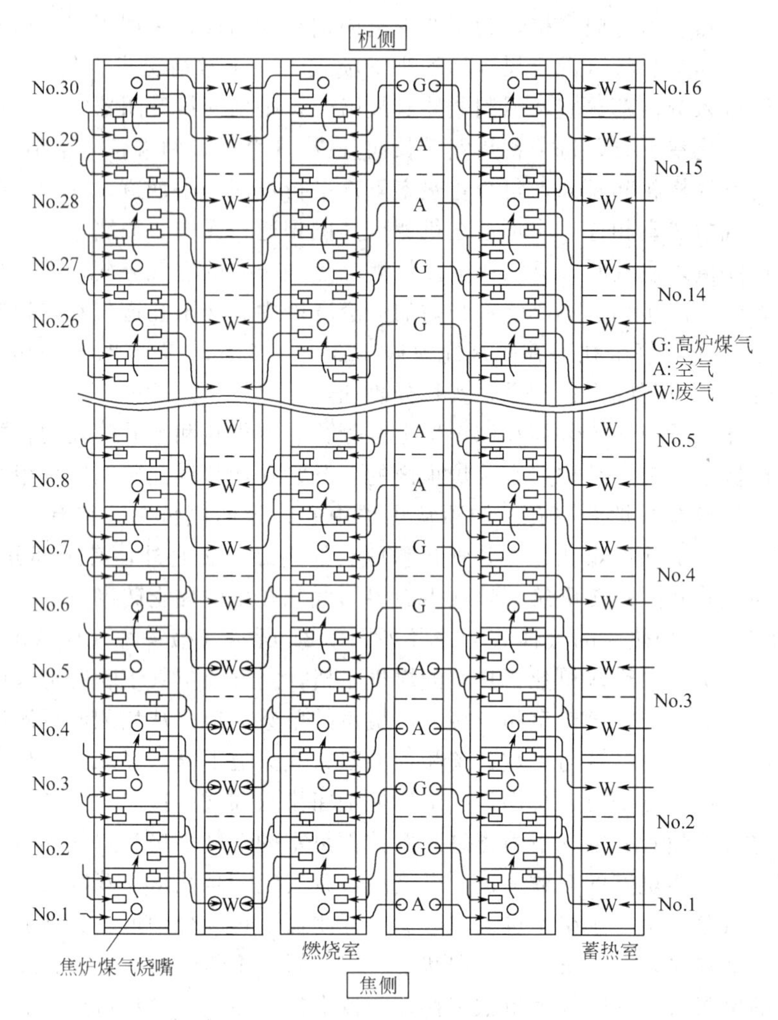

图 4-21 新日铁 M 型焦炉气体流动途径示意图

② 焦炉为单热式、宽蓄热室焦炉。经核算，在确保蓄热室蓄热体积有一定余量后，适当降低了蓄热室高度，从而减少了用砖量，降低工程投资。

③ 在炉底铺设硅酸铝耐火纤维砖，减少炉底散热，降低地下室温度，从而改善了操作条件。

④ 小烟道采用扩散型箅子砖，使焦炉长向加热均匀。燃烧室采用废气循环和高低灯头结构，保证焦炉高向加热均匀。

⑤ 蓄热室主墙用带有三条沟舌的异型砖相互咬合砌筑而成，蓄热室主墙上的砖煤气道与外墙面无直通缝，保证了焦炉的结构强度，提高了气密性。为了提高边火道温度，在蓄热室封墙及斜道炉头部位，采用隔热效果好且在高温下不易变形的保温隔热材料。

⑥ 燃烧室炉头为高铝砖砌筑的直缝结构，可防止炉头火道倒塌。高铝砖与硅砖之间的接缝采用小咬合结构，砌炉时炉头不易被踩活，烘炉后也不必为两种材质的高向膨胀差做特殊的处理。

⑦ 炭化室墙采用宝塔形砖，消除了炭化室与燃烧室间的直通缝，炉体结构严密，荒煤气不易串漏，同时便于维修。

七、7.63m 焦炉

7.63m 焦炉是德国伍德公司设计开发的既带有废气循环又采用燃烧空气分段供给的“组合火焰型”焦炉，在许多方面具有其独特的特点。

1. 7.63m 焦炉炉体结构的特点

7.63m 焦炉炉体为双联火道、分段加热、废气循环，焦炉煤气、低热值混合煤气、空气均下喷，蓄热室分格的复热式超大型焦炉。此焦炉具有结构先进、严密、功能性强、加热均匀、热工效率高、环保效果好等特点。

该焦炉燃烧室由 36 个共 18 对双联火道组成，立火道分三段供给空气进行分段燃烧，并在每对火道隔墙间下部设有循环孔。由于同时采用分段加热和废气循环，炉体高向加热均匀，废气中的氮氧化物含量低，可以达到先进国家的环保标准。焦炉蓄热室为煤气蓄热室和空气蓄热室，上升气流时，分别只走煤气和空气，均为分格蓄热室。每个立火道独立对应两格蓄热室构成一个加热单元。在小烟道的上方和蓄热室的下方，安装有喷嘴板，代替传统的箅子砖。各喷嘴板片分属于每个蓄热室单元，各喷嘴板片用简单的方式互相钩在一起，这样蓄热室下所有的喷嘴板可以方便地从焦炉内取出和放入，通过此板可调节进入小烟道的加热煤气量和空气量。喷嘴板的开孔调节方便、准确，并使得加热煤气和空气在蓄热室长向上分布均匀、合理。

蓄热室主墙和隔墙结构严密，用异型砖错缝砌筑，保证了各部分砌体之间互不串漏。且由于蓄热室高向温度不同，蓄热室上、下部分别采用不同的耐火材料砌筑，从而保证了主墙和各隔墙之间的紧密接合。

分段加热虽使斜道结构复杂，砖型多，但通道内不设膨胀缝，使斜道严密，防止了斜道区上部高温事故的发生。

为了适应不同收缩特性煤和结焦时间的变化，减少炉顶空间过多生成石墨并消除因此造成的推焦阻力，同时保证炭化室上部焦饼能完全成熟，该焦炉采用了可调节的跨越孔，如图 4-22 所示，可调节跨越孔可升高或降低炉顶空间温度。跨越孔分上下设计，上小下大，上孔有两块可滑动的砖，可以根据需要调节滑砖，控制孔的开度。当上孔全开时，从上面的通道可以分流部分废气，提高上部的温度，火焰拉长；当上孔部分打开时，从上面的通道分流废气量减少，相当于跨越孔下移；当上孔全关时，废气仅从下孔通过，相当于跨越孔下移到最低点，火焰缩短。因此，通过调节上孔的开度大小，相当于调节跨越孔的高度和阻力，调节火焰的长短。因此可根据煤料的收缩率，通过调节跨越孔的高度保证不同收缩率的煤上部能够成熟，并降低炉顶空间温度，减少石墨生成量。

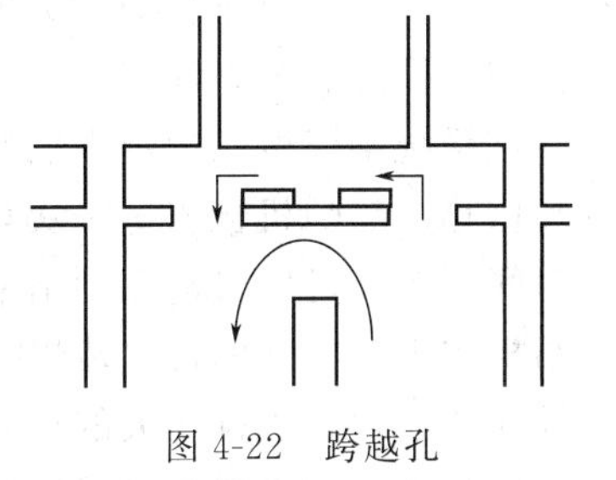
图 4-22　跨越孔

2. 7.63m 焦炉的自动加热系统

为了保证焦炉正常生产，降低焦炉能耗，真正实现自动化，提高生产效率，该焦炉采用自动加热系统，以控制焦炉加热。该系统采用了前馈和反馈结合的控制模型，如图 4-23 所示。该系统主要包括以下几个子系统。

（1）焦炉自动加热控制系统　加热流量自动控制系统是自动系统的主要单元，其工作原理是：首先将装煤量、装炉煤性状、焦炉生产任务、焦炭的平均温度、废气热损失和散热等为输入函数，由供热模型计算单元计算出目标炼焦耗热量，再根据煤气热值、空气过剩系数

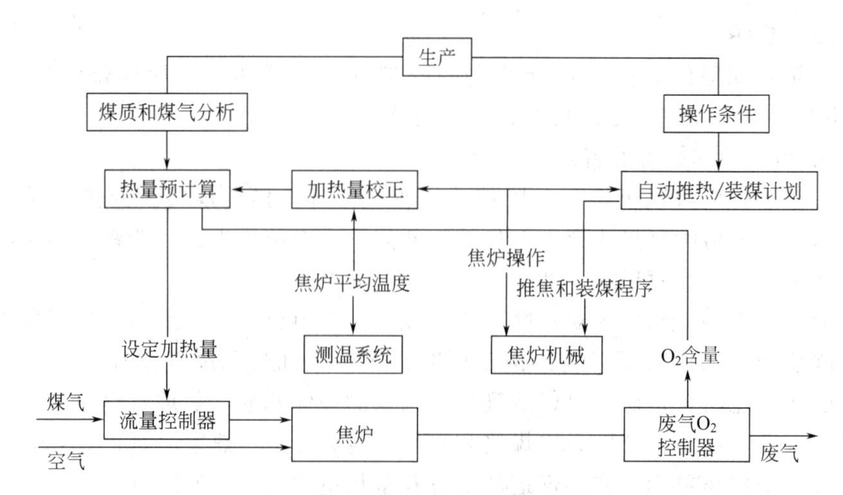

图 4-23 焦炉加热系统控制模型

等确定焦炉加热用煤气量，然后用实测的炭化室炉墙或立火道温度，采用增、减或停止加热时间的方法，校正炼焦耗热量，同时利用烟道吸力的控制环节，用废气的含氧量自动检测单元与设定的空气过剩系数比较，指导烟道翻板的开度实现烟道吸力控制。

加热流量自动控制系统与推焦装煤计划系统联系，缩短和延长停止加热时间来调节供热量，推焦装煤计划编制系统编制推焦装煤计划给焦炉机械作业，实际的推焦装煤时间再返回该系统来修正推焦装煤计划。

通常，采取停止加热时间和控制加热煤气流量结合使用的方式来控制实际供给焦炉热量。该系统主要通过增减停止加热时间来控制焦炉供热量，这种控制在每个交换周期仅进行一次。当实际输入热量发生波动（如煤气热值发生波动）时，则通过控制加热煤气的流量来补偿，使实际供热量精确达到理论热量。

(2) 推焦和装煤计划系统　为了实现无人操作，伍德开发了推焦和装煤计划自动编制系统。该系统不仅可以制定推焦计划，还可以显示焦炉机械操作状况，实现炼焦过程的在线控制和监管。焦炉机械将每一炭化室的推焦和装煤时间信号传给程序计算机计划系统，根据结焦时间，系统可以自动编制出下一次各炭化室计划推焦时间，并将之传给焦炉机械，把信号传给操作工。实际的推焦装煤操作数据又返回计划系统来修正计划。该系统可以在不影响实际操作的前提下预排 5 天的计划。

(3) 人工测量燃烧室温度系统　人工测温是人工用光学高温计对着焦炉立火道测温，在测温的同时还可以将数据存储在高温计的存储器内。该高温计可以评估所测量的温度数据，提醒测温工对错误数据进行修正，避免出现误测现象。高温计在炉顶存储数据后，在控制室将数据通过红外数据口连接到计算机上，然后通过手动评估软件进行自动处理，横排温度或直行温度会以数据或图表的形式反映给测温工。平均炉温计算出来后可以自动传输到自动加热控制模型，对加热系统进行矫正。而且，通过设置高温计，可以对燃烧室分段加热时上中下三点连续测量，最后通过评估软件得到燃烧室高向加热情况，为焦炉加热系统提供依据。同时，评估软件可以从测量数据中找出一些存在问题的炭化室，提醒测温工针对问题进行检查。

(4) 炉墙温度自动测量系统　为了实现无人操作并全面掌握各炭化室各立火道燃烧情况，该焦炉使用了自动测量每个炭化室墙面温度的炉墙温度自动测量系统。在推焦杆前端两侧上中下三点共装 6 个光学高温计，随着推焦杆的移动，炭化室炉墙的强烈辐射被高温计接收，沿着推焦方向每隔一定距离就有一个温度数据被记录下来，通过光纤维将测得的光信号传输到安装在推焦车电气室里的自动测温程序站，并存储起来。在这里这些光信号数据由光温转换器转变为温度信号，通过无线方式传输到程序计算机，然后通过评估软件得到焦炉横墙温度、直行温度，并可快速找出加热系统存在的问题，自动提供给操作工。

为了保护每个光学高温计满足光学纤维定位器和光纤扁平电缆长时间地附着在推焦杆上的工作要求，在推焦杆内设计有一个隔热间来抵御炉墙辐射和推焦杆传过来的热量，并且通过压缩空气冷却系统来冷却。压缩空气不仅起冷却作用，还可以清扫光学高温计的镜头。

3. 7.63m 焦炉单炭化室压力调节系统（PROven 系统）

7.63m 焦炉炭化室压力调节系统是伍德独特设计的。该系统的原理是：与负压约为 300Pa 集气管相连的每个炭化室从开始装煤至推焦的整个结焦时间内的压力可随荒煤气发生量的变动而自动调节，从而实现在装煤和结焦初期负压操作的集气管对炭化室有足够的吸力，使炭化室内压力不致过大而冒烟冒火，而在结焦末期又能保证炭化室内不出现负压现象。

PROven 装置用于对单个炭化室的压力进行精确调节。该装置如图 4-24 所示，在集气管内，对应每孔炭化室的桥管末端安装一个形状像皇冠的管，上面开有多条沟槽，皇冠管下端设有一个“固定杯”，固定杯由三点悬挂，保持水平。杯内设有由执行机构控制的活塞杆及与其相连的杯口塞，同时在桥管设有压力检测与控制装置。炭化室压力调节是由调节杯内的水位也就是荒煤气流经该装置的阻力变化实现的。其操作原理如下：在桥管上部有两个喷嘴喷洒的氨水流入杯内，测压压力传感器将检测到上升管部位的压力信号及时传到执行机构的控制器，控制器发出指令使执行机构控制活塞杆带动杯口塞升降，调节固定杯出口大小来调节杯内的水位，使炭化室压力保持在微正压状态。水位越高，沟槽出口越小，荒煤气导出所受阻力越大；水位越低，沟槽出口越大，荒煤气导出所受阻力越小。在装煤和结焦初期，炭化室产生大量荒煤气使压力增高，在上升管处的压力检测装置，将压力信号传到执行机构的控制器，控制器发出指令使执行机构控制活塞杆带动杯口塞提升到最高位置，使固定杯下口全开。桥管内喷洒的氨水从开口全部流入集气管，在杯内不形成任何水封，此时荒煤气通道阻力最小，集气管负压使得荒煤气从上升管、桥管、皇冠管到固定杯，一直顺利导入集气管，使炭化室内压力不致过大。随着结焦时间延长，炭化室产生的荒煤气逐渐减少，炭化室内压力也逐渐降低，在上升管处的压力检测装置，又将压力信号传到执行机构的控制器，控制器发出指令使执行机构控制活塞杆带动杯口塞逐步下降，使固定杯下口逐步关闭，从而在固定杯内形成的水位逐渐上升，荒煤气通道阻力也逐渐增大，使炭化室压力始终保持在一定压力。在结焦末期，炭化室产生的荒煤气量更少，压力控制装置通过执行机构，移动活塞杆使杯口关闭，大量氨水迅速充满固定杯，形成阻断桥管与集气管的水封，以维持炭化室的正压。PROven 系统正是通过压

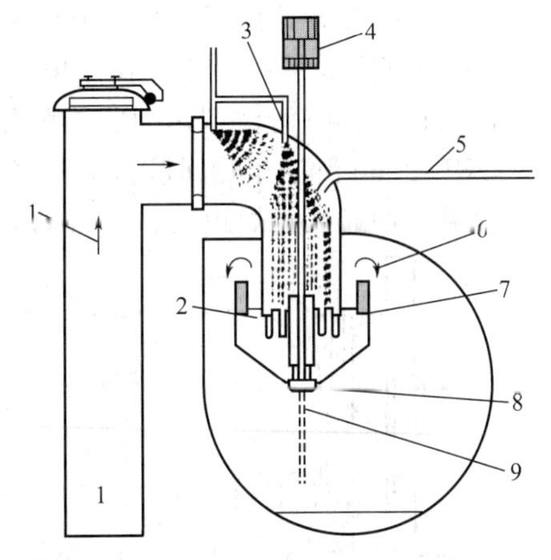

图 4-24　PROven 工作状态示意图

1—荒煤气；2—皇冠管沟槽部分水封；3—喷嘴；4—风动活塞；5—快速注水阀；6—调节的气流；7—满流装置沟槽部分水封；8—固定杯出口关闭；9—通过固定杯口的水流口

力控制装置自动调节固定杯内的水封高度，从而实现对炭化室内煤气压力的自动调节，防止因超压而造成的炉门泄漏。推焦时，由于处于结焦末期，煤气发生量最少，为了防止将空气吸入集气管，炭化室需要与集气管隔断，这时活塞已经达到最低位置，将固定杯下口完全堵塞，固定杯液面上升，为了在最短的时间使氨水充满固定杯，快速注水阀也被打开，大量氨水迅速将固定杯充满，完全关闭皇冠管的沟槽，切断了荒煤气流入集气管的通道。由于荒煤气不能进入集气管，为了给残余煤气保留溢出通道，必须打开上升管盖；上升管盖的打开是通过推焦计划自动编制系统自动完成的，根据装煤时间和从焦炉机械上获取的信息，准确排出该炭化室推焦时间，推焦时间一到，上升管盖打开装置将自动打开上升管盖，将残余荒煤气放散。

在压缩空气源或电力中断时，为了完全隔绝炭化室与集气管，应采用手动操作，即使用气动控制操作面板，把气缸停止在最低极限位置，打开快速注水管，将固定杯注满，即可使集气管与炭化室隔绝。

未使用PROven系统前，当集气管压力控制在120Pa左右时，炉门底部的压力在结焦周期变化幅度很大：刚开始装煤时，炉门底部压力可以达到300Pa以上，很容易造成从炉体的不严密处逸出荒煤气；而在推焦前，炉门底部压力已经降到0附近，考虑到压力的波动，焦炉在结焦末期经常出现负压，会抽入空气。使用PROven系统后，集气管压力保持在−300Pa，炉门底部的压力始终可控制在40～60Pa范围内。由于集气管负压操作，炭化室和炉门处压力处于微正压状态，因此焦炉散发出的荒煤气大大减少，改善了操作环境。实践证明，使用PROven系统后的污染物溢出量是未使用该系统污染物溢出量的30%左右。

八、清洁型热回收焦炉

回收化学产品的常规焦炉使用一百多年来，在其技术和经济方面已经较为成熟，但常规焦炉发展到今天，遇到了环境保护、资源利用等方面的困难。为了使焦化工业健康发展，焦化工业的清洁生产已成为国内外焦化界重点研究的课题。焦化工业的清洁生产要充分体现经济、资源、环境的协调发展，从生产工艺过程中减少或控制污染物的产生，是焦化工业清洁生产的重要技术措施，也是最有效的办法。这样，清洁型热回收焦炉应运而生。

我国的热回收焦炉的开发设计和应用是从20世纪90年代开始的，并于2000年由山西化工设计院研究设计出了QRD-2000清洁型热回收捣固焦炉。经过几年的生产实践和不断改进，形成了QRD系列型热回收焦炉。下面主要介绍QRD-2000清洁型热回收捣固焦炉。

1. QRD-2000清洁型热回收捣固焦炉的结构特点

QRD-2000清洁型热回收捣固焦炉主要由炭化室、四联拱燃烧室、主墙下降火道、主墙上升火道、炉底区、炉顶区、炉端墙等构成。其炉体结构如图4-25所示。

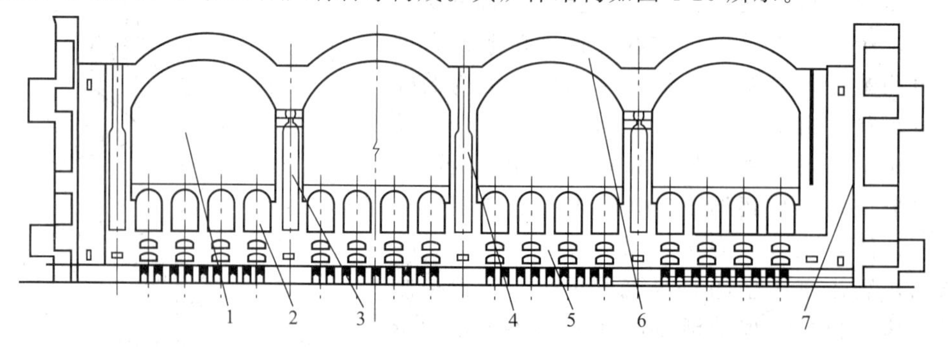

图4-25　QRD-2000清洁型热回收捣固焦炉立面图

1—炭化室；2—四联拱燃烧室；3—主墙下降火道；4—主墙上升火道；5—炉底区；6—炉顶区；7—炉端墙

(1) 炭化室　热回收焦炉根据炼焦发展的方向，采用了大容积炭化室结构，考虑到捣固装煤煤饼的稳定性，采用了炭化室宽而低的结构形式。炭化室用不同形式的异形硅砖砌筑，机焦侧炉门处为高铝砖，高铝砖的结构为灌浆槽的异形结构。炭化室墙采用不同材质异形结构的耐火砖，保证了炉体的强度和严密性，增加了炉体的使用寿命。炭化室全长13340mm，宽3596mm，全高2758mm，中心距为4292mm，炭化室一次装干煤量47～50t。

(2) 四联拱燃烧室　四联拱燃烧室位于炭化室的底部，采用了相互关联的蛇形结构形式，用不同形式的异形硅砖砌筑。为了保证四联拱燃烧室的强度，其顶部采用异形砖砌筑的拱形结构。在四联拱燃烧室下部设有二次进风口。燃烧室机焦侧两端的耐火材质为高铝砖，高铝砖的结构为灌浆槽的异形结构。

炭化室内煤料干馏时产生的化学产品在炭化室内部不完全燃烧，通过炭化室主墙下降火道进入四联拱燃烧室，由设在四联拱燃烧室下部、沿四联拱燃烧室的长向规律地分布的二次进风口补充一定的空气，使炭化室燃烧不完全的化学产品和焦炉煤气充分燃烧。燃烧后的高温废气通过炭化室主墙上升火道进入焦炉的上升管、集气管，余热进行发电，最后废气经过脱除二氧化硫和除尘后从烟囱排放。

(3) 主墙下降火道和上升火道　主墙的下降火道和上升火道均为方形结构，沿炭化室主墙有规律地均匀分布。其数量和断面积与炭化室内的负压分布情况和炼焦时产生的物质不完全燃烧的废气量有关，并采用不同形式的异形硅砖砌筑。

主墙下降火道的作用是合理地将炭化室内燃烧不完全的化学产品、焦炉煤气和其他物质送入四联拱燃烧室内，而上升火道则是将四联拱燃烧室内燃烧产生的废气送入焦炉上升管和集气管内，同时将介质均匀合理地分布，并尽量减少阻力。

(4) 炉底区　炉底区位于四联拱燃烧室的底部，由二次进风通道、炉底隔热层、空气冷却通道等组成。炉底区的材质由黏土砖、隔热砖和红砖等组成。焦炉基础与炉底区之间设有空气夹层，避免基础板过热。

(5) 炉顶区　炉顶区采用拱形结构，并均匀分布有可调节的一次空气进口。根据炭化室内负压的分布情况，有规律地一次进入空气，使炭化室炼焦煤干馏时产生的焦炉煤气和化学产品在炭化室煤饼上面还原气氛下不完全燃烧。通过调节炭化室内负压的高低，控制进入炭化室内的一次空气量，以使炭化室内煤饼表面产生的挥发分不和空气接触，形成一层废气保护层，达到炼焦煤隔绝空气干馏的目的。

炉顶区的耐火砖材质由里向外分别为硅砖、黏土砖、隔热砖、红砖等。在炉顶的表面考虑到排水，设计了一定的坡度。炉顶不同材质的耐火砖均采用了异形砖结构，保证了炉顶区的严密性和使用强度。

(6) 炉端墙　在每组焦炉的两端和焦炉基础抵抗墙之间设置有炉端墙。炉端墙的主要作用是保证炉体的强度，并起到隔热作用以降低焦炉基础抵抗墙的温度。炉端墙的耐火砖材质从内侧向外侧依次为黏土砖、隔热砖和红砖。炉端墙内还设计有烘炉时排除水分的通道。

2. 清洁型热回收捣固焦炉的工作原理及其特点

清洁型热回收捣固炼焦技术采用了独特的炉体结构、焦炉机械和工艺技术，与传统的焦炉相比具有明显的特点。

热回收焦炉工作原理是将炼焦煤料捣固后装入炭化室，利用炭化室主墙、炉底和炉顶储蓄的热量以及相邻炭化室传入的热量使炼焦煤加热分解，产生荒煤气，荒煤气在自下而上逸出的过程中，覆盖在煤层表面，形成第一层惰性气体保护层，然后向炉顶空间扩散，与由外部引入的空气发生不充分燃烧，生成的废气形成煤（焦）与空气之间的第二层惰性气体保护层。由于干馏产生的荒煤气不断产生，在煤（焦）层上覆盖和向炉顶的扩散不断进行，使煤（焦）层在整个炼焦周期内始终覆盖着完好的惰性气体保护层，从而在隔绝空气的条件下加热得到焦炭。在炭化室内燃烧不完全的气体通过炭化室主墙下降火道到四联拱燃烧室内，在耐火砖的保护下再次与进入的适度过量的空气充分燃烧，燃烧后的高温废气送去发电并脱除二氧化硫后排入大气。

热回收焦炉独特的工作过程决定了其具有以下特点。

（1）有利于焦炉实现清洁化生产　焦炉采用负压操作的炼焦工艺，从根本上消除了炼焦过程中烟尘的外泄。炼焦炉采用了水平接焦，最大限度地减少了推焦过程中焦炭跌落产生的粉尘；在备煤粉碎机房、筛焦楼、熄焦塔顶部等处采用了机械除尘；在储煤场采用了降尘喷水装置。炼焦工艺和环保措施相结合，更容易实现焦炉的清洁化生产。

由于该焦炉没有回收化学产品和净化焦炉煤气的设施，在生产过程中不产生含有化学成分的污水，不需要建设污水处理车间。在全厂生产过程中熄焦时产生的废水，经过熄焦沉淀池沉淀后循环使用不外排。

焦炉生产工艺简单，没有大型鼓风机、水泵等高噪声设备。在全厂生产过程中产生噪声的设备只有煤料粉碎机、焦炭分级筛、焦炉机械等。煤料粉碎机和焦炭分级筛采用低噪声设备，在安装和使用过程中采取了降低噪声的措施，厂房周围的噪声低于 50dB。焦炉机械的噪声主要来源于捣固机，捣固工艺采用液压捣固，捣固过程中产生的噪声很低，一般低于 40dB。

（2）有利于扩大炼焦煤源　焦炉采用大容积炭化室结构和捣固炼焦工艺，捣固煤饼为卧式结构，改变了炼焦过程中化学产品和焦炉煤气在炭化室的流动的途径，炼焦配煤中可以大量地使用弱黏结煤，甚至可以配入 50%左右的无烟煤，或者更多的贫瘦煤和瘦煤，这对于扩大炼焦煤资源具有非常重要的意义。

焦炉生产的焦炭块度大、焦粉少、焦炭质量均匀，一般情况焦炭的 $M_{40}>88\%$，$M_{10}<5\%$。焦炉采用了大容积炭化室结构和捣固炼焦工艺，可较灵活地改变炼焦配煤和加热制度，根据需要生产不同品种的焦炭，如冶金焦、铸造焦、化工焦等。

（3）有利于减少基建投资和降低炼焦工序能耗　焦炉工艺流程简单，而且配套的辅助生产设施和公用工程少，建设投资低，建设速度快。一般情况下基建投资为相同规模的传统焦炉的 50%～60%，建设周期为 7～10 个月。此外，热回收捣固焦炉工艺流程简单，设备少，生产全过程操作费用较低，维修费用较少。

由于没有传统焦炉的化产回收、煤气净化、循环水、制冷站、空压站等工序，也没有焦炉装煤出焦除尘、污水处理等环境保护的尾部治理措施，生产过程中能源消耗较低，其炼焦工序吨焦耗水约 $0.7m^3$，吨焦耗电 9～10kW。

清洁型热回收捣固焦炉虽然在保护环境和拓展炼焦煤资源方面具有优势，但在以下方面尚需要改进。

① 由于采用负压操作，对连续性烟尘排放可得到控制，但对阵发性的污染仍需采取防范措施，否则仍有污染问题。

② 由于无化产回收系统，所以无焦化酚氰污水产生，但仍存在燃烧废气的脱硫问题及脱硫后脱硫剂的处理问题（目前用石灰乳脱硫，脱硫后的废渣也需有适当的处理途径）需要解决。

③ 生产过程中焦炭烧损仍偏高，导致焦炭表面灰分高，成焦率降低。

④ 自动化水平偏低。由于测控手段落后，炉内温度不好控制，高温点漂移不定，影响炉体的使用寿命。

⑤ 国产设备尚未形成规模化和系统化，设备可靠性低，有些车辆寿命偏短。

⑥ 在成焦机理和焦炉炉体结构的研究方面仍然不够。

第四节　焦炉结构的发展方向

为了适应钢铁工业的发展及能源结构的变化，提高炼焦工业的竞争能力，焦炉结构的创新十分必要，探讨的方向有以下几点。

一、增大炭化室的几何尺寸

由于焦炉高向加热均匀性问题的解决，国内外已开始设计和建造炭化室高 5～8m 的焦炉。在此之前，不少焦化工作者从各个方面论证了焦炉大型化的合理性。研究结果表明（见表 4-4），焦炉大型化确实有许多优点。

表 4-4　不同高度炭化室的焦炉经济指标的比较

项　目	炭化室高度/m			
	3	4	5	6
炭化室内煤料的堆密度/(kg/m^3)	740	750	760	770
每日处理 3300t 煤料、结焦时间 20h 所需的炭化室孔数	224	160	125	102
每昼夜出炉数	269	192	150	122
建筑费用:全套炼焦设备/%	100	84	76.3	72.6
每吨焦炭设备/%	100	84.1	76.5	73.1
按 16%折旧计投资比/%(每年)	100	83.9	76.1	72.8
按 16%折旧计投资比/%(每吨焦炭)	100	79.8	74	68.8
每炉操作人员	84	63	50	45
每班每人产焦/t	27.9	37.2	45.5	52

① 基建投资省。焦炉大型化后，因为每座焦炉的炭化室孔数减少了，所以相应使用的筑炉材料和护炉铁件、加热煤气、废气等设备也相应减少。这些结果，都使基建投资大大降低，例如 6m 高的焦炉投资比 4m 高焦炉的投资低 21%～25%。这样除了使生产费用降低外，还缩短了投资的偿还期。

② 劳动生产率高。由于每班每人可以多处理煤料和多生产焦炭，因而劳动生产率高，相对应吨焦的生产费用就低。6m 高焦炉与 4m 高焦炉比较，前者的劳动生产率约高 30%。

③ 占地面积少。

④ 维修费用低。

⑤ 热损失低，热工效率高。

⑥ 由于装炉煤料的堆密度增加，有利于改善焦炭质量或在保持焦炭质量不变的情况下，多使用黏结性差的煤炼焦，对扩大炼焦煤源有利。

⑦ 减少环境污染。由于在同样的生产能力下，6m 焦炉的出炉次数比 4m 焦炉少 36%，因而大大减少推焦、装煤、熄焦时散发的污染物。另外，据介绍在现代焦化厂的设计中，约 1/3 的投资用于环保，因此从某种意义上讲，焦炉大型化，减少了出炉次数，既减少了污染程度，也节约了用于环保措施的费用。

基于上述分析，各国都在设计和建造大容积焦炉。至今已投产的大容积焦炉中，其主要尺寸如下：

炭化室高	8400mm	炭化室有效容积	$93m^3$
炭化室平均宽	600mm	装煤量	79 吨/孔
炭化室锥度	75mm		

德国克虏伯-考伯斯公司设计了炭化室高 7.85m、平均宽 550mm、长 18m、有效容积 $70m^3$ 的焦炉。另外，考伯斯公司已设计出两种建造 8m 高的焦炉方案（表 4-5）。

表 4-5　德国考伯斯公司 8m 高焦炉的参数

项　目	方案 1	方案 2	项　目	方案 1	方案 2
炉孔数	94	78	每孔炭化室的生产能力/(吨/昼夜)	64	77
炭化室平均宽/mm	460	382			
结焦时间/h	15	10.4	炭化室长/mm	16560	16560
炼焦温度/℃	1450	1450	昼夜推焦数/(孔/昼夜)	150	180
炭化室一次装煤量/(t/孔)	40	33.5	操作人数	9	9

但是焦炉大型化，并不意味着焦炉结构的各部位尺寸可以任意扩大，究竟怎样才算最合理，这个问题是焦炉设计者需共同研究的问题。显然，焦炉结构尺寸的变化，必然影响到耐火材料、金属材料、操作维修费用及吨焦投资等。因此必须从煤炭资源、工艺实践的可能性及经济效益等方面加以全面衡量，从而决定焦炉尺寸。

为了研究焦炉结构尺寸的变化对经济技术指标的影响，前苏联国立焦化设计院和德国迪迪尔公司对焦炉合适的高度和宽度进行了研究。研究范围从炭化室高 4m 开始，以每 0.2m 的间隔递增，直到 10m 为止，宽度的研究范围为 360～510mm。研究结果表明：吨焦的耐火材料消耗在炭化室高 6m 时最低，而金属材料消耗在 7.4m 时最低，吨焦的炉体建筑费、操作费、维修费、投资费相应最佳高度分别为 6.2m、7.8m、7.4m 和 6.8m。

炭化室宽度与各经济技术指标的关系为：吨焦的金属材料消耗、焦炉的建筑费、总投资费、操作费和维修费最低时，相应的炭化室宽度分别为 380mm、400mm、460～470mm、440mm。因此，认为从吨焦的耐火材料消耗、基建费、操作费和总的投资来看，炉高 7.4m、炉宽 410mm 以及炉高 6.8m、炉宽 510mm 时总的费用最低，工艺上也是合理的。

二、采用下喷及下调式焦炉结构

在研究发展大容积焦炉的同时，必须解决焦炉高向、长向加热均匀性的问题，其目的是使焦炉炉体结构具有良好的热工性能。

采用下喷和下调式焦炉结构是改善焦炉长向加热和高向加热均匀性最有前途的办法，过去一些侧喷式焦炉，由于长向加热是通过炉顶看火孔更换立火道底部的调节砖或改变斜道口断面来实现的，因此调节操作难度很大，而且操作条件恶劣，劳动强度大；侧喷式焦炉的横砖煤气道容易拉裂，气体容易串漏，而且维修困难。这些缺点，在下喷及下调式焦炉是不存在的。所以，德国、日本等国均已建成下喷及下调式焦炉。

为使焦炉的加热完全在下部调节，蓄热室必须分格，而且每个蓄热室小格与立火道之间用斜道连接，一对相邻的火道和与之相连的蓄热室小格构成一个单独控制的最小加热单元。

在焦炉煤气加热时，焦炉煤气从焦炉基础下面设在蓄热室主墙内的垂直砖煤气道，沿砖煤气道一直通到立火道底部与空气混合燃烧，空气则从小烟道进入各蓄热室小格，经斜道进入燃烧室与焦炉煤气混合燃烧，通过调节设在蓄热室与小烟道之间的可调箅子砖开口面积来控制进入每个蓄热室小格的空气量。在使用贫煤气加热时，高炉煤气和空气由交换开闭器处经过小烟道进入每个蓄热室小格内。通过调节箅子砖孔的断面代替调节斜道口断面，调节进入每个蓄热室小格内的气体量，以控制长向的气流分布。

新日铁的M型焦炉是加热煤气和空气全下喷的焦炉，当用焦炉煤气加热时，空气靠烟道吸力吸入焦炉；而用高炉煤气加热时，空气则由鼓风机强制鼓风供入焦炉。空气和高炉煤气下喷管从焦炉基础顶板一直通到箅子砖下部（即格子砖的下部）。箅子砖开孔不起调节气量的作用，而靠设置在地下室的孔板直径来控制进入各蓄热小格内的高炉煤气量（或空气量），即靠孔板调节来实现燃烧室长向加热均匀性。

中国自行设计的JNX43-83型、JNX60-87型下调式焦炉采用了高炉煤气从交换开闭器处侧入，利用烟道吸力达到空气自然进入，并利用箅子砖可调孔的截面变化调节气体流量等措施，克服了新日铁式M型焦炉看火孔正压大，不安全，以及采用强制通风设计费用和操作费用高的缺点。另外，也比较细致地考虑了在下调结构上及各部位使用的材质和膨胀缝的设置等。

JNX型焦炉箅子砖孔的布置考虑到边火道加热温度问题，边格的固定孔断面比中部大53%，可调孔断面则与中部相同。在同一格内，可调断面约占总断面的63%。根据计算确定调节砖排列后的断面，可以保证气体调节量在10%以上。

三、研制大容积高效焦炉

前面所介绍的大容积焦炉指的是炭化室的几何尺寸或容积比较大的水平室式焦炉。而大容积高效焦炉（有的称为大能力焦炉）指的是这样的焦炉，它采用了高导热性能的炉墙砖，减薄炉墙砖的厚度以加大向炭化室内煤料的传热速度，以及通过采用较高的火道温度以提高炼焦速度等措施，从而使生产能力提高。

这样的水平室式大容积高效焦炉是以提高火道温度，改善砌筑焦炉的耐火材料的导热性，改进焦炉结构和提高焦炉效率为标志的。对大容积高效焦炉，德国煤矿研究所首先进行了系统的研究。为了达到高效的目的，必须有提高火道温度，增大自炉墙传给煤料的热流量，才能缩短结焦时间。从现有的水平室式焦炉的结构特点出发，增大热流量的方法有：提高火道温度；减薄炉墙砖的厚度；使用高导热性能的炉墙砖。但是采用上述提高结焦速度的措施，将带来一些问题，例如，由于提高了立火道的温度，供入燃烧室的加热煤气量增加，产生的废气量也增加。此外，对炉墙耐火材料的要求更高。为了不使加热系统阻力增加，焦炉加热系统各部位的尺寸则相应发生变化。为了避免小烟道出口的废气温度过高，蓄热室格子砖的高度也要增加。此外，炼焦周期越短，炼焦过程中供热不合理的现象越严重，诸如此类的问题都是研制大容积高效焦炉所需研究解决的问题。

1. 降低炭化室炉墙的厚度

德国奥托公司曾进行过炉墙静力学的模拟试验。试验结果认为70mm厚度的炉墙完全能满足炼焦操作时焦炉所应具有的稳固性，奥托公司曾在埃米尔炼焦试验厂建造了一座试验焦炉。该焦炉的炭化室墙厚度为70mm，高4.2m，长12m，平均宽450mm，炭化室的装煤量16.5t/孔。炼焦试验时焦炉火道温度为1450℃，装炉煤水分为7%。在研究期间，先后在不同的结焦周期（18h、16h、14h、12h和11h）下，测定了焦饼中心温度、炉顶空间温度及石墨生成情况、烟道废气温度、焦炉表面的散热损失、焦炭质量的变化等。经过三年的试验，证实了使用70mm厚的炉墙可达到足够的稳定性和气密性，而且能得到快速传热的效果。当煤料在70mm厚炉墙的炭化室内炼焦时，火道温度为1360℃，结焦时间为14h，而在炉墙厚110mm的炭化室内炼焦，在同样的温度下则需18h，即使用70mm厚炉墙的炭化室炼焦时，结焦时间比110mm厚的炉墙的结焦时间缩短3～4h。如果炼焦周期不变，则相应的火道温度可由1360℃降至1230℃，即比110mm厚炉墙的焦炉温度降低了130℃。

为了进一步扩大实验规模，奥托公司和鲁尔煤矿公司在普罗斯佩尔焦化厂建造了一座39孔的薄壁炉墙的试验焦炉。该焦炉的炉墙厚度为80mm，投产后的试验结果与上述的试验结果相一致。因此可以总结薄壁炉墙焦炉具有以下优点。

① 在相同的焦饼中心温度下，炉墙厚度80mm的炭化室比110mm厚度炉墙的炭化室结焦时间缩短了2.5～3h，相当于焦炉生产能力提高15%～20%。

② 在焦炉生产能力相同的情况下，火道温度可降低100℃，结果每千克焦炭可节能160kJ，相当于降低了7.5%的炼焦耗热量。

③ 火道温度降低，使废气中的NO_x成分减少，对环境保护有利。

④ 炉墙厚度减薄后可以节省材料，投资也有所降低。

2. 研制高比换热面积的格子砖

为了强化焦炉生产，在缩短结焦时间的同时，需要提高火道温度。在这种情况下，废气温度必然提高，这样除了炼焦耗热量增加外，过高的废气温度会造成烟道、烟囱过热的现象。目前发展大容积焦炉是焦炉结构发展的趋势。炭化室高度增加后，蓄热室高度也随着增加（一般来说，炭化室高度与蓄热室高度大致比例为1∶0.5），这就使焦炉建筑费增加。为了降低焦炉的建筑高度，有效措施是提高蓄热室格子砖的换热效率。

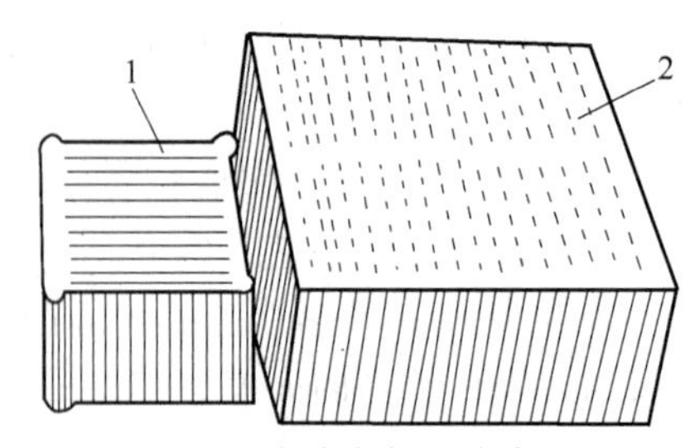

图4-26　在埃米尔试验炼焦厂使用的新型格子砖

1—缝隙为6mm的窄缝箱型格子砖；2—具有六角形开孔（直径10mm）的蜂巢状格子砖

德国煤矿研究所与卡尔-斯蒂尔公司共同研制的在埃米尔试验炼焦厂的三孔试验焦炉上使用的高比换热面积的格子砖，如图4-26所示。这种砖与一般格子砖相比，具有较高的总体积换热表面和单位体积的换热表面。一般的格子砖缝隙和砖壁都比较大，在焦炉蓄热室内气体进行热交换时，即使在热交换的末期，格子砖的砖壁仍存在“死心”的情况，即不论格子砖在吸收热量或放出热量时，砖壁中心部位起的作用都不大。

通过在试验焦炉内使用的新型格子砖，证实这种高比换热面积的格子砖具有单位体积换热面积大、蓄热效率高的特点，埃米尔试验厂的几种格子砖的性质比较见表4-6。

表4-6　几种格子砖性质比较

指　　标	条形格子砖	多孔薄壁型格子砖	高比换热面积型格子砖
每1m² 换热面积的蓄热体质量/kg	80	26	10
换热比表面积/[m²/m(高)]	100	300	900

埃米尔试验厂的高比换热面积的格子砖使用表明，在现有的焦炉蓄热室内，只需填充65%～70%（或比原先减少30%）的此种格子砖就可以了，即蓄热室的建筑高度可以降低1/3。

在用焦炉煤气加热时，在达到同样蓄热效果的情况下，高比换热面积的格子砖比普通格子砖的阻力增加9.8～14.7Pa。其阻力增加值大约等于烟囱高度增加2～3m后所产生的吸力增加值。而烟囱高度增加2～3m所造成的投资费用增加值与由于采用高比换热面积格子砖而使整个焦炉建筑高度降低所节约的费用相比，是可以忽略不计的。

使用这种高比换热面积格子砖的换热效率是显著的，在火道温度1300～1400℃时，高比换热面积格子砖可使废气温度降低30～50℃；在复热式焦炉用高炉煤气加热时，这种高比换热面积格子砖将使加热系统的阻力增加39～59Pa，这样，就要使烟囱高度增加12～18m来抵消这部分增加的阻力。显然，在改造焦炉时，使用这种格子砖就不合适了。此外，在用高炉煤气加热时，煤气要高度防尘净化，以防格子砖的小孔被堵塞。

3. 研制高导热性能的炉墙砖

为了建设生产能力大的大容积焦炉，可提高炼焦速度，强化炼焦过程，选择一种荷重软化点高、气孔率低、高密度的高导热性能的耐火材料作炉墙砖是十分重要的。

过去，国内外均进行了这方面的研究工作，主要研究致密硅砖在焦炉上的应用及研究镁砖和刚玉砖在焦炉上的应用。

(1) 致密硅砖 又称高密度硅砖，所指高密度为体积密度高，其关键在于制造气孔率低的硅砖。目前硅砖的致密化有两种做法：一种是通过调整原料粒度组成，选择适当原料和改善成型方法着力于降低气孔率；另一种是加入适当添加剂（如氧化钛）以增加硅砖致密度。

美国研制出一种含2%氧化铜的致密硅砖，砖的密度为1.93t/m^3（普通硅砖的密度为1.7～1.8t/m^3），其导热系数为普通硅砖的128%，结焦时间可缩短17%；此外，由于这种砖的强度比普通硅砖大2倍左右，故可望将炉墙进一步减薄。

中冶焦耐工程技术有限公司、洛阳耐火材料厂在20世纪70年代就已开始研制高导热性能的含铁硅砖，并以此砖砌筑了试验焦炉。经实验室测定，含铁硅砖与普通硅砖的Fe_2O_3含量分别为2.22%和1.11%，热导率分别为6.08kJ/(m·h·K)和5.70kJ/(m·h·K)，含铁硅砖的热膨胀率比普通硅砖低一些，分别为5.81×10^{-6}和6.31×10^{-6}。在相同的炼焦条件下，与普通硅砖焦炉进行了对比炼焦试验，实验结果表明：在相同的加热温度和使用同一种煤料的情况下，含铁硅砖焦炉比普通硅砖焦炉结焦时间缩短40～60min，生产能力提高10%～12%。在结焦时间相同时，含铁硅砖焦炉比普通硅砖焦炉的火道温度低50℃左右。多年工业生产的实践表明，含铁硅砖的炉体内，炉墙平整，未发现炉体烧熔、剥蚀和其他异常情况。

(2) 镁砖和刚玉砖 因为使硅砖致密化来提高热导率是有限的，一些国家对非硅质材料进行过一些研究，由半工业试验结果来看，比较有前途的是刚玉砖和氧化镁砖。研究表明：刚玉砖（含Al_2O_3 97.6%）的导热性、热稳定性都比硅砖好，刚玉砖的热导率是硅砖的1.7～2.5倍，且对荒煤气的还原性和对熔渣的侵蚀均表现为良好的稳定性。镁砖焦炉的试验结果表明，当要求炉墙温度为1200℃，硅砖焦炉的火道温度需1400℃，而镁砖焦炉只需1250℃。在导热性方面，硅砖的热导率随温度升高而增加，在1000～1400℃时，硅砖的热导率由5.85kJ/(m·h·K)增加到6.3kJ/(m·h·K)；而镁砖的热导率随温度升高而降低，在上述温度范围内，热导率由12.5kJ/(m·h·K)降至7.9kJ/(m·h·K)。在800～1400℃时，硅砖的膨胀率几乎不发生变化，但镁砖却从1%增加到1.8%。在相同的火道温度下，镁砖焦炉的结焦时间可以缩短4h。

但镁砖焦炉由于热膨胀变化较大，同时在还原性介质中镁砖中的MgO会被还原而放出CO气体，使砖的结构受到破坏，因此它的使用前景不如刚玉砖。

四、研制节能焦炉

在现代室式炼焦炉炼焦时，从炭化室墙传给煤料的热流量在整个结焦周期内是变化的。在装煤的最初2～3h内，冷的煤料从炉墙吸收的热量大大多于从燃烧室立火道传给炉墙的热量，之后，由于靠近炉墙的煤料首先变成焦炭，并且在炭化室内形成了与传热方向垂直的胶质层，构成了在煤料传热中的热阻，致使传热的速度发生变化，大约到了1/2结焦周期，从立火道传给炉墙的热流量与从炉墙传给煤料的热流量大致平衡；到结焦末期，在立火道燃烧的煤气量不变的情况下，由于焦炭的放热效应，焦炭便过火了。因此，在整个结焦周期内，用同样的煤气量加热（即恒定加热）焦炉是不合理的。

原联邦德国煤研所在试验工厂测定了在炼焦过程中炭化室内传热状况以及煤料在炼焦时所需热量的变化，并在恒定供热[221540kJ/(m^2·h)]和程序加热的条件下，对炉墙内和煤料内热流量变化进行对比，结果见图4-27。

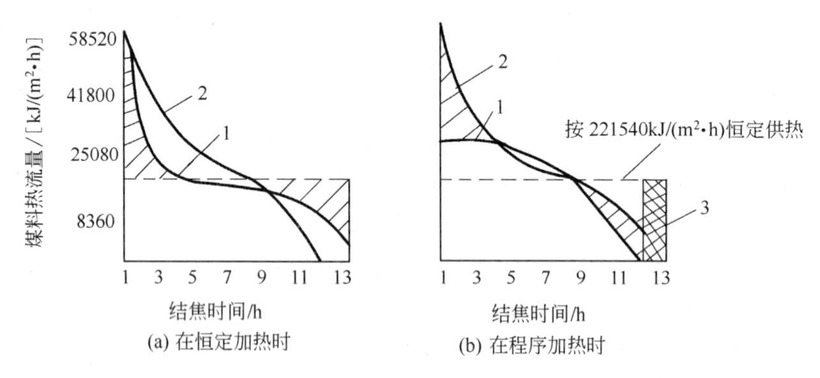

图4-27　在焦炉恒定加热和程序加热情况下炭化室炉墙和煤料热流量变化情况

1—炉墙热流量变化曲线；2—煤料需要热量变化曲线；3—在程序加热时节省的热量

从图4-27可以看出，在采用恒定供热的条件下，在装煤后的10h前，炉墙传给煤料的热量（曲线1）远远不能满足煤料所需的热量（曲线2），不足的部分为图4-27(a)左边的斜线部分。相反，在结焦末期，由于焦炭的放热效应，焦饼温度升高，传热的推动力降低，使得炉墙传给煤料的热量减少。显然，如果燃烧室立火道的煤气量不改变，那么图4-27(a)右边斜线部分的热量则浪费了，即由于供入煤料的热流少了，多余部分的热量则随废气排走了。由于传入煤料的热量比煤料所需的热量多，则这部分已传入炭化室内多余的热量，致使焦饼的温度升高，造成焦炭过火。

当采用程序加热时[图4-27(b)]，煤料加热的合理性有所改善，在整个结焦周期中，曲线1和曲线2在相当大的一段时间内是重合或者是接近的，这说明从炉墙供入煤料的热量与煤料炼焦所需的热量大致平衡。采用程序加热，可以按照结焦过程中煤料吸热的变化情况，制定供给煤气的流量。这样在结焦周期不改变的情况下，可以节省相当部分的热量[图4-27(b)右边网格部分]。德国煤研所与奥托公司在试验厂进行了程序加热的试验，其方法是在结焦过程中多次改变加热煤气量，并同时相应地调节空气量和烟囱吸力，使燃烧达到最佳状态。

在上述研究中，整个结焦过程中最佳的程序加热分为5个加热阶段，如图4-28所示。

① 装煤后3h，供热量为恒定供热时流量的170%。这3h的耗热量为全部结焦时间内耗热总量的40%，这样，由于炉墙向煤料的传热推动力较大，使得刚装炉的湿煤很快达到不产生局部过热的温度水平，同时也不会使在装炉时炉墙温度下降太多，这有利于保护炭化室墙。

② 第3～4h阶段，完全中断加热，即所谓零运行。这样处理是为了在前一阶段供热过量的基础上使炭化室从炉墙到炭化室中心的煤料温度趋于平衡。

③ 第4～8h阶段内，以恒定供热时煤气流量的120%的煤气量供热，此阶段内消耗的热量占总炼焦耗热量的40%，供热的目的是使煤料结焦成熟。

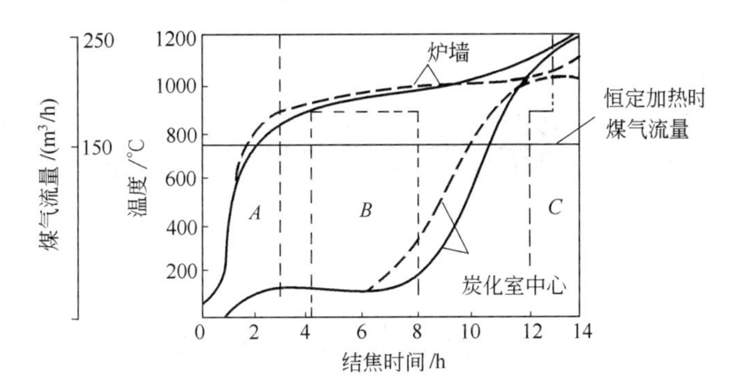

图 4-28　焦炉恒定加热和程序加热时炉墙和煤料温度变化曲线

（实线为恒定加热，虚线为程序加热）

A，*B*，*C*—分别为程序供热的供热量

④ 第 8～12h 阶段内停止加热，目的是利用结焦末期的焦炭放热效应所产生的热量。

⑤ 最后 2h，将剩余的 20%热量供入，从而使焦炭完全成熟，并使炉墙积蓄一定的热量。

研究结果表明：焦炉程序加热炼焦与恒定加热炼焦相比，加热煤气量约减少 12%，废气热损失略有减少，焦炭的最终加热温度降低 150～180℃。仅从降低焦炭最终加热温度来计算，焦炭带走的热量损失可减少 12%～15%，每千克湿煤（含水分 10%）的炼焦耗热量降低 150～180kJ。此外，炉顶空间温度不会过高，也减少了荒煤气带走的热量。研究分析还表明，以计算机程序加热进行焦炉调节的方法，可使炼焦耗热量减少 6%～10%。可见，程序加热的方法虽然比不上干法熄焦的节能效果，但节能效果也是很可观的。因此，该技术应用于炼焦工业具有很大的吸引力，特别是在焦炉一代炉龄后，焦炉要进行大修时，引进此项技术是有利的和适宜的。

复习思考题

1. 炭化室的长度和高度方面各有何限制因素？
2. 何为锥度？炭化室设置锥度的目的是什么？
3. 什么是加热水平高度？它对焦炉生产有何影响？
4. 燃烧室内分成若干个立火道的原因是什么？
5. 设计和砌筑斜道区时有哪些要求？
6. 蓄热室内的格子砖、箅子砖和小烟道的作用各是什么？
7. 蓄热室的单墙和主墙有何不同？说明如果主墙不严密对焦炉生产会有何不利？
8. 比较双联火道和两分式火道各自的优缺点。
9. 废气循环的原理是什么？
10. 说明用分段燃烧法解决高向加热均匀性时的特点。
11. 分别掌握 JN66 型焦炉、JN58 型焦炉、JN43-87 型焦炉及 7.63m 焦炉等的结构特点。
12. 结合 JN58 型焦炉的结构特点说明其气体在炉内的流动途径。
13. 7.63m 焦炉的 PROven 系统的操作原理是什么？
14. 清洁型热回收焦炉的优缺点各是什么？
15. 焦炉大型化后的优点有哪些？
16. 了解焦炉实现高效化的途径。

第五章 炼焦炉的机械与设备

第一节 筑炉材料

现代焦炉主要用耐火材料砌筑而成，例如一座42孔的JN43型焦炉，炉体所需的耐火材料总重约6600t。焦炉的一代炉龄要求25～30年，因此，耐火材料的性能与焦炉的生产能力及使用寿命密切相关。

凡具有能抵抗高温和高温下的物理和物理化学作用的材料统称为耐火材料，一般规定耐火材料的耐火度在1580℃以上。砌筑焦炉的材料中除耐火材料外，还尚有隔热材料和普通建筑材料。

一、耐火材料的性质

通常以下列指标来衡量耐火材料的性能。

（1）气孔率　耐火材料中有许多大小不一、形状各异的气孔，气孔率即气孔的总体积占耐火制品总体积的百分数，它表示耐火材料的致密程度。通常所说的气孔率是指不计闭口气孔（不和大气相通的气孔）的开口气孔率，又叫显气孔率。因耐火制品的用途不同，对气孔率的要求也各不相同。一般是气孔率愈小，导热性愈好，耐火砖的耐压强度也愈高，但吸水性能差，且耐冷热急变性能差。

（2）体积密度和真密度　体积密度是指包括全部气孔在内的每立方米耐火砖的质量。真密度是指不包括气孔在内的单位体积耐火材料质量，由于不同石英晶型的真密度不同，因此测定硅砖的真密度可以了解其烧成情况。

（3）热膨胀性　耐火制品受热后，一般都会发生膨胀，这种性质称为热膨胀性，它可用线膨胀系数α_l或体膨胀系数α_V来表示。不同的温度范围内，其膨胀率是不同的。

$$\alpha_l=\frac{l_t-l_0}{l_0}\times 100\%$$

$$\alpha_V=\frac{V_t-V_0}{V_0}\times 100\%$$

式中　l_0、V_0——室温下试样的原始长度和体积；

l_t、V_t——温度升高至t℃时试样的长度和体积。

（4）导热性　耐火制品的导热性，取决于其相组成和组织结构，用热导率λ来表示，其法定单位为kJ/(m·h·℃)，多数耐火制品的热导率随温度的升高而增大（如硅砖、黏土砖等），也有些制品则相反（如镁砖和碳化硅砖）。

（5）耐火度　耐火材料在高温下抵抗熔融性能的指标，但不是熔融温度。一般物质有一定的熔点，耐火材料却不同，它从部分熔融到全部熔化，温差可达几百度，而且熔融现象还受升温速度影响，因此目前均采用比较法测定耐火度。用高岭土、氧化铝和石英按不同配比制成规定尺寸的三角锥状标准试样称示温熔锥，它们的耐火度是已知的，将待测试样按规定制成三角锥状，和示温熔锥同时置于高温炉内，以一定的速度升温，当待测试样和某一个标准试样同时软化弯倒，锥角与底盘接触时，该标准试样的耐火度即待测试样的耐火度，因此耐火度是熔融现象发展到软化弯倒时的温度。

(6) 荷重软化温度　耐火制品的常温耐压强度很高，但在高温下由于耐火材料中低熔点化合物过早熔化并产生液相而使结构强度显著降低，耐火制品在高温下都要承受一定的负荷，所以测定它的高温强度意义很大。一般用荷重软化温度作为耐火制品高温结构强度的指标。测定方法是用规定尺寸的圆柱体在0.2MPa的压力下，以一定的升温速度加热，随着温度的升高，试样将产生一定数量的变形，当试样的最大高度降低0.6%时的温度，即为荷重软化温度（或称荷重软化点）。黏土砖荷重变形曲线比较平坦，开始变形和终了变形的温度差可达200～250℃，而硅砖达到变形温度后立即破坏，开始到结束仅差10～15℃。

(7) 高温体积稳定性　耐火材料在高温下长期使用时，其成分会继续变化，产生再结晶和进一步的烧结现象，因此耐火制品体积会有变化。由于各种制品的化学成分不同，有的收缩，有的膨胀，且这种变化是不可逆的，故称为残余收缩和残余膨胀，其数值用制品加热到1200～1500℃（因耐火制品种类不同而异），保温2h，冷却到常温的体积变化百分数（%）来表示。

$$\text{高温体积稳定性}=\frac{V-V_0}{V_0}\times 100\%$$

式中　V_0——试样加热前的体积；

　　V——试样加热并冷却后的体积。

正值表示残余膨胀，负值表示残余收缩。

(8) 温度急变抵抗性　是耐火制品抵抗温度急变而不损坏的性能，它反映耐火制品的热稳定程度。将试样加热到(850±10)℃后保温40min，放在流动的凉水中冷却，并反复进行，直到试样碎裂后脱落部分的质量占原试样质量的20%时止，此时其经受的急冷急热次数，就作为该制品耐急冷急热性能的指标。

(9) 抗蚀性　是指高温下抵抗灰分、气体等侵蚀的性能。煤焦灰分的成分主要是SiO_2和Al_2O_3等酸性氧化物，干馏煤气中有H_2S等酸性气体，对此，硅砖和黏土砖等酸性耐火材料都有良好的抗蚀性，故适用于焦炉。

耐火制品的热稳定性与热膨胀性有很大的关系，若制品的线膨胀系数大，则由于制品内部温度不均匀而引起不同程度的膨胀，从而产生较大的内应力，降低了制品的热稳定性。此外，制品形状越复杂，尺寸越大，其热稳定性也越差，经上述测定，不同的耐火制品差别很大，如硅砖抵抗性最差仅1～2次，普通黏土砖10～20次，而粗粒黏土砖可达25～100次。一些耐火制品的基本特性如表5-1所示。

总之，砌筑焦炉用耐火材料应满足下列基本要求：

① 荷重软化温度高于所在部位的最高温度；

② 所在部位的最高温度变化范围内，具有抗温度急变性能；

③ 能抵抗所在部位可能遇到的各种介质的侵蚀；

④ 炭化室墙具有良好的导热性能，格子砖具有良好的蓄热能力。

表 5-1 耐火制品的基本性能

性能 制品	耐火度/℃	荷重软化开始温度/℃	常温耐压强度/MPa	显气孔率/%	体积密度/(g/cm³)	高温体积稳定性		热导率/[kJ/(m·h·℃)]
						温度/℃	小于/%	
硅砖	1690～1710	1620～1650	17～50	16～25	1.9	1450	+0.8	$3.77+3.35\times10^{-3}t$
黏土砖	1610～1730	1250～1400	12～54	18～28	2.1～2.2	1350	−0.5	$2.51+2.30\times10^{-3}t$
高铝砖	1750～1790	1400～1530	24～59	18～23	2.3～2.75	1550	−0.5	$7.54+6.70\times10^{-3}t$
镁砖	2000	1420～1520	39	20	2.6			$15.49+1.72\times10^{-3}t$

二、焦炉用耐火材料

1. SiO_2 晶型转变与硅砖特性

硅砖是以石英岩为原料，经粉碎，并加入黏结剂（如石灰乳）、矿化剂（如铁粉），再经混合、成型、干燥和按计划加热升温而烧成的。硅砖含 SiO_2 大于 93%，系酸性耐火材料，具有良好的抗酸性侵蚀能力，硅砖的导热性能好，耐火度为 1690～1710℃，荷重软化点可高达 1640℃，无残余收缩，其缺点是耐急冷急热性能差，热膨胀性强。

SiO_2 在不同的温度下能以不同的晶型存在，在晶型转化时会产生体积的变化，并产生内应力，故硅砖的制造性能和使用与 SiO_2 的晶型转变有密切关系。SiO_2 能以三种结晶形态存在，即石英、方石英和鳞石英，而每一种结晶形态又有几种同质异晶体，即 α-石英、β-石英；α-方石英、β-方石英；α-鳞石英、β-鳞石英、γ-鳞石英。

三种形态及其同质异晶体，是以晶型的密度不同来彼此区分的。它们在一定的温度范围内是稳定的，超过此温度范围，即发生晶型转变。

在制造硅砖的原料硅石中，SiO_2 以 β-石英存在，在干燥、烧成过程中，β-石英首先转化为 α-石英，然后再转化为 α-方石英和 α-鳞石英；在大于 1670℃时，α-鳞石英将转化为非晶型的石英玻璃，在大于 1710℃时，α-方石英也会转化为石英玻璃。在烧成的硅砖内，由于温度不均及晶型转变的时间和条件的差异，总是三种晶型共存的，甚至还有石英玻璃。烧成硅砖中的 α-石英、α-鳞石英和 α-方石英在冷却过程中转变为相应的低温型，即 β-石英、γ-鳞石英和 β-方石英，当制成的硅砖用于砌筑焦炉后再次升温时，这些低温晶型会逐渐转变为高温晶型。以上转变的温度、条件以及相应的膨胀量如图 5-1 所示。

从图 5-1 中可以看出，转变可分为两种，一种是横向的迟钝型转变，它是晶格重排过程，这是从一种结晶构造过渡到另一种新的结晶构造。这种转变是从结晶的边缘开始向结晶中心缓慢地进行，需较长时间，且在一定的温度范围内才能完成，一般只向一个方向进行。实际烧成过程中，SiO_2 并非是单一从 α-石英→α-鳞石英→α-方石英→石英玻璃的转变，而是因温度范围、升温速度、矿化剂的存在与否而异，可以发生另外的迟钝型转变。

① α-石英 $\xrightarrow[\text{700～900℃开始，1200～1400℃显著，>1400℃转化加速}]{\text{有矿化剂存在}}$ α-鳞石英。此时体积膨胀为 16%。

② α-石英 $\xrightarrow[\text{1000～1450℃开始，>1300℃转化加速}]{\text{矿化剂不足时}}$ α-方石英。此时体积膨胀可达 14.5%。

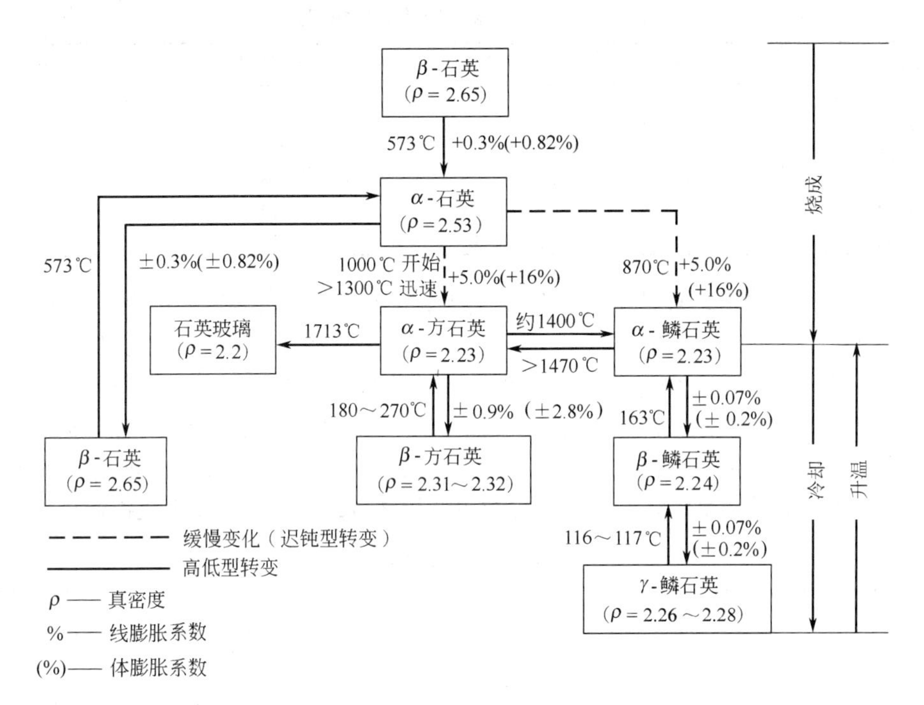

图 5-1　SiO_2 晶型转变图

③ α-鳞石英 $\xrightarrow{>1470℃}$ α-方石英。

④ α-方石英 $\xrightarrow{1400\sim1450℃}$ α-鳞石英。

⑤ α-鳞石英 $\xrightarrow[>1676℃]{快速加热}$ 石英玻璃，α-方石英 $\xrightarrow{>1710℃}$ 石英玻璃。

另外一种转变为图 5-1 所示的上下转化，即各类晶型内高温型（α）和低温型（β、γ）间的转变，称为高低型转变。此种转变没有晶格的重排，只有晶格的扭曲或伸长，因此变化速度快且是可逆的。

各种形态的 SiO_2 转化温度和体积变化不同，如图 5-2 所示。方石英在 180～270℃转化，体积变化最剧烈，而在 570℃时，石英转化体积变化较小。鳞石英有两个晶型转化点：即 117℃和 163℃，此时体积变化最小。因此用于焦炉的硅砖，希望在制造过程中，尽量转化为鳞石英。但实际生产的硅砖制品总是三种晶型同时存在。由于三种石英中鳞石英的密度最小，因此鳞石英含量越高的硅砖，其密度越小，见表 5-2。

由于烧成温度、速度及原料矿化剂等的差异，制成的硅砖由于矿相组成的差异，硅砖的真密度就不同，从表 5-2 和图 5-2 可以看出，真密度小的硅砖，鳞石英转化较完全，膨胀过程平稳，残余膨胀小，有利于保持炉体严实。此外，鳞石英的荷重软化温度高，导热性能好，故焦炉要尽量采用真密度小的硅砖，一般要求在 2.38g/cm³ 以下，优质硅砖的真密度应在 2.34～2.35g/cm³ 之间。

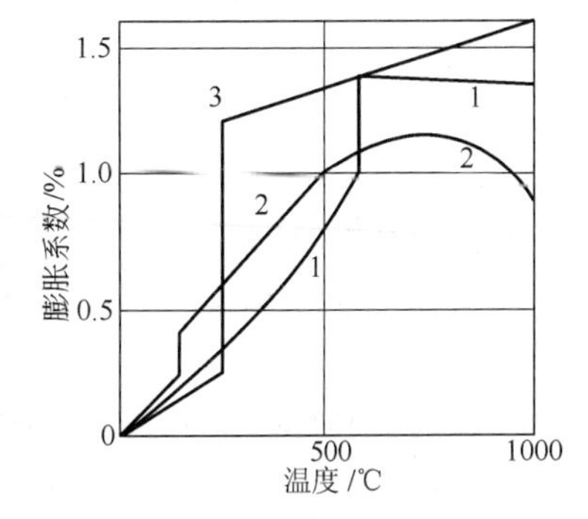

图 5-2　石英晶型膨胀曲线

1—石英；2—鳞石英；3—方石英

表 5-2　不同真密度硅砖的矿相组成

硅砖真密度/(g/cm^3)	鳞石英/%	方石英/%	石英/%	石英玻璃/%
2.33	80	13	—	7
2.34	72	17	3	8
2.37	63	17	9	11
2.39	60	15	9	16
2.40	58	12	12	16
2.42	53	12	17	18

从图 5-1 还可以看出，硅砖的热膨胀变化大，600℃以前晶型转变较多，故体积变化较大，而且在 117℃、163℃、180～270℃和 570℃等几个晶型转化点，体积变化尤为显著，这时最容易引起砌体变形和开裂。因此这对焦炉各部分材质的选用，对焦炉的砌筑、烘炉、生产维修及冷炉等都有重要意义。故硅砖的烧成和新焦炉的烘烤均需按计划升温，以免碎裂。根据硅砖具有的特性，当用于砌筑焦炉时，可以提高燃烧室的温度，缩短结焦时间，增加焦炉生产能力，延长炉体的使用寿命，所以现代焦炉主要用硅砖砌筑（其各项理化指标见表 5-3）。

表 5-3　焦炉用硅砖的理化指标

项　　目	指　　标	项　　目	指　　标
SiO_2 含量/%	＞94	其他部位用砖及手工型砖显气孔率/%	＜24
耐火度/℃	＞1690	常温耐压强度(炉底砖、炉壁砖)/MPa	＞29.4
荷重软化开始温度(0.2MPa)/℃	＞1650	其他部位用砖及手工型砖耐压强度/MPa	＞19.6
重烧线膨胀(1450℃,2h)/%	＜0.2	真密度/(g/cm^3)	＜2.35
显气孔率(炉底砖、炉壁砖)/%	＜22		

600～700℃以下时，硅砖对温度的急变抵抗性能差，这是由于高低型晶型转变、体积突然膨胀或收缩所致，因此硅砖不宜用于温度剧烈变化的部位。但在 700℃以上时，由于硅砖的体积变化较平稳，因此能较好地适应温度的急变。

目前有一种用高密度硅砖砌筑焦炉的趋势，高密度硅砖是指气孔率在 10%～13%范围内的硅砖，它的特点是密度高，气孔率低，因此导热性能及强度均比普通硅砖好。

2. 黏土砖

黏土砖的主要原料是耐火黏土和高岭土，其主要成分是高岭石（$Al_2O_3 \cdot 2SiO_2 \cdot 2H_2O$），其余部分为 K_2O、Na_2O、CaO、MgO 及 Fe_2O_3 等杂质，它们占 6%～7%。黏土砖是以经煅烧的硬质耐火黏土（熟料）与部分可塑性黏土经粉碎、混合、成型、干燥后烧成的。加入熟料是为了减少干燥和烧成过程中的收缩，增大体积密度，降低气孔率，提高耐急冷急热性能。

烧成过程中是高岭石不断失水，分解生成莫来石（$3Al_2O_3 \cdot 2SiO_2$）结晶的过程。其主要反应过程如下。

温度在常温～150℃，砖坯水分蒸发。

温度在 150～650℃，高岭石分解出结晶水：

$$Al_2O_3 \cdot 2SiO_2 \cdot 2H_2O \longrightarrow Al_2O_3 \cdot 2SiO_2 + 2H_2O$$

温度在 600～830℃，无水高岭石分解：

$$Al_2O_3 \cdot 2SiO_2 \longrightarrow \gamma\text{-}Al_2O_3 + 2SiO_2$$

温度在 830～950℃，γ-Al_2O_3 晶型转化为 α-Al_2O_3，并开始生成莫来石结晶：

$$3Al_2O_3 + 2SiO_2 \longrightarrow 3Al_2O_3 \cdot 2SiO_2$$

温度在950～1350℃，黏土中的杂质在烧成过程中与氧化铝、氧化硅形成共晶低熔点硅酸盐，并进而熔化包围在莫来石周围，促进颗粒的熔解、重结晶和重排过程最终形成坚硬制品。

一般烧成后的黏土制品中含有30%～45%的莫来石结晶，在其周围除上述非晶质玻璃相外，还有部分方石英。

黏土砖属于酸性耐火材料，能很好地抵抗酸性渣的浸蚀，对碱性渣的抗蚀能力较差，其耐火度虽高，但荷重软化开始温度较低，而且软化变形温度间隔很大，可达200℃，实际上在远低于荷重软化开始温度之前即开始发生高温蠕变。这是因为在黏土砖中除了高耐火度的莫来石结晶外，还含有几乎达50%的玻璃相，后者的软化开始温度很低，但熔融物的黏度却很大，故出现上述情况。

黏土砖的热稳定性好，但导热性和机械强度较硅砖差。与硅砖相比，黏土砖的总膨胀率仅为硅砖的1/3～1/2，且膨胀量基本上与温度成比例的直线增长，而硅砖膨胀变化量主要在600℃以前，600℃以后硅砖的体积变化较稳定。因此，黏土砖焦炉在炭化室温度变化范围内的体积变化量要比硅砖焦炉大。

由于黏土砖焦炉加热到1100℃的总膨胀量较小且均匀，抗温度急变性强，故黏土砖焦炉的烘炉期短，但加热到1200℃以上时，会出现残余收缩，这是由于黏土制品中的矿物继续产生再结晶，以及在高温下制品中的低熔点化合物逐渐熔化，在表面张力的作用下使固体颗粒互相靠近所致。收缩的大小与配料组成及烧成温度有关。因此黏土砖焦炉在高温下长期使用过程中，砖缝可能产生空隙，会破坏砌体的严密性。

由于上述特点，对大型焦炉黏土砖不用于高温部位，主要用于温度较低且波动较大的部位，如炉门衬砖、上升管衬砖、小烟道衬砖、蓄热室封墙和炉顶等。黏土砖的各项理化指标见表5-4。黏土砖原料来源广，制作容易，成本低，因而有些小焦炉可采用黏土砖砌筑，但一定要严格控制操作温度，以免造成焦炉损坏。

表5-4　焦炉用黏土砖的理化指标

项　目	指　标	项　目	指　标
Al_2O_3含量/%	＞35	残余收缩(1350℃,2h)/%	＜0.5
耐火度/℃	＞1690	气孔率/%	＜24
荷重软化开始温度/℃	＞1300	常温耐压强度/MPa	＞20

3. 高铝砖

含Al_2O_3高于48%的铝硅质耐火砖叫高铝砖，它是以高铝矾土为原料，并用与黏土砖类同的制造方法制成。它的耐火度及荷重软化开始温度均高于黏土砖，抗渣性能也好，耐急冷急热性虽不如黏土砖，但优于硅砖，而且其机械强度高且耐磨，故可用于砌筑燃烧室炉头或炉门衬砖。

4. 耐热混凝土

它是一种长期承受高温作用的特种混凝土，是由耐火骨料、适当的胶凝材料（有时还掺入矿物质和有机掺和料）和水按一定比例调制成泥料，经捣制或振动成型，继而凝结、硬化、脱模、养护烘干而产生的具有一定强度的耐高温制品。

通常以矾土、废耐火砖、高炉矿渣等作为骨料，以矾土水泥、硅酸盐水泥、磷酸和水玻璃等作为胶凝材料，根据骨料和胶凝材料的不同，耐热混凝土分为很多类型，其组成不同，性质各异，因而其使用范围也不同。这种耐火制品与耐火砖相比，具有以下优点。

① 使用前不必经过烧结，减少了制造耐火砖复杂的工艺，制备工艺简单，可就地制成各种需要的形状。

② 常温下迅速产生强度，而且可维持到操作温度下而不改变。

耐热混凝土在焦炉上已使用多年，主要用于炉门和上升管衬砖等部位。

5. 耐火泥

耐火泥是一种使砌体成为一个整体的黏结剂，它应有与砌体用砖相一致的性能，使用中应满足以下要求：

① 有一定的黏结性和良好的填塞能力；

② 有较小的收缩性，以防砖缝干固时开裂；

③ 有一定的耐火度和荷重软化开始温度；

④ 有一定的保水性，便于施工，保证质量；

⑤ 在使用温度下发生烧结，以增加砌体的机械强度。

凡与金属埋入件相接触的砌体部位，需在耐火泥中加入精矿粉。用于砌筑焦炉顶面砖时，应在耐火泥中加入能增加强度的水凝性胶结剂——硅酸盐水泥和石英砂。

砌筑焦炉用的耐火泥分为硅火泥和黏土火泥。硅火泥是用硅石、废硅砖粉和耐火黏土（生黏土）配制而成的粉料，废硅砖粉的加入能改善火泥与硅砖的高温黏结性能，这是因为硅砖粉具有与硅砖相一致的热膨胀曲线，因此在石英晶型转化而引起的体积变化时，火泥脱离硅砖的可能性较小，黏附于硅砖的能力良好。一般硅砖粉含量在20%～30%较合适。硅火泥中加入生黏土可以增加可塑性，降低透气性和失水率，但加入量不宜过大，否则会使硅火泥的耐火度降低、收缩率增加，一般以不超过15%～20%为宜。根据 SiO_2 的含量不同，可分为高温（>1500℃）、中温（1350～1500℃）和低温（1000～1350℃）三种硅火泥。

硅火泥对粒度的要求为：1mm以上的不大于3%，小于0.2mm的不小于80%，一般好用的灰浆应能活动15～20s，可用“时间”表示使用性能，而使用性能与颗粒组成有关。实践表明：粒度太细，吸水性强；太粗，其失水速度快，均不宜使用。比较合适的粒度组成如下：

粒度/mm	<0.077	<0.1	<0.2	<0.44
组成/%	68～70	84～88	90～94	>99

黏土火泥是由煅烧过的块状熟料或粉碎黏土砖加入结合黏土（生黏土）制成。熟料是黏土火泥的主要成分，占60%～80%。生黏土是结合剂，加入生黏土可增加可塑性，降低透气性和失水率，但收缩性加大，配入生黏土过多容易产生裂纹，故配料比不宜过大，占20%～40%。

黏土火泥的使用温度一般均低于1000℃。焦炉用黏土火泥一般为细粒级及中粒级，粒度分别为通过0.5mm和1mm的筛孔应大于97%。

黏土火泥除用于砌筑黏土砖部位外，还大量用于修补焦炉。

6. 其他筑炉材料

(1) 隔热材料　通常热导率小于0.837W/(m·K)的建筑材料称为隔热材料。一般它具有气孔率大而气孔小、机械强度低、体积密度小等特点，常见的隔热材料及其主要性能见表5-5。

表 5-5　一些隔热材料的主要性能

性　能	硅藻土砖	轻质黏土砖	漂珠砖	蛭石制品	珍珠岩制品	硅酸铝纤维	岩　棉	石棉绳
体积密度/(g/cm^3)	0.35～0.95	0.4～1.3	0.8～1.3	0.25	0.25～0.4	0.1～0.14	0.08～0.2	0.8
允许温度/℃	900	900	1350	1100	900～1100	1000	700	300
常温耐压/MPa	0.4～1.2	0.6～4.5	4.2～18		0.6～1.0			
热导率/[W/(m·℃)]	0.116～0.267	0.093～0.407	0.2～0.4	0.33	0.07～0.13	0.058～0.34	0.03～0.04	0.38

总之，各种隔热材料可散料直接使用，也可加水调成胶泥状涂抹使用，选用时应考虑到它们的最高允许使用温度，超过规定温度，隔热材料会丧失强度或破裂。

(2) 水玻璃　是由磨细的石英砂或石英粉与碳酸钠或硫酸钠按一定比例配合后，经1300～1400℃的熔融化合得到的块状固体硅酸钠，若再将其用蒸汽熔化，则得到液状的硅酸钠。基本反应如下

$$Na_2CO_3 + nSiO_2 \longrightarrow Na_2O \cdot nSiO_2 + CO_2 \uparrow$$

$Na_2O \cdot nSiO_2$ 即水玻璃的分子式，其中 n 为水玻璃的模数，表示 SiO_2/Na_2O 的分子比值，该值一般为1.5～3.5。筑炉和修炉用的水玻璃均系水玻璃的水溶液。

水玻璃是一种矿物胶凝剂，具有黏结能力，其值大小与模数、浓度和温度有关。它属于气凝性胶凝材料，由于空气中 CO_2 的作用，以及干燥而析出的 SiO_2 凝胶，混料中加入一定量的水玻璃后，因为 SiO_2 的胶凝作用，在常温下硬化而使砌体具有早期强度。水玻璃的加入还可降低砌体和泥料的烧结温度。

除上述筑炉材料之外，还有普通水泥、红砖和缸砖等，主要用于焦炉基础和抵抗墙、炉顶等部位。

第二节　护炉设备

焦炉砌体的外部应安装护炉设备，如图5-3所示，这些设备包括炉柱、保护板、纵横拉条、弹簧、炉门框、抵抗墙及机侧、焦侧操作台等。

一、护炉设备的作用

护炉设备的主要作用是利用可调节的弹簧的势能，连续不断地向砌体施加足够的、分布均匀合理的保护性压力，使砌体在自身膨胀和外力作用下仍能保持完整性和严密性，并有足够的强度，从而保证焦炉的正常生产。

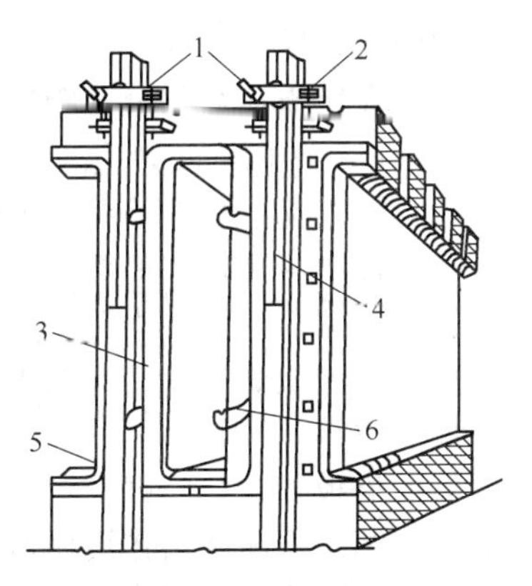

图5-3　护炉设备装配简图

1—拉条；2—弹簧；3—炉门框；4—炉柱；5—保护板；6—炉门挂钩

护炉设备对炉体的保护分别沿炉组长向（纵向）和燃烧室长向（横向）分布。纵向为：两端抵抗墙、弹簧组、纵拉条。横向为：两侧炉柱、上下横拉条、弹簧、保护板和炉门框等。

1. 炉体横向膨胀及护炉设备的作用

炉体横向（即燃烧室长向）不设膨胀缝，烘炉期间，随炉温升高炉体横向逐渐伸长。投产后的2～3年内，由于 SiO_2 继续向鳞石英转化，炉体继续伸长。此外，以后周期性的装煤出焦，导致炉体周期性的膨胀、收缩。正常情况

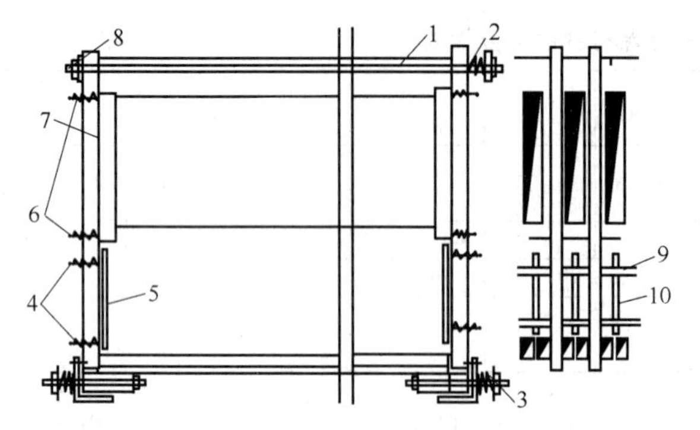

图 5-4　横向护炉设备的组成装配示意图

1—上部横拉条；2—上部大弹簧；3—下部横拉条；4—下部小弹簧；5—蓄热室保护板；6—上部小弹簧；7—炉柱；8—木垫；9—小横梁；10—小炉柱

下，炉体年伸长率大约在0.03%以下。

横向膨胀时，每个结构单元沿蓄热室底层砖与基础平面间滑动层做整体移动，靠机焦两侧护炉设备所施加的保护性压力保证砌体在膨胀过程中完整、严密。但是，无论烘炉还是生产期间，炉体上下各部位温度不同，致使膨胀量不同，而硅砖又近乎刚体，故砌体升温过程中出现砖缝拉裂是不可避免的。为此，要保持砌体的完整性和严密性，除在筑炉时充分考虑耐火泥的烧结温度和保证砖缝饱满外，要求护炉设备在机焦两侧能够提供给砌体横向保护性压力，应同各部位的膨胀量相适应。横向护炉设备的组成装配见图 5-4。

2. 炉体纵向膨胀及护炉设备的作用

炉体纵向膨胀靠设在斜道区和炉顶区以及两侧炉端墙处的膨胀缝吸收，正常情况下，抵抗墙只产生有限的向外倾斜，砌体在纵向膨胀时对两端抵抗墙产生向外的推力。与此同时，抵抗墙和纵拉条的组合结构通过弹簧组给砌体以保护性压力。当此力超过各层膨胀缝的滑动面摩擦阻力时，砌体内部发生相对位移使膨胀缝变窄。膨胀缝所在区域的上部负载越大，膨胀缝层数越多，滑动面越大越粗糙，甚至在滑动面上误抹灰浆，则摩擦阻力越大，抵抗墙所受推力就越大，则纵拉条的断面应越大，弹簧组提供的负荷也应越高。

纵拉条失效是抵抗墙向外倾斜的主要原因，这不仅有损于炉体的严密性，而且还会使炭化室墙呈扇形向外倾斜。

3. 护炉设备的其他作用

在结焦过程中煤料膨胀以及推焦时焦饼压缩所产生的侧压力，使燃烧室整体受弯曲应力，在伸长的一侧产生拉应力。炉墙内从炭化室侧到燃烧室侧的温差，也使炭化室墙产生内应力。因此护炉设备的作用也在于用保护性压力来抵消这些应力。此外，开关炉门时炉体受到强大的冲击力、推焦时焦饼产生的摩擦力等，都需要护炉设备将砌体箍紧，炉体才能具有足够的结构强度。此外，炉柱还是机侧、焦侧操作台和集气管等设备的支架。

二、保护板、炉门框及炉柱

保护板、炉门框及炉柱的主要作用是将保护性压力均匀合理地分布在砌体上，同时保证炉头砌体、保护板、炉门框和炉门刀边之间的密封，因此，要求其紧靠炉头且弯曲度不能过大。

目前，中国焦炉用的保护板分为大、中、小三种类型，如图 5-5～图 5-7 所示，并以此配合相应的炉门框。各类保护板的形式、材料、结构方式分别见表 5-6。

现在大型焦炉均采用大保护板，原使用小保护板的已陆续改用中保护板，小保护板仅用于小型焦炉。

大保护板（或炉门框）的弯曲度过大，则炉门很难对严，当弯曲度超过 30mm 时，应当更换。炉门框因高温作用而弯曲，使其周围成为焦炉的主要冒烟区，至今尚未有妥善解决的办法，随炭化室高度增加，问题更显突出。增大断面系数虽能提高冷态刚度，但长期高温作用下仍不免变形。采用中空炉门框要周边保持相同厚度，使加工困难，且长期使用会造成内外温差加大，也有损强度。

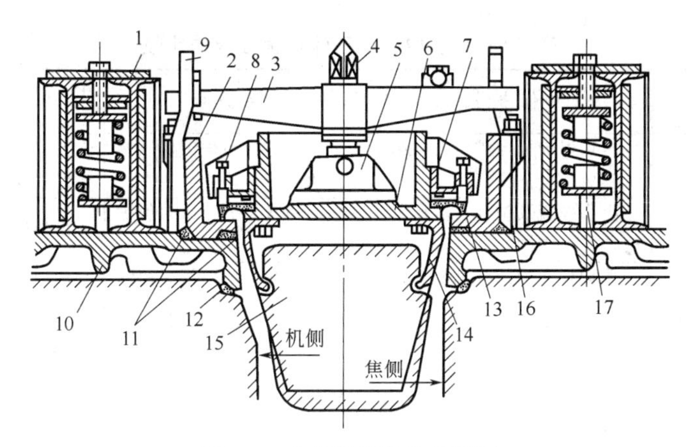

图 5-5　大保护板结构横断面

1—炉柱；2—炉门框；3—横栓；4—紧丝杆；5—紧丝座；6—炉门铁槽；7—顶丝压架；8—顶丝；9—卡钩；10—保护板；11—外石棉绳；12—内石棉绳；13—刀边；14—砖槽；15—衬砖；16—炉框固定螺栓；17—顶压架

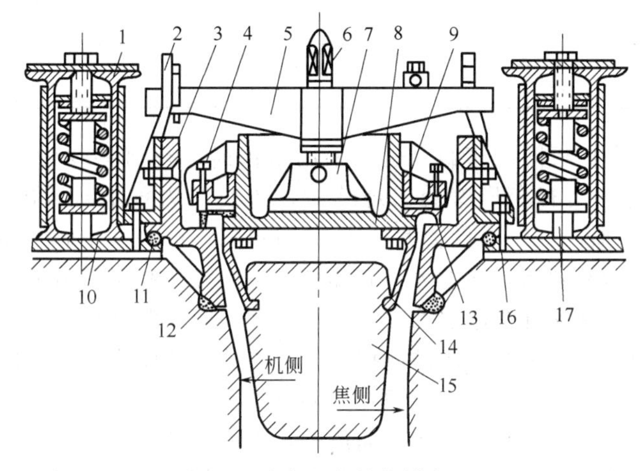

图 5-6　中保护板结构横断面

1—炉柱；2—卡钩；3—炉门框；4—顶丝；5—横栓；6—紧丝杆；7—紧丝座；8—炉门铁槽；9—顶丝压架；10—保护板；11—外石棉绳；12—内石棉绳；13—刀边；14—砖槽；15—衬砖；16—炉框固定架及固定螺栓；17—顶压架

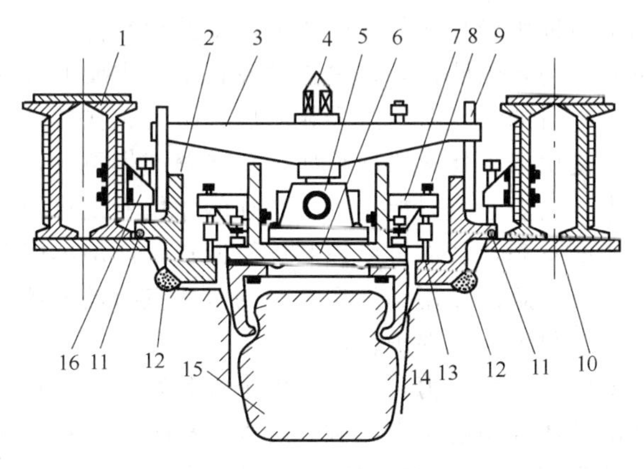

图 5-7　小保护板结构横断面

1—炉柱；2—炉门框；3—横栓；4—紧丝杆；5—紧丝座；6—炉门铁槽；7—顶丝压架；8—顶丝；9—卡钩；10—保护板；11—外石棉绳；12—内石棉绳；13—刀边；14—砖槽；15—衬砖；16—炉框固定螺栓

表 5-6 大、中、小型保护板性能的比较

项目＼类型	大保护板	中保护板	小保护板
护炉方式	全炉保护板与炉门框联结成整体	全炉保护板与炉门框联结成整体	各炭化室用独立的保护板与炉门框保护
护炉压力传递方式	由小弹簧及炉柱直接压紧保护板上下端	由小弹簧及炉柱压紧保护板和炉门框	由炉柱顶丝压紧炉门框
材质	保护板和炉门框都是铸铁加工件	保护板和炉门框都是铸铁加工件	炉门框铸铁加工件,保护板钢板焊接件
质量(JN43 型)/kg	2300	2110	1856
造价比	1	1.02	0.5
安装	复杂	较简单	简便
更换	麻烦	较麻烦	简便
保护性压力分布情况	较合理	较合理	不合理
使用寿命	长		易发生炉门框变窄现象,甚至影响推焦
炉头情况	伸入较深,保护较好,炉头剥落较轻		炉头剥落较重

炉门框与炉头或保护板间的密封，过去采用石棉绳，石棉绳最高工作温度约为 530℃，且没有弹性。当炉门框稍有变形就会出现缝隙，致使炉头冒烟。冒出荒煤气的温度超过 530℃时，石棉绳损坏加快，冒烟量增大，从而造成恶性循环。国外有用陶瓷纤维毡代替石棉绳的介绍，因其工作温度高，强度大，有弹性，因而具备高温密封材料的基本要求，据有关资料介绍，近几年来陶瓷纤维用于 200 多个炉门框，尚无漏气现象。

炉门框是固定炉门的，为此要求炉门框有一定的强度和刚度，加工面应光滑平直，以使与炉门刀边严密接触，密封炉门。炉门框在安装时上下要垂直对正。

炉柱是用两根工字钢（或槽钢）焊接而成的，也可由特制的方形空心钢制成，安装在机侧、焦侧炉头保护板的外面，由上下横拉条将机侧、焦侧的炉柱拉紧。上部横拉条的机侧和下部横拉条的机焦两侧均装有大弹簧。焦侧的上部横拉条因受焦饼推出时的烧烤，故不设弹簧，炉柱内沿高向装有若干小弹簧，分别压紧燃烧室和蓄热室保护板。

炉柱通过保护板和炉门框承受炉体的膨胀压力，即护炉铁件主要靠炉柱本身应力和弹簧的外加力给炉体以保护性压力，因此，炉柱是护炉设备中最主要的部件。

炉体的膨胀：一是砖本身的线膨胀，这个膨胀压力很大，在炉体升温时，必须控制升温速度，防止急剧膨胀；二是由于砌体热胀冷缩使砖和砖缝产生裂纹，被石墨填充，造成炉体不断伸长而产生的膨胀力，后者是可以控制的。炉柱的作用就是将弹簧的压力通过保护板传给炉体，使砖始终处于压缩状态，从而可以控制炉体伸长，使炉体完整严密。炉柱还起着架设机、焦侧操作台、支撑集气管的作用。大型焦炉的蓄热室封墙上还装有小炉柱，小炉柱经横梁与炉柱相连，借以压紧封墙，起保护作用。

如上所述，护炉设备的保护性压力，是上下两个大弹簧的弹力拉紧横拉条而作用到炉柱上，然后由炉柱分配到沿炉体高向的各个区域。所以当护炉设备正常时，炉柱应处于弹性变形状态；横拉条受力应低于其许可应力与实际有效截面积的乘积；弹簧应处于弹性变形状态且工作负荷低于其许可负荷。

炉柱属于静不定梁，目前设计上按均匀载荷的两端铰链支座梁处理。根据砌体所需的保

护性压力，炉柱载荷按 1.5×10^4 N/m 的平均值计算。炉柱选用双工字钢（或槽钢）焊制，材质一般用 A3，根据结构尺寸所做的强度核算，其最大允许正面拉应力为 112.78kPa，弯曲度应不超过 25mm。

生产上测量炉柱弯曲度通常用三线法（见图 5-8）。在两端抵抗墙上，相应于炉门上横铁、下横铁、箅子砖的标高处，分别设置上、中、下三个测线架。将两端抵抗墙上同一标高的测线架分别用直径 1.0～1.5mm 的钢丝联结起来，用松紧器或重物拉紧，并将此三条钢丝调整到同一垂直平面如 A、B、C 三点，然后测出从炉柱到钢丝的水平距离。图5-8中 $A'B'C'$ 表示炉柱，炉柱与三线的水平距离分别为 a、b、c，h 为上线到中线的距离，H 为上线与下线的距离，则炉柱曲度即可按△$A'MB''$与△$A'C''C'$相似的原理导出下式计算

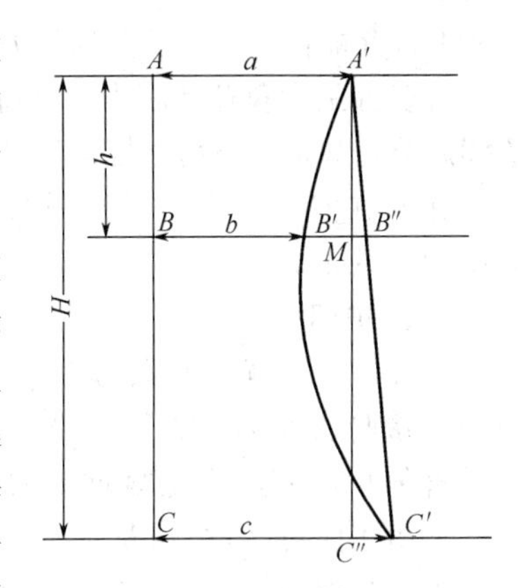

图 5-8　三线法测量炉柱弯曲度计算图

$$y=(a-b)+(c-a)\frac{h}{H} \tag{5-1}$$

$$y_{实}=y-y_0 \tag{5-2}$$

式中　y——炉柱曲度，mm，即烘炉或生产中实测按式（5-1）计算值；

$y_{实}$——炉柱实际曲度，mm；

y_0——炉柱自由状态曲度，在安装后、弹簧加压前测定，mm。

正常情况下，炉柱曲度逐年增加的主要原因是由于砌体上下部位的年膨胀量不同。焦炉投产 2 年后，上下横铁处的年膨胀率不应超过 0.035%，与此相对应，炉柱曲度的年增加量一般在 2mm 以下。炉柱曲度的变化表明保护性压力沿炉柱高向分布在变化，如果炉柱处于弹性变形范围，炉柱曲度的变化也基本上反映了炉体曲度的变化。由于炉体各部位膨胀量不同，因此炉柱有曲度是理所当然的，但炉柱实际曲度大于 50mm 时，表明已超过弹性极限而失效。

炉柱曲度关系到刚性力的合理分布，故可用炉柱曲度作为监督刚性力分布的一个标志。生产实践表明，限定炉柱曲度不大于 25mm 是保证刚性力合理分布的前提，下部大弹簧在生产中随炉体膨胀需不断放松。

三、拉条及弹簧

1. 拉条

焦炉用的拉条分为横拉条和纵拉条两种，横拉条用圆钢制成，沿燃烧室长向安装在炉顶和炉底。上部横拉条放在炉顶的砖槽沟内，下部横拉条埋设在机侧、焦侧的炉基础平台里。

拉条的材质一般为低碳钢。它在 250～350℃ 时强度极限最大，延伸率最低，随温度的升高，强度显著下降，延伸率增大。

为了保证横拉条在弹性范围内正常工作，其任一断面的直径不得小于原始直径的 75%。否则，将影响对炉体的保护作用。

纵拉条是由扁钢制成，一座焦炉有 5～6 根，设于炉顶，其作用是沿炉组长向拉紧两端抵抗墙，以控制焦炉的纵向膨胀。纵拉条两端穿在抵抗墙内，并设有弹簧组，保持一定的负荷。

2. 弹簧

分大小弹簧两种。由大小弹簧组成弹簧组，安装在焦炉机侧上下和焦侧的下部横拉条上，沿炉柱高向不同部位还装有几组小弹簧。弹簧既能反映出炉柱对炉体施加的压力，使炉柱紧压在保

护板上，又能控制炉柱所受的压力，以免炉柱负荷过大。弹簧组的负荷即为炉体所受的总负荷。

弹簧在最大负荷范围内，负荷与压缩量成正比。烘炉和生产过程中，弹簧的负荷必须经常检查和调节，弹簧压力超过规定值时，根据炉柱曲度、炉柱与保护板间隙的情况，综合考虑调节。

弹簧在安装前必须进行测试压缩量和负荷的关系，然后编组登记，作为原始资料保存，以备检查对照。

四、炉门

炭化室的机侧、焦侧是用炉门封闭的，通过摘、挂炉门可进行推焦和装煤生产操作，炉门的严密与否对防止冒烟、冒火和炉门框、炉柱的变形、失效有密切关系。因此，不属于护炉设备的炉门实际上是很重要的护炉设备。随炭化室高度增大，改善炉门已成为重要课题。

1. 炉门的总体结构及基本要求

现代焦炉采用自封式刀边炉门（见图 5-9），其基本要求是结构简单，密封严实，操作

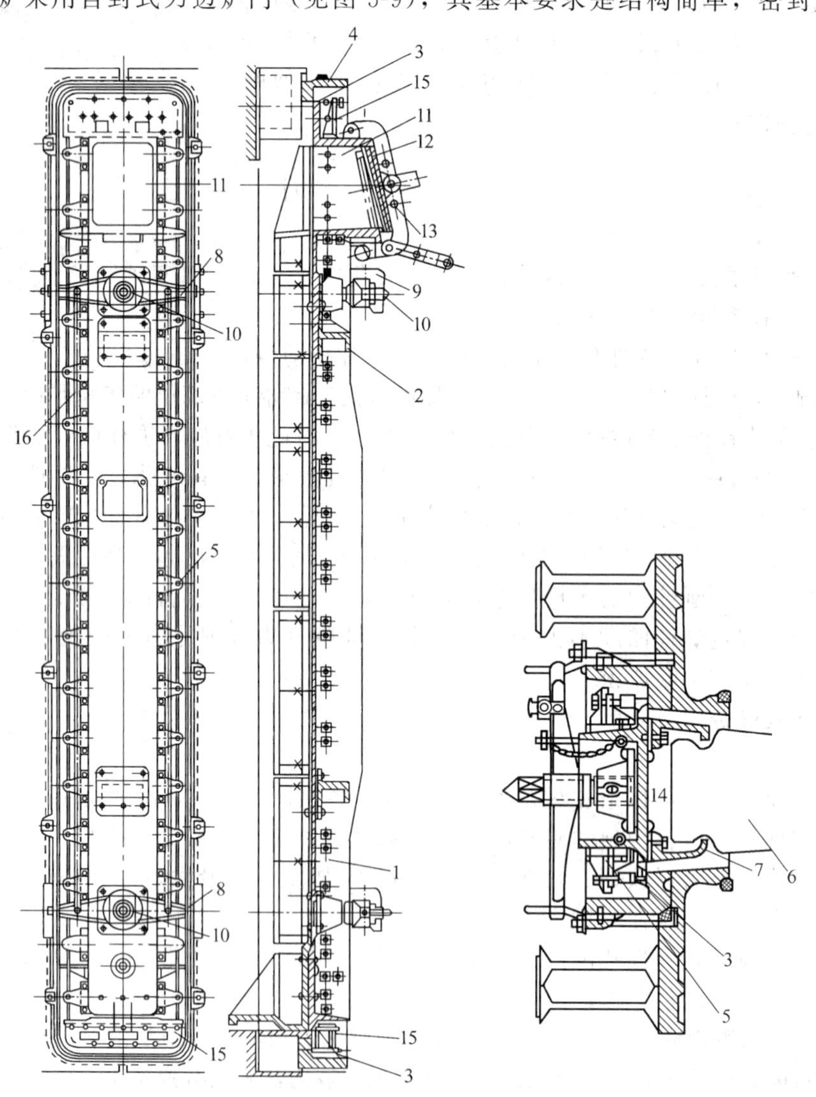

图 5-9　自封式刀边炉门

1—外壳；2—提钩；3—刀边；4—炉门框；5—刀边支架；6—衬砖；7—砖槽；8—横铁；9—炉门框挂钩；10—横铁螺栓；11—平煤孔；12—小炉门；13—小炉门压杆；14—砌隔热材料空隙；15—支架；16—横铁拉杆

轻便，维修方便，清扫容易。

为了提高密封性能，目前多从两个方面实行改革：一是降低炉门刀边内侧的荒煤气压力，如气道式炉门衬砖；二是提高炉门刀边的密封性和可调性，如双刀边和敲打刀边。为了操作方便，如今主要在门栓机构上下工夫，如弹簧门栓、气包式门栓、自重炉门。达到清扫容易的有效方法是气封炉门。由于炉门附近沉积的焦油渣大大减少，而且质地松软，故容易铲除，此法还有效地提高了刀边与炉门框间的密封程度。

2. 敲打刀边

刀边用扁钢制成，靠螺栓固定（见图 5-10）。调节时将螺帽放松，敲击固定卡子，使刀边紧贴炉门框。为了防止刀边在外力撞击下后退，有各种结构的卡子，国外推荐一种带凸轮卡子的刀边，它是用一块带凸轮的卡子卡住刀边，凸轮顶住刀边，当外力加于刀边上时，同刀边接触的凸轮半径将随螺栓转动而增大，从而防止刀边后退。敲打刀边制作、更换和调节方便，价格低廉，对轻度变形的炉门框也能适应，因此为国内外所广泛采用。

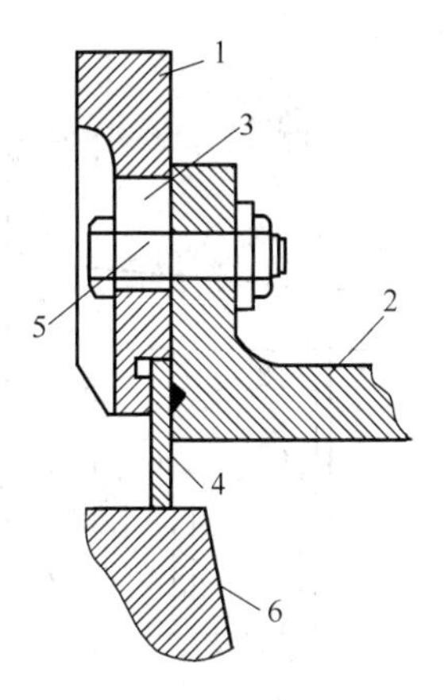

图 5-10　敲打刀边炉门
1—固定卡子；2—炉门筋；
3—卡子长孔；4—刀边；
5—压紧螺栓；6—炉门框

刀边厚度一般不超过 2mm，要求焊口平直，周边尺寸符合要求。在刀边支架周长上，安装调节顶丝，用以调节刀边使其与炉门框封严。炉门刀边是否完好，与能否保证炉门的严密性关系很大。为此，当炉门摘下后，要立刻清扫刀边、炉门框和炉门衬砖上的焦油渣及焦粉等残留物质，否则残余物越积越厚，炉门刀边将逐渐失去自封作用，造成冒烟冒火。

炉门由于摘挂频繁，且与大气接触，温度变化剧烈，所以炉门刀边和衬砖易损坏。为此，焦炉都设有炉门修理站，按计划循环进行炉门修理工作。

3. 弹簧门栓

一般炉门靠横铁螺栓将炉门顶紧，摘挂炉门时用推焦车和拦焦车上的拧螺栓机构将横铁螺栓松紧，操作时间较长，而且作用力难于控制。弹簧门栓利用弹簧压力将炉门顶紧（见图 5-11），操作时间短，炉门受力稳定，而且还可简化摘挂炉门机构。

弹簧负荷因炭化室高度不同而异，2m 左右的为 2×10^4N，4m 左右的为 5×10^4N。中国 6m 高的新建大型焦炉均采用弹簧炉门。弹簧门栓由于不能改变炉门刀边对炉门框的压力，所以常同敲打刀边结合，以求对炉门框的轻度变形或局部积聚焦油渣有更好的适应性。另外也可与气封炉门相结合，在刀边和炉门框清洁的条件下更好地发挥作用。

4. 气封炉门

经过回收车间净化的回炉煤气用管道送入炉门处的气室，然后慢慢从炉门铁槽和炉门框密封面之间的空隙流走，这样炉门刀边与炉门框密封面之间，形成了一个自下而上的流动气封带（见图 5-12），带内净煤气的压力略高于附近的荒煤气，以阻止含焦油的荒煤气接近刀边，大大减少了清扫工作量，并提高了密封效果。但气封煤气进入炭化室后，与荒煤气一道排出，使煤气回收净化系统负荷增大。

目前，国内外正在使用和试验的气封炉门有各种构造，但大体类同。作为气封用的气流，除焦炉煤气外，有的将煤气和空气燃烧后的废气通入，有的从炉头火道废气引入，既可起气封作用，又可提高炉头温度。

近年来炉门作为控制焦炉烟尘、实现环境保护的重要设备，除采用上述措施外，各国对炉门结构、材质的研究都进行了大量的工作，例如一些工厂正在发展一种用可挠性较大、对热变形不灵敏的耐热镍铬合金钢制作弹簧密封环，用来代替固定刀边；又如日本认为炉门受

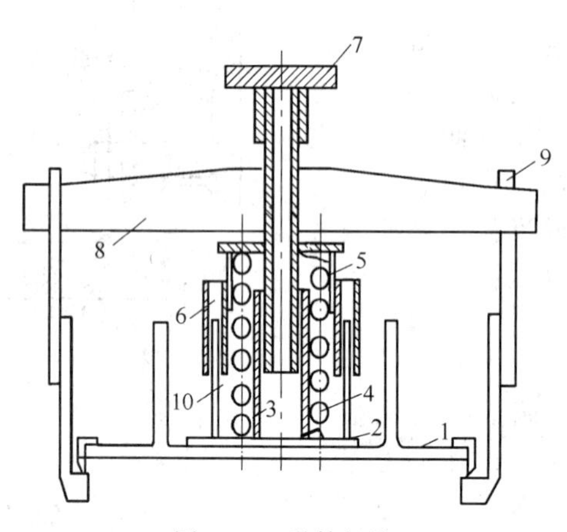

图 5-11　弹簧门栓

1—炉门；2—底座；3—内套；4—弹簧；
5—外套；6—套管；7—压板；8—门栓；
9—炉门框钩；10—导杆

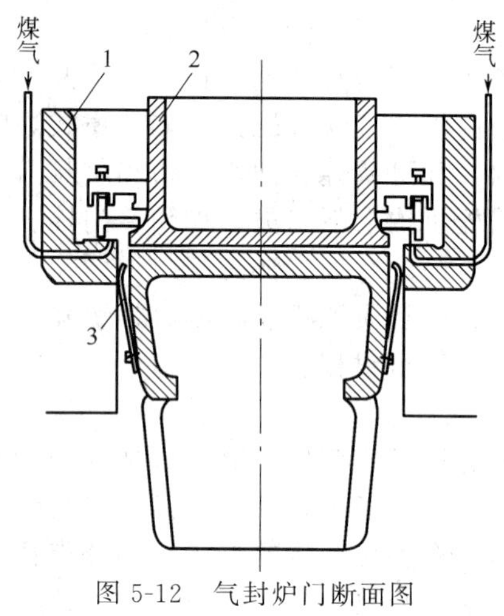

图 5-12　气封炉门断面图

1—炉门框；2—炉门；3—挡煤板

热弯曲是破坏密封的主要原因，因此采用在炉门衬砖和炉门体之间设有空气绝热层的炉门，减少了由炭化室传给炉门体的热量，减轻了炉门的热变形。

第三节　煤气设备

焦炉煤气设备包括荒煤气（粗煤气）导出设备和加热煤气供入设备两大系统。

一、荒煤气导出设备

荒煤气导出设备包括上升管、桥管、水封阀、集气管、吸气弯管、焦油盒、吸气管以及相应的喷洒氨水系统。其作用为：一是将出炉荒煤气顺利导出，不致因炉门刀边附近煤气压力过高而引起冒烟冒火，但又要保持和控制炭化室在整个结焦过程中为正压；二是将出炉荒煤气适度冷却，不致因温度过高而引起设备变形、阻力升高和鼓风、冷凝的负荷增大，但又要保持焦油和氨水良好的流动性。

1. 上升管和桥管

上升管直接与炭化室相连，由钢板焊接或铸铁铸造而成，内衬耐火砖。桥管为铸铁弯管，桥管上设有氨水和蒸汽喷嘴。水封阀靠水封翻板及其上面桥管氨水喷嘴喷洒下来的氨水形成水封，以切断上升管与集气管的连接。翻板打开时，上升管与集气管联通。如图5-13、图 5-14 所示。

由炭化室进入上升管的温度达 700～750℃的荒煤气，经桥管上的氨水喷嘴连续不断地喷洒氨水（氨水温度为 75～80℃），由于部分（2.5%～3.0%）氨水蒸发大量吸热，煤气温度迅速下降至 80～100℃，同时煤气中 60%～70%的焦油冷凝下来。若用冷氨水喷洒，氨水蒸发量降低，煤气冷却效果反而不好，并使焦油黏度增加，容易造成集气管堵塞。冷却后的煤气、循环热氨水和冷凝焦油一起流向煤气净化工序经分离、澄清，并补充氨水后，由循环氨水泵打回焦炉。循环氨水用量对于单集气管约为 5t/t(干燥煤)，对于双集气管约为 6t/t(干燥煤)，氨水压力应保持在 0.2MPa 左右。

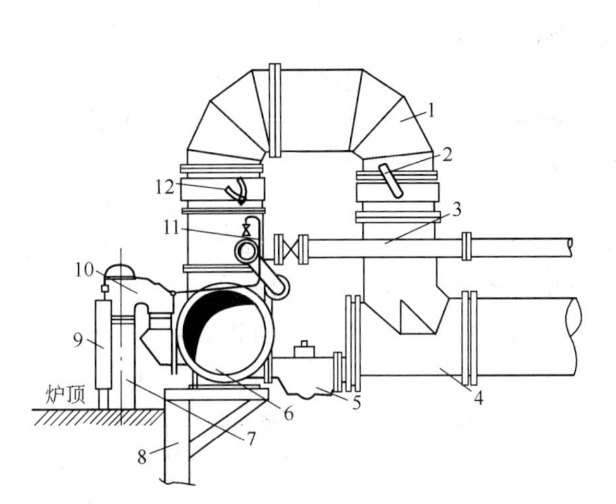

图 5-13　荒煤气导出系统

1—吸气弯管；2—自动调节翻板；3—氨水总管；4—吸气管；5—焦油盒；6—集气管；7—上升管；8—炉柱；9—隔热板；10—弯头与桥管；11—氨水管；12—手动调节翻板

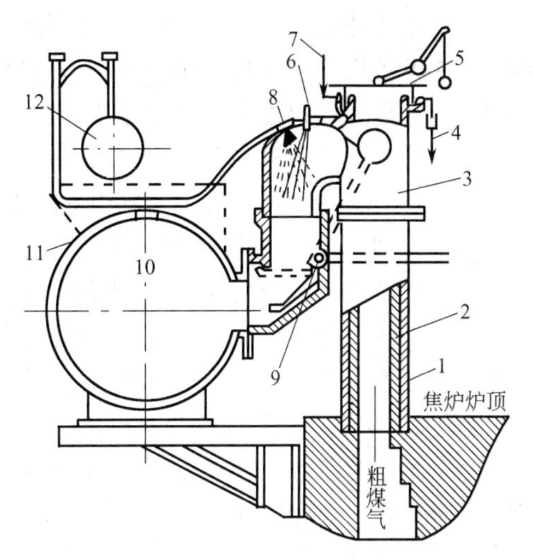

图 5-14　上升管、集气管结构简图

1—上升管筒体；2—衬砖；3—桥管；4—水出口；5—水封盖；6—蒸汽喷嘴；7—水入口；8—氨水喷嘴；9—翻板座；10—集气管；11—清扫孔；12—氨水管

为保证氨水的正常喷洒，循环氨水必须不含焦油，且氨水压力应稳定。为减少上升管的热辐射，上升管靠炉顶的一侧设有隔热板。近年来一些焦化厂为了进一步改善炉顶的操作条件，采用了上升管加装水夹套或增设保温层（上升管外表加一层厚 40mm 的珍珠岩保温层）等措施，都取得了较好的效果，前者尚能回收荒煤气的部分热量，后者不仅改善了炉顶的操作条件，而且消除了石墨在上升管壁的沉积。

2. 上升管内沉积物的形成及预防措施

上升管内壁形成沉积物（俗称结石墨）并迅速增厚堵塞荒煤气导出通道，是炉门冒烟冒火的重要原因之一。为清除沉积物，各国曾使用多种机械清扫装置或用压缩空气吹扫，但操作频繁，劳动条件恶劣，对炉体有不同程度的不利影响，故近年来致力于预防，并辅之以简易清扫。

（1）沉积物的特征及形成条件　通过对一些厂的实地观察，上升管内壁沉积物层有上薄下厚的一致倾向，底部有向下的弯月面，沉积物层切面呈层状，有类似焦炭光泽但无气孔，且结构较松，类似中温沥青焦。当上升管内壁温度为 260～270℃时，沉积物增长较快，若铸铁上升管用水泥膨胀珍珠岩保温后，内壁温度升高到 460～470℃，沉积物少且酥松。综合这些现象可以认为，沉积物形成的条件为：一是内壁温度低，致使荒煤气中某些高沸点焦油馏分在内壁面上冷凝；二是辐射或对流传热使冷凝的高沸点焦油馏分发生热解和热缩聚而固化，这个温度至少在 550℃以上。因此，由于火道温度高、装煤不足、平煤不好等造成的炉顶空间温度升高和荒煤气停留时间延长，均会导致上升管内壁沉积物加速。

（2）预防或减少上升管内沉积物形成的措施　大体上有加速导出、保温和冷却三种方式。加速荒煤气导出，主要是缩短上升管和强化桥管上的氨水喷洒。上升管保温曾在国内一些小型焦炉上使用，用珍珠岩保温后经实测和计算表明，上升管内壁温度 460～470℃，可大大减少管内壁冷凝量，保温层外表温度约 80℃，比未保温时降低 20～30℃，有利于改善操作环境。

在上升管外安装水套，锅炉软水压经水套，吸收荒煤气显热，降低上升管温度，减少焦油组分热解和热聚，也能起到减少上升管内壁沉积物形成的作用。生产实践表明，当炉顶空间温度、上升管入口温度平均值分别为788℃和747℃时，上升管内壁沉积物少而疏松且易清扫。同时，上升管外壁温度为102℃，夹套空间温度47℃，使软水部分汽化，水和汽进入汽包，分离水滴后可产生300～400kPa的蒸汽量达50kg/(h·孔)。

3. 集气管、吸气弯管和吸气管

集气管是用钢板焊接或铆接成的圆形或槽形的管子，沿整个炉组长向置于炉柱的托架上，以汇集各炭化室中由上升管来的荒煤气及由桥管喷洒下来的氨水和冷凝下来的焦油。集气管上部每隔一个炭化室均设有带盖的清扫孔，以清扫沉积于底部的焦油和焦油渣。通常上部还有氨水喷嘴，以进一步冷却煤气。

集气管中的氨水、焦油和焦油渣等靠坡度或液体的位差流走。故集气管可以水平安装(靠位差流动)，也可以按0.006～0.010的坡度安装，倾斜方向与焦油、氨水的导出方向相同。

集气管端部装有清扫氨水喷嘴和事故用水的工业水管。每个集气管上设有放散管，当因故荒煤气不能导出或开工时放散用。集气管的一端或两端设有水封式焦油盒，用以定期捞出沉积的焦油渣。吸气弯管专供荒煤气排出，其上装有手动或自动的调节翻版，用以调节集气管的压力。吸气弯管下方的焦油盒供焦油、氨水通过，并定期由此捞出焦油渣。经吸气弯管和焦油盒后，煤气与焦油、氨水又汇合于吸气管，为使焦油、氨水顺利流至回收车间的气液分离器并保持一定的流速，吸气管应有0.010～0.015的坡度。

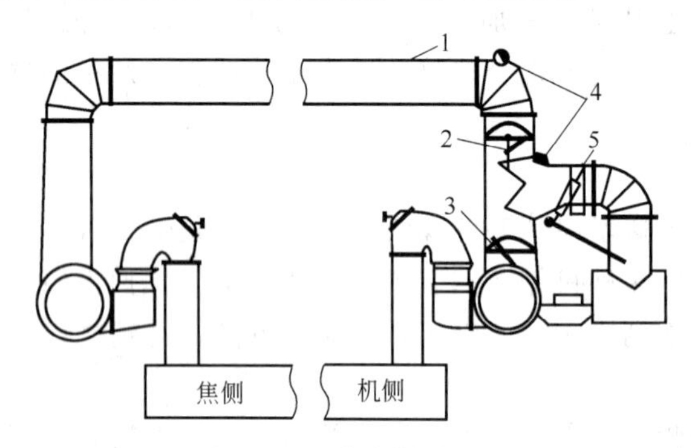

图5-15　双集气管布置图

1—炉顶横贯煤气管；2—焦侧手动调节翻板；3—机侧手动调节翻板；4—氨水喷嘴；5—自动调节翻板

集气管分单、双两种形式。单集气管多布置在焦炉的机侧，其优点是投资省、钢材用量少，炉顶通风较好等，但装煤时炭化室内气流阻力大，容易造成冒烟冒火。双集气管（见图5-15）由于煤气由炭化室两侧析出而汇合于吸气管，从而降低集气管两侧的压力，使全炉炭化室压力分布较均匀；装煤时炭化室压力低，减轻了冒烟冒火，易于实现无烟装煤；生产时荒煤气在炉顶空间停留时间短，可以减轻荒煤气裂解，有利于提高化学产品的产率和质量；结焦末期由于机侧、焦侧集气管的压力差，使部分荒煤气经炉顶空间环流，降低了炉顶空间温度和石墨的形成。双集气管还有利于实现炉顶机械化清扫炉盖等操作。但双集气管消耗钢材多，基建投资大，炉顶通风较差，使操作条件变坏。此外，氨水、蒸汽消耗量也较多。

二、加热煤气供入设备

加热煤气供入设备的作用是向焦炉输送和调节加压煤气。对于复热式焦炉，因可用两种煤气加热（贫煤气和富煤气），配备两套加热煤气系统；而对于单热式焦炉，只配备一套焦炉煤气加热系统。

单热式焦炉及复热式焦炉中的焦炉煤气加热管系基本相同，都有两种不同的布置形式，即下喷式和侧入式。JN43型等焦炉及两分下喷复热式焦炉的煤气管系如图5-16、图5-17所示。

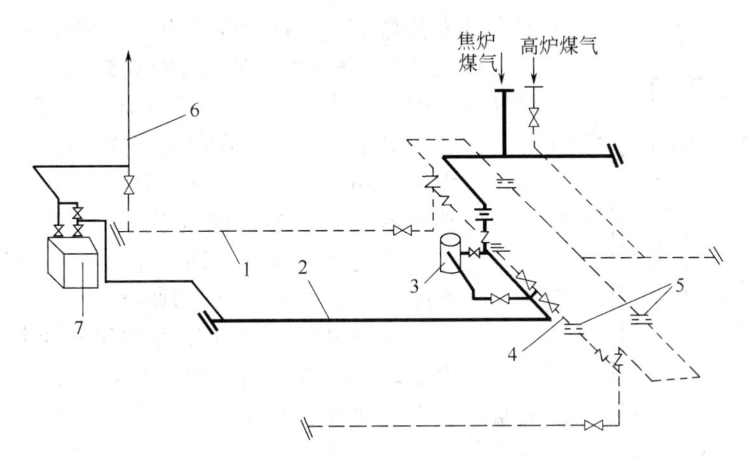

图 5-16　JN43 型（下喷式）焦炉的煤气管系

1—高炉煤气主管；2—焦炉煤气主管；3—煤气预热器；4—混合用焦炉煤气管；
5—孔板；6—放散管；7—水封

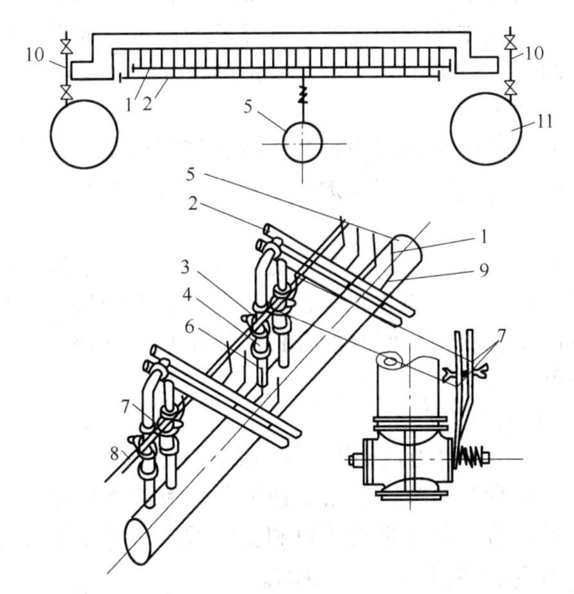

图 5-17　JN43 型焦炉入炉煤气管道配置图

1—煤气下喷管；2—煤气横管；3—调节旋塞；4—交换旋塞；5—焦炉煤气主管；6—煤气支管；
7—交换搬把；8—交换拉条；9—小横管；10—高炉煤气支管；11—高炉煤气主管

由焦炉煤气总管来的煤气，在地下室一端经煤气预热器进入地下室中部的焦炉煤气主管。由此经各煤气支管（其上设有调节旋塞和交换旋塞）进入煤气横管，再经小横管（设有小孔板或喷嘴）、下喷管进入直立砖煤气道，最后进入立火道与斜道来的空气混合燃烧。由于焦炉煤气中含有萘和焦油，在低温时容易析出而堵塞管道和管件，故设煤气预热器供气温低时预热煤气，以防冷凝物析出。气温高时，煤气从旁通道通过。

侧入式焦炉如 JN66 型焦炉的煤气管系，一般由煤气总管经预热器在交换机端分为机侧、焦侧两根主管，煤气再经支管、交换旋塞、水平砖煤气道进入各个火道。

各种炉型的高炉煤气管系的布置基本相同，由总管来的煤气经煤气混合器分配到机焦两侧的两根高炉煤气主管，再经支管（调节旋塞、孔板盒）、交换开闭器（也称废气盘，下同）

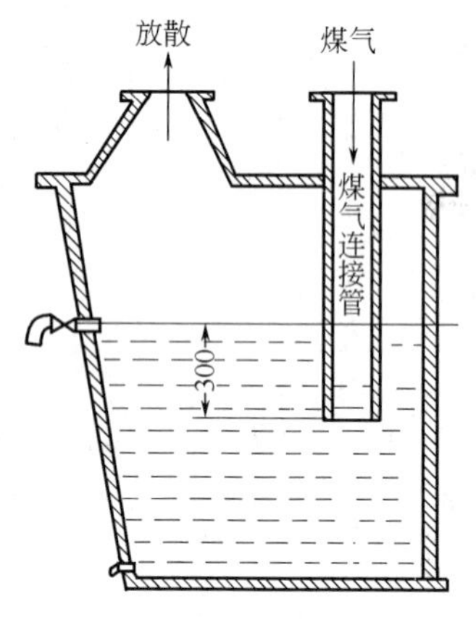

图 5-18　自动放散水封槽

小烟道进入蓄热室，预热后经斜道送入燃烧室的立火道。

为提高高炉煤气的热值，需向高炉煤气中加入一部分焦炉煤气（一般为5%～8%），故高炉煤气主管的开始端设有煤气混合器。一般设计规定总管煤气流速应小于15m/s，主管煤气流速不大于12m/s。炉孔数较多的大型焦炉，加热煤气主管较长，两端压差较大，为控制调节方便，使全长静压力分布均匀，可将管道设计为变径，即后半段煤气管径小于前半段，变径处呈渐缩型，这样还可节约原材料。

为了稳定回炉煤气总管的压力和缓冲焦炉换向切断煤气时，管道中的煤气压力急剧增加，会对仪表等设备带来危害，故通常还设有自动放散水封槽（如图5-18所示）。由于煤气连接管直径较大，插入深度可根据不同情况而定，当煤气压力超过插入深度的液柱压力时，煤气冲出水面由放散管排出。

煤气管道应有一定的坡度，以利管道内积水和焦油顺利排出。为排出冷凝液，一般在管道末端及流量孔板前设有水封槽，管道内的冷凝液经水封槽排出。为防止煤气压力波动时煤气不会窜出液面，要求冷凝液排出管插入液面有足够的深度，此深度称为水封高度。水封高度应大于煤气可能达到的最大压力，一般为1.2m左右。此外水封槽上还设有蒸汽管、进水管、放空管等，以供防冻和清扫用。

煤气管道安装后，使用前应按规定进行气密性和打压试验，以防煤气外泄引起中毒或爆炸事故。在日常的生产中要经常检查和维护，保持煤气管线严密。

三、废气导出及其设备

焦炉废气导出系统有交换开闭器，机侧、焦侧分烟道及总烟道翻板。交换开闭器是控制进入焦炉的空气、煤气及排出废气的装置。目前国内外有多种形式的交换开闭器，大体上可分为两种类型：一种是同交换旋塞相配合的提杆式双砣盘型（JN43-58型等大型焦炉采用）；另一种为杠杆式交换砣型。

1. 提杆式双砣盘型交换开闭器

JN43-58型焦炉的交换开闭器构造如图5-19所示。

交换开闭器由筒体、砣盘及两叉部组成。两叉部内有两条通道：一条连接高炉煤气接口管和煤气蓄热室的小烟道；另一条连接进风口和空气蓄热室的小烟道。废气连接筒经烟道弯管与分烟道接通。筒体内设有两层砣盘，上砣盘的套杆套在下砣盘的芯杆外面，芯杆经小链与交换拉条连接。

用高炉煤气加热时，空气叉上部的空气盖板与交换链连接，煤气叉上部的空气盖板关死。上升气流时，筒体内两个砣盘落下，上砣盘将煤气与空气隔开，下砣盘将筒体与烟道弯管隔开；下降气流时，煤气交换旋塞靠单独的拉条关死，空气盖板在废气交换链提起两层砣盘的同时关闭，使两叉部与烟道接通排出废气。

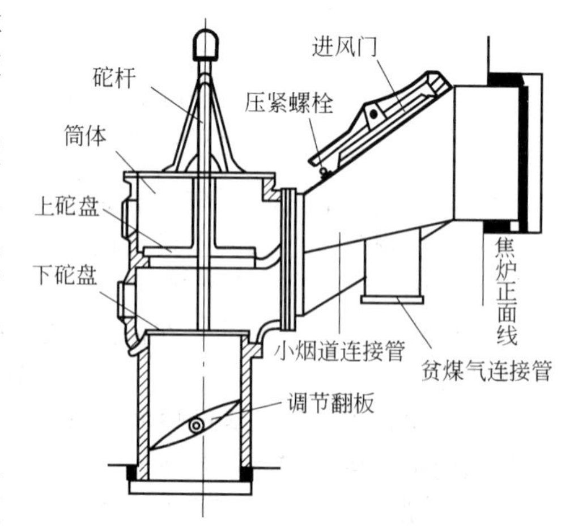

图 5-19　JN43-58型焦炉的交换开闭器

用焦炉煤气加热时，两叉部的两个空气盖板均与交换链连接，上砣盘可用卡具支起使其一直处于开启状态，仅用下砣盘开闭废气。上升气流时，下砣盘落下，空气盖板提起；下降气流时则相反。

砣杆提起高度和砣盘落下后的严密程度均对气流有影响，故要求全炉砣杆提起高度应一致，砣盘严密无卡砣现象，还应保证交换开闭器与小烟道及烟道弯管的连接处严密。高炉煤气流量主要取决于支管压力和支管上调节流量的孔板直径，与蓄热室的吸力关系不大。空气流量取决于风门开度和蓄热室的吸力；废气流量则主要取决于烟囱吸力。

提杆式双砣盘型交换开闭器在采用高炉煤气加热时，不能精确调节煤气蓄热室和空气蓄热室的吸力，这是它的一个不足。

2. 杠杆式交换开闭器

JN43-80 型焦炉、JN60 型焦炉以及 ПВР 型焦炉多采用杠杆式交换开闭器。

与提杆式双砣型交换开闭器相比，杠杆式交换开闭器（如图 5-20 所示）用煤气砣代替贫煤气交换旋塞，通过杠杆、卡轴和扇形轮等转动废气砣、煤气砣和空气盖板，省去了贫煤气交换拉条；每一个蓄热室单独设一个废气盘，分为煤气废气盘和空气废气盘，便于调节。

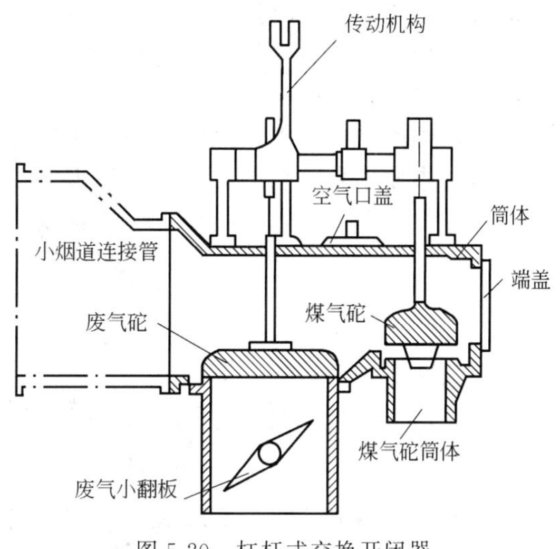

图 5-20　杠杆式交换开闭器

用贫煤气加热焦炉时，锁紧空气口盖，并与传动装置断开，借助传动机构落下废气砣，提起煤气砣，贫煤气便导入蓄热室。当落下煤气砣提起废气砣时，废气导入分烟道，用富煤气加热焦炉时，煤气砣与传动装置断开。打开空气口盖，落下废气砣，空气进入蓄热室；换向后落下空气口盖，提起废气砣，废气导入分烟道。

多年的生产实践表明两种交换开闭器各有优缺点。

(1) 环境保护方面　提杆式不如杠杆式：一是地下室空气中的 CO 含量较高；二是旋塞磨损严重（高炉煤气含尘量低于 $2mg/m^3$ 时，情况好些），清洗频繁。

(2) 吸力调节方面　杠杆式优于提杆式，因杠杆式是单叉，可分别调节煤气、空气蓄热室的吸力。

(3) 煤气漏失方面　提杆式优于杠杆式，提杆式由于采用旋塞，漏失的高炉煤气量占加热煤气总量的 0.3%～0.5%，而杠杆式由于交换砣开关不严，煤气漏失量比提杆式高 2～3 倍。

(4) 设备质量方面　提杆式较轻，提杆式约 1.0t/(炉・孔)，杠杆式约 1.3t/(炉・孔)，且提杆式结构简单，投资少。

烟道翻板的作用是调节和控制烟道吸力，翻板上轴头有轴承，便于调节，用铸铁板制作。

四、交换设备

交换设备是改变焦炉加热系统气体流动方向的动力设备和传动机构，包括交换机和传动拉条。

1. 焦炉加热系统交换工艺

焦炉无论用哪种煤气加热，交换都要经历三个基本过程：关煤气→废气与空气进行交换→开煤气，具体有如下表现。

① 煤气必须先关，以防加热系统中有剩余煤气，易发生爆炸事故。

② 煤气关闭后，有一短暂的间隔时间再进行空气和废气的交换，可使残余煤气完全烧尽。交换废气和空气时，废气砣和空气盖板均稍为打开，以免吸力过大而受冲击。

③ 空气和废气交换后，也应有短暂的间隔时间打开煤气，这样可以使燃烧室内有足够的空气，煤气进去后能立即燃烧，从而可避免残余煤气引起的爆鸣和进入煤气的损失。

两次换向的时间间隔即换向周期，换向周期应根据加热制度、煤气种类、蓄热室换热能力而定。换向周期过长，格子砖吸热或放热效果差，使热效率降低，过短则增加交换操作次数，由于交换时有一段时间停止往炉内供煤气，这就会引起频繁的炉温波动，而且每换向一次不可避免地要损失一些煤气。一般中小型焦炉均按 30min（用焦炉煤气加热）换向一次。

当几座焦炉同用一个加热煤气总管时，为防止换向时煤气压力变化幅度太大，故不能同时换向，一般相差 5min。

各种焦炉因结构、加热煤气设备、加热制度不同，它们的交换过程和交换系统也不完全相同，但基本原理是一致的。如图 5-21 所示为 JN43-58 型焦炉交换系统图。

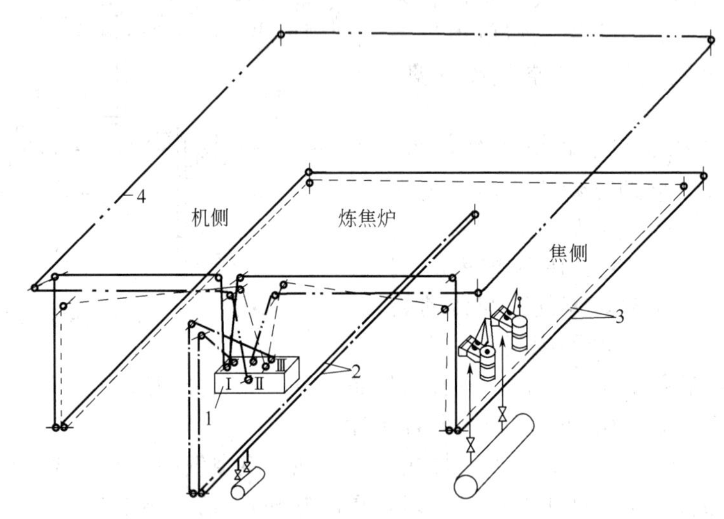

图 5-21　JN43-58 型焦炉交换系统图

1—交换机；2—焦炉煤气拉条；3—高炉煤气拉条；4—废气拉条；
Ⅰ，Ⅲ—煤气拉条传动轴；Ⅱ—废气拉条传动轴

交换机按规定时间运转，传动机构分别带动高炉煤气拉条、焦炉煤气拉条及废气拉条往返移动规定行程，各拉条通过搬杆、链条带动交换旋塞、废气砣杆及空气盖板进行有规律地开关，以改变煤气、空气和废气的流动方向。

2. 交换过程及交换机

交换机分机械传动和液压传动两类，机械传动又有卧式、立式和桃形三种。

（1）JM-1 型卧式交换机　中国制造的卧式交换机 JM-1 型的交换时间、行程及气流方向变化关系如图 5-22 所示。

根据交换工艺的要求，交换机应行程准确、动作分明、有足够的拉力。JM-1 型煤气交换机的传动系统如图 5-23 所示。

JM-1 型交换机的主要技术性能如下：

交换过程时间	46.6s	电动机转数	970r/min
电动机功率	6kW	主轴转数	1.12r/min

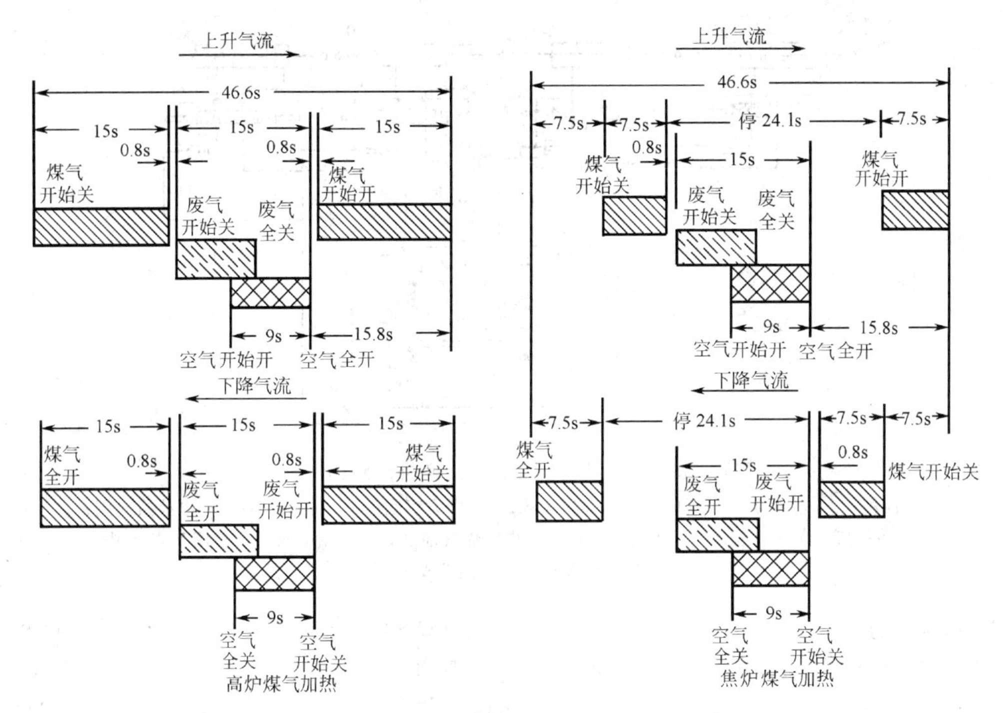

图 5-22　交换时间、行程及气流方向变化示意图

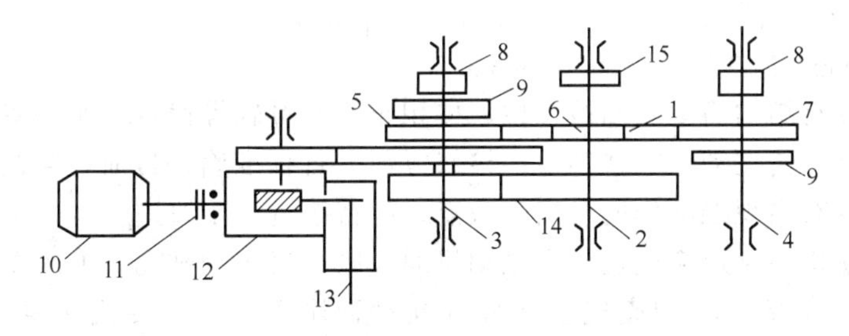

图 5-23　JM-1 型交换机传动系统示意图

1—大摆线轮；2—主轴及传动废气轴（在同一垂线上）；3—轴Ⅲ；4—轴Ⅰ；5，6，7—圆柱轮；8—焦炉煤气卡轮；9—高炉煤气链轮；10—电动机；11—联轴器；12—减速机；13—手柄；14—传动齿轮；15—废气链轮

它是星形轮传动的卧式交换机，有一个主动轴及三个从动轴，带动一系列的槽轮和链传动，为周期性的自动交换，配置有时间继电器，为防备停电，设有手动交换装置。目前，新建焦炉已很少采用机械交换机。

(2) JM-4 型液压交换机　JN43-80 型焦炉采用 JM-4 型液压交换机。液压交换机是利用油泵将油加压后，产生的压力输送到操作缸内推动活塞，由活塞带动链条达到煤气、空气和废气的换向任务。其传动装置与上述电动交换机一样，焦炉煤气和废气各用一个油缸带动，高炉煤气用两个油缸带动两根链条。该交换机的油路系统如图 5-24 所示。

电气控制系统按要求的交换程序和时间来动作。调节节流阀用于调节液压缸的活塞速度达到交换目的。其控制程序如下。

电器控制电磁阀→电动机→叶片油泵→单向阀→电液换向阀→活塞→链条→实现交换。

两台电动机驱动的两台油泵，其中一台操作，一台备用。停电时，可用手摇泵上油，用重物压电液换向阀，由人工完成交换工作，轻便省力。JM-4 型液压交换机的技术性能如下：

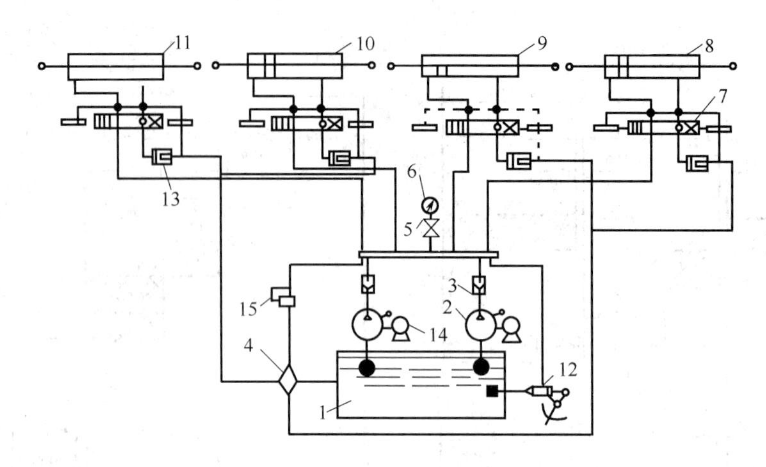

图 5-24　JM-4 型液压交换机油路图

1—油箱；2—叶片泵；3—单向阀；4—滤油器；5—压力表阀门；6—压力表；7—电液换向阀；8，9—高炉煤气油缸；10—废气油缸；11—焦炉煤气油缸；12—手摇泵；13—调节节流阀；14—电动机；15—溢流安全阀

废气拉条拉力	68650N	交换操作时间	46.6s
焦炉煤气与高炉煤气系统的额定拉力	29420N	交换周期	20min
		手动操作时间	10min
废气油缸的直径×行程	180mm×700mm	液压系统设计工作压力	4.5～5.0MPa
高炉煤气油缸直径×行程	125mm×715mm	工作液体	30 号机油
焦炉煤气油缸直径×行程	125mm×460mm		

液压交换机具有结构简单、制造方便、体积小、质量轻等优点。实际使用情况表明，启动和运行平稳，无冲击震动，调整容易，检修方便，行程准确。目前还存在容易漏油、部件加工精度要求高及有出现误动作的可能等缺点，有待于进一步改进。

（3）桃形交换机　桃形交换机是由电动机通过减速机驱动被动轴上的左右两个桃形轮转动，分别拨动煤气拉条杠杆和废气拉条杠杆摆动而牵引拉条，使之往复运动而完成换向任务。

由于左右两个桃形轮的形状各不相同，使煤气拉条和废气拉条按各自规律动作，桃形轮顺时针转或逆时针转均可，交换动作靠主令控制器进行控制，即由起始位置每转动 180°就完成一次交换。当发生断电或其他故障时，可由手动装置进行交换。

第四节　焦炉机械

炼焦生产中焦炉机械包括：顶装焦炉用装煤车、推焦车、拦焦车和熄焦车（焦炉四大车），侧装焦炉用装煤推焦车代替装煤车和推焦车，增加了捣固机和消烟车，用以完成炼焦炉的装煤出焦任务。这些机械除完成上述任务外，还要完成许多辅助性工作，主要有：

① 装煤孔盖和炉门的开关，平煤孔盖的开闭；

② 炭化室装煤时的平煤操作；

③ 平煤时余煤的回收处理；

④ 炉门、炉门框、上升管的清扫；

⑤ 炉顶及机侧、焦侧操作平台的清扫；

⑥ 装备水平高的车辆还设有消烟除尘的环保设施。

这些车辆和机械顺轨道沿炉组方向移动，基本上使焦炉的操作实现全部机械化。近年来国外一些厂家研制了利用计算机控制上述机械，做到了操作过程的程序化、自动化。

一、装煤车

装煤车是在焦炉炉顶上由煤塔取煤并往炭化室装煤的焦炉机械。装煤车由钢结构架、走行机构、装煤机构、闸板、导管机构、振煤机构、开关煤塔斗嘴机构、气动（液压）系统、配电系统和司机操作室组成。各类装煤车的主要技术性能如表 5-7 所示。

表 5-7　各类装煤车主要技术性能

主要性能 \ 型号	JZ-6-1（JN60 型焦炉）	JZ-1（JN5.5 型焦炉）	JZ-7（JN43-58型焦炉）	JZ-10（中型焦炉）	JZ-5-3（JN66 型焦炉）	JN70 型焦炉
煤斗数量	4	4	3	3	2	2
煤斗总容积/m^3	54	35	27	13.5	7.3	1.73
轨距/mm	7780	6950	5230	3900	1940	1100
装煤孔距/mm	3576	3576	4280	3255	3340	3340
走行速度/(m/min)	90	96	92	103.5	65	—
走行机构	蜗轮蜗杆传动	蜗轮蜗杆传动	蜗轮蜗杆传动	齿轮传动	齿轮传动	齿轮传动
闸门导套机构	油压式	气动	气动	气动	手动	手动
开煤塔机构	气动	气动	气动	气动	碰撞式	手动
振煤机构	风吹式	风吹式	风吹式	风振或电振	振煤杆	
电动机总功率/kW	152.8	89.4	66	42	7.5	7.5
自重/t	133	55	35	22.3	7.7	6.5

大型焦炉的装煤车功能较多，机械化、自动化水平较高，一般应具有以下功能：一次对位，机械开启和关闭装煤孔盖和上升管密封盖；机械式开关高压氨水喷洒；机械式螺旋给料加煤和炉顶面清扫；PLC 自动操作控制。

由鞍山焦耐总院研制的具有国际先进水平的干式除尘装煤车，它将烟尘净化系统直接设置在装煤车上，其除尘采用非燃烧、干式除尘净化和预喷涂技术，装煤采用螺旋给料和球面密封导套等先进技术。

为改善环境，一些大型焦炉的装煤车还设置了无烟装煤设施，如图 5-25 所示。

点火燃烧的目的是防止抽烟系统爆炸及沉积焦油堵塞管道，而且可将烟气中含有的有毒物质烧掉，对环境保护有利。对于五斗煤车的抽气量约为 $1260m^3/min$。

燃烧后的烟气经过百叶窗式水洗器除尘并降温至 70℃，喷水量为 0.48t/min，水压为 $(24\sim29)\times10^4Pa$，水洗后气体进入离心式烟雾分离器脱水，污水净化后再循环使用。

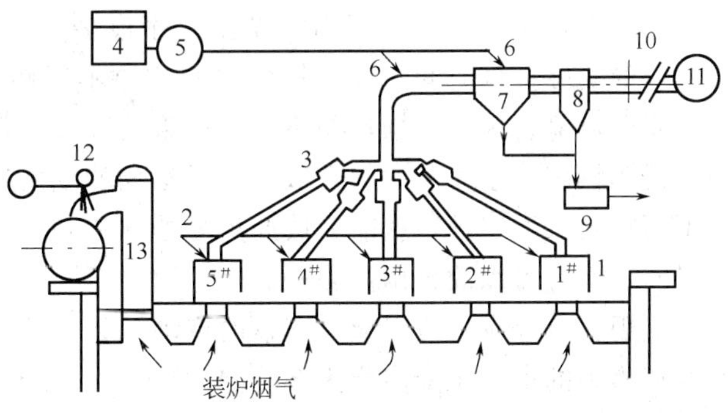

图 5-25　装煤车导烟流程

1—抽烟管；2—水喷嘴；3—燃烧筒；4—给水箱；5—水泵；6—水喷嘴；7—水洗器；8—分离器；9—排水槽；10—外接管；11—地面系统；12—高压氨水喷嘴；13—上升管

烟气在抽烟筒吸入时含粉尘量约10g/m³，经水洗后可降至2～3g/m³，从而改善装煤时的环境污染。

二、推焦车

推焦车的作用是完成启闭机侧炉门、推焦、平煤等操作，主要由钢结构架、走行机构、开门装置、推焦装置、清除石墨装置、平煤装置、气路系统、润滑系统以及配电系统和司机操作室组成。

大型焦炉推焦车应具备以下功能：一次对位完成摘挂炉门、推焦和平煤操作；机械清扫炉门、炉门框和操作平台；机械实现尾焦的采集和处理；用压缩空气清扫上升管根部的石墨；推焦电流的显示及记录；PLC自动操作控制。

各种型号的推焦车主要技术性能见表5-8。

表5-8　各类推焦车的主要技术性能

主要性能＼型号	JT-6-1(JN60型焦炉)	JT-3(JN5.5型焦炉)	JT-7(JN58型焦炉)	JT-10(中型焦炉)	JT-5-3(JN66型焦炉)	JN70型焦炉
推焦量/t	25	21	13	7	3.2	1.9
推焦杆速度/(m/min)	26.2	25.8	27.4	24.5	15.9	10
推焦杆行程/mm	25740	21410	18680	14385	10950	7050
最大推焦力/×10³N	588	490	441	235	196	
走行机构	长轴传动	长轴传动	长轴传动	单独传动	单独传动	
走行速度/(m/min)	60	80	80	88	53	20
轨距/mm	12000	12000	8680	7500	6500	4000
提门机构	取门机	液压油缸	蜗轮丝杆	蜗轮丝杆	液压油缸	手动
移门机构	取门机	液压油缸	蜗轮丝杆	蜗轮丝杆	液压油缸	手动
平煤机构	钢绳转筒	钢绳转筒	钢绳转筒	钢绳转筒	钢绳转筒	钢绳转筒
平煤杆速度/(m/min)	60	81.5	82.5	94.4	44	24.2
平煤杆行程/mm	16650	17150	15110	11460	7800	5800
电动机总功率/kW	306.8	247	227	175	62	16.9
自重/t	398	165	115	82.5	37	9.96

推焦车在一个工作循环内，操作程序很多，但时间只有10min左右，工艺上要求每孔炭化室的实际推焦时间与计划推焦时间相差不得超过5min。为此，推焦车各机构应动作迅速，安全可靠。为减少操作差错，最好采用程序自动控制或半自动控制，为缩短操作循环时间，使车辆服务于更多的炉孔数，今后车辆的发展尽可能采用一点停车，即车辆开到出炉号后不再需要来回移动，就能完成此炉号的推焦和上一炉号的平煤任务，这样不仅可以缩短操作时间，而且可以改善出炉操作。

实现一点停车，可以减少车辆的启动次数，减少行走距离，提高设备的利用率，目前一般大型焦炉的推焦车最多能为80孔焦炉工作，如改成一点停车则可提高到130孔炉室。

三、拦焦车

拦焦车是由启门、导焦及走行清扫等部分所组成，其作用是启闭焦侧炉门，将炭化室推出的焦饼通过导焦槽导入熄焦车中，以完成出焦操作。启门机构包括：摘门机构和移门旋转机构。导焦部分设有导焦槽及其移动机构，以引导焦饼到熄焦车上。为防止导焦槽在推焦时后移，还设有导焦槽闭锁装置。各种型号的拦焦车主要技术性能见表5-9。

表 5-9　各类拦焦车的主要技术性能

主要性能＼型号	JL-6-1（JN60 型焦炉）	JL-3（JN5.5 型焦炉）	JL-1（JN43-58型焦炉）	JL-10（中型焦炉）	JL-5-3（JN66 型焦炉）	JN70 型焦炉
走行机构	电动机驱动	电动机驱动	电动机驱动	电动机驱动	电动机驱动	电动机驱动
走行速度/(m/min)	50	88	88	87.2	68.5	22.5
轨距/mm	2700	2000	1600	1400	1300	1000
移门机构	取门机	液压驱动	电动	电动	液压	电动
炉门旋转机构	取门机	液压	电机	电机	—	—
炉门旋转角度	90	90	90	85	—	—
提门机构	取门机	液压	电机	电机	液压	手动
提门工作行程/mm	120	45	45	45	40	40
导焦槽移动机构	液压	液压	液压	液压	手动	固定式
电动机总功率/kW	94.2	26	21.8	38.6	7.8	5.7
自重/t	215.6	50	24	18	11.13	4.13

拦焦车工作场地狭窄，环境温度高，烟尘大，故对其结构的要求是稳定性好，一次对位完成摘挂炉门和导焦槽定位，安全可靠，防尘降温，定位次数少。拦焦车在运转过程中，导焦槽的底部应与炭化室的底部在同一平面上，以防焦炭推出时夹框或推焦杆头撞击槽底而损坏。摘门机构除与推焦车相同外，炉门的提起高度和回转角度应完全符合要求。为减轻劳动强度，增设机械清扫炉门、炉门框和操作平台的装置以及尾焦采集装置，并能实现 PLC 自动操作控制。

四、熄焦车

熄焦车由钢架结构、走行台车、电机车牵引和制动系统、耐热铸铁车厢、开门机构和电信号等部位组成，用以接受由炭化室推出的红焦，并送到熄焦塔通过水喷洒而将其熄灭，然后再把焦炭卸至凉焦台上。操作过程中，由于经常在激冷激热的条件下工作，故熄焦车是最容易损坏的焦炉机械。工艺上要求熄焦车材质上能耐温度剧变，耐腐蚀，故车厢内应衬有耐热铸铁（钢）板。一般熄焦车底倾斜度为 28°，以保证开门后焦炭能靠自重下滑，但斜底熄焦车上焦炭堆积厚度相差很大，使熄焦不均匀。国内有的焦化厂，调整熄焦塔水喷头的配置数量，或设置倾翻机构，以避免车厢内焦炭堆积不均的缺点。各类熄焦车和电机车的主要技术性能见表 5-10。

表 5-10　各类熄焦车和电机车的主要技术性能

主要性能＼型号	JX-6-1（JN60 型焦炉）	JX-3（JN5.5 型焦炉）	JX-1（JN43-58型焦炉）	JX-10（中型焦炉）	JX-5-3（JN66 型焦炉）	JN70 型焦炉
轨距/mm	2000	1435	1435	1435	1435	800
车厢有效容积/m^3	24	21	13	7	3	2×3(m^3)
车厢有效长度/m	15.470	15	13.2	10	6.6	2.9
车底倾斜角/度	10～30	28	28	28	28	30
开门机构	液压传动	气动	气动	气动	液压传动	手动
车门最大开度/mm	650	650	650	550～570	350	450
自重/t	87		49		13.3	5.98
电机车型号	KD-11	KD-4	KD-5	—	—	—
电动机车走行速度/(m/min)	190	190	190	190	93	85
轮轴牵引力/N	30870	27979	27979	14700	—	—

五、捣固站

捣固站是将储煤槽中的煤粉捣实并最终形成煤饼的机械，有可移动式的车式捣固机和固定位置连续成排捣固站两种。可移动式的捣固机上有走行传动机构，每个捣固机上有2～4个捣固锤，由人工操作，沿煤饼方向往复移动，分层将煤饼捣实，煤塔给料器采用人工控制分层给料的方式。连续捣固站的捣固锤头多，沿煤饼排开，在加煤时，锤头不必来回移动或在小距离内移动，实现连续捣固，煤塔给料器采用自动控制均匀薄层连续给料。

六、装煤推焦车

捣固焦炉的装煤推焦车完成的任务除了有顶装焦炉推焦车的摘门、推焦外，还增加了推送煤饼的任务，同时取消了平煤操作。相应地，车辆上增加了捣固煤饼用的煤槽以及往炉内送煤饼的托煤板等机构，取消了平煤机构。

通常装煤箱的一侧是固定壁，另一侧是活动壁，煤箱前部有一可张开的前臂板，装煤饼时打开，煤饼由此推出；煤饼箱后部有一顶板，装煤时与托煤板一起运动，装完煤抽托煤板时由煤箱侧壁锁紧机构夹住，顶住煤饼，抽完托煤板后，夹紧机构放开，由卷扬机构拉回。

煤饼箱下有托煤板，由一链式传动机构带动，在装煤时托着煤饼一起进入炭化室，装完煤后抽出。

七、四大车联锁

焦炉的生产操作是在各机械相互配合下完成的。在焦炉机械水平逐步提高的情况下，装煤车、推焦车、拦焦车和熄焦车之间要求操作协调、联系准确。为保证焦炉安全正常生产，四大车应实现联锁，具体要求如下。

① 装煤车司机根据装煤情况，发出平煤信号，推焦车司机在平煤时可发出停止装煤的信号，平煤过程中装煤车司机也可发出信号停止平煤。

② 推焦车、拦焦车和熄焦车之间，在未对准同一炉号的情况下不能推焦，即在拦焦车未取下炉门和导焦槽未对准炉门框以及熄焦车未运行至接焦位置时不能推焦。推焦过程中，如某一机械出事故，任何一个司机均可发出指令使推焦杆退回。

目前国内焦化厂四大车的联锁控制主要有以下几种方式。

（1）有线联锁控制　在焦炉四大车上均设一条联锁滑线，每车司机室都设有操作信号和事故信号，出焦时每车操作前都用信号联系。各车之间还有联锁装置，推焦前只有当拦焦车打开炉门，导焦槽对准推焦炉号，熄焦车对位，并待熄焦车司机接通推焦车上的继电器时，推焦车方能推焦。当焦侧出现问题不允许继续推焦时，熄焦车司机可切断电源，推焦杆即停止前进。这种有线联锁装置，可由熄焦车控制推焦杆前进，缺点是线路复杂，操作麻烦，不能保证推焦杆与导焦槽对准同一炭化室，即配合不能达到完全可靠。

（2）载波电话通信　在每辆车上安装载波电话，直接利用电力线传递载波，进行通话联络和控制操作，这种方式虽然可靠，但通话和操作频繁，在紧张地操作中，有时会出现人为的误操作。

（3）γ射线联锁信号　在装煤车、拦焦车和推焦车上设有γ射线的发射和接收装置，一般推焦车上发出的γ射线，从炭化室顶部空间通到焦侧的拦焦车上，同时装煤车发出的γ射线也可通到推焦车上，以实现相互之间的对准和联锁。这种联锁装置可以不用附设联锁滑线，而且也减少了设备。γ射线是用钴60同位素作射源的，使用期间维修工作量极少，因此是一种比较理想的联锁装置，但应严防泄漏。

除此外，焦炉机械还设有各种信号装置，如汽笛、电铃或打点器、信号灯等，以用来联系、指示行车安全。总之，焦炉机械的发展趋势是逐步实现计算机自动控制，实现焦炉机械远距离或无人操纵的自动化，从而彻底改善焦炉的劳动条件，提高劳动生产率。

复习思考题

1. 焦炉对耐火材料性能的要求有哪些?

2. 解释名词:耐火度 荷重软化温度 热稳定性 体积稳定性 抗蚀性

3. 硅砖、黏土砖、高铝砖的组成有何区别?各自的最大特性是什么?它们一般砌筑于焦炉的何部位?

4. 硅砖的晶型转变对焦炉结构有何影响?采取何种措施可使硅砖在烧成过程中向鳞石英方向转化?

5. 焦炉为何要安装护炉设备?护炉设备的作用是什么?

6. 分别说明保护板、炉门框、弹簧、纵横拉条及炉柱各自在焦炉上的作用。

7. 实际生产中如何用三线法测量炉柱的曲度?

8. 炉门不严密有何危害?

9. 如何通过敲打刀边来保证炉门的严密性?

10. 荒煤气导出设备的作用是什么?

11. 荒煤气导出设备包括哪些?分别说明各自的作用。

12. 单、双集气管各有何优缺点?

13. 废气盘的作用是什么?结合提杆式双砣盘型废气盘的构造说明其工作原理。

14. 比较提杆式废气盘和杠杆式废气盘的优缺点。

15. 用箭头的形式表示出下喷式焦炉煤气的供气系统。

16. 煤气预热器的作用是什么?

17. 自动放散水封槽有何作用?

18. 焦炉为何要换向?换向时应注意哪些事项?

19. 说明四大车各自的主要作用有哪些?

第六章　炼焦炉的生产操作

炼焦炉的生产操作包括装煤、出焦、熄焦和筛焦等工序。

第一节　焦 炉 装 煤

一、装煤要求

焦炉装煤包括从煤塔取煤和由装煤车往炭化室内装煤，其操作要求是装满、压实、拉平和装匀。

由煤塔往装煤车放煤应迅速，使煤紧实，以保证煤斗足量，但煤斗底部不应压实，以防往炭化室放煤时煤流不畅。取煤应按煤塔漏嘴排列顺序进行，使煤塔内煤料均匀放出。清塔的煤料因属变质煤，不得装入炭化室底部，以防发生焦饼难推。

往炭化室放煤应迅速，既可以提高煤料堆密度，增加装煤量，还可减少装煤时间，并减轻装煤冒烟程度。放煤后应平好煤，以利荒煤气畅流，为缩短平煤时间及减少平煤带出量，装煤车各斗取煤量应适当，放煤顺序应合理，平煤杆不要过早伸入炭化室内。

（一）从储煤塔取煤

装煤车在储煤塔下取煤时，必须按照车间规定的顺序进行。同一排放煤嘴，不准连续放几次煤。每装完一个炭化室后，应按规定从另一排放煤嘴取煤，假如不按规定的取煤顺序，只从某一排放煤嘴取煤，必造成这排煤被放空。当配合煤再次送入储煤塔，必然造成煤料颗粒偏析。此时煤塔内煤料颗粒分布将不是均匀的，因此有的炭化室内将装入粒度较大的煤，有的炭化室将装入粒度较小的煤，从而使焦炭质量变坏，以及影响焦炉调火工作。此外，取煤不按顺序进行时，储煤塔中将形成有一部分为新送入的煤，而另一部分是陈煤甚至发生煤质变化，这更是不允许的。生产实践证明，不按顺序取煤在煤塔内崩料的可能性也明显增加。为了不发生这种情况，煤车取煤时，除按规定顺序取煤，并保持储煤塔中煤层经常在约 2/3 处。这个规定是考虑到焦炉能连续生产，不会因送煤系统出现小故障而影响正常生产，以及减少煤料偏析。

为使装煤车取煤顺利，煤塔放煤时，应将放煤闸门完全打开，加快放煤速度，以防煤塔发生崩料。

装煤车在接煤前后应进行称量，以便正确计量装入炭化室内实际煤量。保证每个炭化室装煤量准确。

（二）装煤与平煤

装平煤操作虽不是一项复杂的技术问题，但操作好坏影响着焦炉生产的管理、产品质量的稳定等。

1. 装煤原则

（1）装满煤　装满煤就是合理利用炭化室有效容积，这是装煤的主要问题。

装煤不满，炉顶空间就会增大，空间温度升高，它不仅降低焦炉生产能力和化学产品质量，以及炉室内石墨增加，严重时会造成推焦困难。

当然，装煤太满也是不允许的，它会使炉顶空间过小，影响煤气流速，使炭化室内煤气压力增大，而且顶部会产生焦炭加热不足。所以应在保证每炉最高装煤量和获得优质焦炭及化学产品的原则下确定平煤杆高度。

要装满煤必然在平煤时带出一部分余煤，这也是装满煤的标志。但是带出余煤过多也是不合适的，这样会带来平煤操作时间延长等其他问题，所以装平煤时应注意少带出余煤。每炉余煤量应控制在100kg以内。

带出的余煤因受炭化室高温影响，部分煤质已发生变化。所以这部分煤只准由单斗提升机回送至炉顶余煤槽中，并将它逐次放在煤车煤斗上部。如炭化室高6m的焦炉，在推焦车上设有余煤回送装置，推焦后将余煤送入炭化室。生产实践证明因送入余煤量不多又只送入炭化室端部，对生产尚无影响。

(2) 装煤均匀　装煤均匀是影响加热制度、焦饼成熟均匀等的重要因素。因为对于每个炭化室的供热量是一样的，如果各炭化室的装煤量不均匀，就会使焦炭的最终成熟度不一致，炉温均匀性受到破坏，甚至出现高温事故。为此要做好各炉装煤量的计量。考虑到不同炉型炭化室容积相差较大，所以在考核装煤量均匀程度时，用每孔炭化室装煤量不超过规定装煤量的±1%为合格。

装煤均匀，不仅指各炉室装煤量均匀，也包括每孔炭化室顶面煤料必须拉平，不能有缺角、塌腰、堵塞装煤孔等不正常现象。

装入炭化室的煤料，不同部位的堆密度是不同的，尤其是重力装煤的情况下更是如此，它与装煤孔数量、孔径、平煤杆结构与下垂程度以及煤料细度、水分等因素有关。一般在装煤孔下部、机侧上部煤料堆密度较大。螺旋给料和圆盘给料的情况下，炭化室内煤料堆密度均匀性有所改善。

(3) 少冒烟　装煤时冒出荒煤气不仅影响化学产品产率，更严重是污染环境，影响工人身体健康，所以不仅要研究装平煤操作及缩短装煤时间，减少装煤过程中冒烟，而且在平煤完毕后要立即盖好装煤孔盖，并用调有煤粉的稀泥浆密封盖与座之间的缝隙，并进行压缝，防止冒烟。

2. 装平煤操作

平煤操作大致可分三个阶段。

第一阶段从装煤开始到平煤杆进入炉内，该阶段持续时间约60s。这个阶段的内操作关键是选用合理的装煤顺序，因为它将影响整个装煤过程的好坏。

第二阶段自平煤开始到煤斗内煤料卸完为止，一般不应超过120s。它与煤斗下煤速度及平煤操作有关。该阶段是装煤最重要的阶段，它将决定是否符合装煤原则。为此装煤车司机和炉盖工要注意各煤斗下煤情况，及时启动振煤装置和关闭闸板。

第三阶段自煤斗卸完煤至平煤结束，该阶段不应超过60s。这个阶段要平整煤料，保证荒煤气在炉顶空间能自由畅通。此外不允许在平煤结束后再将炉顶余煤扫入炭化室内，以防堵塞炉顶空间。

装煤顺序是装煤操作的重要环节，但它往往因装煤孔数量、荒煤气导出方式、煤斗结构、下煤速度、各煤斗容积比以及操作习惯等因素影响，使各厂各炉操作有所不同。现就三个或四个装煤孔的焦炉装煤顺序简述如下。

对于三个装煤孔的焦炉，双曲线结构煤斗放煤顺序一般有两种。

① 先放机侧煤斗，当下完后立即关闭闸板，盖上炉盖，同时打开焦侧煤斗闸板，待放完后，立即关闭闸板盖上炉盖，同时打开中间煤斗放煤，并打开小炉门进行平煤，直至平煤完毕。此装煤顺序缺点是操作时间较长，需180～220s，焦侧容易缺角。其优点是装煤过程冒烟少。如果将三个煤斗容积比改成机侧35%、中间25%、焦侧40%时，其装平煤时间可缩短20～25s，而且使焦侧能装满煤，不易缺角。

② 先装两侧煤斗，待下煤约至2/3时，打开中间煤斗闸板放煤，当两侧煤斗放空煤后进行平煤，直至装煤结束。此种顺序操作时间短，而且使焦侧能装满煤，不易缺角，冒烟少，但操作麻烦。为了正确实施此装煤顺序应采用程序控制，来代替人工操作。

对于四个装煤孔焦炉的双曲线煤斗，各煤斗容积基本相等，推荐以下装煤顺序（按从机侧到焦侧装煤孔依次排列为1号、2号、3号、4号），先装3号煤斗（焦中）5s后关闭闸门，同时打开1号和4号煤斗（即机、焦两侧），待5～10s后，再打开2号和3号煤斗（机中和焦中）放煤，待两侧煤斗放完煤或煤斗内停止下煤时，就进行平煤，此时装煤过程就进入第二阶段，当中间两煤斗放煤结束，煤车离开炉顶，装煤进入第三阶段，直到把炉内煤料完全平好和保证炉顶空间沿炭化室全长畅通为止。

此装煤顺序优点：装平煤快，装平煤时间约160s，比各煤斗同时放煤快约20s。而且装煤满，不缺角，冒烟时间短，烟量也少，平均冒烟时间约35s，如果装平煤操作配合适当，冒烟时间只有12s，而其他装煤顺序冒烟时间长达65～75s，但此装煤顺序较繁琐，需要采用程序控制来代替人工操作才行。3号煤斗先放煤5s的目的是因为四个煤斗容积相同，如两侧煤斗先放煤容易造成焦侧缺角，装煤不满。为此先将3号煤斗先放5s，以弥补4号煤斗容积偏少的缺陷。

由于装煤顺序选择受各种条件影响，不能逐一介绍，但应以先两侧后中间，力求装满煤、平好煤、不缺角、少冒烟为原则。

3. 平煤杆调整

平煤杆进入小炉门的高度并不代表平煤杆在炭化室内的状态，而对焦炉平装煤操作有较大影响的是平煤杆沿炭化室全长所处的位置。

平煤杆进入炭化室后，沿着炭化室顶部向前伸至焦侧，如没有下垂现象，这种状态的平煤杆在过去认为是最佳状态，生产实践证明它不能起到正常平煤作用，不能很好地平整炭化室顶部煤料，不仅延长平煤时间，而且不得不使平煤杆长趟运行，带出余煤过多，往往装2～3炉煤后就要将推焦车开到单斗提升机处卸下余煤。而且容易形成在装煤孔之间煤料凹陷或在焦侧装煤孔堵塞。

另一种情况是平煤杆进入炭化室后，就开始下垂而插入煤料中，并将煤料压实，但这样起不到平整煤料的作用，拖延平煤时间，并将带出大量余煤。当平煤杆前后运行时，逐渐向上抬起，而逐层将煤料压实，这将对焦炭质量起到不良影响，甚至能造成推焦困难。

上述两种平煤杆在炉内的状态虽不相同，但是在装煤过程中其工作效果却相似。

平煤杆最初调试应在炉间台平煤杆试验站进行。调整平煤杆的托辊和平衡辊的标高，使平煤杆外伸至焦侧，在自身重力作用下产生150～200mm自由下垂是较合适的。因为它在炭化室内能依靠煤料得到平衡。当平煤杆在炭化室内往返运动时，随着煤料升高，平煤杆也升高，既可将煤料沿炭化室全长拉平，又避免煤料过于压实。

为此在试验站上平煤杆托轮的标高不应与小炉门的标高相同，因这种装置难以检验平煤杆的正确状态，也无需顾虑因托轮标高低于小炉门会造成平煤杆在试验过程中弯曲。当平煤杆在试验站调整后，应通过在炭化室内带煤料操作，再根据实际情况作适当调整，直至达到理想状态。

二、焦炉装煤过程的烟尘控制

1. 炭化室装煤时的烟尘特征

装煤产生的烟尘来自以下几方面。

① 装入炭化室的煤料置换出大量空气，装炉开始时空气中的氧还和入炉的细煤粒不完全燃烧生成炭黑，而形成黑烟。

② 装炉煤和高温炉墙接触、升温，产生大量水蒸气和荒煤气。

③ 随上述水蒸气和荒煤气同时扬起的细煤粉，以及装煤末期平煤时带出的细煤粉。

④ 因炉顶空间瞬时堵塞而喷出的荒煤气。

这些烟尘通过装煤孔、上升管顶部和平煤孔等处散发至大气。每炉装煤作业通常为3～4min。据实测装煤时产生的烟尘量（标准状态）约为0.6$m^3/(min \cdot m^2)$。该值因炉墙温度、装煤速度、煤的挥发分等因素而变化。据某厂统计，装煤烟尘中粉尘的散发量的平均值约为200g/t（干燥基煤）。

2. 处理装炉烟尘的方法

（1）上升管喷射　这是连通集气管的方法，装煤时炭化室压力可增至400Pa，使煤气和粉尘从装煤车下煤套筒不严处冒出，并易着火。采用上升管喷射，使上升管根部形成一定的负压，可以减少烟尘喷出。喷射介质有水蒸气（压力应不低于0.8MPa）和高压氨水（1.8～2.5MPa）。用水蒸气喷射时，蒸汽耗量大，阀门处的漏失也多，且因喷射蒸汽冷凝增加了氨水量，也会使集气管温度升高，此外，由于炭化室吸入了一定量的空气和废气，使焦炉煤气中NO提高。当蒸汽压力不足时效果不佳，一般用0.7～0.9MPa的蒸汽喷射时，上升管根部的负压仅为100～200Pa。由于水蒸气喷射具有上述缺点，现多用高压氨水喷射代替蒸汽喷射。利用高压氨水喷射，可使上升管根部产生约400Pa的负压，与蒸汽喷射相比减少了荒煤气中的水蒸气量和冷凝液量，减少了荒煤气带入煤气初冷器的总热量，还可减少喷嘴清扫的工作量，因此得到广泛推广。但要防止负压太大，以免使煤粉进入集气管，引起管道堵塞，焦油氨水分离不好和降低焦油质量。中国大多数焦化厂均已成功使用高压氨水喷射无烟装煤系统，使用效果良好。

在使用高压氨水喷射无烟装煤时，应考虑如下几个方面的问题。

① 使用结构合理的喷嘴，设计时要使喷嘴的喷洒角度与桥管的结构形式相适应，严禁氨水喷射到管壁及水封盘上。

② 宜采用高低压氨水合用的喷嘴，避免高压氨水喷嘴喷头内表面挂料堵塞。

③ 选择合适的氨水喷射压力，保证上升管和炉顶空间产生较大的吸力。

④ 小炉门和炉盖尽可能严密。

⑤ 在考虑到上述几方面后，为达到比较好的无烟装煤效果，高压氨水喷射与双集气管、装煤车顺序装煤三结合是简单可行的方法。

⑥ 在使用高压氨水喷射无烟装煤的同时，应解决粉尘堵塞管道和机械化焦油氨水澄清槽的问题。

（2）顺序装煤　顺序装煤不仅有利于平煤操作，而且在利用上升管喷射造成炉顶空间负压的同时，配合顺序装煤可减轻烟尘的逸散。顺序装炉法的原则是，在任何时间内都只允许打开一个装煤孔，这样可以减少焦炉在装炉时所需要的吸力，炭化室内的压力能维持在零或负压的状态，可以避免炉顶空间堵塞，缩短平煤时间，因而取得较好效果。尤其是在双集气管的焦炉上采取顺序装炉的方法，将会产生更好的效果。采用顺序装煤法的最佳装煤顺序是1号、4号、2号、3号煤斗（四斗煤车）或1号、3号、2号煤斗（三斗煤车），这样能有足够的吸力通过上升管把装炉时产生的烟气吸走。在顺序装煤法中，煤车的煤斗容积是不相同的，例如，1号、4号煤斗的容积各为总容积的34.5%，2号斗为11.5%，3号斗为19.5%。下煤时采用螺旋给料机给料和程序控制装煤方法，一般装煤时间为5～6min（对6m高的焦炉而言）。在此基础上，美国进一步发展了一种阶段装煤的方法，在这种方法中，煤斗1和煤斗4同时开始放煤，且同时放空，然后启开煤斗2的闸门放煤，只有当煤斗2完全放空时，才放煤斗3的煤，而且在放煤斗3的煤时必须进行平煤。整个装煤时间为3.2min。由于顺序装煤法能使炭化室保持一定的负压，故在装煤时，不需放下煤车套筒。此法操作需增加作业时间，并使焦油中焦油渣含量增多。

（3）连通管　在单集气管焦炉上，为减少装煤时的烟尘逸散，可采用连通管将位于集气管另一端的装炉烟气由该端装煤孔或专设的排烟孔导入相邻的、处于结焦后期的炭化室内。有的厂将连通管吊在专用的单轨小车上，有的将连通管附设在煤斗的下煤套筒上。此法的部分含尘装炉烟气送入相邻炭化室后，通过炉顶空间再进入集气管，故进入集气管的粉尘得以减少，且设备简单，但仍避免不了抽入空气而增加焦炉煤气中的NO含量，而且当进入的空气量过多时，易烧掉炉墙砖缝中的石墨而产生窜漏现象。

（4）带强制抽烟和净化设备的装煤车　装煤时产生的烟尘经煤斗烟罩、烟气道用抽烟机全部抽出。为提高集尘效果，避免烟气中的焦油雾对洗涤系统操作的影响，烟罩上设有可调节的孔以抽入空气，并通过点火装置，将抽入烟气焚烧，然后经洗涤器洗涤、除尘、冷却、脱水，最后经抽烟机、排气筒排入大气。排出洗涤器的含尘水放入泥浆槽，当装煤车开至煤塔下取煤的同时，将泥浆水排入熄焦水池，并向洗涤器用水箱中装入净水。洗涤器的形式有：压力降较大的文丘里管式、离心捕尘器式、低压力降的筛板式等。吸气机受装煤车荷载的限制，容量和压头均不可能很大，因此烟尘控制的效果受到一定的制约。

（5）带抽烟、焚烧和预洗涤的装煤车和地面净化的联合系统　该系统的装煤车上不设吸气机和排气筒，故装煤车负重大为减轻。装煤时，装煤车上的集尘管道与地面净化装置的炉前管道上，对应于装煤炭化室的阀门联通，由地面吸气机抽引烟气。装煤车上的预除尘器的作用在于冷却烟气和防止粉尘堵塞连接管道。宝钢采用该系统（见图6-1），并结合上升管高压氨水喷射，取得了良好的效果，其缺点是投资高、耗电量大和操作费用高。近年来，出于环保的要求，我国各焦化企业大多采用此法。

3. 其他改善炉顶操作环境的措施

提高炉顶操作的机械化、自动化程度是改善炉顶操作的重要措施，目前国内外焦化厂正在采用的有如下几种。

① 机械化启闭炉盖装置。多数采用一次定位、液压驱动或气动的电磁铁启闭炉盖装置，有的还附设风扫余煤、清扫炉盖和炉圈的装置。

② 上升管和桥管操作机械化。包括上升管的液压驱动启闭、上升管和桥管的机械清扫或喷洒洗涤。

③ 上升管盖水封密封。通过密封以降低上升管盖的温升、焦油凝结和固化，减轻清扫工作量。

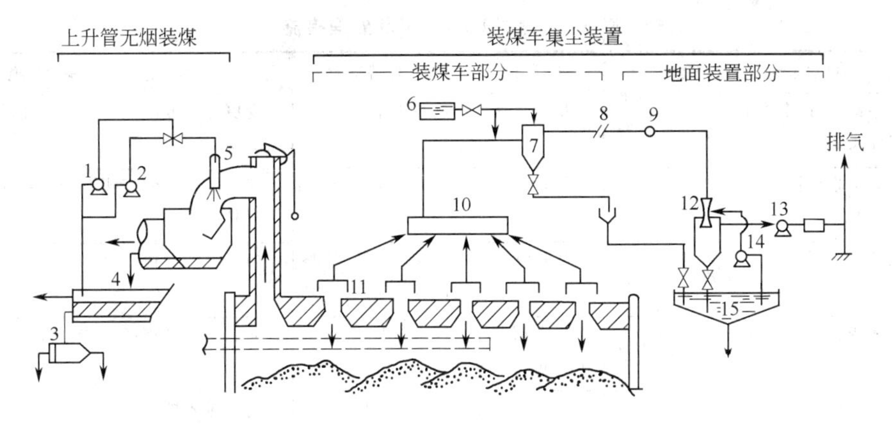

图 6-1　装煤集尘系统

1—高压氨水；2—低压氨水；3—离心沉降器；4—焦油分离器；5—喷嘴；6—水槽；
7—除尘器；8—连接器；9—固定管道；10—排气燃烧室；11—洗尘罩；
12—文丘里洗涤器；13—风机；14—水泵；15—浓缩池

④ 装煤孔盖密封。在装煤车上设置灰浆槽，用定量活塞将水溶灰浆经注入管流入装煤孔盖密封沟，或采用砂封结构的装煤孔盖、座。

⑤ 在全机械化基础上实行炉顶操作遥控。

第二节　焦炉出焦

一、出焦操作要求

出焦操作的总体要求是准时、稳推。推焦时，首先推焦杆头部应轻轻贴住焦饼正面，防止焦饼塌落，开始推焦时速度要慢，以免对位不准而冲撞炉门或将机侧焦饼撞碎，妨碍推焦。推焦杆刚启动时，焦饼首先被压缩，推焦阻力达到最大值，此时指示的推焦电流为推焦最大电流。焦饼移动后，阻力逐渐降低，推焦杆前进速度可较快，终了时又放慢；焦饼推出后，为防止推焦杆过热变形，推焦杆应快速退回。整个推焦过程中，推焦阻力是变化的，它的大小反映在推焦电流上。为此，推焦时要注意推焦电流的变化，推焦电流过大，常表现为焦饼移动困难或根本推不动，即所谓的焦饼难推。如出现焦饼难推而强制推焦时，将会造成炭化室墙变形，变形严重时炉墙甚至会倒塌，这是不允许的。因此，对于每座焦炉，应根据炉体状况、推焦车状态等因素规定最大的允许推焦电流，超过该值即属于焦饼难推。产生焦饼难推时，应及时分析产生的原因，采取相应的措施后，才能继续推焦，严禁二次推焦。焦饼难推直接影响焦炭的产量和质量，扰乱甚至完全破坏焦炉的正常加热制度，严重损坏焦炉砌体，缩短焦炉的使用寿命，并增加操作人员的劳动强度，危害极大。

焦饼难推虽多因推焦阻力增大而引起，但导致阻力增大的原因是多方面的。常见的有：加热温度过低或过高，因温度过低，焦饼不成熟以致收缩不够而增大焦饼与炉墙的摩擦阻力，温度过高，焦炭过火易碎，推焦时发生夹焦现象；炭化室顶部和炉墙产生石墨太厚；炉墙和炉底砖变形；平煤不良而堵塞装煤孔；炉门框变形而夹焦；推焦杆变形及原料煤因结焦性差而使结焦过程中焦饼收缩值太小等。实际上焦饼难推往往是上述各原因共同影响的结果，应尽力预防。

难推焦的各种原因及处理措施见表 6-1。

表 6-1 焦饼难推原因及处理措施

难推原因		推焦症状	影响程度	焦炭特征	防止及解决措施
配煤不良	配煤中缺乏足够数量的收缩性煤	难推或堵塞	大量炉室	焦炭正常	变更煤种或配煤比有较大变动时需做配煤试验
	足够数量收缩性煤	难推	大量炉室	焦饼失掉完整性	变更煤种或配煤比有较大变动时需做配煤试验
	装入已氧化了的煤	难推或堵塞	大量炉室	焦饼失掉完整性，易碎	加强煤场管理
	个别来煤的质量不稳定	难推或堵塞	个别或部分炉室	焦炭质量不均匀	加强煤场管理和煤质化验
	配煤比破坏	难推	个别或部分炉室	焦饼失掉完整性，易碎	加强对入炉煤的质量检验
	煤粒度不良或煤塔中煤粒偏析	难推	大量或个别炉室	焦炭质量不均匀	向煤塔送煤和给煤车装煤应按规定进行
	装入煤水分增高	难推	大量或个别炉室	焦炭过生	加强对入炉煤的质量检验
装平煤不良	平煤不良堵塞装煤孔	堵塞	个别炉室	焦炭正常	严格执行操作规程，严禁平煤后将余煤扫入炉内
	未考虑炉室变形而装煤过多	难推或堵塞	个别炉室	焦炭正常	定期检修炉室，加强维修
	炭化室机侧装煤不满	难推或堵塞	个别炉室	焦炭质量不均	严禁装煤不满
加热不良	全炉温度偏低	难推或堵塞	大量炉室	不成熟或易碎	经常观察推出焦饼
	横排温度不均	难推或堵塞	大量或个别炉室	焦炭质量不均匀	经常观察推出焦饼
	破坏推焦计划提前推焦	难推	个别炉室	不成熟或易碎	遵循推焦图表
	压力制度破坏炭化室漏入空气	难推	个别炉室	局部过热，焦炭易碎	确定合理压力制度
炉墙变形	炭化室墙有病变	难推或堵塞	个别炉室	焦炭正常	对病号炉应建立专门装煤制度
	炉头或炉框变窄（特别是焦侧）	难推或堵塞	个别炉室	焦炭正常	注意推焦电流变化，用人工清扫夹焦

焦饼难推有一个从量变到质变的过程，如果在量变阶段及时发现问题，采取措施，消除隐患，就可避免困难推焦，例如，炉墙“石墨”的增长是由少到多，相应的推焦电流也会由小到大，当发现“石墨”生长较快，推焦电流变大时，可以除掉石墨。如果是炉温低造成难推焦，应关上炉门，延长时间，成熟后再推。如果温度过高焦炭过火引起难推，就应扒除炉头部分焦饼，直至见到焦饼收缩缝和一段垂直焦饼后，才能再次推焦。

二次推焦对炉体损害比较大，是导致炉体变形的主要原因。某一炭化室炉墙变形，三班都要从推焦、装煤、加热给以特殊管理。这样可以减少难推焦现象，否则二次推焦会不断发生，并造成相邻炭化室墙的损坏，甚至向全炉蔓延，加速全炉的损坏。

出焦时，只有确实获得拦焦车和熄焦车已做好接焦准备的信号后才能推焦。每次推焦应清扫炉门、炉门框、磨板和小炉门上的石墨及焦油渣等脏物，推焦后及时清扫尾焦。炉门关闭应注意严密，消除炉门冒烟，严防炉门冒火。

二、推焦串序

一座焦炉的各炭化室装煤、出焦是按照一定的顺序进行的，此顺序即为推焦串序。它对炉体寿命、热量消耗、操作效率和机械损耗等方面均有影响。合理的推焦串序应满足如下原则。

① 相邻炭化室的结焦时间最好相差一半。因为煤料在整个结焦过程中所需热量是变化的，结焦前半期，特别是装煤初期煤料大量吸热，而结焦后半期需热较少，当相邻炭化室结焦时间相差一半时，燃烧室两侧的炭化室分别处于结焦前半期和后半期，即一侧燃烧室墙与煤料的温差较大而吸热较多，另一侧则吸热较少，这样使燃烧室的供热和温度比较稳定，减轻了因炭化室周期性装煤、出焦所造成的燃烧室温度波动，有利于保护炉墙，并降低炼焦耗热量。此外，当相邻炭化室结焦时间相差一半时，出炉炭化室两侧的炭化室煤料处于结焦中期，即处于膨胀阶段，由两侧炉墙传来的膨胀压力可平衡推焦时对砌体的推力，从而可防止炉墙因单侧受力而变形损坏的可能。

② 新装煤的炭化室应均匀分布于全炉，以利集气管长向煤气压力和炉组纵长方向温度的均匀分布。

③ 适当缩短机械的行程次数，提高设备的利用率。

④ 应适当拉开出炉炭化室和待出炉炭化室的距离，改善工人的操作条件。

目前通常采用的推焦串序有 9-2、5-2、2-1 等，通式为 m-n，其中 m 代表一座或一组（两座）焦炉所有炭化室所划分的组数（笺号），也即相邻两次推焦相隔的炉孔数；n 代表两趟笺号对应炭化室号相隔的数。以 65 孔焦炉为例：按 9-2 推焦串序排列时，为便于记忆，不编末尾为“0”的号码，则实际炉号为 65 的炉组，其使用的炉号为 72，因为由 1～65 共有 6 个“0”，又因 6＋5＝11 又经过一个“0”，所以使用号为 65＋6＋1＝72。反之，使用号减去其中相当于 10 的个数，即为实际号，如 72－7＝65。故 65 孔焦炉的 9-2 串序如下：

1 号笺　　1、11、21、31、41、51、61、71

3 号笺　　3、13、23、33、43、53、63

5 号笺　　5、15、25、35、45、55、65

7 号笺　　7、17、27、37、47、57、67

9 号笺　　9、19、29、39、49、59、69

2 号笺　　2、12、22、32、42、52、62、72

4 号笺　　4、14、24、34、44、54、64

6 号笺　　6、16、26、36、46、56、66

8 号笺　　8、18、28、38、48、58、68

由此可见，按 9-2 串序出焦（装煤）时，65 孔炭化室共分为 9 组，车辆要走 9 个行程才能推完全炉。同号笺相邻炉号为 9，而相邻笺号对应炉号则相差 2。当按 5-2、2-1 串序出炉时，则编入末尾带“0”的号码。以 5-2 串序对 50 孔炭化室进行编排如下：

1 号笺　　1、6、11、16、21、26、31、36、41、46

3 号笺　　3、8、13、18、23、28、33、38、43、48

5 号笺　　5、10、15、20、25、30、35、40、45、50

2 号笺　　2、7、12、17、22、27、32、37、42、47

4 号笺　　4、9、14、19、24、29、34、39、44、49

三种串序的优缺点可做如下比较（见表 6-2）。

表 6-2 三种推焦串序的比较

串序特点	2-1	5-2	9-2
沿炉组方向温度均匀性	好	差	次之
集气管负荷均匀性	差	次之	好
车辆利用率	高	次之	低
操作维护条件	差	次之	好

以前中国的大型焦炉多采用 9-2 串序，中小型焦炉多采用 5-2 串序。近年来新建的大容积焦炉由于车辆结构的改进，为适应一次对位停车的需要，多采用 5-2 串序。即将推焦杆和平煤杆的配置间隔五个炭化室的尺寸，不需推焦车来回移动即可同时进行平煤和推焦操作，这样即可节省操作时间（一次对位推焦操作时间约为 8min），又可减少机械的磨损程度。

三、推焦计划

为使焦炉均衡生产，保证各炭化室结焦时间一致，整个炉组实现准时出焦，定时进行机械设备的预防性维修，焦炉应按一定计划组织推焦、装煤和设备检修。为了制定推焦检修计划，应首先掌握焦炉操作中的几个时间概念。

1. 几个时间的概念

（1）结焦时间　指煤料在炭化室内的停留时间。一般规定为，从平煤杆进入炭化室（即装煤时间）到推焦杆开始推焦（即推焦时间）的一段时间间隔。

（2）操作时间　指某一炭化室从推焦开始到平完煤，关上小炉门，车辆移至下一炉号开始推焦为止所需的时间，也即相邻两个炭化室（按推焦串序的排列）推焦或装煤的时间间隔。按目前的焦炉机械水平，大型焦炉每炉的操作时间为 10min 左右。操作时间愈短，机械利用率愈高，但要求车辆的备用系数也愈大。

缩短操作时间，有利于炉体维护，减少煤气损失和减轻环境污染，但必须以保证各项操作要求为前提。操作时间由几个车辆的综合操作情况而定，应以工作最紧张的车辆作为确定操作时间的依据。一般熄焦车操作一炉需 5～6min，推焦车需 10～11min，装煤车和拦焦车操作一炉的时间均少于推焦车。因此，对于共用一套车辆的 2×42 孔焦炉炉组，每炉的操作时间应以推焦车能否在规定的时间内完成操作为准。而对于 2×65 孔的焦炉炉组，除共用一台熄焦车操作外，其他车辆每炉一套，故操作时间应以熄焦车能否在规定的时间内操作完为准。

由操作时间的定义可以看出，操作时间中开始推焦前和开始平煤后的时间已属于结焦时间范围。

（3）炭化室处理时间　指炭化室从推焦开始（推焦时间）到装煤后平煤杆进入炭化室（装煤时间）的一段时间间隔，应与操作时间区别开。

（4）周转时间（也叫小循环时间）　指结焦时间和炭化室处理时间之和，即某一炭化室两次推焦（或装煤）的时间间隔。在一个周转时间内除将车辆操作的焦炉炉组的所有炭化室的焦炭全部推出、装煤一次外，剩余时间用于设备检修，因此，周转时间包括全炉操作时间和设备检修时间，而全炉操作时间则为每孔操作时间和车辆所操作的炭化室孔数的乘积。

对于每个炭化室而言：

周转时间＝结焦时间＋炭化室处理时间

对于整个炉组而言：

周转时间＝全炉操作时间＋检修时间

一般情况下，检修时间不应低于 2h。

(5) 火落时间　指炭化室装煤至焦炭成熟的时间间隔，焦炭是否成熟可以通过打开待出炉室上专设的观察孔，观察冒出火焰是否呈蓝白色来判定。焦炭成熟后再经一段焖炉时间，才能推焦，因此，结焦时间＝火落时间＋焖炉时间。通过焖炉可提高焦饼均匀成熟程度和焦炭质量。火落时间是日本焦炉操作中的重要控制参数，作为指导炉温调节的信息，在国内宝钢焦炉生产中得到应用。

2. 循环检修计划

为保证焦炉生产的正常进行，焦炉的机械设备应定期检修，焦化厂通常采用循环检修（推焦）计划组织出炉操作。循环检修计划按月编排，其中规定焦炉每天、每班的操作时间及出炉数和检修时间。实际上，当周转时间和 24h 可取最小公倍数时，只要安排一个大循环的计划，就可以重复使用。所谓大循环时间为不同日期在相同的时间推同号炭化室焦炭的时间间隔，也即小循环时间开始重复的时间间隔。

一个大循环时间＝大循环需要的天数×24h＝大循环包括的小循环数×周转时间

因此，为找出大循环所需时间，可由 24h 与周转时间的最小公倍数求得。如周转时间为 12h 和 16h，其大循环时间分别为 24h 和 48h。

在编排循环检修计划时，还应考虑周转时间的长短，一般当周转时间较短时，一个周转时间内安排一次检修，若周转时间较长，为均衡出炉并有利于炉温稳定，可将一个周转时间内的检修分为两次安排。以 65 孔焦炉为例，讨论循环检修计划的编排。如周转时间为 16h，单孔炉的操作时间为 11min，则总的检修时间为 16×60－65×11＝245min，即 4h 5min。可安排为两次检修，第一次为 2h 5min，第二次为 2h。推焦操作也分两次进行，第一次推焦 30 炉，第二次推焦 35 炉。出 30 炉所需的操作时间为 30×11＝330min，即 5h 30min；第二次出 35 炉所需的操作时间为 35×11＝385min，即 6h 25min。

因为周转时间 16h 的大循环时间为 48h，即 2d，在一个大循环内包括 3 次小循环，如某月 1 日根据上月的循环检修计划，从“0”点开始推焦，按上述计算，一个大循环内安排如表 6-3 所示的 3 次小循环。

表 6-3　大循环计划表

推焦开始 30 炉（需 5h 30min）	检修开始（需 2h 5min）	推焦开始 35 炉（需 6h 25min）	检修开始（需 2h）	周转结束
0：00	5：30	7：35	14：00	16：00
16：00	21：30	23：35	6：00	8：00
8：00	18：30	15：35	22：00	24：00

根据表 6-3 可以确定每班的出炉数，并排成按日表示的循环检修计划。如表 6-4 所示，以下重复，故仅排 2d。

表 6-4　循环检修（推焦）计划

日期	检修时间	出炉孔数/孔			
		夜班	白班	中班	合计
1	5：30～7：35,14：00～16：00,21：30～23：35	33	32	33	98
2	6：00～8：00,13：30～15：35,22：00～24：00	32	33	32	97

3. 推焦计划的制订与评定

推焦计划根据循环检修计划及上一周转时间内各炭化室实际推焦、装煤时间制定。编制时应保证每孔炭化室的结焦时间与规定的结焦时间相差不超过±5min，并保证必要的机械操作时间，同时应考虑炉温及煤料的情况，遇有乱笺号应尽力加以调正，调正方法：一是向前提，即每次出炉时将乱笺号向前提1～2炉，这种方法不损失出炉数，但调正较慢；二是向后调，即延长该炉号的结焦时间，使其逐渐调至原来位置，此法调正快，但损失出炉数。一般如错10炉以上时可采取向后调正的方法，但延长结焦时间不应超过规定结焦时间的1/4，并注意防止高温事故。一般乱笺号需在不长于5个周转时间内调正。

例如按表6-4的循环检修计划，某些炭化室在前一周转时间内的实际推焦、装煤时间如表6-5所示。规定结焦时间为15h 55min，表6-5中的51号为乱笺号，则推焦计划可安排成如表6-6所示。

表6-5　前一周转时间内某些炭化室实际推焦、装煤时间

炭化室号	实际推焦时间	实际装煤时间	炭化室号	实际推焦时间	实际装煤时间
1	0:00	0:05	61	0:55	1:00
11	0:11	0:16	71	1:06	1:11
21	0:22	0:27	3	1:17	1:22
31	0:33	0:38	51	1:28	1:33
41	0:44	0:49			

表6-6　推焦计划

炭化室号	计划推焦时间	计划装煤时间	计划结焦时间
1	16:00	16:05	15:55
11	16:11	16:10	15:55
21	16:22	16:27	15:55
31	16:33	16:38	15:55
41	16:44	16:49	15:55
61	16:55	17:00	15:55
71	17:06	17:11	15:55
51	17:18	17:28	15:45
3	17:22	17:33	16:00

为了评定出炉操作的均衡性和计划执行情况，可采用以下三个系数。

（1）计划推焦系数K_1

$$K_1=\frac{M-A_1}{M}$$

式中　M——班计划推焦炉数；

A_1——计划结焦时间与规定结焦时间超过±5min的炉数。

（2）执行推焦系数K_2

$$K_2=\frac{N-A_2}{M}$$

式中　N——班实际推焦炉数；

A_2——实际推焦时间与计划推焦时间偏差超过±5min的炉数。

（3）推焦总系数K_3

$$K_3=K_1K_2$$

K_1 反映由于炉温、机械等原因必须在编制推焦计划时使某些炭化室号缩短或延长结焦时间的情况，K_2 反映完成推焦计划的情况，K_3 用以评价整个炼焦车间在遵守所规定的结焦时间方面的管理水平。

四、推焦工艺要求

1. 推焦一般注意事项

① 推焦时间为推焦杆头接触到焦饼表面时间，和计划结焦时间偏差不允许相差±5min，以保证 K_2 系数。

② 推焦车司机要认真记录推焦时间、装煤时间和密切注意推焦电流。

③ 因故延迟推焦，在故障排除后允许加速推出早已成熟的焦炭，但每小时比正常计划增推炉数不得超过两炉。

④ 炭化室自开炉门到关炉门的敞开时间不应超过 7min，补炉时也不宜超过 10min。

⑤ 焦饼推出到装煤开始的空炉时间不宜超过 8min，烧空炉时也不宜超过 15min，烧空炉时间过长，炭化室温度过高对装煤不利，墙缝中石墨被烧掉，不利于炭化室墙严密。个别情况需要延长时，应由车间负责人批准。

⑥ 关闭炉门后，严禁炉门及小炉门冒烟着火，发现冒烟着火，立即消灭。

⑦ 推焦车接到推焦信号后方可进行推焦，以防推错及避免红焦落地现象。

⑧ 禁止推生焦和相邻炭化室空炉时推焦。

⑨ 严禁用变形的推焦杆或杆头推焦。

2. 建立清除“石墨”制度

焦炉投产后在生产过程中，炭化室墙不断生长“石墨”，“石墨”生长速度与配煤种类、结焦时间长有直接关系，车间根据具体情况建立清除炭化室“石墨”的规章制度。

(1) 烧空炉清扫“石墨”　烧空炉就是炭化室推完焦以后，关上炉门不装煤，装煤孔盖和上升管盖开启，让冷空气进入炭化室烧石墨。烧空炉时间与生长石墨程度有关，一般空1～2炉时间。若 9-2 串序 1 号炭化室烧空炉，1 号炭化室推完焦后，不立即装煤，待 11 号、21 号炭化室推完焦后，1 号炭化室再装煤，这就是烧 2 炉空炉，若只推完 11 号炭化室后，1 号炭化室就装煤，这就是烧 1 炉空炉。一般循环 1～3 个小循环，经过几次燃烧后的“石墨”和炉墙之间有一定缝隙，“石墨”本身变得酥脆，然后人工敲打，“石墨”就可以清除。

(2) 压缩空气吹扫“石墨”　推焦机的推焦杆头上安装压缩空气管，当出焦时用压缩空气吹烧炭化室顶部的“石墨”，吹烧一段时间后，再用人工敲打除掉“石墨”，保持炭化室顶清洁。

3. 推焦电流监视

推焦机司机不仅要准确记录每个炭化室的推焦时间、装煤时间，还要准确记录推焦最大电流，及时发现不正常现象，以便及早采取措施，避免发生事故。

4. 病号炉的装煤和推焦

焦炉在开工投产后，由于装煤、摘门、推焦等反复不断的操作而引起的温度应力、机械应力与化学腐蚀作用，使炉体各部位逐渐发生变化，炉头产生裂缝、剥蚀、错台、变形、掉砖甚至倒塌。炭化室墙面变形，推焦阻力增加，容易出现二次推焦。如果因炉墙变形经常推二次焦的炉号，称之病号炉。一座焦炉中有了病号炉，就要采取相应措施尽量减少二次焦发生，防止炭化室炉墙的变形进一步恶化，防止的措施如下。

（1）少装煤　根据病号炉炭化室墙变形的部位、变形程度，在变形部位适当少装煤。周转时间同其他正常炉号一样。少装煤的优点是病号炉推焦按正常顺序推焦，不乱笺，缺点是损失焦炭产量。这种方法一般在炭化室炉墙变形不太严重的炉号上可以采取。

（2）适当提高病号炉两边的火道温度　将炉墙变形的炭化室两边立火道温度提高，保证病号炉焦炭提前成熟，有一定的焖炉时间，焦炭收缩好，以便顺利出焦。但改变温度给调火工和三班煤气工带来许多不便，一般不宜采用。

（3）延长病号炉结焦时间　若炭化室炉墙变形严重时，只少装煤也解决不了推二次焦的问题，还可以在采取少装煤的同时延长病号炉的结焦时间。这样在编排推焦计划时，病号炉应另行编排。病号炉最好按其周转时间单独排出循环图表，以防止漏排、漏推而发生高温事故。

5. 头尾焦处理

打开炉门时有炉头焦塌落，推焦时带出尾焦，大多数的焦化厂都将头尾焦扔入炭化室内重新炼焦。由于头尾焦在空气中已经部分燃烧，所以头尾焦仍扔入炭化室内，已无挥发分和黏结性而灰分又高的头尾焦又重新炼焦，不但对焦炭质量有影响，还损失一定产量。因此，头尾焦处理应得到重视。

五、出焦过程的烟尘治理

1. 出焦过程的烟尘来源

推焦过程中的烟尘来自以下几个方面。

① 炭化室炉门打开后散发出的残余煤气及由于空气进入使部分焦炭和可燃气燃烧产生的烟尘。

② 推焦时炉门处及导焦槽散发的粉尘。

③ 焦炭从导焦槽落到熄焦车中时散发的粉尘。

④ 载有焦炭的熄焦车行至熄焦塔途中散发的烟尘。

上述②、③两项散发的粉尘量为装炉时散发的粉尘量1倍以上，主要是第③项。由于焦炭落入熄焦车，因撞击产生的粉尘随高温上升气流而飞扬，尤其是当推出的焦炭成熟度不足时，焦炭中残留了大量热解产物，在推焦时和空气接触，燃烧生成细粒分散的炭黑，因而形成大量浓黑的烟尘。

据测量，推焦时，每吨焦炭散发的烟尘有0.4kg之多。由于推出的红焦时间短，仅1min左右，故产生的烟尘具有阵发性。国外有人对炭化室尺寸12m×0.45m×3.6m的焦炉进行过测量，其推焦烟尘量在正常出焦时可达$124m^3/min$；若推出的焦炭较生，则产生的烟尘量更大。综上所述，由于出焦及熄焦过程中，烟尘散发量大，严重污染环境，一些国家采取过多种治理出焦烟尘的技术措施，其烟尘控制效果各异，目前，中国的部分焦化企业已开始采取相应措施，对出焦过程中的烟尘进行治理。

2. 出焦过程的烟尘治理措施

减少出焦烟尘的关键是保证焦炭充分而均匀的成熟，为收集和净化正常推焦时散发的烟尘，国内外有多种形式。

（1）焦侧固定式集尘大棚　焦侧集尘大棚是用一座钢结构的大棚盖住整个焦侧操作台。大棚从焦侧炉顶上空开始，一直延伸到凉焦台，将拦焦车轨道和熄焦车轨道全部罩在大棚内，依靠设在大棚顶部的排烟主管将烟尘抽出，再经洗涤器净化后排出。这种措施早在20世纪20年代就已出现，之后到20世纪70年代在西方国家又重新出现。目前加拿大大约

50%的焦炉采用焦侧大棚。对于大容积焦炉，大棚排气量约为 $50\times10^4 m^3/h$。

焦侧大棚的优点：可有效控制焦侧炉门在推焦时排除的烟尘；原有的拦焦车和熄焦车均能利用；焦侧操作台和焦侧轨道不必改建。存在缺点：抽吸的气体体积很大，故净化系统设备庞大，能耗较高；较粗大的尘粒仍降落在棚罩内，焦侧现场很脏，操作工人是处在大棚之内生产，因而，操作人员本身的工作环境更加恶化。此外，棚罩的钢构件易受腐蚀。

(2) 移动集尘车　移动集尘车方式于 20 世纪 60 年代到 20 世纪 70 年代曾被广泛研究，现在也不断出现其新设备形式。其基本结构是由设在熄焦车上的集尘罩及带抽烟机和文丘里洗涤器的集尘车所组成。美国环保技术公司——空气污染控制公司设计的集尘设备，是在现有的熄焦车上安装固定吸尘罩，它封闭了熄焦车的顶部及三个侧面，仅向焦炉的侧面开放，以接受红热焦炭。在熄焦塔内，喷洒水可由该侧面向熄焦车上的焦炭进行喷洒。

由于导焦槽的两个侧面及顶部、底部也被密封，当熄焦车停在接焦位置时，敞开侧可被拦焦车上安设的密封挡板构成第四个密封侧面。

集尘罩内的含尘烟气由罩顶吸尘管道进入与熄焦车一起行走的集尘车，车上装有全部净化和抽烟机等设备，其中包括热水洗涤器，该设备通过喷嘴将 200℃、$235\times10^4 Pa$ 的热水喷出，由于降压变成蒸汽而洗涤烟尘，借助水流的冲力对气体产生推动作用，因而减轻了抽烟机的负荷，否则风机太大无法在车上安装。这种系统由于罩盖密封性较好，推焦后，熄焦车开往熄焦塔过程中，集尘车仍随熄焦车行走并运转，故提高了集尘效率。该系统的优点是：使用这种净化系统时，不要求对焦炉原有设备改造，尤其对推生焦时可以得到同样的吸尘效果。其缺点是：净化单元的总质量大（200t 以上），熄焦塔需改造；采用文丘里洗涤器时，压降大、操作成本高；集尘车在焦侧行走时，放出大量饱和蒸汽，钢结构的建造投资提高等。

(3) 移动罩——地面集尘系统　在熄焦车上方有固定式集尘罩，推焦时散发的烟尘经集尘罩通过沿炉组长向布置的固定通道式洗涤系统净化。集尘罩上的出气管与固定通道的支管（每个炉孔一个）由气动闸门或连接器等装置接通。宝钢焦化厂即采用这种集尘形式，如图 6-2 所示。

集尘罩固定在导焦槽上，并随拦焦车移动，集尘罩的宽度与熄焦车的宽度相同，长度根据焦炭落入熄焦车后烟尘持续时间 t、熄焦车接焦的移动速度 v 和在时间 t 内落入熄焦车车厢长度 l 决定，即集尘罩的长度

$$L=vt+l$$

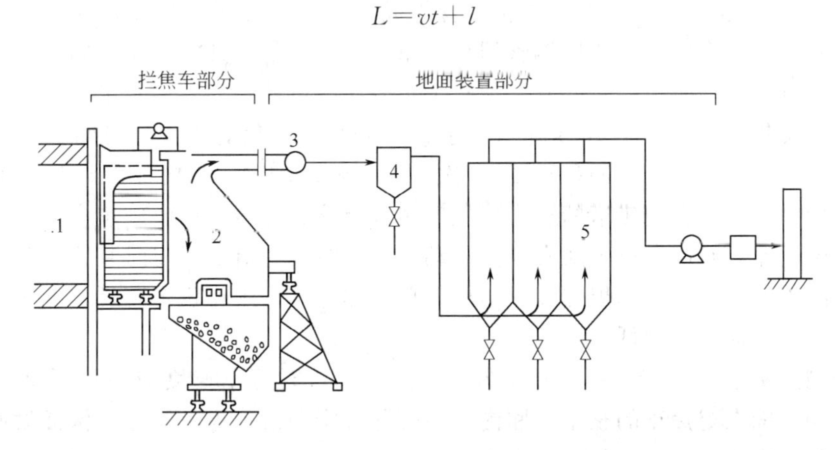

图 6-2　固定通道式焦侧集尘系统

1—焦炉；2—集尘罩；3—连接阀；4—预除尘器；5—布袋过滤器

正常推焦时，$t=10\sim30s$，罩长因炉高而异，一般为 6～10m。即熄焦车长向只在焦炭下落和发烟持续范围内才被集尘罩覆盖。为防止烟尘从开口处喷出，要求开口处具有一定的吸力。为收集炉门和导焦槽上部的烟尘，在炉门框和导焦槽的连接处还设有挠性罩。

由集尘罩抽出的烟尘经连接管、固定通道、预除尘器、布袋式除尘器后经抽烟机排出。

上述系统只在熄焦车接焦时起作用，接完焦，熄焦车开往熄焦塔时则不能继续集尘。

德匡密纳新特——施坦英焦化厂 1975 年投产的这类系统，采用了一种可以随熄焦车沿焦侧连续移动的集尘罩，解决了上面提到的缺点。该系统的集尘罩悬挂在转送小车和托架上，转送小车可在熄焦车外侧支撑在钢结构上，并沿炉组配置的敞口固定集尘通道上方的专门轨道上行走。集尘烟道敞口面上覆盖了专用的橡胶（耐高温）皮带，转送小车作为它的提升器，使集尘罩的排烟管经转送小车连接到固定通道上。这种连接方法允许集尘罩在熄焦车上方沿固定集尘通道连续移动，并且省掉了固定通道上的许多支管及连接阀门等机构，也简化了操作。

移动罩——地面集尘系统的优点是熄焦车不必改造，净化系统固定安装在地面上，安装、使用和维修方便，采用袋式除尘器效率高，较文丘里管成本低，操作环境好。但是，由于要配置沿炉组长向的集尘通道，空间拥挤，其投资也较高，而且能耗大。

目前国内大型焦化企业均采用或准备采用此种除尘设备。

第三节　熄焦和筛焦

为防止自燃和便于皮带运输，从炭化室出来的红热焦炭必须经过熄焦，然后送往筛焦楼进行筛分分级，最后按焦炭块度大小分别运往不同用户。

一、湿法熄焦设施与操作

湿法熄焦设施包括熄焦塔、喷洒装置、水泵、粉焦沉淀池及粉焦抓斗等。

熄焦塔为内衬缸砖的钢筋混凝土构筑物，外形类似下部开口的烟囱，塔的上部安装有若干排喷水管，熄焦时产生的大量蒸汽由塔顶排放到大气中。为减少熄焦蒸汽对焦炉操作的影响，熄焦塔与炉端炭化室的距离一般不小于 40m。熄焦塔一般高 30～35m，低了熄焦蒸汽不易排出，恶化熄焦时的操作环境。熄焦塔长一般比熄焦车长 3～5m，宽度比熄焦车宽 2～3m。喷洒装置由上水主管与带小孔的喷洒管组成，主管与喷洒管一般为钢管或铸铁管，由于熄焦蒸汽有很强的腐蚀性，所以钢管损坏严重，目前有的厂开始试用耐腐蚀的玻璃钢管。

熄焦车开进熄焦塔时，靠极限开关通过熄焦时间继电器自动开启水泵，水经分配管上的小孔喷出。通常控制熄焦时间 100s 左右，喷洒时间短，红焦熄不灭，时间长则焦炭水分增加。熄焦过程中，熄焦车应来回移动 2～3 次，以利喷洒均匀。有的厂已将时间继电器改成红外线感受器控制，即在熄焦塔的适当位置安装红外线感受器，接收红焦本身发射出的红外线而发出信号电流，经电流放大触发电路启动熄焦水泵，并借电子定时装置控制熄焦喷水时间。这种以红外线控制的自动熄焦装置结构简单，体积小，工作稳定可靠，无机械磨损，寿命长，调节方便，而且费用低。

为了控制焦炭水分稳定且不大于 6%，熄焦车接焦时行车速度应与焦饼推出速度相适应，使红焦均匀铺在熄焦车的整个车厢内。另外还应定期清扫熄焦设施，保证喷洒装置能迅速而均匀对焦炭进行喷洒，熄焦后熄焦车应停留 40～60s，将车中多余水分沥出。

熄焦时大约有 20%的水蒸发，未蒸发的水流入粉焦沉淀池，澄清后的水流入清水池循环使用。熄焦过程消耗的水，由回收车间经脱酚的废水或工业水补充。沉淀池中的粉焦，定期用单轨抓斗机抓出，脱水后外运。

熄焦后的焦炭，卸至凉焦台上停放30～40min，使其水分蒸发和冷却。个别尚未全部熄灭的红焦，再人工用水补充熄灭。焦台的长度应根据焦炭需要的停留时间、每小时的最多出炉数及熄焦车的长度确定。可用下式计算焦台的长度L。

$$L=\frac{KnA(l+1)t}{\tau-\tau'}+(l+1)$$

式中　K——焦炉紧张操作系数，一般取1.07；

n——一座焦炉的炭化室孔数；

A——焦台所担负的焦炉座数；

l——熄焦车车厢有效长度，m；

t——焦炭在焦台上凉焦时间，一般取0.5h；

τ、τ'——周转时间、检修时间，h。

焦台宽度一般取焦炉炭化室有效高2倍左右，倾斜角一般为28°，台面铺缸砖或铸铁板，下面装有放焦机械和胶带机，以便将焦炭运往筛焦楼。

一般的湿法熄焦将产生的蒸汽全部排入大气，既损失大量显热，又因其中所含的有害气体和夹带的焦粉而污染环境。为此，德国埃斯威勒尔公司开发了一种压力蒸汽熄焦工艺（见图6-3），其基本原理是将红焦推入下部具有栅板的焦罐内，装满红焦的焦罐用盖盖好后移至熄焦站，然后有控制地喷入熄焦水，生成的蒸汽强制向下流动而穿过焦炭层，使焦炭进一步冷却，同时所夹带的水滴进一步汽化。由此可得到压力为0.05MPa的水蒸气和一定数量的水煤气。该气体由熄焦罐下部引出，经旋风分离器除去所夹带的焦粉后，可送至余热锅炉回收热量并分离出水煤气。国内曾引进该技术，由于焦罐盖不严等原因，尚待进一步完善。

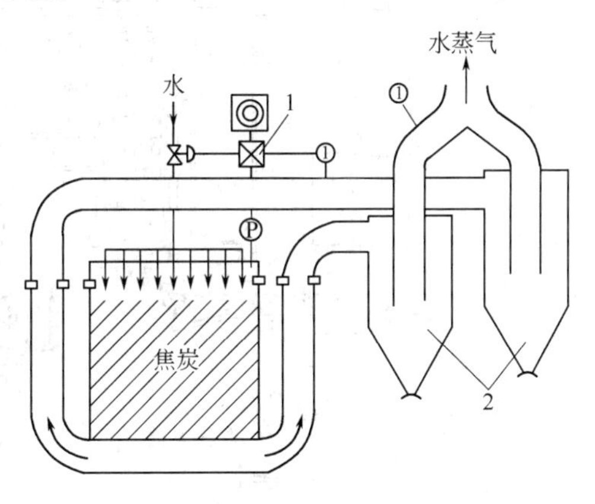

图6-3　压力蒸汽熄焦工艺示意图

1—自动加水控制器；2—旋风除尘器

二、干法熄焦

1. 干法熄焦的意义

干法熄焦是利用对焦炭惰性的气体吸收密闭系统中红焦的热量，携带热量的气体与废热锅炉进行热交换产生水蒸气后，再循环回来对红焦进行冷却。1000℃的红焦其显热约1.6MJ/kg，该热量约占炼焦耗热量的40%。在干法熄焦中，焦炭的显热借助于惰性气体回收并可用以生产水蒸气，每吨红焦约可产温度达450℃、压力为4MPa的蒸汽400kg。由惰性气体获得的焦炭显热也可通过换热器用于预热煤、空气、煤气和水等。

在回收焦炭显热的同时，可减少大量熄焦水，消除含有焦粉的水汽和有害气体对附近构筑物和设备的腐蚀，从而改善了环境。

干法熄焦还避免了湿法熄焦时水对红焦的剧冷作用，故有利于焦炭质量的提高，也可适当提高配合煤中气煤或弱黏煤的配比。

基于上述原因，干熄焦技术已在世界各国焦化厂广泛采用。虽然干熄焦的一次性投资较高，约为焦炉投资的35%～40%，且集尘要求高，但与节约能源、消除环境污染、改善焦炭质量等优点相比，还是有利的。因此，干熄焦技术将会得到不断的发展。

2. 干熄焦的流程与设备

干熄焦技术早在20世纪30年代就开始出现，多年来曾出现过多种形式的干熄焦装置，有多室式、笼箱式和集中槽式等。前两种属于早期研制，技术与设备不够完善，因此有投资高、漏气多、散热大、热效率低等缺点，已逐渐被淘汰。集中槽式为目前普遍采用的一种干熄焦装置，上海宝钢焦化厂从日本引进的干熄焦设备即属于此类。集中槽式是将焦炉推出的红焦送至竖式干熄槽（炉）内，干熄的焦炭不断由槽底排出，惰性气体则连续从槽底送入，与红焦换热，再由槽顶进入废热锅炉，并经烟泵送返。

由于干熄焦过程连续稳定，故热效率高，且单槽处理能力大，设备紧凑，故适合大型焦炉使用。前苏联在20世纪60年代初开始研制干熄焦技术，现已建成单槽能力为52～56t/h焦炭的大型地上槽式干熄焦装置，其工艺流程如图6-4所示。

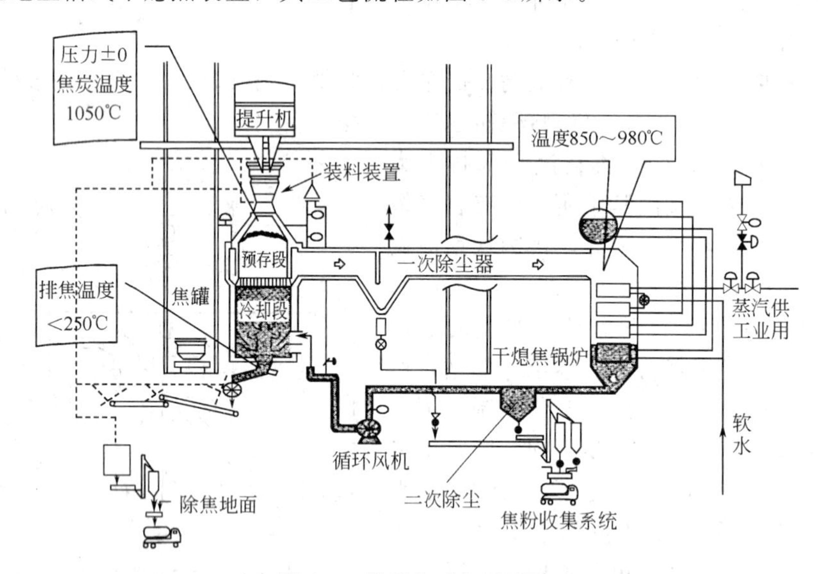

图6-4 干熄焦工艺流程图

从炭化室中推出的950～1050℃的红焦经过拦焦机的导焦栅落入运载车上的焦罐内，运载车由电机车牵引至干熄焦装置提升机井架底部（干熄炉与焦炉炉组平行布置时需通过横移牵引装置将焦罐牵引至干熄焦装置提升机井架底部），由提升机将焦罐提升至井架顶部，再平移到干熄炉炉顶。焦罐中的焦炭通过炉顶装料装置装入干熄炉。在干熄炉中，焦炭与惰性气体直接进行热交换，冷却至250℃以下。冷却后的焦炭经排焦装置卸到胶带输送机上，送筛焦系统。

180℃的冷惰性气体由循环风机通过干熄炉底的供气装置鼓入炉内，与红热焦炭进行热交换，出干熄炉的热惰性气体温度为850～980℃。热惰性气体夹带大量的焦粉经一次除尘器进行沉降，气体含尘量降到$10g/m^3$以下，进入干熄焦锅炉换热，在这里惰性气体温度降至200℃以下。冷惰性气体由锅炉出来，经二次除尘器，含尘量降到$1g/m^3$以下，由循环风机送入干熄炉循环使用。

锅炉产生的蒸汽或并入厂内蒸汽管网或送去发电。

干熄焦装置包括焦炭运行系统、惰性气体循环系统和锅炉系统。

干熄焦装置的主要设备包括：电机车、焦罐车及其运载车、提升机、装料装置、排焦装置、干熄炉、鼓风装置、循环风机、干熄焦锅炉、一次除尘器、二次除尘器等。

（1）电机车与焦罐车　电机车是牵引机车，车上备有行走装置和空压机等，用来牵引焦罐车（或熄焦车）和开闭熄焦车车门。为确保行车安全和对位准确，其刹车系统有三种制动方式，即气闸刹车、电动机反转制动和电磁吸轨器，同时采用变频调速系统。大型干熄焦装置一般采用旋转焦罐，使罐内焦炭粒度分布均匀，由于条件限制也可能采用方形焦罐。电机车与焦罐车正常情况下采用定点接焦方式。

（2）提升机　提升机运行于干熄焦构架上，将装满红焦的焦罐提升并移至干熄炉炉顶。

（3）装料装置　装料装置包括加焦漏斗、干熄炉水封盖和移动台车。装料装置靠电动缸驱动。装焦时加焦漏斗与加焦口联动，能自动打开干熄炉水封盖，配合提升机将红焦装入干熄炉，装完焦后复位。装料设备上设有集尘管，装焦时无粉尘外逸。

（4）排焦装置　排焦装置安装于干熄炉底部，将冷却后的焦炭排到皮带输送机上。目前，排焦装置一般采用连续排焦，由电磁振动给料机控制切出速度，采用旋转密封阀将切出的焦炭在密闭状态下连续排出，其耐温、耐磨、气密性好，排焦时粉尘不外逸。

（5）循环风机　循环风机是干熄焦装置循环系统的心脏，要求耐温、耐磨并且运行绝对可靠。

（6）给水预热器　给水预热器安装在循环风机至干熄炉入口间的循环气体管路上，用以降低进入干熄炉的气体温度以强化干熄炉的换热效果，同时用从循环气体中回收的热量加热锅炉给水，节约除氧器的蒸汽用量，从而节约能量。

（7）干熄炉　干熄炉是干熄焦装置的核心，一般为圆形截面的竖式槽体，外壳用钢板及型钢制作，内衬耐磨黏土砖及断热砖等。干熄炉上部为预存室，中间是斜道区，下部为冷却室。在预存室外有环形气道，环形气道与斜道连通。干熄炉预存室容积要满足焦炭预存时间的要求，预存一般在1～1.5h；冷却室容积则必须满足焦炭冷却的要求。预存室设有上、下料位计，设有压力测量装置及自动放散装置；环形气道设有自动导入空气装置；冷却室设有温度、压力测量及人孔、烘炉孔等。

（8）供气装置　供气装置安装在干熄炉底部，它由风帽、气道、周边风环组成，能将惰性气体均匀地供入冷却室，能够使干熄炉内气流分布较均匀；另外，干熄槽底锥段出口处通常设置挡棒装置，可调节焦炭下料，使排出的焦炭冷却均匀，冷却效果好。

（9）一次及二次除尘器　一次除尘器采用重力沉降槽式除尘，用于除去850～980℃惰性气体中所含的粗粒焦粉，外壳由钢板焊制，内衬高强度黏土砖。二次除尘器采用多管旋风除尘器，将循环气体中的焦粉进一步分离出来。一次及二次除尘器设有防爆阀和人孔；一次除尘器上设有温度压力测量装置、自动放散装置；一次及二次除尘器下部设有排粉焦管道；一次除尘器下的排粉焦管道设有水冷却套管。

3．干熄焦的特点

（1）回收红焦显热　出炉红焦的显热占焦炉能耗的35％～40％，这部分能量相当于炼焦煤能量的5％。采用干熄焦可回收约80％的红焦显热，平均每熄1t焦炭可回收3.9MPa、450℃蒸汽0.45t，发达国家可产0.6t左右。

（2）减少环境污染　干熄焦的这个优点体现在以下两个方面。

① 炼焦车间采用湿法熄焦，每熄1t红焦炭就要将0.5t含有大量酚、氰化物、硫化物及粉尘的蒸汽抛向天空，这部分污染是炼焦对环境污染的主要污染源之一。干熄焦则是利用惰性气体，在密闭系统中将红焦熄灭，并配备良好的除尘设施，基本上不污染环境。

② 由于干熄焦能够产生蒸汽，并可用于发电，可以避免生产相同数量蒸汽的锅炉对大气的污染（5～6t 蒸汽需要 1t 动力煤），尤其减少了 SO_2、CO_2 向大气的排放。对规模为 100 万吨/a 的焦化厂而言，采用干熄焦，每年可以减少 8 万～10 万吨动力煤燃烧对大气的污染。

（3）改善焦炭质量　干熄焦与湿熄焦相比，焦炭 M_{40} 提高 3%～8%，M_{10} 改善0.3%～0.8%。国际上公认：大型高炉采用干熄焦焦炭可使其焦比降低 2%，使高炉生产能力提高 1%。

在保持原焦炭质量不变的条件下，采用干熄焦可以降低强黏结性的焦煤、肥煤配入量 10%～20%，有利于保护资源，降低炼焦成本。

（4）投资和能耗较高　干熄焦与湿熄焦相比，确实存在着投资高及本身能耗高的问题，这是制约干熄焦技术发展的主要因素，也是一直要解决的问题。

上海宝钢焦化厂的干熄焦工艺流程与上述基本相同，其处理能力为 75t/h 焦炭，为配合其焦炭产量共设有四套上述干熄焦装置，三套正常操作，一套轮换检修或备用。

其干熄焦的主要设备及技术特性如下：

干熄焦冷却室 $300m^3$，前室（预热室）$200m^3$；

循环风机能力 $125000m^3/h$，压头 8830Pa；

废热锅炉蒸汽量 37.5t/h，压力为 450×10^4 Pa，温度（450±10)℃；

焦罐容积 $52m^3$，自重 38t，空罐车总重 84t，装料吊车提升能力为 86t，干熄槽排料装置，每次排焦 2t，38 次/h。

宝钢焦化厂干熄焦的操作指标如下。

干熄槽的焦炭温度：1000～1050℃

熄后焦炭温度：<250℃（表面为 120℃）

干熄槽顶部压力：(0±50)Pa

风机入口温度（气体）：<200℃，含尘≤$1g/m^3$

入锅炉气体温度：750～800℃

宝钢的干熄焦装置及工艺是从日本新日铁引进的，新日铁参照前苏联引进技术做了一些改进，主要有：

① 加强了红焦装干熄焦槽的除尘措施，增加了接焦漏斗的水封挡圈和高温密封软垫等；

② 为改善气流的均匀分配，在各斜道口增设调节板，在进炉前设置调节风帽；

③ 提高装焦吊车自动化水平，可以遥控操作；

④ 粉焦用稳妥的链板机干法运输汇集；

⑤ 加强了排焦与储运焦胶带机的除尘措施。

三、低水分熄焦

低水分熄焦工艺是国外开发的一种熄焦新技术，可以替代目前在工业上广泛使用的常规喷淋式湿熄焦方式，它以能够控制熄焦后的焦炭水分，从而得到水分较低且含水量相对稳定的焦炭而得名。

在低水分熄焦过程中，熄焦水先以正常流量的 40%～50% 喷洒到熄焦车内红焦上（10～20s）以冷却顶层的红焦，之后熄焦水以正常水量呈柱状水流喷射到焦炭层上，大量的水流迅速穿过焦炭层到达熄焦车倾斜底板。水流在穿过红焦层时产生的蒸汽快速膨胀并向上流动通过焦炭层，由下至上的对车内焦炭进行熄焦。根据单炉焦炭量和控制水分的不同，整个熄焦过程需50～90s。熄焦后焦炭的水分可控制在2%～4%。

低水分熄焦工艺一般采用高位水槽供水，这样可使每次熄焦的供水压力和供水量都保持恒定，达到均匀熄焦和保持焦炭水分稳定的目的。

低水分熄焦工艺适合于采用一点定位的熄焦车。一点定位熄焦车的优点在于焦炭在熄焦车厢内的分布和焦炭表面的轮廓对每炉焦炭都是一样的，这样可以通过调节熄焦水的流量及其分布获得含水量更低的焦炭。低水分熄焦工艺已成功地将一点定位熄焦车内厚度高达2.4m的焦炭层均匀熄灭，并将熄焦后的焦炭水分控制在2%以下，常规的喷洒熄焦工艺对于较厚的焦炭层不可能达到这样的效果。

低水分熄焦工艺在熄焦过程中，焦炭处于沸腾状态，因而对焦炭具有一定的整粒作用。在熄焦末期，焦炭层表面几乎是水平的。

低水分熄焦工艺特别适用于原有湿熄焦系统的改造。经特殊设计的喷嘴可按最适合原有熄焦塔的方式排列。管道系统由标准管道及管件构成，可安装在原有熄焦塔内。在采用一点定位熄焦车有困难的情况下，也可沿用传统的多点定位熄焦车，但获得的焦炭水分将比一点定位熄焦车略高约0.5%。

四、熄焦过程的防尘

炼焦生产过程中，熄焦是一个阵发性污染源，排放的粉尘量约占焦炉总排放量10%以上。干法熄焦的防尘方法类似出焦过程的处理方法，即采用集尘罩、洗涤器等。

湿法熄焦的粉尘治理可在熄焦塔自然通风道内设置挡板和过滤网，从而能够捕集绝大部分随熄焦蒸汽散发至大气并散落在熄焦塔周围地区的大量粉尘。为清除挡板和过滤网上的粉尘，要增添喷雾水泵，在挡板和过滤网上部喷洒水雾。这种方式在现用的熄焦塔上安装方便，集尘效果较好，但由于塔内气体阻力增加，蒸汽常会从熄焦塔下部喷出。

五、焦炭的分级与筛焦系统

1. 焦炭的分级与筛分

焦炭的分级是为了适应不同用户对焦炭粒度的要求，通常按粒度大小将焦炭分为60～80mm、40～60mm、25～40mm、10～25mm、<10mm等级别。粒度大于60～80mm的焦炭可供铸造使用，40～60mm的焦炭供大型高炉使用，25～40mm的焦炭供高炉和耐火材料厂竖窑使用，10～25mm的焦炭用作烧结机的燃料或供小高炉、发生炉使用，<10mm的粉焦供烧结矿石用。

一般大中型焦化厂均设有焦仓和筛焦楼，国内焦化厂多数将大于40mm的焦炭由辊轴筛筛出（筛上部分为大于40mm级），经胶带机送往块焦仓。辊轴筛下的焦炭经双层振动筛分成其他三级，分别进入焦仓。

图6 5为设有焦仓的筛焦和运焦流程，图中25～40mm焦炭经胶带机从双层振动筛上送至单层振动筛，以回收由于辊筛磨损成呈细长状的而经辊轴筛漏下的大于40mm的焦炭。

年产60万吨以下的焦化厂，一般将焦炭分为大于25mm、10～25mm及小于10mm三级。中型焦化厂筛分混合焦仍用辊轴筛，小型焦化厂则一般采用振动筛。

为了提高冶金焦的机械强度和粒度均匀性，应加强筛焦过程中大块焦炭的破碎作用，以实现焦炭的整粒，使一些强度差、块度大的焦炭，在筛焦过程中就能沿裂纹破碎，并使其粒度均匀。国内进行过各种方式的实验，取得了一定的效果。对于大容积的高炉，焦炭的强度和粒度均匀更加重要，它们虽取决于炼焦煤料的性质和炼焦过程的条件，但在筛焦过程中重视焦炭块度的处理，也能收到一定的效果。

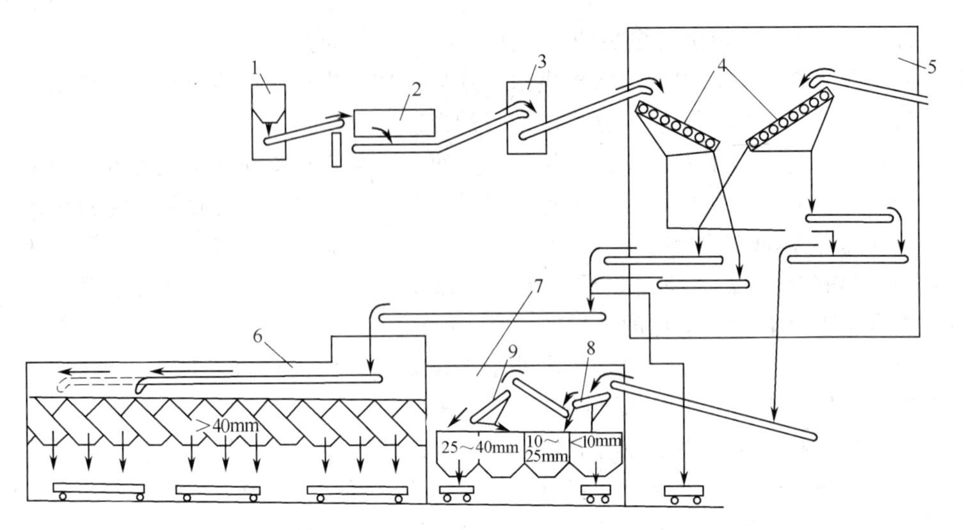

图 6-5 筛焦和运焦流程图

1—回送焦槽；2—焦台；3—转运站；4—辊动筛；5—筛焦楼；6—块焦仓；
7—碎焦仓；8—双层振动筛；9—单层振动筛

目前国外的焦化厂筛焦系统多数均考虑了整粒的要求，试验表明，焦炭经整粒之后，其转鼓强度明显提高，这是由于焦炭中强度较差的部分或者有棱角易挤碎的部分经撞击后，易碎而掉落的部分被去掉了。这种情况与焦炭在运往高炉途中，经多次转运，转鼓强度有所提高的作用一样。此外，焦炭经整粒工艺处理后，粒度趋于均匀，进入高炉后可以改善高炉料柱的透气性，有利于提高生铁产量和降低焦比。日本曾在四个有不同大小高炉的钢铁厂进行了焦炭不同粒度的试验，其结果表明：如果用粒度 40～80mm 的焦炭代替含有 20%大于 100mm 的普通焦炭，则在相同的焦比条件下，其产量增加了 10%，或者当生产水平相同时，焦比降低了 10kg/t(热态铁)。

筛分处理后的焦炭，冶金焦可由焦仓外运，也可用胶带机直接连续送往炼铁厂，焦化厂仍设有焦仓和储焦场，供多余块焦外运储存，或当通往炼铁厂的胶带机发生事故、高炉停风、炼铁厂焦仓储满等情况下供储存块焦之用。

筛焦楼与储焦槽的布置一般有分开布置和合并布置两种形式。由四座大型焦炉组成的炼焦车间，设有两个焦台，通往筛焦楼的混合焦胶带机为两条，这时筛焦楼内安装的筛分设备和胶带机较多，储焦量也较大，为简化工艺布置并降低厂房高度，筛焦楼与储焦槽应分开布置。由两座焦炉组成的炼焦车间，筛焦系统设一个焦台，通往筛焦楼的混合焦胶带机为一条，故设备较少，工艺较简单，储焦量也较少，有条件将筛焦楼与储焦槽合并布置。这种形式可以减少厂房和占地面积，节省投资，便于管理和集中通风除尘。

2. 筛焦设备与储焦槽

(1) 辊轴筛　国内大中型焦化厂主要用辊轴筛筛分混合焦，焦化厂常用的辊轴筛有 8 轴和 10 轴两种，每个轴上有数片带齿的铸铁轮片，片与片间的空隙构成筛孔，按照需要筛孔尺寸可分为 25mm×25mm、40mm×40mm 两种。筛面倾角通常为 12°～15°，给料粒度一般小于 200mm。

辊轴筛具有结构简单、坚固、运转平稳可靠等优点，但存在设备重、结构复杂、筛片磨损快、维修量和金属耗量大，焦炭破损率高（约 3%）等缺点；而振动筛虽然结构简单，但噪声大，筛分效率不高（70%～85%），且潮湿的粉焦易堵塞筛网。故已逐渐被共振筛所取代。故国外多用共振筛筛分混合焦和碎焦，国内也已开始逐步用共振筛代替现有的辊轴筛。

（2）共振筛　国产的SZG型共振筛的结构是由铺有筛板的筛箱、激振器、上下橡胶缓冲器及板弹簧等组成。静止时，激振器靠自重压在下缓冲器上，使之产生一定的压缩量，激振器通过板弹簧与筛箱连接，其轴是偏心的，轴的两端皮带轮上装有可调的附加配重，激振器与上缓冲器间有一定的空隙，整个筛子通过四个螺栓弹簧支撑在基础上。筛子运转时，由电动机通过三角皮带带动激振器的轴旋转，因皮带轮上附有配重，故产生了惯性力，又因偏心轴惯性力的作用，最初激振器离开下缓冲器越过上间隙而打击上缓冲器，使上缓冲器产生一定的压缩量，激振器与下缓冲器间又形成一定间隙。因激振器偏心轴所引起的周期性变化的惯性力作用，下半周激振器又打击下缓冲器，如此往复循环，筛子在保持稳定振幅的情况下进行筛分作业。

由于共振筛是双质量振动系统，工作中大部分动力得到平衡，因而传给厂房和基础的动负荷较一般振动筛小。由于设备的激振频率接近于系统的自振频率而发生共振，故激振力小，仅为一般振动筛的1/3～1/2。

共振筛与辊轴筛相比，具有结构简单、振幅大、维修方便、筛分效率高、生产能力大、耗电量少、运转平稳、故障少等优点。但共振筛要求给料连续均匀，并要防止超负荷运转和带负荷启动，给料设备到筛面落差要小，以减少物料对筛面的打击。投产时要经过反复调整，根据振幅的大小，及时调节配重和缓冲器间隙，以保证设备连续稳定地运转。用于筛分25mm以下焦炭的设备，一般采用双层单轴振动筛。

筛网有钢板冲孔、圆钢焊接和橡胶筛板等几种形式，由于橡胶筛板使用寿命长，不易堵眼，噪声小，对焦炭破碎小，而且具有安装方便、成本低和节约金属材料等优点，国外已广为采用。国内一些单位也对橡胶筛板进行了研制和试用，取得了较好的效果。

（3）储焦槽（焦仓）和储焦场　储焦槽的容量按各级焦炭的产量、每次进厂装焦车辆和来车周转时间等因素确定。一般块焦槽的容量应不小于4h的焦炉产焦量，中小型焦化厂的块焦槽容量因来车不均匀，应按焦炉8～12h的产焦量来考虑。小于25mm的碎焦槽和粉焦槽容量一般不小于焦炉12h的生产能力。储焦槽一般为方形或矩形结构，槽底排料口至槽顶装料口的净高一般为10～14m，槽宽6～8m，槽底斜壁衬以耐磨的缸砖或铸石板。块焦槽底的倾角为40°～45°，碎粉焦槽底倾角为60°，以保证顺利下料。储焦槽顶的布料方式视槽顶的长度而定，一般小于40m时可用衬铸石的长溜槽布料，大于40m时则应用可逆配仓胶带机布料。储焦槽的装料方式有集中管理操作的气动闸门多点装车、起落胶带机一点装车和同时有铁路装车及胶带机输送的双排料口装料等几种。

独立焦化厂和商品焦较多的焦化厂可设储焦场。储焦场要求所卸焦炭尽量不落地，以免焦炭破损，并采用机械化装卸。

六、筛焦系统的粉尘捕集

湿法熄焦的焦炭表面温度为50～75℃，在筛焦、转运过程中，焦炭表面的蒸汽与焦炭粉尘一起大量逸散，空气中含尘量可达200～2000mg/m^3(空气)，干法熄焦的焦炭产生的粉尘量则更大。因此筛焦楼应设置抽风除尘设备，常用的有湿法除尘器和布袋除尘器。另外在筛焦设备上还应装设抽风机，使筛焦粉尘经除尘器处理后排入大气。储焦槽上设自然排气管以将含尘气体排入大气。此外为解决通风除尘设备被含酚及H_2S的水汽腐蚀，集尘设备、抽风机和管道可采用玻璃钢或不锈钢制作。由于通风除尘设备还因水汽冷凝黏附粉尘而易引起堵塞，故需定期清扫，寒冷地区还要采取防冻措施。干法熄焦的筛焦粉尘一般多采用布袋除尘器，除尘后的焦粉可收集、加湿后，送回粉焦胶带机。

复习思考题

1. 往炭化室装煤的基本要求有哪些？
2. 为什么装煤车要严格按照规定顺序取煤，而不准在同一排放煤嘴连续几次放煤？
3. 装满煤的标志是什么？炭化室的煤装太满或不满对炼焦生产有何影响？
4. 如果各炭化室的装煤量不均匀，对焦炭的质量有何影响？
5. 装煤顺序有哪几种？各有何优缺点？
6. 装煤时为何要平煤？平煤操作大致可分为哪几个阶段？
7. 装煤操作中的烟尘来源有哪几方面？处理装煤烟尘的方法有哪些？
8. 出焦操作的总体要求是什么？
9. 如何掌握推焦过程中的节奏？
10. 什么是难推焦？造成难推焦的原因主要有哪些？怎样解决？
11. 什么是推焦串序？制定推焦串序应遵循的原则是什么？
12. 试按 9-2 串序对 2×42 孔焦炉进行推焦串序的编排。
13. 解释名词：结焦时间、操作时间、炭化室处理时间、周转时间及火落时间
14. 处理乱笺号的方法有哪些？
15. 如何评定出炉操作的均衡性？计算 K_3 有何意义？
16. 出焦操作中主要产生的烟尘有哪几类？治理措施有哪些？
17. 熄焦的目的是什么？
18. 湿法熄焦的主要设施有哪些？主要操作要求有哪些？
19. 压力蒸汽熄焦的原理是什么？
20. 低水分熄焦的原理是什么？与普通湿法熄焦相比有何优点？
21. 什么是干法熄焦？干法熄焦具有哪些特点？
22. 筛焦的目的是什么？按粒度大小通常将焦炭分为几个级别？
23. 画出筛焦和运焦流程简图，说明其工艺过程。

第七章　炼焦炉的开工准备及日常维护

焦炉结构复杂，耐火材料用量大，筑炉、烘炉和开工的工艺复杂、要求严格，其实施好坏以及投产后的日常维护直接关系到焦炉的使用寿命。

第一节　炼焦炉的筑炉及开工准备

一、筑炉准备

筑炉的准备工作涉及许多方面，首先应做好施工的组织工作，其内容包括：施工平面布置、施工进度、劳动组织与施工方法等。为保证砌砖质量，要建立质量检验机构，在整个施工过程中，做到专职检查，确保施工质量。

1. 耐火材料的验收与保管

耐火材料出厂前，耐火厂要按国家标准和焦化厂特殊要求对耐火材料的理化性质进行抽样检查，施工单位要对来厂耐火材料按质按量核实验收，并按砌筑部位、使用先后、砖种砖号、公差大小及耐火泥品种分别入库存放在砖库和灰库内。砖库应能防雨雪，地坪坚实防止下沉，四周设有排水沟。灰库要严防风雨，以免吹跑细粒耐火泥，并防止混入泥砂和受潮结块。

2. 预砌

由于焦炉砖型复杂、砖量多，为保证质量，避免返工，对于蓄热室、斜道、炭化室等有代表性的部位砖层和炉顶的复杂部位，必须在施工前进行预砌。通过预砌，检查耐火砖的外形能否满足砌体的质量要求，以提供耐火砖的加工及大小公差搭配使用的依据。检查耐火泥的砌砖性能，确定泥料的配制方案；审查设计图纸及耐火砖的制造是否有误差，并应培训技术工人，掌握砌炉技术。

3. 砌砖大棚的要求

焦炉砌筑应在大棚内进行，大棚内应能防风、防雨和防冻，以保证基准线稳定，避免雨水冲刷灰缝、砌体受潮和标杆变形。棚内温度冬季应高于5℃，以防泥浆冻结，并应有足够均匀的照明。

4. 焦炉基础与抵抗墙抹面

焦炉在基础顶板以上砌筑，烘炉过程中抵抗墙与砌体有相对位移。因此，要求基础顶板和抵抗墙抹面平坦均匀，砌完红砖的基础顶面标高、抵抗墙抹面的平直度和垂直度，公差均在5mm范围内。

对于下喷式焦炉，在抹面前应进行下喷管的埋设，焦炉下喷管与炉体砖煤气道相连接。由于焦炉砌体与基础由冷态到热态的膨胀量不同，因此，下喷管的中心距与冷态砖煤气道的中心距也不同，以适应炉体膨胀后砖煤气道位置的变化。设计上规定的下喷管中心距大于冷态砖煤气道的中心距，并随蓄热室的材质不同而异，例如，立火道中心距为480mm时，硅砖蓄热室按1%的线膨胀系数计算，即下喷管中心距为484.8mm；黏土砖按0.5%线膨胀系数考虑，则下喷管中心距为482.4mm。施工中要求它们的公差都在±3mm内，焦炉的纵向和横向累计公差也不超过±3mm。否则误差过大，会造成无法砌砖，或烘炉后下喷管与砖煤气道不重合，甚至拉裂管砖。

5. 基准线、基准点和水平标杆、直立标杆的安装

筑炉前先将总图与土建施工时所埋设的永久性标桩和基准点引到焦炉基础和抵抗墙的预埋卡钉上，并由此引出焦炉纵向中心线、炉端炭化室中心线、焦炉横向中心线和焦炉正面线等，以此作为焦炉整体的控制线。为控制炉组长向各墙、洞的位置和各层砖的标高，设置水平标杆和直立标杆，水平标杆在焦炉基础平台和炭化室底标高处沿机焦两侧设置，其上刻出蓄热室、炭化室、燃烧室中心线及各墙、洞宽度；垂直标杆在机焦两侧每两个燃烧室设一个，其上刻出各主要标高及砖层标记。

有的焦炉在砌筑前先安装炉柱和保护板，可利用此做砌筑标杆，采用这种方法筑炉可同时进行交换开闭器等的安装工程，但大棚内机械化作业程度降低。

6. 耐火泥料的配制

耐火泥料对砌砖质量影响很大，应随配随用，不宜存放过夜，砌体各部位使用的泥料有所区别，不得混用；入厂的耐火泥料必须化验质量，以保证耐火度和组成符合要求。当不能供应成品耐火泥或耐火泥品种不全时，需在现场根据各砌体对耐火泥的要求进行配制。泥料的配比可首先按原料或其他型号耐火泥的组成分析数据（主要是 SiO_2 的含量，对黏土耐火泥还有 Al_2O_3 的含量）参照需用耐火泥所要求的含量，以加和法估算几个配料比，然后化验不同配料比耐火泥的耐火度，选择符合要求的配料比配制泥料。配制时，泥料必须混合均匀，所用设备应防止因生黏土结块而混合不均。配制后的耐火泥，应逐批化验，合格后才能使用。生黏土吸湿性较大，石英粉吸湿性小，当用它们配制硅耐火泥时，应将分析原料水分换算为干燥基水分，以保证配比的准确性。

二、炉体砌砖

1. 焦炉砌体的质量要求

（1）砖缝　焦炉砌体是用单块耐火砖和耐火泥砌筑而成的。耐火泥浆在温度较低的炉体下部一般不易得到良好的烧结，在炉体上部虽然烧结，但其强度也不高，因而砖缝就成为砌体的薄弱环节，砌筑时应饱满、坚实。为了增加焦炉砌体的严密性，虽采用了不少异型砖，但砖缝还是必须饱满和严密。砖缝不宜太宽，否则会使砌体强度和严密性变差，但也不能太窄，否则灰缝不易饱满且又不易勾缝，容易造成空缝，同时也使砌体强度降低。生产实践表明，灰缝为3～6mm较合适，既能在砌筑时达到灰缝饱满，又能满足生产工艺上的要求。

为达到砖缝饱满，焦炉砌砖应采用“挤浆法”，即在砌体上放好灰浆，在待砌砖上打好灰浆，然后将砖沿灰浆层砌至合适地位，并将多余灰浆挤出，最后再通过勾缝将砖缝压实、压严、抹光。

（2）膨胀缝和滑动缝　砌体由冷态到热态要产生很大的膨胀，炭化室长向是往外部空间膨胀，炉体纵向膨胀主要靠膨胀缝吸收，从而使燃烧室中心距在生产中基本保持不变。为此，膨胀缝的宽度应适应砌体加热后产生的膨胀量。各个区域的工作温度和所用的耐火材料不同，因而膨胀量就不同，各处所留膨胀缝的数目和宽度也就不同。膨胀缝的质量主要由缝的宽度和缝壁平整两个方面保证。

利用膨胀缝来吸收炉体的膨胀是通过其两侧的砌体相对位移来实现的。因此，必须在膨胀缝上下设滑动层，通常用沥青油毡纸、牛皮纸或马粪纸（以前者为好）干铺在膨胀缝内，以使砌体相对移动。铺设滑动层所用纸的长度，一端盖过下层膨胀缝 5～10mm，以防止上层砌砖时将灰浆挤入膨胀缝内，影响砌体滑动。另一端则伸至上层膨胀缝边，以免清扫上层膨胀缝时将纸勾出而影响滑动层的质量。焦炉纵向斜道区和炉顶区等实体部位的膨胀靠这些部位设置的膨胀缝吸收，其宽度应与热态时砌体的膨胀量相适应。硅砖焦炉斜道区的线膨胀系数按 2%配置，即每 1m 砌体（包括灰缝）膨胀缝为 20mm；对炉顶区的膨胀量，黏土砖部位按 1%配置，炭化室盖顶砖若为硅砖也按 2%配置。膨胀缝过小会造成砌体挤压、变形或碎裂，过大则膨胀后留有空隙，易引起串漏。膨胀缝用样板砌筑，以保证膨胀缝平整，砌后取出样板、填塞锯木屑再灌以沥青固定。蓄热室中心隔墙，小烟道衬砖和箅子砖与蓄热室墙间也设有窄膨胀缝，可用填塞马粪纸砌筑。

（3）砌体的平直度、垂直度与标高误差　平直度是指在一定面积的砌体表面上的凹凸程度，可用 2m 长的木靠尺沿砌体表面任意方向测量。垂直度是指砌体垂直面上偏离垂直线的程度，可用线锤测量。二者密切相关，一般偏差范围应小于 5mm，炭化室的平直度和垂直度尤为重要，要求偏差小于 3mm，过大会增加推焦阻力，甚至使炉墙过早损坏。砌体的标高误差是指实际砌筑的砖层与该砖层的设计标高之差，相邻墙的标高差异使盖顶砖难以砌平，影响上部砌体的砌筑，标高误差可用水平尺、水平仪测量。

（4）各部位孔道和孔道间尺寸　焦炉砌体各部位孔道断面和相对位置尺寸偏差过大者，轻者影响铁件埋设和设备安装，重者影响投产后的正常调温和加热。

2. 焦炉各部位砌砖的主要注意事项

按焦炉结构的要求，焦炉砌砖包括小烟道、蓄热室、斜道区、炭化室及炉顶区 5 个结构单元。对这 5 个单元的共同要求是：灰缝饱满均匀，墙面横平竖直，焦炉几何尺寸符合公差要求。除此要求外，还有其各自的注意事项。

（1）小烟道　小烟道是焦炉砌筑的开始，它砌于焦炉基础顶板上，两者的热膨胀量不同，因此顶板面与其上的红砖层之间有滑动层，一般可采用清洁河砂或钢板做滑动层。当采用河砂时，要求砂层厚度均匀，符合设计要求，尽量随砌随铺。小烟道第一层砖砌筑后要防止滑动变位而偏离设计尺寸，造成炉头外移，洞宽变化，墙宽变大和立缝不满等问题。第一次炉头应砌 4～5 层，并向中部呈阶梯砌筑。第一层炉头是全炉砌砖的起点，对以后的砌筑质量的影响很大，因此应严格按标杆中心点和正面线砌筑。

砌箅子砖时，要注意不可混号，否则会影响以后的加热气流的合理分布。箅子砖的膨胀缝宽度必须予以保证，不足时应对砖进行加工。箅子砖脚台为放置格子砖的基础，其平直度应满足不大于±5mm 的质量要求。

两分式焦炉的中心隔墙两侧为异向气流，故严密性尤为重要。

（2）蓄热室　砌筑过程要注意控制墙的中心线，防止蓄热室洞宽偏小而影响格子砖的安放，为此可将洞宽砌成负公差。为确保斜道区砌筑平稳，蓄热室墙顶及相邻墙的标高应经常检查，一般规定蓄热室顶相邻墙的标高不超过 3mm，蓄热室顶标高与设计尺寸误差不超过±5mm。

下喷式焦炉还应严格控制煤气管砖的位置和中心距，确保管砖垂直，符合设计尺寸。管砖之间接缝应灰缝饱满，以免生产时漏气并产生爆鸣现象。管砖应随砌随清扫管内多余灰浆。

(3) 斜道区　斜道区是焦炉结构及砖型最复杂的区域，孔道很多，加热煤气、空气和废气都流通其间，如果砖缝不严，极易造成串漏，影响焦炉正常生产。因此，斜道区的砖缝应砌筑严密，尽量减少或避免采用插砖法砌筑。由于斜道区的砖缝多为隐蔽缝，每砌完一层砖后应随即勾缝。

为确保斜道开口位置和尺寸，斜道开口砖和砖煤气道管砖的开口尺寸应逐块挑选并检查。斜道第一层砌砖前，应由木工画出各口中心线。斜道区最顶层的斜道出口在调节砖不能调节的方向上，允许误差为±1mm。侧入式焦炉对砖煤气道的要求与下喷式焦炉相同。

(4) 炭化室　焦炉的炭化室与燃烧室相间并列，炭化室砌砖也就是燃烧室砌砖。炭化室砌砖前，应完成斜道区的砌砖质量检查，并彻底清扫各通道和孔道；砖煤气道出口的灯头嘴用纸塞好，并用沥青灌死。为确保炭化室第一层砖的位置正确，应由木工在斜道区顶面打墨线定位后砌砖。为避免砌墙泥浆堵塞斜道和砖煤气道，以及防止砌墙掉砖打坏斜道口，在砌完炭化室墙2～3层后，再清扫一次斜道口和立火道底部，并在立火道底部撒上10～15mm厚的锯木屑，再盖上特制的临时保护板。炭化室与燃烧室间只由一层薄墙隔开，如有空隙，荒煤气会漏入燃烧室燃烧，破坏焦炉的正常加热，并使焦炭质量降低。为此所有砖缝应饱满严密，每砌4～5层就应彻底勾缝，隐蔽砖缝及立火道内的砖缝应逐层勾缝。

为保证顺利推焦，炭化室底砖不得有与焦饼推出方向相反的错台，表面不得有缺陷。炭化室宽度应符合设计尺寸，机侧、焦侧绝对不能反差。墙面要平滑，与炉底面一样不得有与推焦方向相反的错台。

燃烧室两端的炉肩，是安装保护板和炉门框的地方，要求其正面线与设计要求相差不超过±3mm，炉肩平直度和垂直度误差不超过3mm，否则安装保护板和炉门框时，炉肩石棉绳会有松有紧，生产后容易由此漏气造成冒烟冒火。砌炉端墙时，应注意膨胀缝的尺寸和清扫。

(5) 炉顶区　炉顶区部分的特点是单元多，结构不同，故施工较乱。因此施工前应准确画出装煤孔、上升管孔的中心线和边线，然后根据边线砌炭化室盖顶砖，砌盖顶砖时，应保证膨胀缝均匀，炭化室长向不能超出炉肩，以免影响炉门框的安装。

砌看火孔墙时，应注意看火孔中心距、砖层标高和垂直情况，内壁错台不超过2mm，还要防止砖和泥浆杂物掉入立火道，内部砖缝应随砌随勾。最后一层应将事先准备好的看火孔、装煤孔底座一并砌入，并立即将看火孔盖和装煤孔盖涂油盖严。装煤车轨道基础的砌筑应根据事先画好的线进行，不得偏斜。

三、收尾工作

为使所筑焦炉具备烘炉和开工条件，整个焦炉砌完后，还需对炉体各部位进行彻底清扫和检查，取出所有在砌砖过程中遗留在其中的任何杂物、工具。

1. 炉体的清扫

在炉顶砌完后即着手进行看火孔、立火道、砖煤气道、斜道、蓄热室及小烟道的清扫。首先应将附着在看火孔内壁的灰浆刮下，并用压缩空气吹扫直到无灰块为止。吹扫时的照明应为36V的安全临时软线折装灯，压缩空气压力为0.07～0.1MPa。

清扫立火道的风压不能太大，以免将砖缝中的灰浆吹掉，但在灰浆较多处风压可适当大些，对于带废气循环的焦炉，为避免灰尘自废气循环孔内往返窜移，应在一组双联火道内同时进行吹扫。

斜道口要确保畅通无阻，检查斜道孔时要特别注意斜道口的上壁，悬挂在其上的灰浆必须清除。同时斜道口处的滑动纸上的灰浆也必须清除。

将蓄热室内壁的灰浆刮净，并应修补好空缝。箅子砖保护板上的废灰清扫干净后，取出保护板，用压缩空气从中心隔墙处开始向下吹扫，然后将小烟道内的灰清除，并从里向外彻底吹扫干净。

炉端墙 30mm 膨胀缝借助于事先放入的钢丝绳由上往下进行清扫，将膨胀缝中的灰浆碎块等杂物扫入底部的洞内，然后将洞中的灰耙出或用压缩空气吹扫干净。

2. 装格子砖

不分格蓄热室的格子砖可在焦炉的斜道区、炭化室、炉顶区全部砌筑完毕后进行安放。安放前进行蓄热室墙二次勾缝和清扫。

安放前，先按设计要求将第一层铺设好，然后自中心隔墙采取阶梯形向外铺设，装格子砖时上下层孔洞应对齐，并将膨胀缝留足，若发现格子砖不稳定倾斜时，可用马粪纸垫平，也可在格子砖和墙面间打入木楔固定。经检查合格后砌筑蓄热室封墙。

分格蓄热室焦炉的蓄热室墙与格子砖应分段交替砌筑，可分 2～3 段进行。每段格子砖干砌前，应先砌该段的封墙及小格墙，并进行墙面勾缝和吸尘清扫。在砌放格子砖时注意防止泥浆掉入下段格子砖内，上下格子砖孔应对齐。格子砖每段砌完毕并检查合格后，立即盖上保护板，保护板应牢固、严密，并贴靠周边墙面，防止泥浆掉入格子砖。

3. 蓄热室封墙砌筑

根据蓄热室结构与宽度的不同，蓄热室有两种砌筑方法。

（1）分格蓄热室及窄蓄热室　分格蓄热室封墙一般与蓄热室墙和隔墙同时分段砌筑，每格清扫干净后装格子砖。窄蓄热室由于宽度较小（300mm 以下），也采用蓄热室墙与格子砖段交替砌筑的方法进行施工，等砌完全部蓄热室墙及装完格子砖后盖上保护板，砌斜道区。当全炉砌完并清扫干净后再从两侧抽出保护板，留足膨胀缝，最后开始砌筑封墙。

（2）宽蓄热室　一般在 300mm 以上宽度的蓄热室，在格子砖全部装放完毕后再砌筑蓄热室封墙，要求在砌完每层封墙后将挤出的泥浆刮净。泥浆要求饱满，内封墙按设计留有膨胀缝。

4. 炭化室二次勾缝

炭化室二次勾缝应达到表面光滑平整和砖缝坚实，勾缝所使用的灰浆与砌砖灰浆相同，为使勾缝的新灰浆与原砌砖的灰浆能紧密结合，应先用水润湿砖缝。润湿范围只应在砖缝及少量的砖边上，尽量不让硅砖大面积受湿，勾缝后砖缝表面与炭化室墙面应齐平，不得隆起或凹进。

5. 炉头正面抹灰层

小保护板结构的焦炉炉头正面设计有抹灰层，通过抹灰达到正面的平直。为保护炉门框的安装质量，正面线的允许误差应在±3mm 之内，止面的垂直度和平直度也应在±3mm以内。在保护板安装前，进行炉头正面抹灰层施工。

大保护板结构的焦炉，冷态时炉头正面不进行抹灰，在烘炉后热态时进行灌浆。

6. 砌筑炉门衬砖

炉门在生产中需要定时地将其摘下与装上，在此过程中不可避免地要受到震动，因此要求炉门衬砖砌得坚固耐久，砌体表面要平直，线形尺寸满足设计要求。

砌筑时在两侧悬挂准线，并随时用木靠尺找平。炉门衬砖的厚度不合格时，可在肩部进行加工，但外露表面严禁加工，以免加工后黏土砖经受不住煤气的侵蚀而加速炉门衬砖的损坏。在炉门衬砖顶部应留足够的膨胀缝，砌炉门使用的灰浆为硅酸盐水泥30%，黏土耐火泥70%。

7. 上升管、桥管衬砖的砌筑

上升管、桥管衬砖的砌筑应从底部的一端开始，在砌筑环形衬砖顶部时，如果高度超过允许误差时，可在上部的第二环切除一段，又如衬砖在弧形尺寸上超过允许误差而影响膨胀缝时，可加工带勾槽的一面，不允许加工勾舌。砌上升管衬砖，应尽量靠近炉体，减少搬运的距离和次数，砌完后，砖缝未干透前，尽量避免搬运，以免衬砖松动脱落。

8. 分烟道及总烟道砌筑

分烟道、总烟道衬砖的砌筑有两种方法，一种是先砌衬砖后浇灌钢筋混凝土，另一种则是先浇灌钢筋混凝土后砌衬砖。这两种施工方法在砌筑分烟道、总烟道衬砖时，均应采用挤浆法，确保砖缝泥浆饱满。严禁用砌红砖的灌浆法砌筑。砌筑时应留足膨胀缝，在烟道沉降处，按设计必须同时留衬砖的沉降缝，千万不可忽略。

烟道的膨胀珍珠岩断热层砖必须砌筑，不许填充。

分烟道、总烟道几何尺寸必须保证，烟道断面的高度和宽度的允许误差为±10mm，拱和拱顶的跨度允许误差为±10mm，超过者为不合格。

分烟道中的烟道埋管中心距的允许误差为±5mm。铸铁弯管插入不能超出衬砖内表面，否则影响气流流动，并增大烟道阻力。

9. 炉体正面膨胀缝

所有露在外部的正面膨胀缝，应用石棉绳堵严，以防止从膨胀缝向炉内漏入冷空气，影响炉头温度。塞入石棉绳时表面应平直，不得凹进或凸出。生产实践表明，密封炉体表面的膨胀缝对保证炉头温度是非常重要的。斜道正面的膨胀缝一般在冷态时用硅质水玻璃泥浆密封，在烘炉后，因有操作台不易密封，极易漏气，其他项目则转入焦炉热态工程处理。

第二节　炼焦炉的烘炉

焦炉烘炉是将冷态的焦炉进行烘烤，砌体经干燥、脱水和升温阶段，使炉温达到900～1000℃以上，为焦炉过渡到生产状态做准备。因此烘炉过程中冷、热态之间的热胀冷缩十分突出。烘炉质量的好坏，关键在于焦炉砌体从冷态转为热态时，对砌体膨胀速度和膨胀量的处理，要确保焦炉不致因膨胀而损坏，以延长焦炉砌体的寿命。

焦炉烘炉是一个比较复杂的过程，它包括热工、铁件及膨胀量的管理，同时在烘炉期间还要进行许多热态工程，涉及土建、设备安装、备煤及回收车间的开工准备，下面就几个主要问题进行讨论。

一、几种不同燃料的烘炉方法

1. 烘炉方法

根据烘炉燃料的不同，一般有三种烘炉方法，即采用气体燃料、液体燃料和固体燃料烘炉，它们各有特点。用气体燃料烘炉，升温管理方便，调节灵活准确，节省人力，燃料消耗少，开工操作简便，因此有气体燃料供应时，应力争用气体燃料烘炉。用固体燃料烘炉，工人劳动强度大，炉温不易控制，尤其到高温阶段，升温较困难，但烘炉设备简单，燃料较易解决，故在第一座焦炉烘炉时，无气体燃料供应时，仍被广泛采用。液体燃料烘炉克服了固体燃料烘炉的主要缺点，升温管理方便，节省人力，但烘炉费用较高，目前采用喷嘴上的针型阀调节油量，准确性较差，因此温度均匀性较气体燃料烘炉时为差。近年来有些焦化企业在第一座焦炉烘炉时也曾采用。

以上三种燃料烘炉时单位消耗比较见表7-1（以JN43型焦炉为例）。

表7-1　不同燃料烘炉时的耗热量比较

燃料种类	热值/(kJ/m³)	每孔炭化室耗量	每孔耗热/×10⁶kJ	耗热量比
焦炉煤气	16700	27600m³	460.9	1
高炉煤气	3800	145900m³	554.5	1.2
柴油	35600	13t	462.8	1
烟煤	29300	32t	937.6	2.03

2. 对烘炉燃料的要求

（1）固体燃料　烘炉用煤最好是挥发分大于36%、灰分低于10%、灰熔点高于1400℃的块煤。这样的烘炉煤产生的热气流量大，炉灰少，烘炉时在烘炉小灶内不结渣，透气性好，操作方便。在烘炉初期，由于炉温较低，可采用块度较小的煤（10～50mm），随着炉温升高，尤其在改为内部炉灶加热时，因未设炉箅，通风条件差，要求煤料的块度要大，后期应采用大于80mm的块煤，从而使透气性良好，以保证煤能正常燃烧。由于灰熔点低可能将火床与炭化室墙烧结或使炉墙结渣，对此必须重视。固体燃料烘炉时，干燥阶段最好用焦炭加热，因为焦炭燃烧后生成水分少，火焰较稳定，燃烧时间长，这样有利于砌体干燥。

（2）液体燃料　要求油内没有固体杂质，80℃时的恩氏黏度小于2（以保证其流动性），以免燃烧时堵塞喷嘴，水分不能大于2%，加热至80～85℃时不起泡沫且无明显的气化。液体燃料可用赤油（仅提取出轻质馏分的石油原油）、重油、焦油和柴油等，前三种油因其凝固点低，储油和运输系统均需加热保温。重油和焦油中含有大量的固体颗粒，焦油中含有较多的水分，因此烘炉初期（200℃以前）因用油量较少，炉膛温度低，使用前三种油困难较多。条件允许时，最好在烘炉初期采用燃点低、黏度小、流动性好且杂质较少的轻柴油，中后期采用重柴油或重油。

（3）气体燃料　气体燃料有焦炉煤气、高炉煤气和发生炉煤气，后两者为贫煤气。贫煤气的主要可燃成分是CO，燃烧后生成的化合水很少，有利于炉体的干燥，且由于发热值低，载热体体积大，故有利于温度均匀分布。贫煤气毒性大，因此既要防止灭火，又要保证完全燃烧。此外贫煤气烘炉时，在低温阶段由于其燃点低，耗量少而容易灭火，故当煤气量小时，小支管上最好配上填有黏土砖粒的网状烧嘴；烘炉后期（750℃以后）有可能出现升温困难，可混入部分焦炉煤气，焦炉煤气要求含焦油雾少，发生炉煤气要求含尘量低，以免堵塞各支管上的孔板。

3. 烘炉设施和气体流动途径

烘炉点火前，在各炭化室的机侧、焦侧炉门处，应砌好封墙、火床和烘炉临时小灶。燃料不同，火床和烘炉小灶也略有不同。图7-1为气体燃料烘炉时，加热设备配置和气体流动途径。

烘炉小灶分为炉膛和混合室两部分，中间隔以挡火墙，燃料在炉膛内燃烧，废气越过挡火墙而进入混合室，在此可以混入二次空气以控制废气温度和增加废气量。固体燃料烘炉时，烘炉小灶炉膛容积比气体燃料烘炉小灶炉膛大，且设有炉箅子。

火床（即内部炉灶）是由炭化室封墙、炭化室内底部及两侧衬砖所组成，为了防止火床与炭化室烧结，火床底层与炭化室底之间铺有一层石英砂，火床底层及炉墙间均留有膨胀

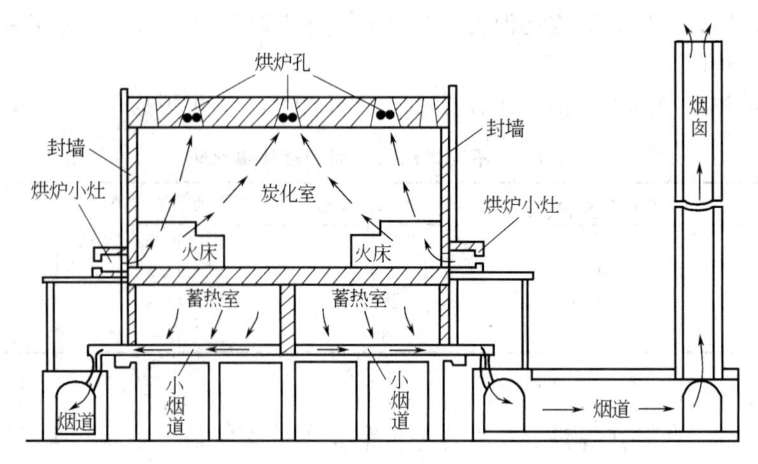

图 7-1　烘炉气体流动图

缝，以免烘炉过程中火床与炉墙间挤压得太紧，开工时扒出困难，而影响顺利开工。为了防止火墙倒塌，两侧衬墙间有若干支撑砖。

气体燃料烘炉时，为使燃烧稳定和砖均匀受热膨胀，火床内还设有格子砖，但火床高度和深度比固体燃料烘炉时要小。用液体燃料烘炉时，低温阶段为减小炉膛容积，增大燃料的节流量，以便燃烧正常，避免熄火，相邻两个炭化室设置一个小灶。中后期则转为直接在内部炉灶燃烧。

根据烘炉燃料的不同，炭化室封墙上留有必要的孔眼以供观察、测量温度及投入燃料用。所有封墙及小灶的各气流孔尺寸应一致，以保证烘炉的均匀性。

气体或液体燃料烘炉时，在机侧、焦侧炉台上要安设临时管道，管道的布置要便于操作，安全可靠，并尽量避免影响其他工作。

中国 6m 大型焦炉在烘炉时以炉门代替封墙，不设外部烘炉小灶，而是直接在炭化室内火床加热烘炉，取得完全成功，节约了大量的人力、财力，并避免了投产时拆封墙的紧张操作。

烘炉时燃料在烘炉小灶内燃烧后，产生的废气由炭化室上升经烘炉孔至燃烧室各立火道下降，再经斜道、蓄热室、小烟道、废气盘、分烟道、总烟道，最后由烟囱排入大气。

二、烘炉准备

烘炉期间工程量大，时间短，充分做好烘炉前的准备工作，是保证烘炉顺利进行、提高烘炉质量的重要环节。

1. 烘炉前必须完工的工程

（1）烟囱和烟道工程　烟囱全部合格验收，烟道勾缝完毕，膨胀缝清扫干净，测温、测压管埋设好，砌好烘炉小灶及燃料管道。总烟道翻板施工完毕，通往另一座焦炉的总烟道翻板或闸板关闭，并用石棉绳密封周边缝隙。分烟道翻板安装完毕，开关方向应打上标记，并使烟道排水设施完备。

（2）炉体砌砖清扫　做出炭化室冷态检查记录，炉体及炉端墙 30mm 膨胀缝进行清扫干净，炉体正面膨胀缝用石棉绳填塞，砌筑临时小炉头，检查干燥孔，并清扫完毕。

（3）各部位的密封工作　上升管孔可用备用装煤孔盖盖严，装煤孔盖周边用灰浆封严，密封小烟道口、交换开闭器底座及蓄热室封墙，保护板炉门框上部做好防雨覆盖层（垫上一层马粪纸，上面抹水泥砂浆）。

（4）安装工程　护炉铁件全部安装完毕，验收合格；交换开闭器安装完毕；机侧、焦侧作业台施工完毕；拦焦车轨道已安装；测线架安装完毕；抵抗墙中心卡钉埋设完毕；烘炉煤气管道安装完毕，小孔板准备完毕。

（5）烘炉点火前的准备工作

① 炉室编号和测点做标记：蓄热室、燃烧室编号，炉长、炉高和弹簧等测点，炉端墙30mm膨胀缝测点，机侧、焦侧作业台倾斜度测定，抵抗墙倾斜度测定点，炉门框原始点及炉柱曲度测点，炉柱和保护板间隙测点等做好标记。

② 测量各种原始记录，包括燃烧室、蓄热室、箅子砖、小烟道等处的温度，总烟道、分烟道的温度及吸力，抵抗墙温度，大气温度，炉柱曲度及大小弹簧的负荷，纵拉条提起高度及弹簧负荷，炉门框上移，炉柱和保护板间隙，机侧、焦侧操作台及抵抗墙倾斜度，炉高与炉长等。

（6）烘炉人员配备　由于烘炉方式不同，需用的烘炉管理人员也不同。三种烘炉方式比较，以固体燃料烘炉所需人员最多，而气体燃料烘炉需要人员最少，分别见表7-2、表7-3。

（7）烘炉燃料的准备　根据烘炉方式的不同，固体、液体和气体燃料的需要量和许多因素有关，如烘炉速度的快慢、保温时间的长短等。按正常的烘炉条件，燃料的需要量（按JN43-80型焦炉42～65孔）如下。

固体燃料可按每孔炭化室32t计算，42孔焦炉共需块煤1400t。在300℃以前所需燃料占全部燃料的27%，300～950℃为73%。

液体燃料按平均20kg/(h·孔）计算。

表7-2　固体燃料烘炉人员岗位表（42孔焦炉）

岗位		白班人数	三班倒人数	合计
烘炉负责人		1		1
铁件膨胀管理人员		7		7
热修维护人员		6		6
三班值班负责人			1×3=3	3
炉顶测温工			3×3=9	9
蓄热室测温工			3×3=9	9
烧火工	初期		22×3=66	66
	末期		44×3=132	132
运煤和运灰渣工	初期		10×3=30	30
	末期		30×3=90	90
总计人数	初期	131+19(代休)=150人		
	末期	257+38(代休)=295人		

表7-3　气体燃料烘炉人员岗位表

岗位	白班人数	三班倒人数	合计	岗位	白班人数	三班倒人数	合计
烘炉负责人	1		1	蓄热室测温工		3×3=9	9
铁件膨胀管理人员	7		7	烧火工		2×3=6	6
热修维护人员	6		6	煤气压力调节工		1×3=3	3
三班值班负责人		1×3=3	3	代休		7	7
炉顶测温工		3×3=9	9	总计人数(51人)	14	37	51

气体燃料：焦炉煤气可按 27600m³/孔计算，最大流量为 50m³/(h·孔)；当用高炉煤气烘炉时为 145900m³/孔，最大流量为 300m³/(h·孔)。

(8) 其他准备工作

① 烘炉所需的各种消耗材料及工具包括热电偶、各种温度计、各种压力（吸力）表、光学高温计等。

② 备煤、筛焦系统和初冷、终冷系统的工程要全部完工并达到试运转条件或大部分完工（特别是鼓风机安装情况要达到试运转条件）。

2. 烘炉升温计划的制定

整个烘炉过程可分为干燥和升温两个阶段，不同阶段制定升温计划的依据不同：干燥期主要是保证砌体内部的水分向外扩散速度与砌体表面水分蒸发速度协调；升温阶段主要考虑使砌体各部位缓慢而均匀地膨胀，而相关设备仍处于冷态，但它们都跟砌体各区间的温度比例及耐火材料的膨胀性相关联。因此整个烘炉升温计划要根据上述因素予以制定。

(1) 干燥期的确定　一座刚砌成的 JN43-80 型焦炉(42 孔)，砌体总含水量约有 300t 左右，这些水分要在焦炉正常升温前排出，干燥期就是把炉温升到 100℃所需的天数。实际上炉温达到 100℃时，砌体水分并未全部排净，仅为习惯上的划分。

砌体干燥前，内部水分与表面含水基本上是均匀的，干燥开始后，表面水分首先被热气流带走，砌体内部与表面含水的平衡被破坏，水分由内部扩散到表面，然后又被热气流带走，一直到砌体完全干燥。砌体内部水分向外的扩散速度与温度有关，温度越高，扩散速度越快，但当温度过高时，内部水分将直接被汽化，并产生相当大的压力而从砌体的灰缝中冲出，使灰缝变得疏松，从而破坏了砌体的严密性。此外，速度太快还会出现另一种不利情况，因热气流在通过炭化室、燃烧室、斜道、蓄热室、小烟道等部位时，温度逐渐降下来，如果加大干燥速度，将使各处的温度降增加，在燃烧室达到饱和的热气流流至砌体下部时，由于温度降低，其中水汽就可能在小烟道冷凝下来，这样不仅延长了下部砌体的干燥期，还会冲刷灰缝，破坏砌体的完整性，并影响砌体的坚固性和严密性。在烘炉中必须防止这种情况的发生，所以砌体的干燥速度不能太快。干燥期取决于砌体的水分含量、砌砖时的节气、烘炉用燃料及烘炉初期的空气过剩系数等，一般以 6～10d 为宜。

(2) 日线膨胀系数的选择　焦炉砌体大部分由硅砖砌成。由前已知硅砖受热膨胀是不均匀的，它在 117℃、163℃、180～270℃等温度时，由于晶型转变，体积急剧变化，硅砖本身及砌体间将会产生很大的内应力，以致产生裂纹或把砌体拉开而破坏其严密性。

升温速度越快，各部位的温差就越大，也就越容易产生破坏性拉力。为防止这种破坏性膨胀的发生，用日线膨胀系数这个指标来控制升温速度。根据多年的实践经验，在 300℃以前按日最大线膨胀系数为 0.035%计划升温，300℃以后按 0.04%升温较好。选取多大的日线膨胀系数及烘炉速度的快慢，除取决于耐火材料的性质外，还和烘炉方法、操作管理水平、热态工程进度和施工力量等多方面因素有关。因此应根据不同情况制定出先进、可靠的烘炉升温计划。

(3) 砖样膨胀曲线的测定　砖样的热膨胀特性是制定烘炉升温计划的重要依据，通常从燃烧室、斜道区、蓄热室三个区域中选取横向和高向膨胀有代表性的砖号，即用量最多、砖型尺寸较大、制作较困难的砖号，测定其热膨胀曲线。

根据硅砖质量及焦炉炉型，每个部位一般选取 2～4 个砖号测定。应准备两套砖样，一套测定，一套备查。JN43-58 型焦炉选取砖样见表 7-4。

表 7-4　焦炉有关部位所取砖样

区　域	砖　　样			
蓄热室	13 号	31 号	35 号	39 号
燃烧室	200 号	201 号	202 号	—
斜道	93 号	107 号	123 号	151 号

测定热膨胀数据时，考虑到 250℃以前是 SiO_2 晶型转化点比较集中的阶段，体积变化最大，因此在 20～250℃区间内每隔 25℃取一个数据，250～300℃间每 50℃取一个数据，300～500℃间每 100℃取一个数据，而 500～600℃间又有晶型变化，所以每 50℃取一个数据，600℃以上每 100℃取一个数据，最终测到 850℃，测定结果绘出曲线和图表。

(4) 上下部温度在各温度区间的比例　由于焦炉高向温度分布不同和硅砖的非线性膨胀的性质，焦炉各部位的膨胀量和膨胀速度是不同的，为保持焦炉各部位尽量能相应地膨胀，使相对位移达到最小，不致把砌体拉开，以及产生不合理的相对位移，在干燥期又能有效地将砌体内的水分排出，因而在烘炉过程中焦炉各部位的温度要控制一定的比例。

烘炉过程中炉体上下部的温度比例，由硅砖的热膨胀性质而定。

以某厂生产的硅砖为例：加热至 850℃时的总线膨胀系数为 1.268%，而其中 0～300℃的线膨胀系数为 0.762%(0～100℃为 0.08%)，占总线膨胀系数的 60%，则在100～300℃范围内每隔 1℃的温差相对应的线膨胀系数为(0.762 − 0.08)/(300 − 100)＝0.0034%；而在 300～850℃范围内每隔 1℃的温差相对应的线膨胀系数为(1.268 − 0.762)/(850 − 300)＝0.001%。前者为后者的 3.4 倍。由此可见，300℃以前上下部位移最大，为此要求 300℃以前蓄热室的温度为燃烧室温度的 95%，随着温度的上升，此比例可以逐步递减，但烘炉末期仍不应低于 85%。

小烟道温度初期为燃烧室温度的 85%左右为好，末期应接近正常生产温度，不可过低，以免发生小烟道温度剧烈降低产生收缩而开裂，破坏砌体的严密性。小烟道温度过高会引起基础平台过热，并使其变形、开裂。

(5) 烘炉升温曲线的制定　根据上述的四个条件，可以制定烘炉升温曲线：首先根据砖样膨胀曲线、焦炉上下部位的温度比例及规定的日线膨胀系数，计算出每一温度区间的烘炉天数，然后再根据采用的天数计算出各温度区间的每日升温数及日最大线膨胀系数，并列表绘出升温和膨胀曲线。这里提出两个方案，可根据情况进行选择。

第一方案：300℃前采用最大日线膨胀系数 0.03%，300℃后采用最大日线膨胀系数为 0.035%，干燥期选用 10d，烘炉期为 65d。

第二方案：300℃前采用最大日线膨胀系数为 0.035%，300℃后采用最大日线膨胀系数为 0.04%，干燥期为 8d，烘炉期为 58d。第一方案参见表 7-5 和图 7-2 的曲线，第二方案参见表 7-6 和图 7-3 的曲线。

现以表 7-6 所示的数据为例，来阐明烘炉曲线的制定。

选取干燥期为 8d 时：

燃烧室温度 20～100℃，温度差 80℃；

蓄热室温度 20～95℃，温度差 75℃；

表 7-5 第一方案烘炉曲线数据表

温度间隔/℃			天数/d	每昼夜升温度数/℃			最大间隔线膨胀系数/%				最大日线膨胀系数/%		
燃烧室	蓄热室	小烟道		燃烧室	蓄热室	小烟道	燃烧室	蓄热室	小烟道	最大值	燃烧室	蓄热室	小烟道
20～100	20～95	20～60	10	8.0	7.5	4	0.09	0.08	0.035	0.09	0.009	0.008	0.0035
100～125	95～115	60～70	2	12.5	10	5	0.06	0.04	0.01	0.06	0.03	0.02	0.005
125～150	115～140	70～80	2	12.5	12.5	5	0.06	0.06	0.01	0.06	0.03	0.03	0.005
150～175	140～165	80～95	3	8.4	8.4	5	0.08	0.09	0.02	0.09	0.027	0.03	0.005
175～200	165～185	95～110	4	6.3	5	3.8	0.09	0.12	0.03	0.12	0.023	0.03	0.008
200～225	185～205	110～125	3.5	7.2	5.7	4.3	0.10	0.08	0.03	0.10	0.029	0.023	0.008
225～250	205～230	125～135	4	6.3	6.3	2.5	0.11	0.10	0.02	0.11	0.028	0.025	0.005
250～275	230～250	135～150	3	8.4	6.7	5	0.09	0.07	0.05	0.09	0.03	0.023	0.017
275～300	250～275	150～165	4	6.3	6.3	3.8	0.08	0.11	0.06	0.11	0.02	0.028	0.015
300～350	275～315	165～180	4	12.5	7.5	3.8	0.13	0.11	0.06	0.13	0.033	0.028	0.015
350～400	315～360	180～200	3	17.0	15	6.7	0.10	0.10	0.08	0.10	0.033	0.033	0.027
400～450	360～400	200～215	2.5	20.0	16	6	0.08	0.08	0.06	0.08	0.032	0.032	0.024
450～500	400～450	215～235	3	17.0	16.7	6.7	0.07	0.10	0.06	0.10	0.024	0.033	0.02
500～550	450～490	235～250	2	25	20	7.5	0.06	0.07	0.06	0.07	0.03	0.035	0.03
550～600	490～530	250～265	2	25	20	5	0.06	0.05	0.05	0.06	0.03	0.025	0.025
600～650	530～575	265～275	2.5	20	18	4	0.08	0.05	0.05	0.08	0.032	0.02	0.02
650～700	575～620	275～285	2	25	22.5	7.5	0.07	0.05	0.06	0.07	0.035	0.025	0.03
700～800	620～690	285～300	3	33.3	23.3	5	0.08	0.07	0.05	0.08	0.027	0.023	0.017
800～900	690～780	300～310	3.5	28.5	25.7	2.9	0.06	0.10	0.03	0.10	0.017	0.029	0.009
900～950	780～810	310～315	2	25	15	2.5							
合计			65										

表 7-6 第二方案烘炉曲线数据表

温度间隔/℃			天数/d	每昼夜升温度数/℃			最大间隔线膨胀系数/%				最大日线膨胀系数/%		
燃烧室	蓄热室	小烟道		燃烧室	蓄热室	小烟道	燃烧室	蓄热室	小烟道	最大值	燃烧室	蓄热室	小烟道
20～100	20～95	20～60	8	10	9.4	5	0.09	0.08	0.035	0.09	0.011	0.01	0.0044
100～125	95～115	60～70	2	12.5	10	5	0.06	0.04	0.01	0.06	0.03	0.02	0.005
125～150	115～140	70～80	2	12.5	12.5	5	0.06	0.06	0.01	0.06	0.03	0.03	0.005
150～175	140～165	80～95	3	8.4	8.4	5	0.08	0.09	0.02	0.09	0.027	0.03	0.007
175～200	165～185	95～110	4	6.3	5	3.8	0.09	0.12	0.03	0.12	0.023	0.03	0.008
200～225	185～205	110～125	3	8.5	6.7	5	0.10	0.08	0.03	0.10	0.033	0.027	0.01
225～250	205～230	125～135	3.5	7.2	7.2	2.9	0.11	0.10	0.02	0.11	0.031	0.029	0.006
250～275	230～250	135～150	3	8.4	6.7	5	0.09	0.07	0.05	0.09	0.03	0.024	0.017
275～300	250～275	150～165	3.5	7.2	7.2	4.3	0.08	0.11	0.06	0.11	0.023	0.032	0.017
300～350	275～315	165～180	3.5	14.3	8.6	4.3	0.13	0.11	0.06	0.13	0.037	0.032	0.017
350～400	315～360	180～200	2.5	20	18	8	0.10	0.10	0.08	0.10	0.04	0.04	0.032
400～450	360～400	200～215	2	25	20	7.5	0.08	0.08	0.06	0.08	0.04	0.04	0.03
450～500	400～450	215～235	2.5	20	20	8	0.07	0.10	0.06	0.10	0.028	0.04	0.024
500～550	450～490	235～250	2	25	20	7.5	0.06	0.07	0.06	0.07	0.03	0.035	0.03
550～600	490～530	250～265	1.5	33.3	26.7	6.7	0.06	0.05	0.05	0.06	0.04	0.034	0.032
600～650	530～575	265～275	2.5	20	18	4	0.08	0.05	0.05	0.08	0.032	0.02	0.02
650～700	575～620	275～285	2	25	22.5	7.5	0.07	0.05	0.06	0.07	0.035	0.025	0.03
700～800	620～690	285～300	3	33.3	23.3	5	0.08	0.07	0.05	0.08	0.027	0.023	0.017
800～900	690～780	300～310	3	33.3	30	3.4	0.06	0.10	0.03	0.10	0.02	0.033	0.01
900～950	780～810	310～315	1.5	33.2	20	3.3							
合计			58										

小烟道温度 20～60℃，温度差 40℃。

$$各部位昼夜升温度数=\frac{温度差}{干燥期天数}$$

上述情况下各部位的昼夜升温度数分别为 80/8=10℃；75/8=9.4℃；40/8=5.0℃。

最大日线膨胀系数的计算如下

$$干燥期最大日线膨胀系数=\frac{各部位最大间隔线膨胀系数}{干燥期天数}$$

故各部位的最大日线膨胀系数为

0.09/8=0.011%；0.08/8=0.01%；0.035/8=0.0044%

在升温阶段时

$$烘炉天数=\frac{各部位最大间隔线膨胀系数}{规定的最大日线膨胀系数}$$

如：300℃前选取最大日线膨胀系数为 0.035%，则

	燃烧室	蓄热室	小烟道
温度间隔	100～125℃	95～115℃	20～70℃
最大间隔线膨胀系数	0.06%	0.04%	0.01%

上述三个部位的最大间隔线膨胀系数为 0.06%，则烘炉天数为 0.06/0.035=1.2d，为安全起见也可取 2d。

按照上述方法，分别计算出表 7-5、表 7-6 中所示的有关数据，根据这些数据绘制成如图 7-2 和图 7-3 所示的烘炉计划曲线。烘炉时应按照图 7-2 和图 7-3 所示的烘炉曲线来指导烘炉升温。

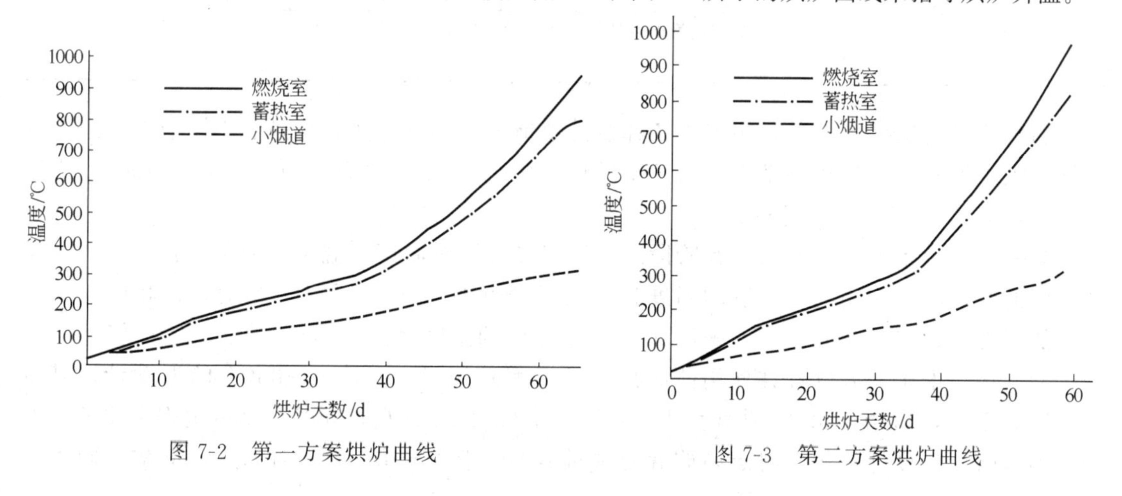

图 7-2　第一方案烘炉曲线　　图 7-3　第二方案烘炉曲线

三、烘炉管理

1. 点火

烘炉过程中热气流靠烟囱的吸力克服阻力而流经炉体各部位，为保证烟囱有足够的吸力，在炭化室小灶点火前，需先烘烤烟道和烟囱，一般提前 3～8d（因烘炉所用燃料不同而异）烘烤烟囱，提前 1～2d 烘烤烟道。根据炉温情况，当烟囱具有足够的吸力（100～150Pa），分烟道吸力达到 80Pa 后，可以先后停止烟囱和烟道的烘烤，然后进行炭化室烘炉小灶的点火。为适应焦炉低温时的要求，开始时只将炭化室的烘炉小灶的半数点火（机侧、焦侧单双数错开），当燃烧室温度达 70～80℃时，才将其余半数小灶点火，两天后再点燃抵抗墙的烘炉小灶。

2. 炉体各部温度的测量

烘炉期间测温项目见表 7-7。

表 7-7　烘炉期间测温项目

项　目	地　点	时间与次数	意　义
标准燃烧室温度(除端部燃烧室各两个外,隔五个燃烧室一个)	每个标准燃烧室的下列火道(1号、3号、7号、11号、18号、22号、26号、28号)	每班两次,上班后第1h和第4h测,后一次测值为本班完成指标	代表炉体温度
直行温度	全炉测温火道(机侧、焦侧各一个)	每班一次	检查全炉温度均匀性
横排温度	中部两个燃烧室的所有火道	每50℃测一次	检查全炉横向温度均匀性
蓄热室温度	与标准燃烧室同号的机侧、焦侧蓄热室顶部	同标准燃烧室	代表斜道区温度
箅子砖温度	与标准燃烧室同号的机侧、焦侧箅子砖上	同标准燃烧室	代表蓄热室温度
小烟道温度	与标准燃烧室同号的机侧、焦侧小烟道	同标准燃烧室	代表小烟道温度,与蓄热室、箅子砖温度一道检查高向分布
炭化室温度	每侧选几个标准炭化室	酌情确定	用煤气烘炉时,对煤气量变化敏感
烟道温度	总、分烟道	同标准燃烧室	
抵抗墙温度	四角抵抗墙保温墙炉顶火道	同标准燃烧室	
大气温度	选不受焦炉温度影响的地点	同标准燃烧室	

温度测量是掌握烘炉过程中焦炉各部位升温情况的基本方法，也是热工调节的一个主要依据，烘炉期间炉温的测量基本分为三个阶段，常温～400℃为第一阶段，400～800℃为第二阶段，大于800℃为第三阶段。

第一阶段（常温～400℃），此阶段用水银温度计测量温度。温度计应装入铁套管内，每个地区的温度测量应用同样刻度的温度计。当温度范围在常温～250℃内时，采用0～360℃刻度的温度计；250～400℃时，采用0～500℃刻度的温度计。

为了测量准确，温度计在使用前应预先进行编号校对，对于0～360℃的温度计，其误差不得大于±4℃，0～500℃的温度计，其误差不得大于±8℃，同时在测量过程中要按号专用。测温时，温度计在每个测点内放置的时间不得少于20min。下雨时温度计应防止雨水进入，移动温度计时应将开口向下。

当需要把一个范围刻度的温度计换为另一个范围刻度的温度计时，应分批逐步更换，可采取每班换4～6支的办法，避免温度计误差引起的温度波动。

第二阶段（400～800℃），在这个阶段里采用的测温工具是热电偶。在采用热电偶测温前，当炉温达350℃时，即可将热电偶与水银温度计同时测量、同时记录，以确定水银温度计与热电偶的测量误差。当炉温达450℃时可全部改为热电偶测量。

根据不同材质和型号的热电偶，应选用与热电偶匹配的毫伏计，其温度读数应加上冷端温度校正值，该值可用距炉顶100mm高度的表面大气温度来表示。

第三阶段（大于800℃），该阶段采用光学高温计进行炉温的测量，在使用光学高温计前应与热电偶同时测几次温度，并做好记录，计算平均偏差。

（1）燃烧室温度的测量　每班测量两次标准燃烧室的标准火道温度，第一次测温时间在接班后1h开始，第二次测温时间应与第一次开始测温时间间隔4h。测温顺序，三班统一由交换机一端的焦侧开始，机侧返回，每次测量的时间间隔为20min，若温度计不够，则可交错进行。将测量结果算出平均温度值，两次测量的温度作为本班升温任务。

在交接班时，要对部分标准燃烧室的机侧、焦侧第一火道温度进行抽查，由交班测温工拔出测温管，接班测温工进行检查，然后将测温管插入同号燃烧室的机侧、焦侧其他火道。

（2）直行温度的测量　在350℃以前，每班测量一次直行温度，测温要在标准燃烧室两次测温时间之间进行。

（3）横排温度的测量　为了进一步了解烘炉温度横向分布的情况，可选取位于焦炉中部的两个燃烧室为代表号进行横排温度的测量。在炉温达300℃前，每逢50℃和100℃测量1次。在300℃以后，每逢100℃测量1次。测温要在标准燃烧室两次测温时间之间进行。

（4）蓄热室温度的测量　测量标准蓄热室顶部和小烟道出口处的温度，每班测量2次，由焦侧交换机端开始，机侧返回，蓄热室顶部测温管插入深度距封墙内边为1.5m。小烟道温度测量应将温度计插入交换开闭器废气两叉（或三叉）部断面中心处，测温时间与燃烧室测温时间相同。平均温度的计算不包括边蓄热室温度。

（5）烟道温度的测量　烟道温度的测量地点应在机侧、焦侧烟道翻板和总烟道大闸门之前，每2h测量1次，每班测量4次，并计算其平均值。

（6）抵抗墙温度的测量　在450℃以前，每班测量2次焦炉两端抵抗墙所有立火道的温度并做好记录，计算其平均值。

3. 温度调节

为了确保炉体均匀膨胀，应使热气流均匀分布到每个燃烧室中，并使燃烧室和蓄热室温度接近。为使砌体上下部温度均匀分布，主要靠调节燃料和空气量来实现。

烘炉初期为防止水汽在小烟道凝结，应保持较大的空气过剩系数，以增大废气体积，减小废气出入的温差，故此时二次风门要全打开。随着温度的升高和燃料量的增加，空气过剩系数将逐步减小，因此要注意控制一定的烟道吸力和小灶进风门的开度。烟道吸力的大小直接影响进入炉内空气量的多少，从而影响温度的变化。

在整个烘炉过程中，烟道吸力的数值大致稳定在一定的范围内，烘炉初期，为有利于炉体干燥，空气量较大，但因燃料量少且二次风门全打开，故烟道吸力稍大，干燥期结束后，二次风门全关闭，空气量逐渐减少，但因燃料量逐步增加，故烟道吸力降低不多。当火道温度达150～180℃时，为使看火孔压力转为正压，烟道吸力应降到最低，以后随燃料量的增加，烟道吸力又逐步增大。

此外烟道吸力还影响炉体上下的温度分布，一般吸力加大，有利于下部温度的提高，减小吸力则对上部温度提高有利。由于烟道吸力的变动对温度影响较明显，且烟道吸力还和燃料量及燃料的种类、风门开度等有关，故整个烘炉期间，应注意稳定烟道吸力，并视炉温及其分布做少量调节，以便控制炉温及上下部温度分配比例。

当燃烧室温度达到150～180℃时，主要由炉内热浮力作用，使立火道看火孔的压力转为正压，这样有利于炉顶部位的干燥和升温，也有利于防止冷空气进入炉内。适当降低烟道吸力，有利于看火孔转为正压，但此并非主要手段，因为如上所述，烟道吸力应保证炉温稳定地按计划按比例升温。

大气温度的变化（特别是烘炉初期，空气量最大时）对炉温影响很大，风向的改变会影响炉温，因此应注意及时调节。炉体的严密也是保证炉温均匀上升的一个重要措施，特别是在负压阶段，如不及时采取对炉体部位进行严密措施，就会使冷空气吸入而加大炉体各部位的温差，并容易导致炉体表面产生裂纹，所以应加强封墙、小炉灶及炉体各部位的密封工作。在炉温管理中，还应注意横排温度的调节。由于炉头的散热，以及火焰长度和烘炉孔的位置等因素的影响，一般燃烧室的横排温度是不均匀的，炉头稍低，各侧的中部稍高，烘炉过程中，横排温度一般不易调节，但应通过严密封墙和控制一次风门，防止炉头火道温度过低，这在炉温较高时尤为重要。

烘炉期间不允许温度下降，但也不能超计划升温，如果上班已达到甚至超过本班的升温计划时，则应保温，不应再继续升温。

烘炉燃料的不同，调温的方法也有所差异。固体燃料烘炉时，均匀升温的主要手段是靠燃料的合理使用和对小灶燃烧情况的管理来实现的。低温阶段，小灶的燃烧情况对炉头温度的影响更为显著。升温操作的主要方法应注意定时、定量薄层勤添，定时透灰，勤观察、勤检查，调节二次风门开度来控制燃烧强度；保温时，应压实煤层，关闭二次风门，控制透灰；烘炉后期，为加快升温应勤加煤、勤透灰。

用气体燃料烘炉时，炉温是通过调节煤气支管压力和更换不同直径孔板来控制的，需备有几套不同直径的孔板，一般分为 ϕ3mm、ϕ5mm、ϕ7mm、ϕ9mm、ϕ11mm、ϕ15mm 等 6 种规格，材质是厚 0.5mm 的钢板，每种数量为 80 个（42 孔），边炭化室的小孔板直径按中部的 1.3～1.5 倍，每种按 8 个准备，小孔板要加工光滑（精度为±0.1mm）。同时必须准确地测量其孔径。

根据不同的烘炉阶段，采用不同的孔板直径。随着炉温的提高，煤气用量将增大，增加流量就应增加煤气压力。实践表明：使用任一直径的孔板时，当煤气压力达 2000Pa 时，再增加煤气压力，煤气流量增加就不明显，炉温难于继续上升，此时应更换孔板。更换孔板的操作应迅速进行，防止炉温下降或波动，并要特别注意防火、防爆及防毒。更换孔板后为稳定煤气流量，应将煤气压力调整好，煤气压力值可按下式计算

$$\frac{p_1}{p_2}=\frac{D_2^2}{D_1^2}$$

式中　p_1、p_2——更换孔板前后的煤气压力，Pa；

D_1、D_2——更换前后小孔板直径，mm。

用液体燃料烘炉时，炉温的控制是通过调节油量、调节压缩空气量、改善油的雾化程度等操作来实现的。通常是调节小支管上的球形阀和针形阀，利用这两个阀来调节风油比。为保证油的完全燃烧，要适当控制风量。其油燃烧时的雾化风量以保持喷嘴不滴油且连续燃烧为宜。烘炉过程中，燃料燃烧的空气过剩系数应定期测量计算。

4. 压力测量与调节

在整个烘炉期间，确定和调节烘炉各阶段吸力值的基本原则是：以炉温为基础，以调节压力（吸力）为手段，满足温度符合计划升温曲线的要求。烘炉时确定了看火孔压力就可以确定其他部位的吸力值，再根据实际温度进行适当调节即可。

（1）看火孔压力的测量和调节　看火孔压力的测量是用斜型表在焦炉顶上进行操作的。将斜型表摆在焦炉中间位置，调好水平度并调好“零点”即可进行测量。

在燃烧室温度为180～200℃之前，炉顶看火孔压力一般为负值（吸力），当炉温达180～200℃之后，炉顶火孔的压力将由负值转为正压。

在烘炉过程中吸力值的变化对温度的影响十分灵敏。在调节吸力时每次变化量不能超过5Pa，否则将使温度波动较大。

当用固体燃料烘炉时，尽量创造条件使看火孔压力提前转为正压，防止冷空气吸入炉内，降低炉头温度和损坏炉墙。但用高炉煤气加热时，为了安全，尽量维持看火孔压力稍负一些。

（2）分烟道吸力的测量和调节　分烟道吸力的测点位置一般在分烟道横断面1/3处。在安装分烟道翻板时，测量吸力的导管已安装完毕并和自动记录显示仪表联通。

若自动记录仪表已经运行，则每2h记录1次；若无自动记录，则每2h用斜型表测量1次并记录之。

对于全炉温度的改变和调节，一般采取调节分烟道吸力的办法来实现。对于全炉温度比的调节也采用这一办法。烘炉期间要经常保持分烟道吸力稳定和达到规定数值，以便正确控制炉体上下部温度分配的比例，使整个烘炉期间烟道吸力变化不大。

（3）蓄热室顶部吸力的测量和调节　选择焦炉中部的两个蓄热室为标准蓄热室，用斜型表测量其顶部吸力。在未改为正常加热前，每天测量1次机侧、焦侧标准蓄热室顶吸力并记录之，在改为正常加热后，每周测量1次全部蓄热室顶部的相对吸力，其差值超过规定值的要进行调节并做好记录。

5. 铁件与膨胀管理

烘炉期间膨胀管理项目见表7-8。

准确地测量在烘炉期间焦炉的横向伸长是指导升温操作的主要依据，也是衡量升温操作和管理水平高低的重要标志。为了保证烘炉质量，除了控制每天炉温上升的幅度、上下温度比外，还要了解每昼夜焦炉的炉长膨胀量。由于焦炉上下加热的不均匀性，上下部位的膨胀值是不一样的，在整个烘炉过程中要经常对上下不同部位进行测量和检查，以发现最大膨胀的部位，根据最大膨胀值对烘炉图表进行校正。同时，据此调节升温幅度、上下温度比，以保证烘炉工程按事先预定的计划进行。

为使炉体严密性在烘炉膨胀过程中不致破坏，通过护炉铁件给炉体以保护性压力。焦炉的纵向通过混凝土抵抗墙和纵拉条拉紧，炉体纵向的膨胀，被膨胀缝吸收。

焦炉横向通过炉柱上下横拉条拉紧，烘炉期间如炉体产生不均匀膨胀时，护炉铁件可保护炉体的完整性和严密性，生产期间它还能抵抗推焦和装煤时产生的损害炉体的机械力。

在烘炉过程中，应随炉体温度的升高和炉体的膨胀相应地调节弹簧负荷和炉柱曲度。如调节不及时，会产生炉柱变形和拉条拉断的后果。炉体的加压应保持在规定的范围内，压力不足或压力过大时，对炉体都会造成损害。

焦炉寿命很大程度上取决于基建时护炉铁件的质量情况。所以安装、烘炉和生产状态中，都必须特别重视护炉铁件的安装质量和热态调整。

（1）炉柱和大小弹簧的管理　在燃烧室各种温度下，炉柱曲度、弹簧负荷的控制情况见表7-9。为了维持一定的弹簧负荷，必须及时松紧大弹簧的螺帽，当拉条直径为50mm时，松动螺帽一圈即可放松弹簧5mm。

表 7-8　烘炉期间膨胀管理项目

监测项目	监测点	监测时间及频度	说　明
炉柱弯曲度	每个炉柱距炭化室底约700mm处（炉门下横铁处）	炉温700℃之前每周测3次，逢周一、周三、周五测定，700℃后酌减	用三线法测定；测线架设计见施工图
炉长测量（炉体膨胀）	上横铁、下横铁、箅子砖	炉温700℃之前每周测3次，逢周一、周三、周五测定，700℃后酌减	用三线法测定；测线架设计见施工图
大弹簧负荷（上下横拉条负荷）	测点应固定，按标记测量	每天测定1次，并调到规定负荷	测量用临时走台拆除后，减少测量次数
纵拉条弹簧负荷	测点应固定，按标记测量	每周测定1次	
小弹簧负荷		每50℃间隔测定1次	
炉门框（或保护板）上移检查	保护板底部间隙	每25℃测定1次	
纵拉条托架松放		每100℃测1次	与炉高测量同时进行
上部拉条螺帽拧紧			上部横拉条隔热层施工同时
机侧、焦侧走台支柱垂直度及滑动情况检测		每100℃测量1次，结合滑动情况检查	滑动良好时可不测垂直度
抵抗墙垂直度测量	抵抗墙炉外侧测点固定并标记	每50℃测定1次	使用托盘及线锤
抵抗墙顶部外移测量	抵抗墙顶部与端间台缝隙部位，测点固定并标记	每50℃测定1次	
炉端墙膨胀缝变化测量	炉端30mm膨胀缝上下取两点，测点固定并标记	每50℃测定1次	
炉高测量	炉顶看火孔座砖机、中、焦	每100℃测定1次	按1、6、11、16…燃烧室取测点
基础沉降测量	地下室	每100℃测定1次	
炭化室底热态标高测量	机侧、焦侧磨板面		全部为炭化室
压炉框（保护板）顶丝调整		顶丝与保护板接触后每天调整1次	
炉柱下部滑动检查		每50℃检查1次	
小烟道连接管滑动情况检查	每个连接管	每50℃检查1次	

表 7-9　不同温度下的弹簧负荷、炉柱曲度参考表

燃烧室温度/℃	炉柱曲度/mm	上部大弹簧组弹簧负荷/kN	下部大弹簧组弹簧负荷/kN	小弹簧负荷/kN		
				保护板位置		蓄热室一带
				上	下	
<100	8～12	55～65	70～75	10～25	15～20	10～15
100～200	12～16	70～80	80～90	10～15	15～20	10～15
200～600	16～20	80～100	90～95	10～15	15～20	10～15
>600	16～20	80～100	90～95	10～15	15～20	10～15

（2）炉门框的管理 由于炉体高向膨胀的影响，使炉门框（或保护板）也上移，在这样的条件下，磨板面不断地接近炭化室底，如果控制不当，磨板面就会高于炭化室底部。所以整个烘炉期间要经常检查炉门框的上移情况，保持炭化室底高于磨板面。当炉门框上移，其底部与炉体凸台间隙增加 8～10mm 时，将炉柱上部顶丝压住炉门框，待炉体继续膨胀时，炉门框被压到原来的位置。烘炉期间每隔 25℃检查 1 次，一直到浇灌炉门框时为止。这种检查方法比较费力，所以在烘炉期间将顶丝调至距炉门框上缘 10～15mm 的范围，当这个范围缩小，说明炉体高向在膨胀，炉体凸台与炉门框间的间隙是增大的趋势，此时应检查底部间隙的上移数量，以便进行及时控制。如果上部的距离无变化，说明底部的间隙亦无变化，可不必检查底部的间隙。注意：上部缩小的数值不代表下部增大的数值，仅做检查时参考，所以不能用上部间隙缩小的数值决定压炉门框的时间，压炉门框的时间取决于底部间隙的数值。

（3）纵拉条及抵抗墙的管理 每根纵拉条的大弹簧负荷在烘炉过程中应保持 18×10^4N，防止抵抗墙发生外倾。随着炉高的膨胀，逐步调整托架的高度，使拉紧负荷稳定，约 700℃时拆除托架，将拉条就位。

抵抗墙在烘炉过程中受热膨胀，影响炉体膨胀的测量值，应在 300℃、600℃及装煤后分别校正 1 次。

（4）炉长与炉高的膨胀管理 为了保证烘炉的质量，应掌握温度上升的幅度，上下部温度比例及焦炉每日平均膨胀值。因此烘炉期间要测量炉体的实际膨胀值。由于载热体的导入条件不同，炉体上下加热是不均匀的，因而膨胀亦不一致。例如，当燃烧室的膨胀基本结束时，蓄热室区域正在膨胀中，所以烘炉过程中应对炉体膨胀进行经常性检查，以便及时发现最大膨胀的部位，根据此最大值对烘炉图进行校正。

测量炉长的膨胀量，应分别选在上横铁、下横铁、斜道及箅子砖处，沿机焦两侧拉钢丝绳，这些钢丝绳固定在抵抗墙的线架上，如图 7-4 所示。每侧 4 条钢丝绳应保持在统一垂直平面内，并与焦炉中心点的距离始终保持不变。

随着炉体的膨胀，钢丝绳到炉体间的距离也随之缩短，缩短的数值即为炉体膨胀值。焦炉高向膨胀用水平仪检查，测点选在标准燃烧室的标准立火道，即 1、3、7、18、22、28 立火道的看火孔座处上部。

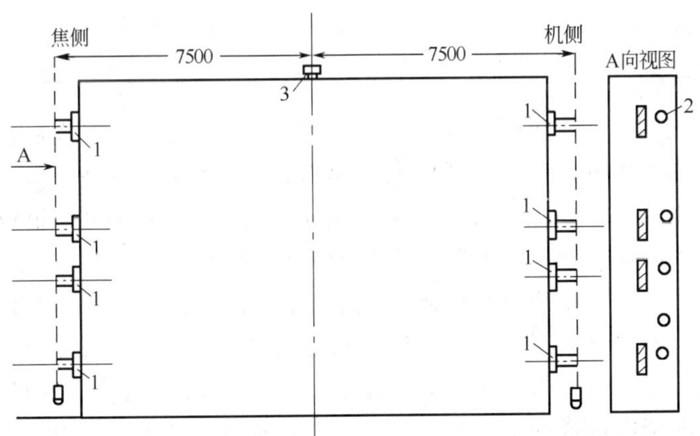

图 7-4 抵抗墙基准点及线架示意图

1—固定钢丝用托架；2—螺栓；3—抵抗墙顶焦炉中心预埋铁件

6. 热修维护工作

由于炉体各部温度及材质的差异，烘炉过程中产生不同程度的裂缝，这些裂缝吸入冷空气而影响炉温，应采用不同方法密封：炭化室封墙、烘炉小灶部位应不断刷浆，保持严密性；随时检查炭化室封墙及烘炉小灶有无损坏倒塌迹象并及时修缮；用煤烘炉时要定期检查干燥孔，发现挂灰及堵塞时及时疏通。此外，蓄热室及炉顶部位的裂缝应用石棉绳临时密封，但在烘炉末期勾缝及灌浆前应取出石棉绳。

第三节 炼焦炉的维护与修理

一、焦炉损坏的原因

焦炉在长期的使用中，受到高温、机械及物理化学反应等作用，炉体总是要逐渐衰老和损坏的。这种衰老和损坏主要表现为墙面剥蚀、炉墙和顶砖裂缝、炉长增长、炉墙变形、炉底砖磨损产生裂纹、燃烧室砖烧熔等。对一些使用年限 20 年以上的焦炉，冷炉后对墙面检查并测定其化学组成的变化情况来分析，认为 SiO_2 在荒煤气裂解的碳、氢、一氧化碳等构成的还原气氛中，温度高于 1300℃时，开始发生如下的化学反应：

$$SiO_2 + C \longrightarrow SiO + CO\uparrow$$

在有金属铁及铁氧化物存在时，将会降低该反应的温度。这个反应是逐步进行的，操作温度对反应速率影响很大。因而会造成硅砖墙面中 SiO_2 含量减少，降低了硅砖的性能。

此外煤料中的碱性盐类和灰分中 Fe_2O_3、FeO 和 Al_2O_3 等都能与硅砖中 SiO_2 结渣，使硅砖表面形成低熔点的共熔物［如硅酸铁($2FeO \cdot SiO_2$)等］，即降低了硅砖的耐热性能，又减少了抗机械磨损的能力。

由这些焦炉的炭化室墙砖的化学组成的分析表明：炭化面到燃烧面的各层砖的化学组成是不同的。某焦炉焦侧炉墙砖的化学组成分析如表 7-10 所示。

表 7-10 某焦炉炭化室墙砖的化学组成

部位	组成					
	SiO_2	Al_2O_3	Fe_2O_3	CaO	MgO	C
炭化面砖	92.56	1.17	1.94	3.60	0.35	0.18
中间层砖	94.26	0.76	1.51	2.53	0.30	0.18
燃烧面砖	95.32	0.59	1.13	1.98	0.22	0.10

表 7-10 说明由上述或其他原因促使炉墙的炭化面、中间层和燃烧面的化学组成发生重新分布，再加上燃烧面系氧化气氛且温度高，故鳞石英的转化程度好于炭化面。炭化面由于还原气氛及某些氧化物的影响，故石英玻璃体相对又多些，这种化学组成和晶型分布的不同，造成炭化室墙不同层具有不同的膨胀系数及其他性能，出焦过程中增加了砖的热应力，降低了温度激变的抵抗性。结焦过程中煤气热解生成的石墨还会不断地沉积在砖的细孔中，继而形成与砖粘的很牢的石墨层，除石墨时容易把砖的表面粘掉，使砖面粗糙，更促使石墨增长。进入砖缝的石墨，当压力控制不好或结焦时间过长时，易被漏入炭化室的空气烧掉，使荒煤气在裂缝处燃烧而造成局部高温，甚至烧熔炉墙砖，加宽了砖缝。炭化室墙在长期操作过程中，由于温度周而复始的急剧变化和机械的撞击、磨损引起炉墙损坏和开裂，当护炉铁件给予炉体的保护性压力不足时，石墨在裂缝中不断沉积，使炉体不断伸长。

在长期生产中，炉体纵长方向也要继续膨胀，并由于抵抗墙内外的温差，造成外向弯曲，以致炭化室墙向两端倾斜，严重时边炭化室将难以推焦而影响生产。在焦炉的周期性装煤出焦过程中，由炉温变化而引起的热胀冷缩还会使炉墙逐渐鼓肚，炉头洞宽变窄，并加速炉墙的剥蚀、裂缝和炉体伸长，因此焦炉的正常衰老是必然的。焦炉损坏的原因可以总结为以下几点：

① 砌炉时留有隐患，如砌炉时砖缝大小不合适，使用了质量差的耐火砖；

② 烘炉时没有控制好升温速度；

③ 生产操作不良，如炉门冒烟冒火，发生高温事故，二次推焦较多，炭化室负压操作，炉门或炉盖敞开时间太长，推焦平煤不准确等；

④ 铁件管理不好，如不及时调节炉柱负荷，会使铁件失去作用，造成炉体局部自由膨胀；

⑤ 热工制度不稳定，经常变换结焦周期，使炉体收缩和膨胀频繁，由于焦炉各种正常损坏都是逐渐发生的，为方便起见，通常用炉长的年增长量来衡量炉体的衰老程度（如一座14m长的焦炉，由于烘炉和残余石英晶型转化，使炉砖的膨胀量可达约250mm）。

此外，焦炉在生产中出现的裂缝被石墨所填塞，也使炉长逐渐增大，当两者的总伸长量达450～500mm时，一般认为焦炉已不能维持正常生产，需拆除重修。通常耐火砖的残余膨胀在焦炉投产后一年已基本结束，因此按每年增长量8～10mm计算（对不同炉长的焦炉，按比例推算），焦炉的正常炉龄为20～25年以上。但是如果操作不当，管理不善，就会加速焦炉的衰老和损坏，使焦炉炉龄大大缩短。

二、焦炉维护的主要措施

(1) 三班操作　要做好炉门和炉门框的清扫，杜绝炭化室装煤不满和负压操作，应避免打开炉门过久和上升管盖打开过早，开关炉门时避免猛烈碰撞炉体。

(2) 严格执行推焦计划　加强炉温管理，维护好机械设备，及时清除炉墙上过厚的石墨，防止焦饼难推，要规定最大推焦电流，发生推焦困难时，必须查明原因，采取措施，以免强行推焦使炉体损坏。

(3) 确定恰当的结焦时间　根据焦炉的具体状况确定恰当的结焦时间，并力求稳定，因为结焦时间变动过于频繁，使炉温和炉体膨胀变动频繁，炉体容易受损，不适当的缩短结焦时间，容易引起高温、生焦和焦饼难推等事故。结焦时间过长而处理不好时，容易造成炭化室内燃烧，从而引起炉墙结渣、烧熔、砖缝加宽。炉龄较长、炉况不佳的焦炉要适当延长结焦时间，必须强化或过分延长结焦时间时，一定要采取相应措施。

(4) 加强铁件管理　做到定期检查，及时分析调节，必须保证铁件对炉体的压力，确定合适的炉柱曲度，监护好拉条，使其保持完整的状态。

(5) 搞好日常维修工作　健全检查、维修制度，保证炉体各部位的严密，调火要做到炉温均匀稳定，保证焦炭按时均匀成熟。

(6) 加强炼焦配煤工作　不经配煤试验的配煤方案不准采用，要防止变质煤入炉，配煤操作力求准确，配合煤质量力求稳定。

(7) 做好组织工作　组织好来煤及焦化厂的运输工作，做好设备的维护和检修，严格执行推焦、检修计划。做好热工管理，不断提高焦炉的管理水平。

三、炼焦炉的修理

炼焦炉的维修根据损坏程度的不同，可分为经常性维修、中修、大修三类。

1. 经常性维修

经常性维修包括对生产焦炉各部位的日常喷浆、抹泥和勾缝。这在焦炉末期明显损坏时，起预防性作用。当焦炉已出现损坏时，可以阻止或延缓损坏面的扩大。因此经常性维修是防止焦炉早衰并保证焦炉正常生产的重要措施。

(1) 工作内容及泥料　对焦炉进行经常性维修，热修工人应与三班工人、调火工密切配合，监视炉体情况，定期系统检查，并做好各部位炉砖情况记录，安排喷浆、灌浆，抹泥及勾缝等工作。热修工人通常按炉顶、炉台和蓄热室分区管理。所用泥料因使用部位和喷浆、抹补、堵洞不同而异。

喷补所用的设备喷浆机，分干式和湿式两种。湿式喷浆机是将已调好的泥浆装入喷浆机中，利用压缩空气的压力，使泥浆经过料管并经喷嘴喷补墙面。干式喷浆机是把配好的干料和胶结剂分别装入干料缸和胶结剂缸中，然后在压缩空气的作用下，使之在紧靠喷嘴处的混合器内混合，并立即喷涂在修补面上。两种喷浆机各有特点，可根据需要选择使用。

焦炉的经常性维修中，工作量最大、最关键的部位是炭化室墙面的喷补。喷抹质量的好坏除了和配料比（包括生熟料、粒度和胶结剂）及所用设备有关外，操作对质量的影响也很大。通常周期性的维护喷抹，可定期在出炉后按笺号进行，但当炉墙出现凹面、裂缝、剥蚀和空洞等较为严重的损坏时，采用推空炉后喷抹的方法，这样将使墙面受冷空气剧冷时间长，易损坏炉体砖。因此应列出计划，在该号炉的结焦中后期，摘出炉门扒出炉头焦炭，使损坏墙面全部露出，用钩钎和铲子彻底清除墙面上的石墨和残存的喷抹泥料，再用压缩空气吹净，使泥料易于挂结，吹净后再按喷、抹、喷的顺序进行操作。喷抹的补料面应平整光滑，不得高于墙面。

(2) 热修泥料的基本要求　热修补是用冷态的泥料修补热态的墙面，为此热修泥料应具有以下特性：喷抹时能牢固地黏附在高温的墙面上，并具有一定的可塑性，且对炉砖无损害，要防止热砖受剧冷而开裂；干燥烧结时，收缩系数和线膨胀系数与炉砖相近，能与砖面牢固结合，使用周期长；在长期操作条件下，能抵抗机械磨损、化学侵蚀，并具有相当高的耐火度，不致烧熔。影响泥料性能有下列因素。

① 冷态泥料往热态炉砖上喷抹是相当复杂的物理化学过程。一般认为，湿料首先靠表面黏着力吸附在炉墙表面，然后泥料和砖面之间生成少量易熔的液相共熔物，随着温度的不断升高，液相中吸收愈来愈多的炉砖组分颗粒，使该液相的凝固点不断升高，达到凝固和烧结，因此它是一个物理附着向化学结合的过程。

为了促进这个过程，就要求泥料有一定的黏性，干燥和烧结的收缩量要小，泥料的线膨胀系数和化学成分与炉砖相适应。为此，以往在选择热修泥料时，硅砖部位用硅耐火泥，黏土砖部位用黏土耐火泥。为了增加低温下的黏着能力和尽早成液相，采用水玻璃做胶结剂。近年来，对以磷酸做胶结剂的热修泥料的研究表明：硅砖焦炉以磷酸做胶结剂的黏土质磷酸泥料，其结合强度优于硅质磷酸泥料，因此认为泥料的化学组成和热膨胀系数与炉砖不同时也能起到良好的效果。得到这个结论的关键是由于磷酸胶结剂的存在使黏土耐火泥发生了质的变化，因此泥料的性能要和胶结剂一起来考虑。

黏土砖焦炉的热修泥料，用水玻璃做胶结剂时效果较好，而磷酸对黏土砖有较强的侵蚀作用。

泥料中生熟料的配比也会影响结合强度，生料在低温下黏结性能强，但残余收缩大，强度差，而熟料则相反，因此生熟料不能混用。总之正确选择补炉泥料，才能得到较好的喷抹效果。

② 喷抹泥料的水分决定能否将泥料粘到修补面上，喷抹时焦炉因吸水而产生的渗透压力和喷出料的冲击作用将使颗粒的堆密度增加，故水量不足时，不能形成较致密的喷涂层。此外，水分不足时泥浆在喷管中容易堵塞，用干式喷浆机时将引起泥料大量旁落，用磷酸做胶结剂时，水量不足使磷酸浓度较高，会引起高温力学作用降低；水量过多时，修补面过度冷却，造成炉砖开裂。另外，由于修补面上水分急剧蒸发和涂层的显著收缩，会引起喷涂层滑落和坍塌。

③ 泥料的颗粒组成对喷抹质量影响很大，一般细料易于拌和，不易堵喷嘴，喷补均匀，有较好的黏附能力，还有利于烧结。而粗料在喷补时有较大的动能，因而喷出飞溅少，喷涂层的收缩裂纹也少，但易堵塞喷嘴。泥料的适宜颗粒组成取决于焦炉的操作条件，所使用的胶结剂和喷浆机的结构，主要由修补面泥料跳回的回弹量和粉状泥料在喷管中的运动状况等决定。此外还取决于喷涂层的厚度，一般厚度薄些的颗粒细些，易于烧结，厚度大时，颗粒粗些，以保证必要的堆密度。各厂使用泥料的细度和生熟料的配比根据实验确定，各有不同。如某焦化厂使用磷酸泥料时，喷料用小于 1mm 的黏土熟料 70％、0.008mm 粒度的生黏土 30％，抹料则按 85％和 15％控制。

2. 中修

中修包括多火道、多燃烧室编组或整个燃烧室局部降温热修，全炉冷修炉头，全炉更换护炉铁件及其他大幅度影响产量的修理。中修后的焦炉可以维持焦炉的现有生产能力，但有时会失去某些性能（如使用高炉煤气加热的性能）。中修可以延长焦炉的使用寿命，但难以恢复到新焦炉那样的性能和寿命。

（1）燃烧室修理　一般当炉头断裂、剥蚀等损坏面不超过 1～2 个火道时，可采用挖补的方法，即把炭化室墙面的损坏部分拆除，用新砖重砌，但不拆火道隔墙砖。当燃烧室两面墙破损变形，修理面达 2～3 个火道，隔墙裂开或变形时，一般采用翻修炉头的方法。视燃烧室、炭化室盖顶砖损坏断裂脱落与否，或吊顶翻修，或揭顶翻修。当焦炉损坏面达到连续 2～3 个以上燃烧室，火道数达到 4～5 个以上时，一般均采用揭顶局部冷修的方法。以上不同损坏面积的燃烧室修理，虽工程量不同，但修补方法和注意事项基本相同。

① 燃烧室修理的准备工作包括耐火材料和修理区相邻部位的保护用设备的准备。当多炉室多火道修理时，为使其他炉室正常生产，还应加固修理区的装煤车轨道。焦炉用高炉煤气加热时，修理区的燃烧室还应做好换用焦炉煤气加热的准备。

② 翻修炉室降温前要推空，两侧焖炉号要推空后再装煤（尽量避免焖炉号在翻修过程中被迫推焦），有关炉号停止或减少供热，翻修号炭化室底角角砖和拉条沟拆除，人弹簧顶紧，上升管堵盲板。翻修炉室、焖炉号及缓冲炉室按要求控制降温，降温过程中注意铁件管理。挖补炉墙时，仅将修理号燃烧室降温至 1100～1150℃，修理号火道及其相邻的 1～2 个火道则停止加热。

③ 邻修区应保温，即拆除前在推空炉室送入活挡墙和由装煤孔往空炉放入成捆的硅藻土砖，并干砌内挡墙以减少邻区对修理区的散热。与此同时，拆出炉顶砖，然后拆除炭化室盖顶砖并往相邻墙面安放事先准备好的隔热板，以防止邻墙降温过多和降低修理区本身的温度。挖补炉墙时，不必推空炉室，可在装煤后 2～3h，扒出炉头焦炭和煤料，并砌封墙隔热。

④ 翻修墙面的拆除应自上而下进行，接头砖的拆除要一块一块尽可能多地剔出茬口，以利于新旧砖的接茬咬缝，并使新旧砖因膨胀差的不同而产生的热应力均匀分散。拆除前防

止砖块或杂物落入斜道口和灯头砖孔，应预先打碎修理墙底层部分砖，清除杂物，盖住斜道口和灯头砖孔。蓄热室格子砖顶部也应加盖铁板。拆除过程中应在纵横方向及时支撑保留物体，以减少和防止砌体变形或火道隔墙砖被拉断。

⑤ 修理区砌筑前定好中心线和墙面基准线，第一层砖应干砌、验缝，以不压斜道口、灯头砖，不妨碍牛舌转动为准，下设滑动层。立缝均匀分布，与旧砖接茬处随旧砖，炉头炭化面随保护板，不留膨胀缝，但灰缝应比冷筑时大些，以便吸收膨胀量，接茬处用小公差砖。卧缝少打灰浆，以防高向膨胀时，因剪力切断茬口。翻修火道较多时，炉头正面至保护板内缘应留膨胀缝，并对炉头加专设的加压顶丝，以便在升温时对炉头加压。筑完后拆除支撑、保温板，并清扫砌体，取出防尘板。

⑥ 当修理炉室较多时，应砌炉灶烘炉，否则可利用保留区的热量烘炉。烘炉的升温速度因翻修区的大小而异，一般补炉挖墙时，升温速度不予控制。翻修炉头时按相邻炭化室结焦时间不小于20～24h的温度进行烘炉升温，升温速度每昼夜一般不超过200～250℃。多炉室多火道修理时，要控制升温速度，升温至700℃后可以点火用煤气加热。烘炉过程中还应注意铁件管理。

⑦ 多炉室多火道的修理在炉温升至800℃后，砌筑炉头和炉顶表面，拆除挡墙和支撑，安装炉门。温度升至1100～1200℃后开始装煤投产，再推焖炉号焦炭，并喷补其炉墙，最后逐步调整到正常结焦时间。

在燃烧室的修理中应特别注意处理好新旧砌体的结合，注意邻区的保温和保护。应从缓冲炉的炉温分布、邻区保温、保留砌体的支撑和降温及升温速度的控制等方面加以考虑。

(2) 蓄热室墙修理　当主墙和单墙被大面积烧熔，造成砌体水平缝脱开，上部砌体悬空或下沉，气体相互串漏，不能保证焦炉正常加热时，应进行中修。修理时先将待修蓄热室上面炭化室中的焦炭推空，在其两侧各留两个缓冲炉室和半缓冲炉室，修理区内改用焦炉煤气加热，然后拆除封墙，扒除格子砖，直至损坏部位露出为止，并对不修部位进行保温和保护。凡能以勾缝、喷补或焦炉火焰焊补等方法消除缺陷的部位，都不必重砌。单墙、主墙翻修时，若两墙都需翻修，则应先修主墙，并随时修理斜道区。修完后进行清扫，装格子砖，砌封墙。

(3) 更换格子砖　焦炉生产若干年后，因格子砖积灰或烧熔导致蓄热室阻力大幅度增加而影响焦炉的正常生产，当采用吹风清扫仍不能改变这种状况时，则应更换格子砖。更换格子砖前，焦炉改用焦炉煤气加热。施工在上升气流时进行，下降气流时封墙口应用金属板堵严。

3. 大修

焦炉砌体大修一般在冷态下进行，所以又称焦炉冷修。在焦炉砌体严重损坏、加热困难、不能正常生产时，应进行焦炉砌体大修。大修主要有全炉冷修、全炉停产保温大修和炉室分批分组大修三种。

(1) 全炉冷修　把整座焦炉冷却到常温，然后对砌体损坏部位和护炉铁件进行全面处理，再重新烘炉开工。其优点是施工条件好，修砌质量高，后患少；缺点是时间长，对焦炭产量影响大。冷修时应注意做好以下工作：

① 冷炉前对护炉铁件全面检查、更换，以确保冷炉过程中对砌体的加压保护；

② 与冷炉砌体连接的操作设备、煤气设备等应与砌体切断，以免妨碍砌体收缩；

③ 做好延长结焦时间、推空炉室、切断荒煤气导出和废气排出系统的工作；

④ 通过密封处理控制降温速度。

(2) 全炉停产保温大修　全炉焦炭推出后，不修部分的炉温保持在 700～900℃，在修理区边界处砌挡墙，全部燃烧室在机侧（或焦侧）降温揭顶大修（机焦两侧修理要分别进行)，同时还可修理护炉铁件等。炉体和护炉铁件修理时都需先采取固定措施，使炉体在任何时候都有足够的保护力。这种修理方法施工条件好，不需设置缓冲炉室，时间短，对焦炭产量的影响小。

(3) 炉室分批分组大修　修炉时将全炉分为若干组，每次修理一组燃烧室。大修区的炉室停产，焦炭全部推空，大修区两旁各留两个缓冲炉室和半缓冲炉室，缓冲炉室中一个推空，砌 5～6 道支撑墙，另一个炉室施行焖炉。将护炉铁件和装煤车轨道加固，并在炉顶区开沟，进行冷炉，然后修理这一组炉室的损坏部分。砌体修复后，重新烘炉开工，再依次修理下一组炉室，直至全部修完为止。这种修理方法的优点是，对焦炭产量影响较小，但总的修炉时间长，新旧砌体结合处质量不能保证。

复习思考题

1. 焦炉筑炉之前应做好哪些准备工作？
2. 焦炉为何要在大棚下进行砌筑？
3. 了解焦炉砌砖时的质量要求。
4. 比较三种不同燃料烘炉时各自的优缺点。
5. 用箭头的形式表示出烘炉时热气流在炉内的流动途径。
6. 掌握烘炉天数的计算方法。
7. 了解烘炉期间的测温项目及要求。
8. 焦炉正常损坏和非正常损坏的原因各有哪些？
9. 掌握焦炉日常维护的各项措施。

第八章 炼焦炉内煤气的燃烧及热工评定

焦炉炭化室内的煤料是由煤气和空气分别进入燃烧室混合燃烧后产生的热量进行加热的。为了研究焦炉的加热规律，必须首先了解煤气的燃烧特性，以下将结合煤气的燃烧过程来讨论各种煤气的燃烧特性和改善焦炉内煤气燃烧的途径。

第一节 炼焦炉加热用煤气

一、几种煤气的组成

焦炉加热用的气体燃料主要是焦炉煤气和高炉煤气，某些厂也采用发生炉煤气。这些煤气的大致组成见表 8-1。

表 8-1 几种煤气的组成

名称	组成(体积分数)/%								低发热值/(kJ/m³)
	$\varphi(H_2)$	$\varphi(CH_4)$	$\varphi(CO)$	$\varphi(C_mH_n)$	$\varphi(CO_2)$	$\varphi(N_2)$	$\varphi(O_2)$	其他	
焦炉煤气	55～60	23～27	5～8	2～4	1.5～3.0	3～7	0.3～0.8	H_2S等	17000～18900
高炉煤气	1.5～3.0	0.2～0.5	26～30	—	9～12	55～60	0.2～0.4	灰	3810～4396
发生炉煤气	5～9	—	32～33	—	0.5～1.5	64～66	—	灰	4145～4313

国内在焦炉设计中，为统一热工计算数据，焦炉煤气和高炉煤气的组成采用表 8-2 的数据，便于前后对照，本书也以表 8-2 中的数据作为讨论内容的依据。

表 8-2 焦炉热工计算用煤气组成

名称		组成(体积分数)/%							低发热值/(kJ/m³)
		$\varphi(H_2)$	$\varphi(CH_4)$	$\varphi(CO)$	$\varphi(C_mH_n)$	$\varphi(CO_2)$	$\varphi(N_2)$	$\varphi(O_2)$	
焦炉煤气		59.5	25.5	6.0	2.2	2.4	4.0	0.4	17920
高炉煤气	大型高炉	1.5	0.2	26.8	—	13.9	57.2	0.4	3643
	中型高炉	2.7	0.2	28.0	—	11.0	57.8	0.3	3927

煤气中的 H_2、CH_4、CO 和不饱和烃（主要是 C_2H_4）为可燃成分。由表列数据可知，焦炉煤气的可燃成分在 90%以上，主要是 H_2 和 CH_4，高炉煤气和发生炉煤气中含有大量的 N_2，可燃成分仅占 30%左右，主要是 CO。煤气组成是决定煤气燃烧特性的基本因素，各种煤气组成因原料的性质、设备和操作条件的不同而异。

通常煤气中总含有一定量的饱和水蒸气，故湿煤气的组成可根据干煤气的组成和不同温度下煤气（空气）中饱和水蒸气的含量，利用表 8-3 中的数据进行换算。

表 8-3 不同温度下水蒸气在煤气中的分压及含量（饱和状态）

温度/℃	水蒸气分压/Pa	煤气中水蒸气量/(kg/m³)	标准状态下1m³煤气所含水蒸气量			
			1m³干煤气		1m³湿煤气	
			kg/m³	m³/m³	kg/m³	m³/m³
0	610.5	0.00484	0.00484	0.0060	0.00480	0.0060
1	653.2	0.00520	0.00520	0.0065	0.00520	0.0065
2	706.5	0.00560	0.00560	0.0070	0.00560	0.0070
3	759.8	0.00600	0.00610	0.0076	0.00610	0.0076
4	813.1	0.00640	0.00660	0.0082	0.00650	0.0081
5	866.4	0.00679	0.00700	0.0087	0.00690	0.0086
6	933.1	0.00730	0.00750	0.0093	0.00740	0.0092
7	999.7	0.00780	0.00810	0.0101	0.00800	0.0100
8	1066.4	0.00830	0.00860	0.0107	0.00850	0.0106
9	1146.4	0.00880	0.00920	0.0114	0.00910	0.0113
10	1226.4	0.00940	0.00980	0.0122	0.00970	0.0121
11	1306.3	0.01000	0.01050	0.0131	0.01040	0.0129
12	1399.6	0.01070	0.01130	0.0141	0.01110	0.0138
13	1492.9	0.01140	0.01210	0.0150	0.01190	0.0148
14	1599.6	0.01210	0.01290	0.0160	0.01270	0.0158
15	1706.2	0.01280	0.01370	0.0170	0.01350	0.0168
16	1812.9	0.01360	0.01470	0.0183	0.01440	0.0179
17	1932.9	0.01450	0.01570	0.0196	0.01540	0.0192
18	2066.1	0.01540	0.01670	0.0208	0.01640	0.0204
19	2199.5	0.01630	0.01790	0.0223	0.01750	0.0218
20	2332.8	0.01730	0.01890	0.0235	0.01850	0.0230
21	2492.7	0.01830	0.02030	0.0252	0.01980	0.0246
22	2639.3	0.01940	0.02150	0.0267	0.02090	0.0260
23	2812.6	0.02060	0.02290	0.0284	0.02230	0.0277
24	2985.9	0.02180	0.02440	0.0303	0.02370	0.0294
25	3172.5	0.02300	0.02600	0.0323	0.02520	0.0313
26	3359.2	0.02440	0.02760	0.0343	0.02660	0.0331
27	3559.1	0.02580	0.02930	0.0364	0.02820	0.0351
28	3772.4	0.02720	0.03110	0.0386	0.02990	0.0372
29	3999.0	0.02870	0.03300	0.0410	0.03170	0.0392
30	4238.9	0.03030	0.03510	0.0436	0.03360	0.0418
31	4492.2	0.03200	0.03730	0.0464	0.03560	0.0433
32	4758.8	0.03400	0.03960	0.0492	0.03770	0.0469
33	5025.4	0.03500	0.04190	0.0520	0.03990	0.0496
34	5318.6	0.03700	0.04450	0.0553	0.04220	0.0525
35	5625.3	0.03900	0.04730	0.0587	0.04460	0.0555
36	5945.2	0.04100	0.05010	0.0623	0.04710	0.0585
37	6278.4	0.04400	0.05310	0.0660	0.04980	0.0619
38	6625.0	0.04600	0.05630	0.0700	0.05260	0.0655
39	6984.9	0.04800	0.05950	0.0740	0.05540	0.0689
40	7371.5	0.05100	0.06310	0.0785	0.05850	0.0726
41	7504.8	0.05300	0.06680	0.0830	0.06160	0.0766
42	8197.9	0.05600	0.07080	0.0880	0.06500	0.0808
43	8637.8	0.05900	0.07490	0.0931	0.06860	0.0854
44	9171.0	0.06200	0.07930	0.0938	0.07220	0.0898
45	9584.3	0.06500	0.08400	0.1043	0.07600	0.0945

如焦炉煤气的饱和温度为20℃，由表8-3查得1m³干煤气在20℃时的饱和水蒸气含量为0.0235m³/m³，则湿煤气中组分的含量以氢为例可换算如下：

$$\frac{59.5\%}{1+0.0235}=58.1\%$$

由此方法将表8-2干煤气组成换算成表8-4湿煤气组成。

表8-4 湿煤气组成

名称	组成(体积分数)/%								饱和温度/℃
	$\varphi(H_2)$	$\varphi(CH_4)$	$\varphi(CO)$	$\varphi(C_mH_n)$	$\varphi(CO_2)$	$\varphi(N_2)$	$\varphi(O_2)$	$\varphi(H_2O)$	
焦炉煤气	58.1	24.9	5.86	2.15	2.35	3.9	0.39	2.30	20
高炉煤气($Q_{低}=3643kJ/m^3$)	1.44	0.19	25.63	—	13.29	54.71	0.38	4.18	30
高炉煤气($Q_{低}=3927kJ/m^3$)	2.58	0.19	26.78	—	10.52	55.28	0.29	4.18	30

二、煤气的发热值

气体燃料的发热值是指单位体积的气体完全燃烧时所放出的热量（kg/m^3）。燃烧产物中水的状态不同时，发热值有高低之分。燃烧产物中水蒸气冷凝，呈0℃液态水时的发热值称为高发热值（$Q_{高}$），燃烧产物中水呈汽态时的发热值称为低发热值（$Q_{低}$）。实际燃烧时，不论在何种热工设备中进行，燃烧时废气的温度都较高，水蒸气不可能冷凝，所以有实际意义的是低发热值。各种气体燃料的发热值可用仪器直接测定，也可以根据其组成按加和法进行计算。

煤气中各可燃成分的低发热值（kJ/m^3）为$Q_{低}(CO)=12728$；$Q_{低}(H_2)=10844$；$Q_{低}(CH_4)=35840$；$Q_{低}(C_mH_n)=71179$。

按表8-2中焦炉煤气的组成及上述数据，可计算焦炉煤气的低发热值：

$$Q_{低}=\frac{12728\times\varphi(CO)+10844\times\varphi(H_2)+35840\times\varphi(CH_4)+71179\times\varphi(C_mH_n)}{100}$$

$$=\frac{12728\times6+10844\times59.5+35840\times25.5+71179\times2.2}{100}$$

$$=17920kJ/m^3$$

由于焦炉煤气可燃成分多，且含有大量发热值高的CH_4，其发热值约为高炉煤气的4倍。

三、煤气的密度

煤气的密度是指每立方米煤气的质量，记为$\rho(kg/m^3)$，每立方米煤气在标准状态（0℃，101325Pa）下的密度则记为ρ_0。它和其他混合气体一样，可以根据组成按加和法计算。

按表8-2所列焦炉煤气的组成计算其密度为

$$\rho_0=\frac{59.5\times2+25.5\times16+6.0\times28+2.2\times(0.8\times28+0.2\times78)+2.4\times44+4.0\times28+0.4\times32}{100\times22.4}$$

$$=0.451kg/m^3$$

式中，2、16、28、…分别为H_2、CH_4、CO、…的相对分子质量，C_mH_n体积组成中按含80%的C_2H_4和20%的C_6H_6计算。饱和温度为20℃时的湿焦炉煤气的密度为

$$0.451\times\frac{100-2.3}{100}+\frac{2.3\times18}{100\times22.4}=0.459kg/m^3$$

同理可以计算出：$Q_{低}=3644kJ/m^3$ 的高炉煤气密度为 $1.337kg/m^3$，饱和温度为 30℃时该湿高炉煤气的密度为 $1.308kg/m^3$，$Q_{低}=3927kJ/m^3$ 的高炉煤气密度为 $1.297kg/m^3$，饱和温度为 30℃时，该湿高炉煤气的密度为 $1.275kg/m^3$。

由于焦炉煤气含氢量高，故其密度比高炉煤气小得多，且比水汽的密度还小，干高炉煤气的密度比湿高炉煤气密度略小，而焦炉煤气则相反。

第二节　煤气的燃烧

一、煤气的燃烧反应和燃烧极限

煤气的燃烧是指煤气中的可燃成分和空气中的氧在足够的温度下所发生的剧烈氧化反应。燃烧需要三个条件，即可燃成分、氧、一定的温度，缺少一个条件也不会引起燃烧。

煤气中可燃成分的燃烧反应如下。

$$H_2+\frac{1}{2}O_2 \longrightarrow H_2O$$

$$CO+\frac{1}{2}O_2 \longrightarrow CO_2$$

$$CH_4+2O_2 \longrightarrow CO_2+2H_2O$$

$$C_2H_4+3O_2 \longrightarrow 2CO_2+2H_2O$$

$$C_6H_6+7\frac{1}{2}O_2 \longrightarrow 6CO_2+3H_2O$$

但实际燃烧不同于上述一般的氧化反应，而是伴随着强烈发热的连锁反应过程。为使过程达到强烈发热的程度，必须有足够的反应速率。由化学动力学的基本原理可知，反应速率与参与反应的物质浓度和温度有关。对于复杂的连锁反应，反应速率还和反应的中间产物浓度有关，这种活性的中间产物可与原有的物质反应产生最终物和新的活性分子，从而加速反应的进行。反应速率愈快，单位时间内放出的热量愈多。只有当煤气和空气反应产生的热量足以使整个反应系统的温度不断升高，达到在该温度下可燃混合物可以自动的、不需外加火源而着起火来时，才能连续稳定地燃烧。否则，如果煤气和空气反应产生的热量低于系统的散热，使燃烧反应不能扩展到整个有效空间中去，系统温度不能提高，而在距火源较远的地方，温度较低，当火源移开时，仍会发生熄火现象。因此，燃烧都是在很快的反应速率下进行的，参与反应的煤气和空气浓度减小，就会使反应速率减慢；低于某一极限值时，因反应速率太慢而不能着火，故把可燃气体和空气所组成的混合物中可燃气体的这种极限浓度称为燃烧极限。某些可燃气和空气在常压下的燃烧极限见表 8-5。

表 8-5 中可燃气体的体积分数高于上限或低于下限时，就不能燃烧。上限愈高，下限愈低，燃烧范围就愈宽。同样的可燃气体当与纯氧组成可燃混合物时，燃烧范围比表 8-5 所列数据大为加宽。如 H_2 和 O_2 的混合物中，下限为 9.2%，上限为 91.6%，燃烧范围达 82.4%。因此，可燃混合物的存在并达到一定的比例极限是燃烧能否发生的内因，温度、压力增加时，燃烧范围将加宽，而加入惰性组分则使燃烧范围变窄。

表 8-5 某些空气可燃混合物在常压下的燃烧极限

名称	燃烧极限(体积分数)/%			名称	燃烧极限(体积分数)/%		
	下限	上限	燃烧范围		下限	上限	燃烧范围
氢	9.5	65.2	55.7	硫化氢	4.3	45.5	41.2
一氧化碳	15.6	70.9	55.3	氨	16.0	27.0	11.0
甲烷	6.3	8.9	5.6	焦炉煤气	6.0	30.0	24.0
乙烯	4.0	4.0	10.0	高炉煤气	46.0	68.0	22.0
乙炔	2.6	82.0	79.4	发生炉煤气	20.7	73.7	53.0
苯	1.41	6.75	5.34				

对于混合气体的燃烧极限，随其组成而变，可用下式估算

$$\varphi_L=\frac{100}{\dfrac{\varphi(x_1)}{\varphi_0(x_1)}+\dfrac{\varphi(x_2)}{\varphi_0(x_2)}+\cdots} \tag{8-1}$$

式中 φ_L——可燃气体混合物的燃烧(或爆炸)极限浓度(上限或下限),体积分数，%；

$\varphi(x_1)$、$\varphi(x_2)$——在气体混合物中，组分 x_i 的体积分数，%；

$\varphi_0(x_1)$、$\varphi_0(x_2)$——纯组分的相应极限浓度（上限或下限），体积分数，%。

上式只适用于不含惰性气体的气体混合物，对含有 CO_2、N_2 等惰性气体的可燃混合物需用下式校正

$$\varphi_L'=\frac{\varphi_L\left[1+\dfrac{\varphi(\delta)}{1-\varphi(\delta)}\right]\times 100}{100+\varphi_L\dfrac{\varphi(\delta)}{1-\varphi(\delta)}} \tag{8-2}$$

式中 $\varphi(\delta)$——可燃气体中惰性气体的体积分数，%。

二、着火温度

如上所述，着火温度是使可燃混合物开始正常稳定燃烧的最低温度。着火温度并非是一个物理常数，它与可燃混合物的成分、燃烧系统的压力、燃烧室的类型和大小有关。着火温度的具体数值用实验方法测得，由于实验的方法不同，各资料所列数据不完全一致。几种可燃气体的着火温度见表 8-6。

表 8-6 几种可燃气体在标准状态下的着火温度

名称	H_2	CO	CH_4	C_2H_4	C_6H_6	焦炉煤气	高炉煤气	发生炉煤气
着火温度/℃	580～590	644～658	650～670	542～547	740	600～650	>700	640～680

由表 8-6 可知：气体燃料的着火温度相当高。因此煤气如果不加热到足够高的温度，或燃烧室不保持在着火温度以上，就不能使燃烧继续进行。因此着火温度是引起燃烧的外部条件，由于这个条件使可燃气与氧气的反应加剧，从而燃烧才能连续稳定地进行。

三、点火与爆炸

煤气的燃烧也可以采取点火的方式，即冷的可燃气体混合物用一个不大的火源，在某处使小部分可燃混合气体点火引起燃烧，由于这部分气体燃烧放出热量，使其温度升高，并很快将热量传给临近的一层可燃气体混合物，使其迅速升温达到着火温度而燃烧，这一层燃烧又会将热量传给下层可燃气体混合物使其燃烧，如此一层层地传下去，使整个可燃混合物燃

烧起来。因此用点火的方式进行的燃烧除与火源有关外，还取决于燃烧的传播条件。对于流动着的可燃气体混合物，当其流动速度与火焰的传播速度相等，就可以实现在燃烧室中进行稳定的燃烧。火焰的传播速度不仅与可燃混合物的成分、浓度、温度和压力等条件有关，还和燃烧装置的散热有关。上述燃烧极限也是火焰传播的浓度极限。

可燃混合物的温度增高时，火焰的传播速度将加快，燃烧器的体积缩小时，散热作用加强，火焰传播速度将减慢。

用点火的方式进行燃烧，就本质而言，与达到着火温度的燃烧并无原则的区别，这时燃烧能否正常进行同样取决于必要的燃烧极限。

火焰的正常传播是在一定的压力下进行的，它的速度大约在每秒几厘米至10～15m。如果在一个密闭的容器内点火，则因绝热压缩，使整个容器内可燃混合物的压力和温度急剧增加，这时火焰的传播速度可达到每秒几千米，整个容器内的可燃物同时剧烈燃烧而产生极大的破坏力，从而产生爆炸。爆炸与燃烧的本质是一样的，必须具备必要的极限浓度和火源，因此各种可燃混合物的燃烧极限也即是该混合物的爆炸极限。

爆炸与燃烧的不同点是：燃烧是稳定的连锁反应，在必要的浓度极限条件下，主要依靠温度的提高，使反应加速；而爆炸是不稳定的连锁反应，在必要的浓度极限条件下，主要依靠压力的提高，使活性分子浓度急剧提高而加速反应。

综上所述，引起爆炸的条件是设备或环境中可燃混合物达到必要的极限浓度，同时存在高温或火源，爆炸方式是压力传播。

了解引起爆炸的原因，就可以采取措施，消除爆炸的发生，如焦炉煤气、氢气和苯蒸气的爆炸极限的下限都很低，故当管道、管件、设备不严时，一旦漏入到空气中遇到火源就容易着火爆炸。因此要求设备、管道要严密，严禁在设备、管道附近产生火源，并应加强通风。相反，由于高炉煤气、发生炉煤气、氢气和CO的爆炸上限很高，当设备管道不严，同时又出现负压操作时，容易吸入空气，形成爆炸性可燃混合物。此外，当管道内煤气低压或流量过低使煤气流速低于火焰传播速度时，就会在管道或设备中发生回火爆炸。因此，当煤气压力低于规定数值时，要停止加热。

四、燃烧方式

煤气的燃烧过程比较复杂，根据上述内容，在一定的条件下，燃烧过程可分为三个阶段：

① 煤气和空气混合，并达到极限浓度；

② 将可燃混合气体加热到着火温度或点火燃烧使其达到着火温度；

③ 可燃物与氧气发生化学反应而进行连续稳定的燃烧，此过程取决于化学动力学的因素，即主要和反应的浓度和温度有关。

根据煤气和空气的混合情况，煤气燃烧有两种方式。

1. 扩散燃烧

将煤气和空气分别送入燃烧室后，依靠分子的扩散作用，边混合边燃烧的过程叫扩散燃烧。由于燃烧室温度通常很高，使可燃混合物加热到着火温度与燃烧化学反应实际可在瞬间进行，故煤气的燃烧速度取决于可燃物分子和空气分子互相接触的物理因素，即属于扩散燃烧。在扩散燃烧过程中，由于局部氧的供给不足，而使碳氢化合物热解产生游离碳，因此在燃烧带中有固体颗粒存在，并能产生强烈的光和辐射热，形成光亮的火焰，故这种燃烧也叫有焰燃烧。焦炉火道内煤气的燃烧就属于这一类方式。

火焰的长短，表征煤气燃烧过程速度的大小，它主要取决于煤气和空气的混合强度和混合程度，混合进行得越快越完全，燃烧越快，火焰就越短。在有焰燃烧中有很多因素影响煤气和空气的混合过程，主要包括可燃物与氧分子的相互扩散速度和气体动力学等因素。

扩散过程的有关原理表明：分子扩散时，扩散速度与反映各种物质扩散性能的扩散系数、扩散界面及浓度梯度成正比。因此，扩散是分子运动的结果，扩散系数与分子运动的动能有关，即不同气体的扩散系数大小与其相对分子质量的平方根成反比，因此 CO 比 H_2扩散得慢。高炉煤气中主要可燃物为 CO，而且可燃物浓度低，向空气扩散速度慢，因此在焦炉中高炉煤气的燃烧速度比焦炉煤气慢得多，其火焰也就比焦炉煤气的火焰长。焦炉结构中采用废气循环来拉长火焰，就是通过一部分废气循环来降低煤气和空气中可燃物和氧分子的浓度，从而减小浓度梯度，降低扩散速度和燃烧速度，达到使火焰拉长的目的。

根据计算表明：煤气和空气在斜道口或烧嘴处是以层流状态流出，废气在立火道中也为层流。因此，焦炉立火道中煤气和空气的燃烧属于层流条件下的扩散燃烧，这时分子扩散速度与气流速度无关，因而增加气流速度可把可燃分子引至较远处燃烧，从而拉长了火焰。此外减小烧嘴直径也可以拉长火焰，废气循环也是利用使火道中气流速度加快而起拉长火焰作用的。

如果气流转为湍流条件下进行扩散燃烧时，则增加了气流速度，使气体分子混合加剧，火焰变短。此外，减小空气过剩系数及减小气流交角时均可使火焰拉长。影响焦炉火焰长短的因素还很多，但主要的还是层流条件下的扩散燃烧，而决定燃烧速度的是煤气和空气分子的相互扩散速度。

2. 动力燃烧

煤气和空气的混合过程限制着燃烧速度的快慢。将煤气和空气在进入燃烧室前预先完全均匀混合，然后再点火燃烧，这时的燃烧速度取决于化学反应速率，故属于动力燃烧。由于动力燃烧化学反应速率极快，可达到很高的燃烧强度，并且燃烧完全，燃烧产物中亦没有固体颗粒，因此燃烧室中透彻明亮，好像没有火焰存在，故这种燃烧也叫无焰燃烧。

由于在燃烧前把煤气和空气均匀混合，故无焰燃烧可在很小的空气过剩系数条件下就能达到完全燃烧，因此燃烧强度大，燃烧温度高。无焰燃烧时，煤气和空气是在冷态时预先混合的，为使无焰燃烧正常稳定地进行，要求可燃混合物进入燃烧室前必须加热至着火温度以上，以及气流速度稍大于火焰传播速度，否则容易引起回火，甚至爆炸。因此无焰燃烧器要求有灼热的内壁足以使整个可燃混合气体同时迅速加热到着火温度。容易回火是无焰燃烧的唯一缺点。回火时，在混合器内就进行部分燃烧，使混合器温度提高，废气和可燃气一起进入燃烧器，增加气流阻力，减少喷射管的吸入能力，破坏正常工作，严重时会引起爆炸，因此在设计和使用中应予以重视。

第三节　燃烧计算

以煤气和空气燃烧时的化学反应为基础，通过物料平衡和热量平衡的计算来讨论燃烧特性。

一、空气过剩系数

为使燃烧时可燃物能够充分利用，要求与氧完全作用，当燃烧产物中只有 CO_2、H_2O、N_2 和 O_2 等，不再含有可燃成分，这样的燃烧叫完全燃烧，否则是不完全燃烧。引起不完全燃烧的根本原因是空气供给不足、燃料和空气混合不好或高温下燃烧产物中的 H_2O 和 CO_2 分解产生了 CO 和 H_2 等。通常热分解造成的不完全燃烧可以忽略不计。

空气和煤气的混合靠燃烧室的结构来保证。因此，为了保证燃料完全燃烧，实际供给的空气量必须大于燃烧所需的理论空气量，两者的比值叫空气过剩系数，以 α 来表示：

$$\alpha=\frac{实际空气量(V_{实})}{理论空气量(V_{理})}$$

α 的选择对焦炉加热十分重要。α 过小，煤气燃烧不完全，可燃成分随废气排出，造成浪费；α 过大，产生的废气量大，废气带走的热量也增多。故 α 值过大或过小均会增加煤气耗量。同时，α 值的大小对焦饼高向加热均匀性有很大影响，特别是对没有废气循环的焦炉更为显著。因此必须通过实际生产正确控制 α 值。正常情况下，α 值应保证煤气完全燃烧。

烧焦炉煤气时，$\alpha=1.2\sim1.25$，烧高炉煤气时，不带废气循环的焦炉 $\alpha=1.15\sim1.20$，带废气循环的焦炉由于 α 对火焰高度不起主导作用，故 α 值可以略大些。实际生产中 α 值会随煤气温度、热值及大气温度变化等因素而变化，故需经常检查并及时调节。

α 值可以通过废气分析以下式计算

$$\alpha=1+K\frac{\varphi(O_2)-0.5\varphi(CO)}{\varphi(CO_2)+\varphi(CO)} \tag{8-3}$$

式中　φ——废气中各组分的体积分数，%；

　　K——随加热煤气组成而异的系数。

式(8-3) 可根据 α 的定义做如下的推导。

$$\alpha=\frac{V_{实}}{V_{理}}=\frac{V_{理}+V_{过}}{V_{理}}=1+\frac{V_{过}}{V_{理}}=1+\frac{V(O_{2过})}{V(O_{2理})} \tag{8-4}$$

式中　$V_{过}$、$V_{实}$、$V(O_{2过})$——$1m^3$ 煤气完全燃烧时的过剩空气量、实际空气量和过剩氧量，m^3；

　　$V_{理}$、$V(O_{2理})$——$1m^3$ 煤气完全燃烧时所需的理论空气量和理论氧量，m^3。

显然，$V(O_{2过})$等于干废气中氧的体积分数与废气体积的乘积。

即

$$V(O_{2过})=V_{干}\ \varphi(O_2) \tag{8-5}$$

式中，干废气体积 $V_{干}$ 可以看作完全燃烧 $1m^3$ 煤气时，按理论计算所生成的 CO_2 总体积 $V(CO_2)$除以废气中 CO_2 的体积分数 $\varphi(CO_2)$所得的商。

即

$$V_{干}=\frac{V(CO_2)}{\varphi(CO_2)} \tag{8-6}$$

合并式(8-5)、式(8-6)，并代入式(8-4) 得

$$V(O_{2过})=V_{干}\ \varphi(O_2)=\frac{V(CO_2)}{\varphi(CO_2)}\varphi(O_2)$$

$$\alpha=1+\frac{V(O_{2过})}{V(O_{2理})}=1+\frac{V(CO_2)\varphi(O_2)}{\varphi(CO_2)V(O_{2理})}=1+K\ \frac{\varphi(O_2)}{\varphi(CO_2)} \tag{8-7}$$

显然，$K=\frac{V(CO_2)}{V(O_{2理})}$，如废气中还有 CO，则当完全燃烧时，该体积的 CO 还将消耗 O_2，并生成 CO_2，则上式中的 $\varphi(O_2)$应改为 $\varphi(O_2)-0.5\varphi(CO)$，并以 $\varphi(CO_2)+\varphi(CO)$代替式(8-7)中的 $\varphi(CO_2)$就可得式(8-3)。

例如某焦炉用焦炉煤气加热，废气中 $\varphi(CO_2)=9\%$，$\varphi(O_2)=4.6\%$，如按焦炉煤气组成做理论计算得 $K=0.43$，因废气中没有 CO，故 $\alpha=1+0.43\times\frac{4.6}{9}=1.22$。

在工厂中废气分析常用的仪器是奥氏气体分析仪，靠人工取样和分析，分析缓慢，且误差大。一些单位已开始使用热导池气相色谱仪进行废气（煤气）分析，分析速度大为加快。为了及时自动显示废气中的氧含量，也可用磁氧分析仪。

二、空气需要量和废气生成量的计算——燃烧的物料平衡

1. 空气需要量的计算

根据各可燃成分的化学反应式和煤气组成，计算煤气完全燃烧所需的理论氧量。$1m^3$ 煤气完全燃烧时所需的理论氧量等于煤气中各可燃成分单独燃烧时所需氧量的总和。如下式

$$V(O_{2理})=[0.5\varphi(H_2)+0.5\varphi(CO)+2\varphi(CH_4)+3\varphi(C_2H_4)+7.5\varphi(C_6H_6)-\varphi(O_2)]\times 0.01 \quad (8\text{-}8)$$

式中 $\varphi(H_2)$、$\varphi(CO)$、$\varphi(CH_4)$…——分别表示煤气中各成分的体积分数，%。

因为空气中氧的体积分数为21%，故相应的理论空气量为

$$V_{理}=\frac{100}{21}V(O_{2理}) \quad (8\text{-}9)$$

实际干空气量为

$$V_{实(干)}=\alpha V_{理} \quad (8\text{-}10)$$

由于空气中均含有一定的水分，因此实际空气量应包括带入的水分，则实际湿空气量为

$$V_{实}=V_{实(干)}\times[1+\varphi(H_2O)_{空}]$$

式中 $\varphi(H_2O)_{空}$——每 $1m^3$ 干空气中所对应的水汽量，m^3/m^3。

2. 废气生成量的计算

废气生成量仍按反应定律计算。煤气完全燃烧时，生成的废气中仅含有 CO_2、H_2O 及由煤气中带入的 N_2 和空气中带入的 N_2 和过剩氧量。故 $1m^3$ 煤气燃烧的废气中各成分的体积为

$$V(CO_2)=0.01\times[\varphi(CO_2)+\varphi(CO)+\varphi(CH_4)+2\varphi(C_2H_4)+6\varphi(C_6H_6)] \quad (8\text{-}11)$$

$$V(H_2O)=0.01\times[\varphi(H_2)+2\varphi(CH_4)+2\varphi(C_2H_4)+3\varphi(C_6H_6)+\varphi(H_2O)_{煤}+V_{实(干)}\varphi(H_2O)_{空}] \quad (8\text{-}12)$$

$$V(N_2)=0.01\varphi(N_2)+0.79V_{实(干)} \quad (8\text{-}13)$$

$$V(O_2)=0.21V_{实(干)}-V(O_{2理}) \quad (8\text{-}14)$$

式中 $\varphi(H_2O)_{煤}$——$1m^3$ 煤气中所含的水汽量，m^3/m^3，其他符号同前。

$1m^3$ 煤气完全燃烧时所生成的废气量为

$$V_{废}=V(CO_2)+V(H_2O)+V(N_2)+V(O_2) \quad (8\text{-}15)$$

废气中各组分的体积除以废气总体积即得废气组成。

【例 8-1】 按表 8-2 所列焦炉煤气组成，计算空气需要量和废气生成量及废气组成。计算以 $100m^3$ 干煤气为基准。设 $\alpha=1.25$，煤气的饱和温度为20℃，空气温度为20℃，空气的相对湿度为0.6。煤气和空气的饱和含湿量由表 8-3 查得，计算结果见表 8-7。

解 由表 8-7 可知：燃烧 $1m^3$ 上述组成的干焦炉煤气时

$$V_{实(干)}=5.473m^3$$

$$V_{实}=V_{实(干)}\times(1+0.6\times 0.0235)=5.550m^3$$

$$V_{废}=6.248m^3$$

同理，按表 8-2 低发热值为 $3643kJ/m^3$ 的高炉煤气，饱和温度为30℃，空气温度为20℃，相对湿度为0.6，$\alpha=1.25$ 时，可计算得

表 8-7 煤气燃烧计算结果(以 100m³ 干煤气为计算基准)

组成	体积分数/%	反应式	理论氧量/m³		废气中各组分的体积				
			1m³可燃气	$V(O_{2理})$	$V(CO_2)$/m³	$V(H_2O)$/m³	$V(N_2)$/m³	$V(O_2)$/m³	$V_总$/m³
CO_2	2.40				2.40				
O_2	0.40			−0.40					
CO	6.00	$CO+\frac{1}{2}O_2 = CO_2$	0.5	3.00	6.0				
CH_4	25.50	$CH_4+2O_2 = CO_2+2H_2O$	2	51.0	25.5	51.0			
C_mH_n	2.20	$C_2H_4+3O_2 = 2CO_2+2H_2O$ $C_6H_6+7\frac{1}{2}O_2 = 6CO_2+3H_2O$	3 7.5	3×0.8×2.2=5.28 7.5×0.2×2.2=3.30	2×2.2×0.8=3.52 6×2.2×0.2=2.64	3.52 3×2.2×0.2=1.32			
H_2	59.50	$H_2+\frac{1}{2}O_2 = H_2O$	0.5	29.75		59.5			
N_2	4.0						4.0		
H_2O						2.35			
煤气燃烧所需理论氧及燃烧产物量				91.93	40.06	117.69	4.0		
实际空气量 $V_{实(干)}$ 及带入的水汽、氧气、氮气(空气温度 20℃，相对湿度 0.6)		$V_{实(干)}=\alpha V_理=\frac{100}{21}\alpha V(O_{2理})$		$1.25\times 91.93\times\frac{100}{21}=$ 547.3		547.3×0.0235×0.6=7.72	547.3×0.79=432.37	547.3×0.21−91.93=23.0	
废气中各成分量/m³ 废气组成(体积分数)/%					40.06 6.41	125.41 20.06	436.37 69.85	23.0 3.68	624.84 100.0

$$V_{实(干)}=0.843m^3$$

$$V_{实}=0.855m^3$$

$$V_{废}=1.757m^3$$

其废气组成为：$\varphi(CO_2)=23.28\%$，$\varphi(O_2)=2.02\%$，$\varphi(H_2O)=4.24\%$，$\varphi(N_2)=70.46\%$。由计算可知，燃烧 $1m^3$ 焦炉煤气所需空气量约为烧 $1m^3$ 高炉煤气所需空气量的 6.5 倍，产生的废气量约为 3.5 倍，且两者的废气组成也有显著差别，除 N_2 以外焦炉煤气产生的废气中以 H_2O 为最多，高炉煤气的废气则以 CO_2 为最多。

三、燃烧温度——燃烧的热平衡

煤气燃烧后所产生的热量用于加热燃烧产生的废气，使其达到的温度叫燃烧温度，其高低受煤气的组成、热值、煤气和空气的预热程度及向周围介质传热等多种因素的影响。下面通过燃烧的热平衡来讨论。

1. 实际燃烧温度

在实际条件下，煤气燃烧所产生的热量，除废气中 CO_2 和 H_2O 在高温下部分离解所吸收的热量和传给周围介质的热量外，其余全部用来加热废气，此时废气所能达到的最高温度称为实际燃烧温度。以下通过标准状态下 $1m^3$ 煤气为基准的燃烧热平衡来讨论实际燃烧温度。

燃烧过程的热量收入项如下。

① 煤气的燃烧热（$Q_{低}$）——燃烧标准状态下 $1m^3$ 煤气所生成的热量，即煤气的低发热值，kJ/m^3

$$Q_1=Q_{低}$$

② 煤气的物理热（$Q_{煤}$），kJ/m^3

$$Q_2=Q_{煤}=c_{煤}\ t_{煤}$$

式中 $c_{煤}$——煤气在 t℃时的比热容，$kJ/(m^3\cdot ℃)$；

$t_{煤}$——进入燃烧室的煤气预热温度，℃。

③ 空气的物理热（$Q_{空}$），kJ/m^3(煤气)

$$Q_3=Q_{空}=V_{实}\ c_{空}\ t_{空}$$

式中 $V_{实}$——标准状态下燃烧 $1m^3$ 煤气所需的实际空气量，m^3；

$c_{空}$——空气在 t℃时的比热容，$kJ/(m^3\cdot ℃)$；

$t_{空}$——进入燃烧室的空气预热温度，℃。

进入总热量

$$Q_{总}=Q_1+Q_2+Q_3=Q_{低}+Q_{煤}+Q_{空}$$

燃烧过程的热量支出项如下。

① 废气带走的热量（$Q_{废}$），kJ/m^3(煤气)

$$Q_1'=Q_{废}=V_{废}\ c_{废}\ t_{废}$$

式中 $V_{废}$——标准状态下燃烧 $1m^3$ 煤气所产生的废气量，m^3；

$c_{废}$——废气在 t℃时的比热容，$kJ/(m^3\cdot ℃)$；

$t_{废}$——废气离开燃烧室时的温度，即实际燃烧温度 $t_{实}$，℃。

② 废气传给周围介质的热量（$Q_{散}$），kJ/m^3(煤气)

$$Q_2'=Q_{散}=Q_{效}+Q_{损}$$

式中 $Q_{效}$——传给炉墙加热煤料的热量，kJ/m^3(煤气)；

$Q_{损}$——散失于周围空间的热损失，kJ/m³(煤气)。

③ 不完全燃烧的热损失（$Q_{不}$），即废气中CO的燃烧热，kJ/m³(煤气)

$$Q_3' = Q_{不} = 12728V(CO)$$

式中　$V(CO)$——燃烧1m³煤气产生的废气中CO的量，m³；

　　12728——CO的燃烧热，kJ/m³。

④ 废气中CO_2和H_2O部分离解时吸收的热量（$Q_{分}$）。

当温度达到1300～1400℃以上时，废气中的H_2O和CO_2就要发生显著的离解反应

$$H_2O \rightleftharpoons H_2 + \frac{1}{2}O_2 - 10718\text{kJ/m}^3(H_2O)$$

$$CO_2 \rightleftharpoons CO + \frac{1}{2}O_2 - 12778\text{kJ/m}^3(CO_2)$$

由离解反应可知：当温度升高，平衡向右方的吸热方向移动，使离解度增加。当空气过剩系数增加时（即氧的浓度增加），平衡向左方移动，使离解度减少。CO_2和H_2O的离解度与温度的关系可查图8-1。

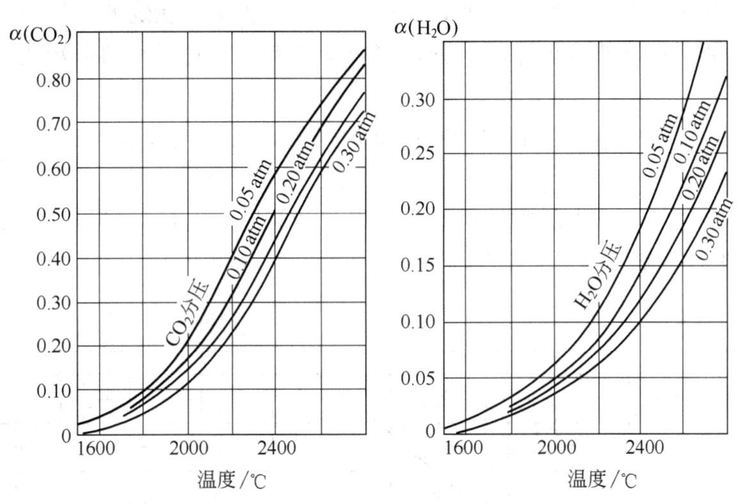

图8-1　CO_2和H_2O的离解度与温度的关系

(1atm=101325Pa)

$$Q_4' = Q_{分} = V_{废}\ q_{离}$$

式中　$V_{废}$——标准状态下1m³煤气燃烧产生的废气量，m³；

　　$q_{离}$——1m³废气中CO_2和H_2O的离解热，kJ/m³(废气)。

$$q_{离} = 10718V(H_2O)\alpha(CO_2) + 12770V(CO_2)\alpha(H_2O)$$

式中　10718、12770——H_2O和CO_2的离解热，kJ/m³(H_2O)，kJ/m³(CO_2)；

　$V(H_2O)$、$V(CO_2)$——1m³废气中H_2O和CO_2的量，m³；

　$\alpha(H_2O)$、$\alpha(CO_2)$——H_2O和CO_2的离解度，%。

根据热平衡原理：收入项＝支出项

$$Q_{低} + Q_{煤} + Q_{空} = V_{废}\ c_{废}\ t_{实} + Q_{效} + Q_{损} + Q(CO) + Q_{分} \tag{8-16}$$

则$t_{实}$为

$$t_{实} = \frac{Q_{低} + Q_{煤} + Q_{空} - Q_{效} - Q_{损} - Q(CO) - Q_{分}}{V_{废}\ c_{废}} \tag{8-17}$$

实际燃烧温度就是炉内废气的实际温度。式(8-17)表明，它不仅与燃料性质有关，而且与燃烧条件、炉体结构、材料、煤料的性质、结焦过程等因素有关，因此很难从理论上进行精确的计算。

2. 理论燃烧温度

为了比较燃料在燃烧温度方面的特征，假设：①煤气完全燃烧即 $Q(CO)=0$；②废气不向周围介质传热，即 $Q_{效}=Q_{损}=0$，这种情况下废气所能达到的最高温度叫理论燃烧温度 $t_{理}$。

$$t_{理}=\frac{Q_{低}+Q_{煤}+Q_{空}-Q_{分}}{V_{废}\ c_{废}} \tag{8-18}$$

由式(8-18)可知，$t_{理}$ 是和燃料性质及燃烧条件有关的，因此它是燃料燃烧重要的特征指标之一。$t_{理}$ 一般比 $t_{实}$ 高 250～400℃，对于不同燃料的 $t_{理}$ 可用计算方法求得。

从式(8-17)、式(8-18)不难看出，在相同的 $Q_{煤}$ 和 $Q_{空}$ 的条件下，$Q_{低}$ 越高，$V_{废}$ 越小，则燃烧温度越高，因此高炉煤气如不预热，由于其 $Q_{低}$ 小，产生的废气量大，故难以达到焦炉所需要的燃烧温度。为提高燃烧温度，还应保证煤气在完全燃烧的条件下，降低空气过剩系数以减少废气量，并降低装炉煤的水分，缩短炭化室处理时间和加强炭化室表面隔热，以减少热损失。

【例 8-2】 表 8-2 中 $Q_{低}=3643\text{kJ/m}^3$ 的高炉煤气，当煤气和空气的预热温度为 1100℃时，计算 $t_{理}$。

燃烧所需的空气量和产生的废气量及废气组成计算同前。计算时煤气、空气和废气的比热容由图 8-2～图 8-4 查得。

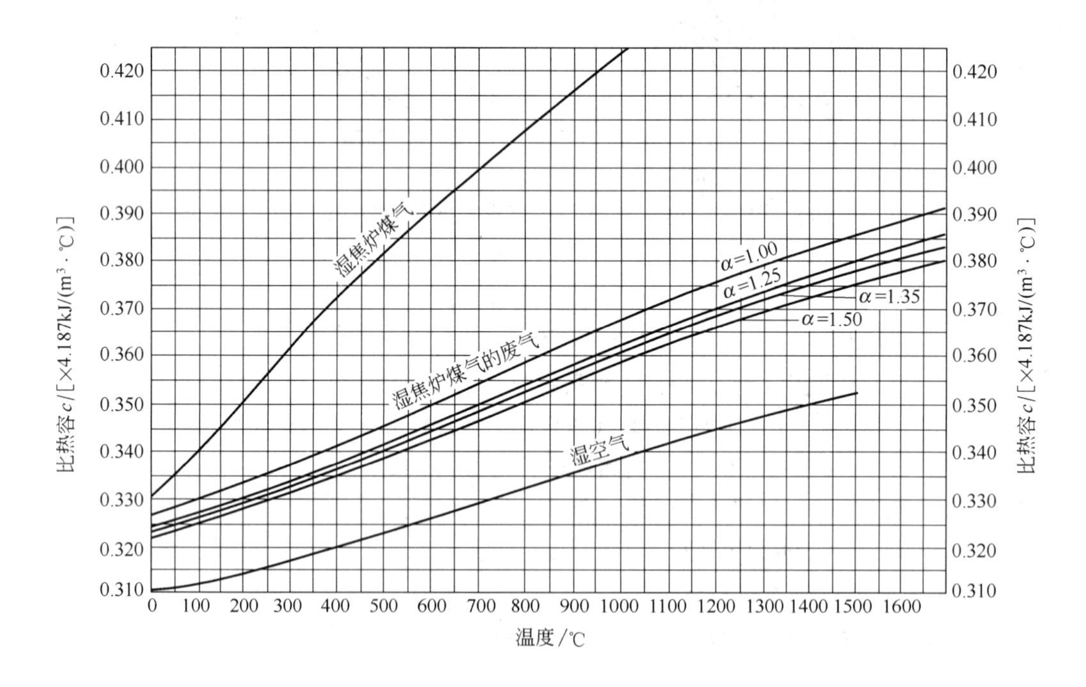

图 8-2　空气、焦炉煤气及其废气的比热容与温度的关系图

[饱和温度 20℃、相对湿度 0.6 时的湿空气组成为 $\varphi(N_2)=77.89\%$；$\varphi(O_2)=20.7\%$；$\varphi(H_2O)=1.41\%$]

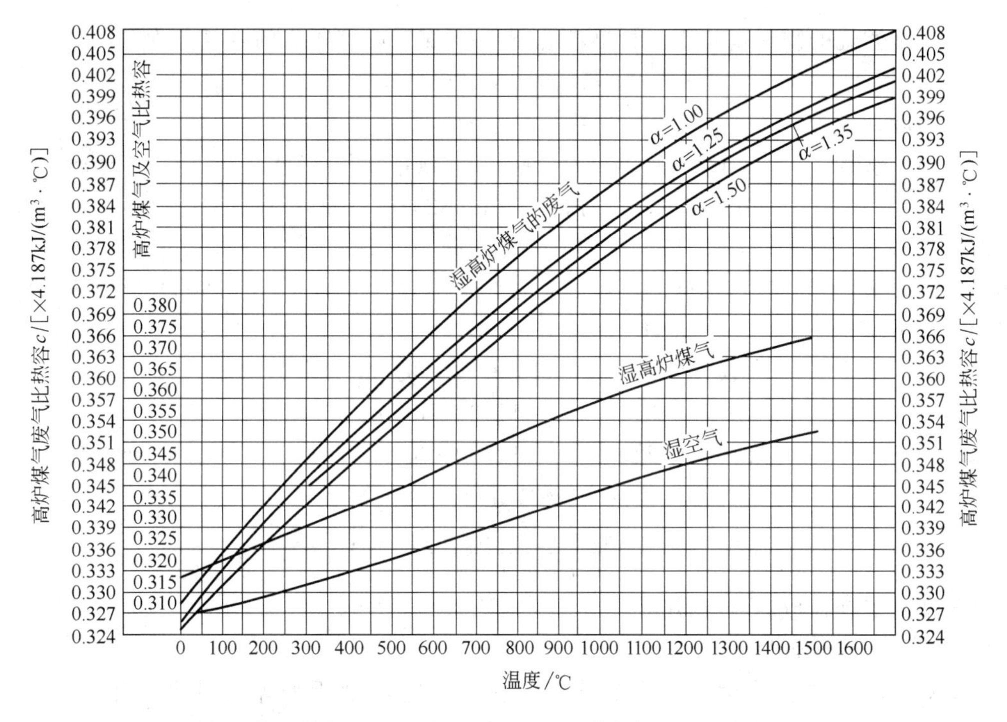

图 8-3　空气、高炉煤气（$Q_{低}$ =3927kJ/m³）及其废气的比热容与温度的关系图

（空气条件同图 8-2）

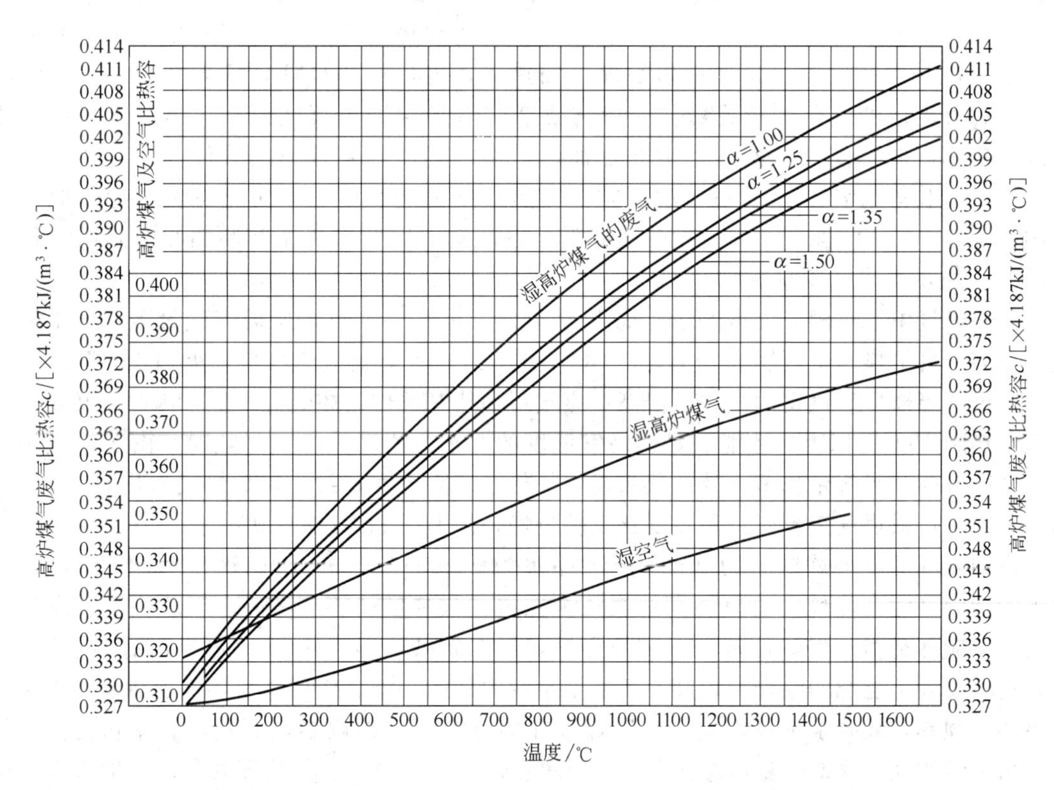

图 8-4　空气、高炉煤气（$Q_{低}$ =3643kJ/m³）废气的比热容与温度的关系图

（空气条件同图 8-2）

解 通过燃烧的物料衡算得：标准状态下 $1m^3$ 煤气燃烧所需的空气量为

$$V_{实}=0.843m^3$$

产生的废气量为 $V_{废}=1.757m^3$

由图 8-4 查得 $t_{煤}=1100℃$ 时，$c_{煤}=1.54kJ/(m^3\cdot℃)$

$t_{空}=1100℃$ 时，$c_{空}=1.432kJ/(m^3\cdot℃)$

设燃烧温度 $t_{理}=1970℃$ 时，查图 8-4 得 $c_{废}=1.72kJ/(m^3\cdot℃)$，查图 8-1，$t_{理}=1970℃$，$V(CO_2)=0.2327$，$\alpha(CO_2)=0.13$，$V(H_2O)=0.0424$，$\alpha(H_2O)=0.06$。由以上数据计算如下

$$Q_{煤}=1\times1.54\times1100=1696kJ/m^3(煤气)$$

$$Q_{空}=0.843\times1.432\times1100=1331kJ/m^3(煤气)$$

$$Q_{分}=1.757\times(10718\times0.0424\times0.06+12770\times0.2327\times0.13)=728kJ/m^3(煤气)$$

$$Q_{低}=36431kJ/m^3(煤气)$$

$$t_{理}=\frac{3643+1696+1331-728}{1.757\times1.72}=1966℃$$

试差结果正确，取 $t_{理}=1970℃$。

四、煤气的燃烧特性

焦炉煤气可燃成分浓度大，发热值高，提供一定热量所需煤气量少，理论燃烧温度高。由于 H_2 的体积分数在 50%以上，因此燃烧速度快，火焰短，煤气和燃烧产生的废气密度小，焦炉加热系统阻力小。因 CH_4 的体积分数在 1/4 以上，而且含有 C_mH_n，故火焰光亮，辐射能力强；但处于高温下的砖煤气道和烧嘴等处会沉积石墨，焦炉在换向过程中要进入空气除碳。此外用焦炉煤气加热时，炼焦耗热量低，且当增减煤气流量时对焦炉燃烧温度的变化比较灵敏，一般需要 2～3h 炉温即可反映出来。焦炉煤气在回收车间净化不好时，煤气中萘、焦油和焦油渣增多，容易堵塞管道及管件，煤气中氨、氰化物、硫化物等对管道和设备腐蚀严重。当焦炉压力制度不当，炭化室负压操作时，煤气中 N_2、CO_2、O_2 含量增加，发热值降低且会波动，因此炼焦车间和回收车间的操作状况对焦炉加热用煤气质量影响很大。

高炉煤气中不可燃成分占 70%，故发热值低，提供一定热量所需煤气量多，产生的废气量也多。高炉煤气中可燃成分主要是 CO，且不到 30%，燃烧速度慢，火焰长，高向加热均匀，可适当降低燃烧室的温差。但高炉煤气不预热时，理论燃烧温度低，因此，必须经蓄热室预热到 1000℃以上，才能满足燃烧室温度的要求。用高炉煤气加热时，由于煤气和废气的密度较高，废气量也多，故耗热量高，加热系统阻力大，约为焦炉煤气加热时阻力的 2 倍以上。当增减煤气流量时，温度变化反映较慢，炉温需 6h 才能反映出来。

高炉煤气是高炉炼铁时的副产品，发生量为 $2500\sim3500m^3/t$(生铁)，如不充分利用，既浪费能源又污染环境。故只要高炉煤气量稳定，含尘量$<15mg/m^3$，焦炉炉体和设备较严密，就应尽量用于焦炉加热，以节约焦炉煤气，而供炼钢、轧钢、烧结、民用或化肥生产，这样有利于能源的综合利用和平衡冶金企业内部的热能。使用高炉煤气加热时，由于要经蓄热室预热，故要求炉体严密，以防煤气在燃烧室以下部位燃烧而烧坏炉体和交换开闭器。由于高炉煤气含 CO 多，毒性大，故要求管道及设备严密，并使废气盘、小烟道和蓄热室等部位在上升气流时，要处于负压下操作。

为降低加热系统阻力，可向高炉煤气中加入一定量的焦炉煤气，以提高煤气热值，减少

废气量，降低系统阻力。但为了避免焦炉煤气在蓄热室内热解而堵塞格子砖，焦炉煤气掺入量不应超过5%～10%（体积分数）。

几种煤气的加热特性可综合归纳为表8-8。

表8-8　焦炉加热用煤气的燃烧特性

特性		煤气种类			
		焦炉煤气	高炉煤气（大型高炉）	高炉煤气（中型高炉）	发生炉煤气
组成	$\varphi(H_2)$/%	59.5	1.5	2.7	9.0
	$\varphi(CO)$/%	6.00	26.80	28.00	28.00
	$\varphi(CH_4)$/%	25.5	0.20	0.20	1.05
	$\varphi(C_mH_n)$/%	2.20	—	—	—
	$\varphi(CO_2)$/%	2.40	13.90	8.00	5.10
	$\varphi(N_2)$/%	4.00	57.20	57.80	56.45
	$\varphi(O_2)$/%	0.40	0.40	0.30	0.40
干煤气密度/(kg/m^3)		0.454	1.331	1.297	1.177
低发热值/(kJ/m^3)		17920	3643	3927	4916
每燃烧1m^{3}煤气(α=1.25)所需干空气量/m^3		5.473	0.843	0.920	1.199
每燃烧1m^{3}煤气(α=1.25)时产生的废气量/m^3		6.248	1.757	1.824	2.047
提供1000kJ热量	所需的煤气量/m^3	0.056	0.275	0.255	0.204
	所需的空气量(α=1.25)/m^3	0.306	0.232	0.235	0.245
	产生的废气量/m^3	0.350	0.483	0.465	0.402
湿废气组成	$\varphi(CO_2)$/%	6.41	23.28	21.49	16.60
	$\varphi(H_2O)$/%	20.06	4.24	4.80	6.88
	$\varphi(O_2)$/%	3.68	2.02	2.12	2.45
	$\varphi(N_2)$/%	69.85	70.46	71.59	74.07
废气密度/(kg/m^3)		1.213	1.401	1.338	1.344
理论燃烧温度(煤气、空气不预热)/℃		1800～2000	1400～1500		
炼焦耗热量$q_{相}$(大中型焦炉)/(kJ/kg)		2344～2722	2638～3057		
燃烧极限(体积分数)/%		6.0～30.0	46～68		21～74
加热系统阻力比		1	2.62	2.47	1.83
火焰特征		短、光亮、辐射能力强	长、透明、辐射能力较低		
对煤气质量要求		含萘、焦油、焦油渣少	含尘量<20mg/m^3		
毒性		有	含大量CO有剧毒		

第四节　焦炉的热平衡及热工评定

评定焦炉热工操作的好坏，除焦炉的加热均匀性外，重要的标志是热量利用效率。

生产上常以炼焦耗热量作为评定热量利用指标。但为全面分析焦炉的热量利用情况，有时还进行焦炉的热平衡计算，并由此得出炼焦炉的热效率和热工效率。由于燃烧特性的不同，不同的煤气用于焦炉加热时的热量利用效率也有所不同。

一、焦炉的物料平衡及热平衡

焦炉的物料平衡计算是设计焦化厂最基本的依据，也是确定各种设备操作负荷和经济估算的基础。而焦炉的热平衡是在物料平衡和燃烧计算的基础上进行的。通过热平衡计算，可具体了解焦炉热量的分配情况，从理论上求出炼焦耗热量，并得出焦炉的热效率和热工效率，因此对于评定焦炉热工操作和焦炉炉体设计得是否合理都有一定的实际意义。为了进行物料衡算，必须取得如下的原始数据。

精确称量装入每个炭化室的原料煤量，取3～5昼夜的平均值，同时在煤塔取样测定平均配煤水分。干煤和配煤水分为焦炉物料衡算的入方。

以下为焦炉物料平衡的出方。

① 各级焦炭产量。标定前要放空焦台和所有焦槽的焦炭，标定期间应准确计量冶金焦、块焦和粉焦（要计入粉焦沉淀池内的粉焦量）的产量。并对各级焦炭每班取平均试样以测定焦炭的水分，并考虑到水分蒸发的损失量，然后计算干焦产量。

② 无水焦油、粗苯、氨的产量，通常按季度或年的平均值确定，不需标定。

③ 水汽量按季或年的多余氨水量的平均值确定。

④ 干煤气产量由洗苯塔后（全负压操作流程为鼓风机后）的流量表读数确定，并进行温度压力校正。

在计算时，一般以1000kg干煤或湿煤为基准。以下列出某厂焦炉炭化室物料平衡的实际数据，如表8-9所示。

表 8-9　焦炉炭化室的物料平衡

入方				出方			
项目	名称	质量/kg	含量/%	项目	名称	质量/kg	占干煤量/%
1	干煤	920	92	1	焦炭	689	74.9
2	水分	80	8	2	焦油	34.5	3.75
				3	氨	2.45	0.26
				4	粗苯	9.85	1.07
				5	煤气	84.8	15.74
				6	化合水	39.4	4.28
					配煤水	80.0	—
共计		1000	100	共计		1000	100

根据物料平衡和温度制度，计算出各种物料带入焦炉和带出焦炉的显热和潜热，然后做出焦炉的热平衡计算。具体计算方法可参考有关资料。现列出根据表8-9的物料平衡所做的热平衡计算，如表8-10所示的数据，并加以分析。

表 8-10　焦炉热平衡

入方				出方			
项目	名称	热量/kJ	含量/%	项目	名称	热量/kJ	含量/%
1	煤的显热	26294	0.97	1	焦炭带走显热	1021628	37.6
2	加热煤气显热	17166	0.66	2	化学产品带走的显、潜热	100488	3.6
3	空气的显热	14236	0.55	3	煤气带走的显、潜热	385204	14.2
4	煤气的燃烧热	2663853	97.82	4	水汽带走的显、潜热	435448	16.0
				5	废气带走的热	506627	18.6
				6	周围空间的热损失	272155	10.0
共计		2721550	100	共计		2721550	100

由热平衡可知，供给焦炉的热量有98%来自煤气的燃烧热，故在近似计算中可认为煤气的燃烧热为热量的唯一来源，这样可简化计算过程。在热量出方中，传入炭化室的有效热1～4项占70%，而其中焦炭带走的热量占37.6%，换算到每吨赤热焦炭带走的热量为$\frac{1021628}{0.689}=1482769kJ/t(焦)$，此值相当可观。采用干法熄焦此热量可大部分回收。降低焦饼中心温度和提高焦饼加热均匀性可降低此热量。

由水蒸气带走的热量占16%，故降低配煤水分可以降低此热量。

此外，采取降低炉顶空间温度、上升管加水夹套回收余热等方法可以减少或部分回收煤气、化学产品和水汽带走的热量。

由废气带走的热量也很大，约占18.6%，因此改善蓄热室的操作条件，提高蓄热效率，是降低热量消耗的重要途径之一。

一般散失于周围空间的热量，对于大焦炉约为10%，小焦炉由于表面积大，故散热损失大于10%。

二、焦炉的热效率及热工效率

根据焦炉的热平衡，可进行焦炉的热工评定。由表8-10可见，只有传入炭化室的热量（出方1～4项）是有效的，称为有效热。为了评定焦炉的热量利用程度，以有效热（$Q_{效}$）占供入总热量（$Q_{总}$）的百分比称为焦炉的热工效率（$\eta_{热工}$），即

$$\eta_{热工}=\frac{Q_{效}}{Q_{总}}\times100\% \tag{8-19}$$

因$Q_{效}$等于供入焦炉总热量减去废气带走的热量$Q_{废}$和散失周围空间的热量$Q_{散}$，所以

$$\eta_{热工}=\frac{Q_{总}-Q_{废}-Q_{散}}{Q_{总}}\times100\% \tag{8-20}$$

由于计算$Q_{散}$比较困难，也可以采用热效率（$\eta_{热}$）的方式来评定焦炉的热量利用情况

$$\eta_{热}=\frac{Q_{总}-Q_{废}}{Q_{总}}\times100\% \tag{8-21}$$

它表示理论上可被利用的热量占供入总热量的百分数。

通常对现代大型焦炉$\eta_{热工}$为70%～75%，$\eta_{热}$为80%～85%。$\eta_{热工}$与$\eta_{热}$可从焦炉热平衡中求得。由表8-10可得

$$\eta_{热工}=\frac{100-18.6-10}{100}\times100\%=71.4\%$$

$$\eta_{热}=\frac{100-18.6}{100}\times100\%=81.4\%$$

但由于进行热量衡算需要做大量的繁琐的测量、统计和计算工作，通常生产上不进行，而是根据燃烧计算来估算$\eta_{热工}$和$\eta_{热}$，方法如下。

① 计算以标准状态下$1m^3$加热煤气为基准。

② 在热量入方中，由于煤气的燃烧热（低发热值）和煤气、空气的显热已占总热量99%以上，因此可以近似看作为$Q_{总}$。煤气低发热值按其组成计算，煤气和空气的显热则根据燃烧计算所得的$V_{实}$和烟道走廊的温度计算。

③ 由蓄热室进入废气盘的废气所带出的热量$Q_{废}$和废气中不完全燃烧产物的燃烧热$Q_{不}$，可通过取样分析得出的废气组成和测定的废气温度来求得。焦炉的散热损失一般按供入总热量的10%计。则

$$\eta_{热}=\frac{Q_{低}+Q_{煤}+Q_{空}-Q_{废}-Q_{不}}{Q_{低}+Q_{煤}+Q_{空}}\times100\%$$

$$\eta_{热工}=\frac{Q_{低}+Q_{煤}+Q_{空}-Q_{废}-Q_{不}-Q_{散}}{Q_{低}+Q_{煤}+Q_{空}}\times100\%$$

【例 8-3】 某焦炉以 $Q_{低}=3643\text{kJ/m}^3$ 的高炉煤气加热，由燃烧计算得，$V_{实}=0.843\text{m}^3$（1m^3 煤气），产生的废气量 $V_{废}=1.757\text{m}^3$（1m^3 煤气），煤气温度 30℃，烟道走廊的空气温度为 35℃，空气的相对湿度为 0.6，废气中 CO 的体积分数为 0.25%，废气的平均温度为 280℃，计算焦炉的 $\eta_{热}$ 和 $\eta_{热工}$。

解 （1）煤气的燃烧热 $Q_{低}=3643\text{kJ/m}^3$。

（2）煤气带入的显热 煤气温度 30℃，查图 8-4 得 $c_{煤}=1.352\text{kJ/(m}^3\cdot℃)$，30℃时煤气带入的饱和水汽量为干煤气的 4.36%（查表 8-3），30℃时水汽的比热容 $c(H_2O)=1.457\text{kJ/(m}^3\cdot℃)$。

$$Q_{煤}=1\times1.352\times30+0.0436\times1\times1.457\times30=42.7\text{kJ/m}^3$$

（3）空气带入的显热 35℃时空气的比热容 $c_{空}=1.277\text{kJ/(m}^3\cdot℃)$，35℃时饱和水汽量为干空气的 5.87%，当相对湿度为 0.6 时，空气中所含水汽量为干空气的 $0.0587\times0.6=0.0352$。

$$Q_{空}=0.843\times1\times1.277\times35+0.843\times1\times0.0352\times1.457\times35=39.27\text{kJ/m}^3$$

（4）废气带走的热量 废气在 280℃时的比热容查图 8-4 得 $c_{废}=1.453\text{kJ/(m}^3\cdot℃)$。

$$Q_{废}=1.757\times1.453\times280=713.9\text{kJ/m}^3$$

（5）不完全燃烧的热损失 CO 的发热值为 12728kJ/m^3。

$$Q_{不}=1.757\times0.025\times12728=56.1\text{kJ/m}^3$$

则 $$\eta_{热}=\frac{3643+42.7+39.27-713.9-56.1}{3643+42.7+39.27}\times100\%=\frac{3725-770}{3725}\times100\%=79.33\%$$

若 $Q_{效}$ 为供入总热量的 10%，则

$$\eta_{热工}=\frac{3725-770-3725\times0.1}{3725}\times10\%=69.4\%$$

三、炼焦耗热量

由焦炉热平衡做热工评定方法比较麻烦，因此生产上广泛采用炼焦耗热量对焦炉进行热工评定。炼焦耗热量是表示焦炉结构的完善程度、焦炉热工操作及管理水平和炼焦消耗定额的重要指标，也是确定焦炉加热用煤气量的依据。

炼焦耗热量是将 1kg 煤在炼焦炉内炼成焦炭所需供给焦炉的热量。由于采用的计算基准不同，故有下列表示方法。

1. 湿煤耗热量

1kg 湿煤炼成焦炭应供给焦炉的热量，用 $q_{湿}$ 来表示，单位为 kJ/kg(湿煤)，显然湿煤耗热量随煤中水分变化而变化，水分越多，$q_{湿}$ 越大。

$$q_{湿}=\frac{q_{V_0}Q_{低}}{q_{m_{湿}}} \qquad (8\text{-}22)$$

式中 q_{V_0}——标准状态下加热煤气的耗量，m^3/h；

$q_{m_{湿}}$——焦炉的湿煤装入量，kg/h；

$Q_{低}$——加热用煤气的低发热值，kJ/m^3。

2. 干煤耗热量

1kg 干煤炼成焦炭所消耗的热量。干煤耗热量不包括煤中水分的加热和蒸发所需要的热量，以 $q_{干}$ 来表示，单位为 kJ/kg(干煤)。

每千克水汽从焦炉炭化室带走的热量为

$$\frac{2500+2.01\times600}{0.725}=5100\text{kJ/kg(水)}$$

式中 2500——1kg 水在 0℃时的蒸发潜热，kJ/kg；

2.01——水汽在 0～600℃时的平均比热容，kJ/(kg・℃)；

600——从炭化室导出的荒煤气的平均温度，℃；

0.725——焦炉的平均热工效率。

如配煤水分为 $M_t\%$（湿基），则

$$q_{湿}=q_{干}\frac{100-M_t}{100}+5100\times\frac{M_t}{100}=q_{干}\frac{100-M_t}{100}+51M_t$$

$$q_{干}=\frac{q_{湿}-51M_t}{100-M_t}\times100 \tag{8-23}$$

3. 相当耗热量

为统一基准，便于比较，提出了相当耗热量这一概念。它是在湿煤炼焦时，以 1kg 干煤为基准时，需供给焦炉的热量（包括水分加热和蒸发所需热量），以 $q_{相}$ 来表示。

$$q_{相}=\frac{q_{V_0}Q_{低}}{q_{m_{干}}}=\frac{q_{V_0}Q_{低}}{q_{m_{湿}}\dfrac{100-M_t}{100}}=q_{湿}\frac{100}{100-M_t}=q_{干}+5100\times\frac{100}{100-M_t} \tag{8-24}$$

式中 $q_{m_{干}}$——焦炉干煤装入量，kg/h。

国内焦化厂焦炉相当耗热量指标见表 8-11。

表 8-11 相当耗热量

用途	大型焦炉/(kJ/kg)		中型焦炉/(kJ/kg)		小型焦炉/(kJ/kg)
	焦炉煤气	高炉煤气	焦炉煤气	高炉煤气	焦炉煤气
计算生产消耗定额	2345	2638	2569～2722	2931～3057	2931
计算加热系统	2575	2847	2847～2973	3140～3266	3140

表 8-11 数据按每千克捣固煤料，配煤水分 7%计。计算加热系统时，考虑使生产留有余地，故规定值较高。

由表 8-11 可见，焦炉用高炉煤气加热时，相当耗热量高于用焦炉煤气加热。这是因为高炉煤气与焦炉煤气相比，热辐射强度低，废气量大，废气密度高，故废气带走的热量多，通过炉墙和设备的漏损量也大。由于煤料水分常有波动，各厂煤料水分也不相同，故耗热量也不相同。为便于比较，必须将炼焦耗热量换算为同一基准。

水分每变化 1%时，相当于湿煤中 1%的干煤为 1%的水分所取代，故 $q_{湿}$ 的变化值为 $\frac{q_{水}-q_{干}}{100}$。因 $q_{干}$ 一般为 2100～2200kJ/kg，$q_{水}$ 为 5100～5400kJ/kg，则 $q_{湿}$ 的变化值为 29～33kJ/kg。焦炉煤气加热时取 29kJ，高炉煤气加热时取 33kJ，折算到 $q_{相}$ 的变化值为 59～67kJ。该值的换算方法如下。

当用焦炉煤气加热时，配煤水分 7%的 $q_{相}$ 取大中型焦炉的平均值

$$\frac{1}{2}\times(2345+2596)=2471\text{kJ/kg}$$

按式(8-20)得

$$q_{湿}=q_{相}\frac{100-M_t}{100}=2471\times\frac{100-7}{100}=2298\text{kJ/kg}$$

配煤水分增加 1%时，该湿煤的耗热量增加 29kJ，则折算到 $q_{相}$ 的增加为

$$\frac{2332\times100}{100-8}-\frac{2303\times100}{100-7}=59\text{kJ}$$

对于高炉煤气，配煤水分取 7%时

$$q_{相}=\frac{1}{2}\times(2638+2931)=2785\text{kJ/kg}$$

则

$$q_{湿}=2785\times\frac{100-7}{100}=2590\text{kJ/kg}$$

故配煤水分增加 1%时，湿煤耗热量增加了 33kJ，即为 2629kJ，则 $q_{相}$ 的增加值为

$$\frac{2629\times100}{100-8}-\frac{2596\times100}{100-7}=67\text{kJ}$$

中国焦化厂的配煤水分一般为 9%～10%，由测得的耗热量换算为 9%配煤水分的耗热量 $q_{换}$ 时，可按下列公式计算。

焦炉煤气：

$$q_{相换}=q_{相}-59(M_t-9) \tag{8-25}$$

$$q_{湿换}=q_{湿}-29(M_t-9) \tag{8-26}$$

高炉煤气：

$$q_{相换}=q_{相}-66(M_t-9) \tag{8-27}$$

$$q_{湿换}=q_{湿}-33(M_t-9) \tag{8-28}$$

炼焦耗热量可由焦炉的热平衡得到（按表 8-9 和表 8-10）

$$q_{湿}=\frac{2663853}{1000}=2663\text{kJ/kg(湿煤)}$$

$$q_{干}=\frac{2663-51\times8}{100-8}\times100=2451\text{kJ/kg(干煤)}$$

$$q_{相}=2663\times\frac{100}{100-8}=2895\text{kJ/kg[干煤(水)]}$$

用焦炉煤气加热时，换算为水分 9%时耗热量为

$$q_{湿换}=2663-29\times(8-9)=2692\text{kJ/kg(湿煤)}$$

$$q_{相换}=2895-59\times(8-9)=2954\text{kJ/kg[干煤(水)]}$$

由物料平衡和热平衡做炼焦耗热量计算，生产上不可能随时进行，因此可用下式直接做近似计算

$$q_{相}=\frac{\tau q_{V_0}Q_{低}}{nq_m}K_TK_pK_{换} \tag{8-29}$$

式中 τ——炭化室周转时间，h；

q_{V_0}——煤气流量表读数值，m^3/h；

$Q_{低}$——加热煤气的低发热值，kJ/m^3；

q_m——炭化室平均装干煤量，kg/孔；

n——一座焦炉的炭化室孔数；

K_T、K_p、$K_{换}$——分别为温度、压力和换向校正系数。

需要进行上述校正的原因是，煤气流量表的刻度是按煤气在某一固定操作条件下（温度、压力、含水量等）由实际煤气流量换算来的，但实际操作时，煤气的温度、压力和含水量不同于流量表刻度时规定的数值，因此需校正。

孔板流量计的计算公式如下

$$q_{V_0}=0.673ad^2\sqrt{\frac{\Delta p}{(\rho_0+f)(0.804+f)}}\times\sqrt{\frac{p}{T}} \tag{8-30}$$

式中　a——标准孔板的消耗系数；

d——孔板流通孔直径，cm；

ρ_0——标准状态下煤气密度，kg/m^3；

f——煤气中水汽含量（按入炉前煤气温度定），kg/m^3；

p——煤气的绝对压力，Pa；

T——煤气的绝对温度，K；

Δp——流量孔板前后的压差，Pa；

q_{V_0}——煤气流量，m^3/h。

对固定的流量孔板 a、d 的值是一定的，对一定组成的煤气，ρ_0 也不变。如果实际操作条件和流量表刻度规定的条件一致为 p、T 和 f 时，表上的读数是正确的。当实际操作条件为 p'、T'和 f'时，则对同一压差 h，其标准流量将不是 q_{V_0} 而是 q'_{V_0}，即

$$q'_{V_0}=0.673ad^2\sqrt{\frac{h}{(\rho_0+f')(0.804+f')}}\times\sqrt{\frac{p'}{T'}}$$

因此，应按流量表读数 q_{V_0} 校正到实际操作条件下的标准流量 q'_{V_0}，其关系为

$$\frac{q'_{V_0}}{q_{V_0}}=\sqrt{\frac{(\rho_0+f)(0.804+f)T}{(\rho_0+f')(0.804+f')T'}}\times\sqrt{\frac{p'}{p}}$$

因 f、f'分别由 T、T'决定，令

$$\sqrt{\frac{(\rho_0+f)(0.804+f)T}{(\rho_0+f')(0.804+f')T'}}=K_T\qquad\sqrt{\frac{p'}{p}}=K_p$$

所以

$$q'_{V_0}=q_{V_0}K_TK_p$$

故只要把 K_T、K_p 制成图表，按煤气的实际温度、压力查取即可。$K_{换}$ 是考虑到由于换向时，有一段时间不向焦炉送煤气，则每小时实际进入焦炉的煤气量将小于流量表的读数，因此乘以 $K_{换}$。

$$K_{换}=\frac{60-n\tau}{60}$$

式中　n——1h 内的换向次数；

τ——每次换向焦炉不进煤气的时间，min；

60——每小时 60min。

则

$$q'_{V_0}=q_{V_0}K_TK_pK_{换}$$

【例 8-4】　42 孔 JN43-58-Ⅱ型焦炉（450mm），周转时间 18h，用 $Q_{低}=17920kJ/m^3$ 的焦炉煤气加热，煤气温度 30℃，主管压力 1900Pa，流量表读数为 $5800m^3/h$，如流量表的设计压力为 3430Pa，设计温度为 200℃，$\rho_0=0.46kg/m^3$，换向时间 30min，每次换向停止向焦炉供煤气的时间为 23.3s，计算炼焦耗热量。

解 查表8-3得，20℃时干煤气含水量 $f=0.0189kg/m^3$，30℃时 $f'=0.0351kg/m^3$。

则

$$K_T=\sqrt{\frac{(0.46+0.0189)\times(0.804+0.0189)\times(273+20)}{(0.46+0.0351)\times(0.804+0.0351)\times(270+30)}}=0.963$$

如大气压力为101325Pa时，得

$$p'=101325+1900=103225Pa$$

$$p=101325+3430=104755Pa$$

$$K_p=\sqrt{\frac{103225}{104755}}=0.9927$$

$$K_{换}=\frac{60-2\times\frac{23.3}{60}}{60}=0.987$$

则

$$q_{相}=\frac{18\times5800\times17920}{42\times18\times1000}\times0.963\times0.9927\times0.987=2334.833kJ/[kg干煤(水)]$$

用炼焦耗热量评定焦炉热工操作的缺点是：当炭化室墙漏气时，由于荒煤气在燃烧室内燃烧，使加热用煤气量减少，计算的耗热量降低，实际耗热量未能真实地反映出来。

四、降低炼焦耗热量、提高焦炉热工效率的途径

综上所述，可采取下列措施以降低炼焦耗热量，并提高焦炉的热工效率。

1. 降低焦饼中心温度

从表8-10可知：焦炭带走的热量占供入总热量的37.6%，是热量出方中最大的部分。焦饼中心温度由1050℃降到1000℃，炼焦耗热量可以降低约46kJ/kg。但降低焦饼中心温度必须以保证焦炭质量为前提。调节好炉温，使焦饼同时均匀成熟，正点推焦是降低炼焦耗热量的重要途径。

2. 降低炉顶空间温度

这就要求装满煤，减少煤气在炉顶空间的停留时间，并在保证焦饼高向加热均匀的前提下，尽可能降低焦饼上部温度。

3. 降低配合煤水分

由前述可知，配煤水分每变化1%时，$q_{相}$将相应增减59～67kJ/kg。例如：一座42孔的JN43-58-Ⅱ型焦炉，每孔装干煤量为18t，周转时间18h，则每小时处理煤量为 $\frac{42\times18\times1000}{18}=42000kg/h$，当水分增加1%时，耗热量增加为42000×(59～67)=2478000～2814000kJ/h，相当于 $Q_{低}=3643kJ/m^3$ 的高炉煤气 $770m^3/h$，或 $Q_{低}=17920kJ/h$ 的焦炉煤气 $140m^3/h$，可见耗热量数值之大。

配煤水分的变化，不仅对耗热量影响很大，而且还影响焦炉加热制度的稳定和焦炉炉体的使用寿命。水分的波动也会引起煤料堆密度的变化，从而影响焦炉的生产能力，同时水分波动频繁时，调火工作就跟不上，易造成焦炭过火或不熟，并且还可能发生焦饼难推。故规定和稳定配煤水分是焦炉正常操作条件之一。

4. 选择合理的空气过剩系数

当焦炉用高炉煤气加热而空气过剩系数较低时，煤气由于燃烧不完全，废气中含有CO。如废气中含有1%的CO，则煤气由于不完全燃烧而引起的热损失为

$$12728\times1\%=127kJ/m^3(废气)$$

或 $$127\times1.757=223\text{kJ/m}^3\text{(煤气)}$$

式中　12728——CO的燃烧热，kJ/m^3；

1.757——$Q_{低}$ 为 $3643kJ/m^3$ 的 $1m^3$ 高炉煤气燃烧产生的废气量，m^3。

也就是相当于$\frac{223}{3643}\times100\%=6.13\%$的热量没有被利用而浪费掉了，虽然提高空气过剩系数会使废气带走的热量增加，但它和不完全燃烧而损失的热量相比是很小的。如废气中每增加1%的氧气，则相当于随废气带走的热损失为

$$0.01\times(100/21)\times280\times1.45=19.4\text{kJ/m}^3\text{(废气)}$$

或 $$19.4\times1.757=34\text{kJ/m}^3\text{(煤气)}$$

式中　280——废气温度，℃；

1.45——280℃时废气的比热容，$kJ/(m^3\cdot℃)$。

即相当于$\frac{34}{3643}\times10\%=0.953\%$的热量损失掉了。由此可见，在一定的条件下提高空气过剩系数可使耗热量降低。但当α增加到足以使煤气完全燃烧时，再增加α就会使废气带走的热量增加，导致炼焦耗热量增加，同时，由前面的分析得知，α的变化还会引起火焰长短的变化，从而影响焦炉高向加热均匀性。因此在焦炉的热工操作中，选择适宜的空气过剩系数十分重要，并应力求保持稳定。

5. 降低废气排出温度

降低废气排出温度，可以提高焦炉的热工效率，降低炼焦耗热量。废气温度的高低与火道温度、蓄热室的蓄热面积、气体沿格子砖方向的分布、换向周期、炭化室墙和蓄热室墙的严密性等因素均有关。

搞好调火，使全炉加热火道温度均匀，就可以降低火道温度的规定值，从而降低废气温度。增加蓄热面积可降低废气温度。如JN43型焦炉用九孔薄壁式格子砖比六孔格子砖的蓄热面积增加1/3，根据实测，废气温度可由原300℃降至250～260℃，耗热量降低59～75kJ/kg。此外，还要求气体沿蓄热室长向分布均匀，格子砖清洁干净，从而充分利用蓄热面积。换向周期越长，特别在换向末期，由于格子砖温度变化显著，减少了废气与格子砖或格子砖与空气、贫煤气的温差，致使换热效率显著降低，废气温度提高。换向时间越短，虽然换热效率提高，但因交换次数频繁，损失的煤气量增多，也将增加耗热量，故通常换向周期为20～30min。

大型焦炉烧高炉煤气时，一般取20min；烧焦炉煤气时由于废气量少，相对增加了格子砖的面积，故换向周期可采用30min。

6. 提高炉体的严密性和改善炉体绝热

当炉体不严密，蓄热室会吸入空气而烧掉煤气或煤气，经下降蓄热室、交换开闭器被吸入烟道都会增加炼焦耗热量，故需定期检查炉体和设备的严密性。另外炉体表面的绝热程度，不但会影响散热量，还将影响操作环境，故在设计焦炉时应予注意。

周转时间对炼焦耗热量也有影响。生产实践表明，炭化室宽450mm的大型焦炉，周转时间应为18～20h，而炭化室宽度为407mm的大型焦炉，周转时间为16～18h比较适宜。若周转时间缩短，因火道温度提高，则耗热量增加；周转时间长于20～22h时，为防止炉头温度过低，标准温度不能随周转时间延长而降低（防止造成焦饼提前成熟），故耗热量也增加。

总之，影响炼焦耗热量的因素很多，在实际生产中必须根据具体情况，采取适当措施，

以达到降低炼焦耗热量的目的。

复习思考题

1. 焦炉煤气与高炉煤气的组成有何区别？二者各有何加热特性。

2. 什么叫煤气的燃烧？煤气燃烧应同时具备哪些条件？

3. 什么是煤气的高、低发热量，掌握煤气低发热量的计算方法。

4. 什么是燃烧极限？什么是着火温度？了解常用燃气的燃烧极限和着火温度。

5. 燃烧与爆炸的区别是什么？

6. 什么是空气过剩系数，空气过剩系数过大或过小对焦炉有何不利影响？

7. 设$\alpha=1.20$，煤气的饱和温度为30℃，空气温度为20℃，空气的相对湿度为0.7。按表8-2所列高炉煤气（大型）组成，计算空气需要量和废气生成量及废气组成。计算以100m^3干煤气为基准。

8. 什么是焦炉的热效率和热工效率？什么是炼焦耗热量？

9. 简述降低炼焦耗热量、提高焦炉热工效率的途径。

第九章　炼焦炉的气体力学原理及其应用

为了解决控制加热气体流量，制定正确的加热制度，合理设计炉体尺寸，确定烟囱高度等实际问题，必须掌握焦炉内气体流动的规律，而气体是流体的一种，本章根据流体力学基本知识，讨论焦炉内气体流动原理及其应用实例。

第一节　焦炉实用气流方程式及其应用

一、流体力学基本知识

1. 气体状态方程

气体有两种特性：一是没有一定的外形；二是能够压缩。与此同时，气体容器内的压力和温度也会变化，这就说明气体的温度、压力和体积之间存在一定的关系。

气体定律表明气体从一种状态（温度、压力、体积）变化到另一种状态时，气体的温度、压力和体积的关系为

$$\frac{p_1 V_1}{T_1}=\frac{p_2 V_2}{T_2}=nRT \tag{9-1}$$

式中　p_1、V_1、T_1——气体在一种状态下的绝对压力、体积、温度，其单位分别为 Pa、m^3、℃；

p_2、V_2、T_2——气体在另一种状态下的绝对压力、体积、温度；

n——气体物质的量，kmol；

R——气体常数，$R=8.3143$kJ/(kmol·K)。

2. 浮力

如图 9-1 所示的装置中，在图(a)连通器下部有一旋塞把连通器两侧的水银和水隔开，两者高度一样。如果打开旋塞，由于水银密度大，水银就会把水压出连通器外[图 9-1(b)]。同理，在焦炉系统内（图 9-2），烟囱内充满热废气，由于热废气密度比大气密度小，热的废气就会不断地被外界大气压出烟囱，此时交换开闭器进风门就相当于连通器的旋塞，风门打开后，外界的冷空气便进入焦炉加热系统与煤气相遇燃烧产生热废气，补充了烟囱排出的废气，使烟囱内保持热废气柱存在，从而成为焦炉加热系统内气体流动的动力。根据上述原理，即把空气柱和热废气柱作用在烟囱根部同一水平的压力差称为浮力。

$$p_{浮}=(p_0+\rho_k gh)-(p_0+\rho_f gh)=(\rho_k-\rho_f)gh \tag{9-2}$$

式中　$p_{浮}$——烟囱高为 h 时所产生的浮力，Pa；

p_0——大气压，Pa；

ρ_k、ρ_f——大气及热废气的密度，kg/m^3；

h——烟囱的高度，m；

g——重力加速度，m/s^2。

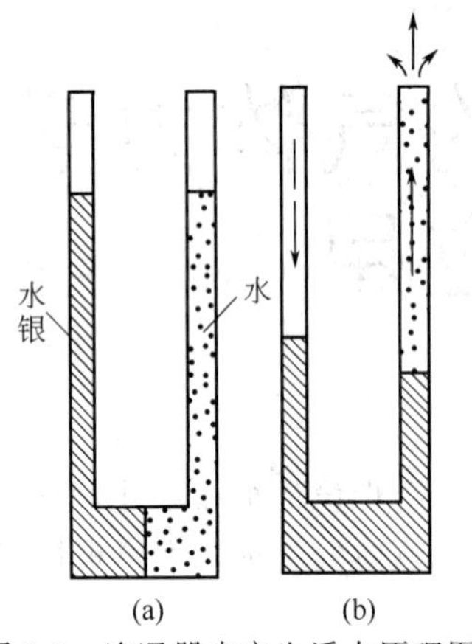

图 9-1 连通器内产生浮力原理图

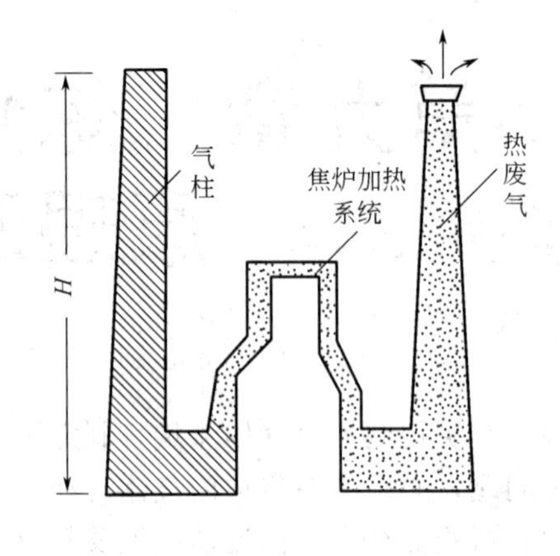

图 9-2 焦炉烟囱产生浮力原理

3. 阻力与阻力系数

气体在管道中流动时，气体分子与管壁之间、气体分子与气体分子之间的摩擦都会产生阻碍气体流动的阻力。

气体在直径与流向没有变化的管道中流动时所产生的阻力均匀分布在整个管道上，称摩擦阻力；气体在直径或流向改变的管道中流动时所产生的阻力，称为局部阻力。在焦炉加热系统内，局部阻力所造成的压力损失占全部阻力损失的绝大部分，而摩擦阻力造成的压力损失较少，阻力越大，压力损失越大。

气体流动产生阻力，反过来阻力又阻碍气体流动，且流动速度越大，阻力亦越大。阻力可用下列公式进行计算

$$\Delta p=k\frac{v_t^2\rho_t}{2}=k\frac{v_t^2\rho_0}{2}\left(1+\frac{t}{273}\right) \tag{9-3}$$

式中 Δp ——气体流动所产生的阻力，Pa；

k ——阻力系数；

v_t ——气体在 t℃时的流动速度，m/s；

ρ_t ——气体在 t℃时的密度，kg/m^3；

ρ_0 ——气体在标准状态下的密度，kg/m^3；

t ——气体的温度，℃。

阻力系数 k 与通道的光滑程度、形状、尺寸以及气体在通道内的流动状态有关，阻力系数由实验所得，在计算中一般选用与操作情况相类似条件下的阻力系数。

阻力系数分直管阻力系数 $k=\lambda\frac{L}{d_e}$和局部阻力系数 $k=\frac{1}{3}\lambda\frac{L}{d_e}$两种类型。其中，$\lambda$ 为摩擦系数；L 为管道长度，m；d_e 为管道直径或通道的当量直径，m。

$$\text{非圆形管道 } d_e=\frac{4\times\text{通道的截面积}}{\text{通道的周边长}}=4\frac{A}{S}$$

二、焦炉内气体流动的特点

单位质量流体稳定流动过程的机械能量衡算式(柏努利方程式) 的形式如下

$$gz_1+\frac{p_1}{\rho}+\frac{v_1^2}{2}=gz_2+\frac{p_2}{\rho}+\frac{v_2^2}{2}+\sum h_f \tag{9-4}$$

式中　gz——位能，J/kg；

$\frac{p}{\rho}$——压力能，J/kg；

$\frac{v^2}{2}$——动能，J/kg；

$\sum h_f$——损耗能，J/kg；

z_1、z_2——气体在1、2截面处的高度，m；

g——重力加速度，m/s^2；

ρ——气体密度，kg/m^3。

利用上述公式时应符合下列条件：

① 稳定流动；

② 沿通道单向流动；

③ 流体流动时可视为不可压缩；

④ 公式中各项均为该断面处的平均值；

⑤ 相对同一基准面。

焦炉内煤气、空气和废气的流动规律，基本上符合流体力学基本方程式——柏努利方程式，但在应用时要考虑下述特点。

① 焦炉加热系统各区段流过不同的气体，且气体从炉底部流入火道后，温度发生剧变，因此，要分段运用上述方程式。

② 炉内加热系统的压力变化较小，各区段温度变化均匀，故流动过程中气体密度 ρ 的变化也是均匀的，公式中的 ρ 以平均温度下的调和平均气体密度 $\rho_{1\text{-}2}$ 代替，由于

$$\rho_{1\text{-}2}=\rho_0\frac{T_0}{T_{1\text{-}2}},\ T_{1\text{-}2}=\frac{1}{2}(T_1+T_2)$$

则

$$\rho_{1\text{-}2}=\rho_0\frac{T_0}{\frac{1}{2}(T_1+T_2)}=\frac{2\rho_0T_0/(T_1T_2)}{(T_1+T_2)/(T_1T_2)}=\frac{2\rho_0\frac{T_0}{T_1}\times\rho_0\frac{T_0}{T_2}}{\rho_0\frac{T_0}{T_1}+\rho_0\frac{T_0}{T_2}}=\frac{2\rho_1\rho_2}{\rho_1+\rho_2}\qquad(9\text{-}5)$$

式中　T_1、T_2——1、2截面处气体的温度，K；

ρ_1、ρ_2——T_1、T_2 温度下气体的密度，kg/m^3。

③ 焦炉加热系统不仅是个通道，而且起气流分配作用。此外，集气管、加热煤气主管和烟道等也均有分配和汇合全炉气体的作用。在这些分配道中压力和流量的变化影响很大，因此要考虑变量气流时的流动特点。

④ 方程式中 $z\rho g$、p、$\frac{v^2}{2}\rho$ 分别为位压力、静压力和动压力，三者之和即为总压，因此在稳定流动时，柏努利方程式表现为

总压差＝阻力

流体流动时，总压差与阻力同时存在于流体的流动过程中，当其中任何一方发生变化时，平衡就被破坏，稳定流动转变为不稳定流动，流量将发生变化，并在流量改变后的条件下，总压差和阻力达到新的平衡。焦炉加热中为了调节流量，按这一原理，可以采用两种手段：即通过改变煤气、废气的静压力来改变系统的总压差；或通过改变调节装置的开度（局部阻力系数）来改变系统的阻力。

三、焦炉实用气流方程式及其应用

为便于在焦炉生产中应用，式(9-4)以压力形式可表示为

$$p_1+z_1\rho_{1\text{-}2}g+\frac{v_1^2}{2}\rho_{1\text{-}2}=p_2+z_2\rho_{1\text{-}2}g+\frac{v_2^2}{2}\rho_{1\text{-}2}+\sum_{1\text{-}2}\Delta p \tag{9-6}$$

式中 $\sum_{1\text{-}2}\Delta p=\sum h_f\rho_{1\text{-}2}$——流体通过断面1-2间的阻力，Pa；

$\rho_{1\text{-}2}$——调和平均密度，kg/m^3。

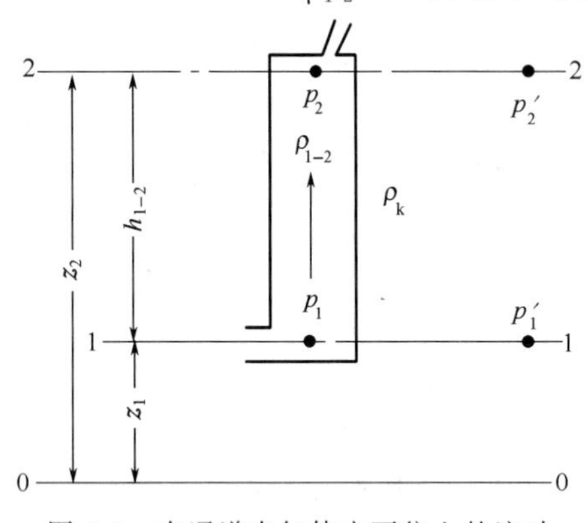

图9-3 在通道中气体由下往上的流动

为考虑炉外空气对炉内热气流的作用，以及不同区段的流动特点，实用上常把上式转化为下述各种形式。

1. 上升气流公式

如图9-3所示为气体在通道内由下往上流动，通道外空气可看作静止，则柏努利方程只有静压和位压。

通道外：$z_1\rho_k g+p_1'=z_2\rho_k g+p_2'$

通道内：$p_1+\rho_{1\text{-}2}gz_1+\frac{\rho_{1\text{-}2}}{2}v_1^2=$

$$p_2+\rho_{1\text{-}2}gz_2+\frac{\rho_{1\text{-}2}}{2}v_2^2+\sum_{1\text{-}2}\Delta p$$

上述两式相减得

$$(p_1-p_1')+z_1(\rho_{1\text{-}2}-\rho_k)g+\frac{v_1^2}{2}\rho_{1\text{-}2}=$$

$$(p_2-p_2')+z_2(\rho_{1\text{-}2}-\rho_k)g+\frac{v_2^2}{2}\rho_{1\text{-}2}+\sum_{1\text{-}2}\Delta p$$

称(p_1-p_1')和(p_2-p_2')分别为始点与终点的相对压力，并以a_1和a_2表示。且令$z_2-z_1=h_{1\text{-}2}$，则上式整理后得

$$a_2=a_1+h_{1\text{-}2}(\rho_k-\rho_{1\text{-}2})g+\frac{v_1^2-v_2^2}{2}\rho_{1\text{-}2}-\sum_{1\text{-}2}\Delta p$$

焦炉内对于截面积流量不变的通道，一般$\frac{v_1^2-v_2^2}{2}\rho_{1\text{-}2}$与其他项相比甚小，可忽略不计，则上式简化为

$$a_2=a_1+h_{1\text{-}2}(\rho_k-\rho_{1\text{-}2})g-\sum_{1\text{-}2}\Delta p \tag{9-7}$$

式中，$h_{1\text{-}2}(\rho_k-\rho_{1\text{-}2})g$为气柱的热浮力。其中$h_{1\text{-}2}\rho_{1\text{-}2}g$为热气柱作用在1-1面上的位压力，$h_{1\text{-}2}\rho_k g$为同一高度冷空气柱作用在该底面的位压力。因$\rho_k>\rho_{1\text{-}2}$，故热浮力即空气柱与热气柱的位压力差，其作用是推动热气体向上流动。气柱愈高，空气和热气体的密度差愈大时，热浮力也愈大。

式(9-7)即为焦炉内上升气流的基本公式，当热浮力<阻力时，$a_2<a_1$；热浮力>阻力时，$a_2>a_1$。

2. 下降气流公式

如图9-4所示，热气体在通道内下降流动时，始点在上部，相对压力仍为a_1，终点在下部，相对压力为a_2。在忽略动压力项时，同理可导出下降气流公式

$$a_2=a_1-h_{1-2}(\rho_k-\rho_{1-2})g-\sum_{1-2}\Delta p \quad (9-8)$$

由式(9-8) 表明，下降气流流动时，热浮力与阻力一样，均起阻碍气流运动的作用，故 $a_2<a_1$。

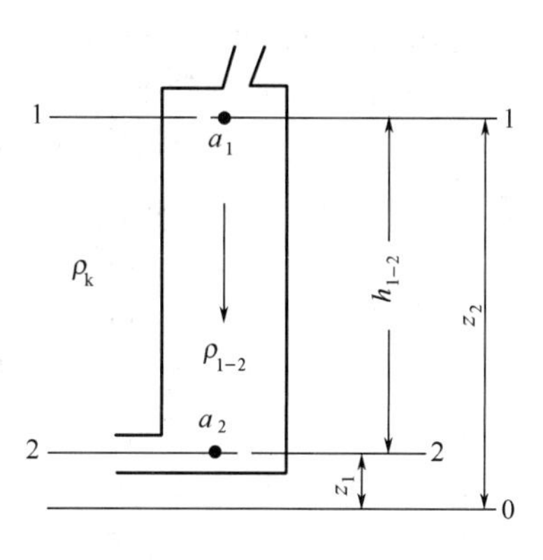

图 9-4 通道内气体由上往下流动

【例 9-1】 焦炉压力制度规定，在推焦前 20min，吸气管下部炭化室底部测压孔（距炉底 0.3m）处的相对压力不低于 4.9Pa。如推焦前炭化室内荒煤气的密度 $\rho_0=0.35\text{kg/m}^3$，温度为 800℃，大型焦炉炭化室底部与集气管中心距为 7m，荒煤气经焦炭层、上升管到集气管测压点的阻力为 4.9Pa，大气温度为 0℃，空气密度 $\rho_{0k}=1.293\text{kg/m}^3$，集气管压力应规定多少？

解 荒煤气由炭化室底部至集气管做上升流动，故集气管压力为

$$a_2=a_1+h_{1-2}g(\rho_{0k}-\rho_{1-2})-\sum_{1-2}\Delta p$$

$$a_2=4.9+7\times9.81\times\left(1.293-\frac{0.35\times273}{273+800}\right)-4.9=82.65\text{Pa}$$

如果大气温度升高，集气管压力由于空气密度降低，使浮力减小而低一些，其值可由浮力计算求得。因空气密度冬季、夏季是不一样的，变化很大，因此集气管压力的控制值冬季、夏季是不同的，冬季大而夏季略小。

3. 水平气流公式

在水平通道里流动的气体，因其 $h_{1-2}=0$，所以浮力项等于零，则有

$$a_2=a_1-\sum_{1-2}\Delta p$$

从式中可以看出，气体在水平流动时，两断面中不论绝对压力如何，其压力差代表这两个断面之间的阻力，即 $a_1-a_2=\sum_{1-2}\Delta p$。如果在同一系统两种操作情况下或两个形状尺寸完全一致的地区，其两端压力差相同，则阻力相同，通过的气体量也相同。

4. 循序上升与下降气流公式

如图 9-5 所示，当气体在既有上升气流又有下降气流的通道内流动时，从始点到终点的全部阻力总使终点相对压力减小，吸力增大。气流上升段浮力使终点相对压力增加，吸力减小，下降段浮力则使终点相对压力减少，吸力增大。因此循序上升与下降气流公式为（推导略）

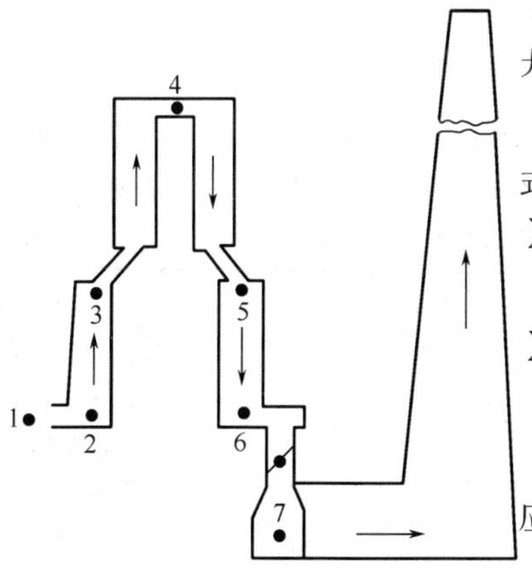

图 9-5 焦炉加热系统示意图

$$a_{终}=a_{始}+\sum h_{上}(\rho_k-\rho_i)g-\sum h_{下}(\rho_k-\rho_i)g-\sum\Delta p \quad (9-9)$$

式中 $a_{始}$、$a_{终}$——分别为始点与终点相对压力；

$\sum h_{上}(\rho_k-\rho_i)$——气流全过程中上升段浮力的总和(各段 ρ_i 不同)；

$\sum h_{下}(\rho_k-\rho_i)$——气流全过程中下降段浮力的总和；

$\sum\Delta p$——从始点至终点全部阻力之和。

很明显，上式同样忽略了各段的动压力差，如要考虑应在右边加上各段动压力差之和。

5. 焦炉实用气流方程式的应用

上述各气流公式广泛用于计算或分析焦炉通道内相对

压力、阻力和浮力的关系。

① 按推焦前吸气管下方的炭化室底部相对压力保持0～5Pa的规定，计算集气管压力。

② 按上升气流看火孔保持相对压力－5～5Pa的规定，计算蓄热室顶部吸力（炉外压力p'减同一水平的炉内压力p为吸力）。

③ 焦炉用贫煤气加热时，分析和计算煤气蓄热室和空气蓄热室顶部吸力的相互关系。

④ 根据蓄热室顶部和底部的吸力差，分析格子砖的堵塞情况。

⑤ 空气蓄热室进风门开度，煤气支管孔板大小或交换开闭器的翻板开度对蓄热室顶部吸力的影响。

⑥ 大气温度明显变化时，改变蓄热室进风门开度以稳定蓄热室顶部吸力的必要性。

⑦ 蓄热室换向间隔时间内顶部吸力的变化及原因分析。

⑧ 烟囱吸力和烟囱高度的计算。

对以上计算，现举例加以说明。

【例9-2】 焦炉调火中，用交换开闭器进风口断面开度或交换开闭器翻板调节燃烧系统流量时，系统中各点相对压力的变化。

解 如图9-5所示，以交换开闭器进风口断面减小为例，分析从进风口外到下降气流交换开闭器翻板后，分烟道翻板前各点相对压力的变化。进风口外即大气的相对压力为a_1，在无风情况下为零，分烟道的相对压力a_7在个别系统调节稍有变化时，因有烟道吸力自动调节装置维持定值而不变。从1点到7点列出循序上升与下降气流公式如下

$$a_7=a_1+\sum h_{上}(\rho_k-\rho_i)g-\sum h_{下}(\rho_k-\rho_i)g-\sum_{1\text{-}7}\Delta p$$

式中a_1和a_7保持不变，个别系统少量调节时，燃烧系统内温度变化不大，各段浮力变化很小，故$\sum_{1\text{-}7}\Delta p$基本不变。$\sum_{1\text{-}7}\Delta p$是1-2、2-3、3-4、4-5、5-6、6-7各段阻力之和，进风口断面减小时，$\sum_{1\text{-}2}\Delta p$加大，但$\sum_{1\text{-}7}\Delta p$不变，故$\sum_{2\text{-}7}\Delta p$必减小。2-7各处断面不变，阻力系数也基本不变，则2-7的气体流量必减小。再看各点相对压力，因进风口断面减小，a_2突降（或吸力突增），在气体流量减小、a_7保持一定、2-7各处断面不变的条件下，3-7、4-7、5-7、6-7的阻力均降低，显然越接近7点，降低值越少。相应的a_3、a_4、a_5、a_6也下降，但越接近7点，下降值越小，且2-7之间任意两点间的压力差也减小。

关小交换开闭器翻板的开度，同样可以减少加热系统的流量，但这时2-6各点的相对压力均增加（吸力降低），越接近1点，相对压力的增加值越少，但1-6之间任意两点间的压力差仍减小。

四、阻力、压力差与气体流量的对比关系

在焦炉生产过程中，当结焦时间变动，加热煤气种类改变，煤气和空气量增减时，在炉内调节装置基本不变的情况下，必须改变炉内各处流量，从而引起各处阻力和吸力变化。实际操作中，为了确定吸力值，常需知道各处的阻力，而按阻力公式进行计算时，不但繁琐，且阻力系数都是近似值，还有其他大量因素影响阻力值，故计算结果与实际情况可能有较大的偏差，因此仅在设计焦炉时，才按阻力公式计算。实际操作中都是利用阻力、压力差与流量的对比关系，根据测量值换算为调节后的需要值，并以此进行加热调节。

1. 阻力、气体流量和性质的对比关系式

焦炉在已知生产条件下，加热系统某段的阻力为

$$\Delta p=K\frac{v_0^2}{2}\rho_0\frac{T}{T_0}=K\frac{\rho_0}{2}\left(\frac{q_{V_0}}{A}\right)^2\frac{T}{T_0}$$

当生产条件改变后，该段阻力为

$$\Delta p' = K \frac{v_0'^2}{2} \rho_0' \frac{T'}{T_0} = K' \frac{\rho_0'}{2} \left(\frac{q_{V_0}}{A} \right)^2 \frac{T'}{T_0}$$

两者之比为

$$\frac{\Delta p'}{\Delta p} = \frac{K' v_0'^2 \rho_0' T'}{K v_0^2 \rho_0 T} = \frac{K' q_{V_0}'^2 \rho_0' T'}{K q_{V_0}^2 \rho_0 T} \tag{9-10}$$

式中 K，K'——相应条件下的阻力系数；

v_0，v_0'——气体流速，m/s；

q_{V_0}，q_{V_0}'——气体流量，m^3/h；

ρ_0，ρ_0'——气体密度，kg/m^3；

T，T'——绝对温度，K；

A——通道截面积，m^2。

由于上式为对比关系式，故计算时不必算出通过该段的实际流量，只需按同一基准计算生产条件变化前后的流量即可。为了方便，通常以 1 个炭化室所需热量作基准，即

$$q_{V_0} = \frac{q \times B \times 1000}{3600\tau \times 1000} C = \frac{qBC}{3600\tau} \tag{9-11}$$

式中 q——炼焦耗热量，kJ/kg；

B——炭化室装煤量，t；

τ——周转时间，h；

C——每供给焦炉 1000kJ 热量所需气体流量，$m^3/1000kJ$，C 在焦炉不同部位可以是煤气量、空气量或废气量，分别以 $C_{煤}$、$C_{空}$ 和 $C_{废}$ 表示。

$$C_{煤} = \frac{1000}{Q_{低}} \quad C_{空} = \frac{1000}{Q_{低}} V_{实} = \frac{1000}{Q_{低}} \alpha V_{理} \quad C_{废} = \frac{1000}{Q_{低}} V_{废}$$

式中 $Q_{低}$——加热煤气低发热值，kJ/m^3；

$V_{实}$、$V_{理}$——燃烧 $1m^3$ 煤气所需实际和理论空气量，m^3；

$V_{废}$——燃烧 $1m^3$ 煤气所生成的废气量，m^3。

由式(9-10) 和式(9-11) 可得

$$\frac{\Delta p'}{\Delta p} = \frac{K'}{K} \left(\frac{q'B'C'}{qBC} \right)^2 \left(\frac{\tau}{\tau'} \right)^2 \frac{\rho_0' T'}{\rho_0 T} \tag{9-12}$$

对于某一区段（斜道、火道等），流过的气体量，密度相同，温度也可取平均值，因此该区段阻力为若干阻力之和，式(9-10) 和式(9-12) 仍适用，即

$$\frac{\sum_{区段} \Delta p'}{\sum_{区段} \Delta p} = \frac{K'}{K} \frac{q_{V_0}'^2}{q_{V_0}^2} \frac{\rho_0'}{\rho_0} \frac{T'}{T} = \frac{K'}{K} \left(\frac{q'B'C'}{qBC} \right)^2 \left(\frac{\tau}{\tau'} \right)^2 \frac{\rho_0'}{\rho_0} \frac{T'}{T} \tag{9-13}$$

2. 压力差是流量的指标

对整个燃烧系统有（由循序上升与下降气流公式转化）

$$\sum \Delta p = a_{始} - a_{终} + \sum h_{上} (\rho_k - \rho_i) g - \sum h_{下} (\rho_k - \rho_i) g$$

生产上 $a_{始}$、$a_{终}$ 可准确测出，若再测出各区段气体温度，则上升和下降段的浮力就不难计算，而利用上式可求出加热系统有关区段的阻力 $\sum \Delta p$。当加热系统上升段与下降段浮力差为零时

$$\sum h_{上} (\rho_k - \rho_i) g - \sum h_{下} (\rho_k - \rho_i) g = 0$$

则

$$\sum \Delta p = a_{始} - a_{终} \tag{9-14}$$

上式说明在符合上升段与下降段的浮力差为零的条件下，两点间的压力差等于气体通过该通道的阻力。此式适用于异向气流蓄热室顶之间，因上升段立火道与斜道的总浮力一般仅比下降段大 1Pa 左右，故可视为相等。此式也适用于机侧、焦侧高炉煤气主管至交换开闭器的通道，因管内高炉煤气与外界空气的密度、温度均很接近，故浮力为零。此式用于进风口至分烟道整个加热系统时，就有偏差，因下降段总浮力大于上升段总浮力，且各蓄热室的堵漏情况和阻力系数等也有差异。

同一通道，在同一燃烧系统两种生产条件下，气体的流动方向一致，而炉内调节装置不动时，$K=K'$，同时 $T=T'$，可得

$$\frac{\sum\Delta p'}{\sum\Delta p}=\frac{a'_{始}-a'_{终}}{a_{始}-a_{终}}=\left(\frac{q'_{V_0}}{q_{V_0}}\right)^2 \tag{9-15}$$

上式表明在一定条件下，阻力或压力差是流量的指标。

【例 9-3】 已知高炉煤气热值 $Q_{低}=3930\text{kJ/m}^3$，焦炉煤气热值 $Q_{低}=17920\text{kJ/m}^3$，用高炉煤气加热时，炼焦耗热量 $q=3050\text{kJ/kg}$，用焦炉煤气加热时，炼焦耗热量 $q'=2750\text{kJ/kg}$，$a=1.25$，对 JN43 型焦炉用高炉煤气加热时煤气斜道阻力为 24Pa，求用焦炉煤气加热时的斜道阻力？

解 在同一斜道中 $K=K'$，则

$$\frac{\sum\Delta p_{m}}{\sum\Delta p_{k}}=\frac{qBC}{q'B'C'}\left(\frac{\tau'}{\tau}\right)^2\frac{\rho_0}{\rho'_0}\frac{T}{T'}$$

式中，$\sum\Delta p_{m}$、$\sum\Delta p_{k}$ 为同一斜道在分别供入煤气、空气时阻力，Pa，因 $\tau=\tau'$，$T=T'$，$B=B'$，故

对于高炉煤气 $$C_{m}=\frac{1000}{Q_{低}}=\frac{1000}{3930}$$

对于焦炉煤气 $$C_{k}=\frac{1000}{Q_{低}}\times\frac{V_{实}}{2}=\frac{1000}{17920}\times\frac{5.55}{2}$$

烧焦炉煤气时，空气由两个蓄热室供给，故通过一个斜道的空气量为总量的 1/2，根据物料衡算，烧 1m^3 焦炉煤气在 $a=1.25$ 时所需的实际空气量 $V_{实}=5.55\text{m}^3$。

标准状态下高炉煤气 $\rho_0=1.275\text{kg/m}^3$

标准状态下湿空气 $\rho'_0=1.280\text{kg/m}^3$

将上面各式代入，则有

$$\frac{24}{\sum\Delta p_{k}}=\left(\frac{3050}{2750}\times\frac{\dfrac{1000}{3930}}{\dfrac{1000\times5.55}{17920\times2}}\right)^2\times\frac{1.275}{1.280}$$

$$\sum\Delta p_{k}=\frac{24}{3.31}=7.25\text{Pa}$$

【例 9-4】 某 JN43 型焦炉，焦炉煤气加热时，结焦时间 $\tau=18\text{h}$，$\alpha=1.25$，测得蓄热室顶部吸力：上升气流为 44Pa，下降气流为 55Pa，计算结焦时间为 $\tau'=17\text{h}$ 的蓄热室顶部吸力。

解 (1) 上升与下降气流的阻力和（压力差）

$$a_{始}-a_{终}=(-44)-(-55)=11\text{Pa}$$

(2) 上升与下降气流斜道阻力比 当 $\alpha=1.25$ 时，燃烧 1m^3 焦炉煤气所需的实际空气

量 $V_{实}=5.55m^3$，产生的废气量为 $V_f=6.248m^3$。并设 0℃时的湿空气密度为 $\rho_k=1.28kg/m^3$，废气的密度 $\rho_f=1.213kg/m^3$。

上升气流斜道温度为 1050℃（空气温度），下降气流斜道温度为 1350℃（废气温度）。

此外由于上升气流时，气流由斜道进入火道时的扩大阻力系数大于下降气流时立火道进入斜道的突然缩小阻力系数，并考虑到斜道的其他局部阻力系数，JN43 型焦炉斜道上升与下降气流的阻力系数 $K_{上}$ 与 $K_{下}$ 之比，根据斜道各项阻力系数可确定为$\frac{K_{上}}{K_{下}}=\frac{1}{0.8}$，则上升与下降气流的阻力比为

$$\frac{\sum\Delta p_{上斜}}{\sum\Delta p_{下斜}}=\frac{1}{0.8}\times\left(\frac{5.55}{6.248}\right)^2\times\frac{1.28}{1.213}\times\frac{1050+273}{1350+273}=0.84$$

（3）结焦时间 18h 的斜道阻力分配

$$\sum\Delta p_{上斜}=11\times\frac{0.84}{1.84}=5Pa$$

$$\sum\Delta p_{下斜}=11\times\frac{1}{1.84}=6Pa$$

（4）结焦时间 17h 的斜道阻力　可按式(9-13）计算，式中除耗热量和结焦时间不同外，其他均相同，故$\frac{\Delta p'_{上斜}}{\Delta p_{上斜}}=\left(\frac{q'\tau}{q\tau'}\right)^2$。

设结焦时间由 18h 改为 17h，耗热量增加 2.5%，则

$$\sum\Delta p'_{上斜}=5\times\left(\frac{1.025\times18}{1\times17}\right)^2=5.69Pa$$

$$\sum\Delta p'_{下斜}=6\times\left(\frac{1.025\times18}{1\times17}\right)^2=6.82Pa$$

结焦时间 17h 的斜道总阻力为　5.69+6.82=12.51Pa

（5）结焦时间 17h 的蓄热室顶部吸力　结焦时间改变后，上升气流斜道的阻力增加了 5.69－5=0.69Pa。为了保持看火孔压力不变，上升气流蓄热室顶部吸力应降低（或压力增加）0.69Pa，则上升气流蓄热室顶部吸力为 44－0.69=43.31Pa，下降气流蓄热室顶部吸力为 43.31+12.51=55.82Pa。

第二节　烟囱的原理和计算

一、烟囱的工作原理

烟囱的作用在于使其根部产生足够吸力，克服焦炉加热系统阻力（包括分烟道阻力）和下降气流段热浮力，从而使炉内废气排出，空气吸入。炉内上升气流热浮力则有助于气体流动和废气排出。烟囱根部吸力靠烟囱内热废气的浮力产生，其值由烟囱高度和热废气与大气的密度差决定。烟囱的工艺设计主要是根据加热系统的阻力和浮力值确定根部需要的吸力值，并据此计算烟囱高度和直径。

① 烟囱根部所需吸力按焦炉进风口至烟囱根部列出的循序上升与下降气流公式确定。因进风口处相对压力为零，故可得烟囱根部所需吸力可通过以下计算确定。

因 $a_{入}=0$，所以

$$(-a_{根})=\sum_{加}\Delta p+\sum h_{下}(\rho_k-\rho_i)g-\sum h_{上}(\rho_k-\rho_i)g \tag{9-16}$$

式中 $\sum_{加} \Delta p$——进风口至烟囱根部的总阻力；

$\sum h_{上}(\rho_k-\rho_i)g$、$\sum h_{下}(\rho_k-\rho_i)g$——从进风口至烟囱根部所有上升气流段热浮力总和及下降气流段热浮力总和。

② 一定高度 H 的烟囱能产生的根部吸力按根部至烟囱顶口的上升气流公式确定。因 $a_{顶}(a_{终})=0$，故可得烟囱根部能产生的吸力为

$$(-a_{根})=H(\rho_k-\rho_f)g-\sum_{烟} \Delta p \tag{9-17}$$

式中 $H(\rho_k-\rho_f)g$——烟囱热浮力；

$\sum_{烟} \Delta p$——烟囱根部至烟囱顶口外的总阻力。

式(9-16) 和式(9-17) 说明，烟囱所需吸力与加热煤气种类有关，烟囱能产生多大的吸力与烟囱的高度、热废气密度和大气密度有关。用焦炉煤气加热时，系统阻力小，烟囱根部所需吸力也小，而且废气密度小，一定高度的烟囱浮力较大，故而能产生较大的吸力，用高炉煤气加热则相反。所以设计烟囱高度时，对复热式焦炉要按高炉煤气加热计算，并考虑必要的储备吸力，以保证提高生产能力的可能。当焦炉炉龄较长时，由于系统堵、漏现象比较严重，也就需要较大的吸力。生产中要避免或尽力减轻加热系统堵塞、漏气，并防止烟道积灰和渗水。当用高炉煤气加热时，若烟囱吸力不足，可掺入少量焦炉煤气加热，以降低加热系统阻力，并增加烟囱浮力。

二、烟囱计算

1. 烟囱直径

烟囱直径的确定取决于废气通过烟囱的阻力和烟囱的投资费用，适当增大烟囱直径则阻力小而吸力增大，但消耗建材多，投资大。烟囱顶部直径 $d_{顶}$ 按下式计算

$$d_{顶}=\sqrt{\frac{q_V}{\frac{\pi}{4}\times 3600v_0}}$$

式中 q_V——焦炉排出的废气量，m^3/h；

v_0——烟囱出口处废气的流速（标准状态），m/s。

v_0 与由此确定的烟囱直径和阻力，应按烟囱投资加以权衡，做出选择。流速大，烟囱直径可减小，但阻力大，烟囱高度将增加，减小流速则相反。一般 v_0 取 3～4m/s。

烟囱根部直径 $d_{根}$ 可根据 $d_{顶}$ 和烟囱锥度确定。

对钢筋混凝土烟囱 $$d_{根}=d_{顶}+2\times 0.01H \tag{9-18}$$

式中 0.01——烟囱锥度。

对砖砌烟囱 $$d_{根}=1.5d_{顶}$$

2. 烟囱高度

烟囱的高度使产生的浮力保证烟囱根部有足够的吸力 $z_1(z_1=-a_{根})$，并足以克服废气通过烟囱的阻力为 $z_2(z_2=\sum \Delta p_{烟})$，还必须考虑必要的备用吸力 $z_3(z_3=50Pa$ 或 $z_3=0.15z_1)$，即

$$(\rho_{0k}-\rho_{0f})gh=z_1+z_2+z_3$$

烟囱高度可按下式计算

$$h=\frac{z_1+z_2+z_3}{\left(\frac{\rho_{0k}\times 273}{T_k}-\frac{\rho_{0f}\times 273}{T_f}\right)g} \tag{9-19}$$

式中　ρ_{0k}，ρ_{0f}——空气和废气在0℃下的密度，kg/m^3；

T_k，T_f——沿烟囱高向大气和烟囱内废气的平均温度，K。

高原地区大气压较低，设计烟囱高度时，还需考虑大气压的校正，据波义耳定律$pV=p_0V_0$，可得$\rho=\rho_0\dfrac{p}{p_0}$，$v=v_0\dfrac{p_0}{p}$，阻力项$\Delta p=\Delta p_0\dfrac{p_0}{p}$，浮力项$\Delta h=\Delta h_0\dfrac{p}{p_0}$，则烟囱计算时，$z_1$、$z_2$和$z_3$中各阻力项和浮力项分别以上述公式做气压校正为$z_1'$、$z_2'$、$z_3'$后，则烟囱高度为

$$h'=\frac{z_1'+z_2'+z_3'}{\left(\dfrac{\rho_{0k}\times 273}{T_k}-\dfrac{\rho_{0f}\times 273}{T_f}\right)g\dfrac{p}{p_0}} \tag{9-20}$$

式中　p——当地大气压力，MPa；

p_0——标准大气压力，取0.1013MPa。

【例9-5】 42孔JN43-58-Ⅱ型焦炉，根据加热系统阻力和浮力的计算，烟囱根部需要的吸力$z=284.4$Pa。考虑到漏气，在烟囱中空气过剩系数$\alpha=1.5$。$1m^3$干高炉煤气燃烧产生的湿废气量为$2.01m^3$。废气密度$\rho_{0f}=1.376kg/m^3$，每个炭化室需供给的高炉煤气量平均按$0.246m^3/s$计，烟囱入口处的废气温度240℃，大气温度35℃，两座焦炉合用一个烟囱，计算烟囱的工艺尺寸。

解　① 每座焦炉的湿废气量为

$$0.246\times 2.01\times 42=20.64m^3/s$$

则两座焦炉的废气量为　$20.46\times 2=41.28m^3/s$

② 烟囱出口处的废气流速取$v=3.2$m/s，则烟囱顶部内径为

$$d_{顶}=\sqrt{\frac{4\times 41.28}{3.14\times 3.2}}=4.05m(取4m)$$

③ 烟囱底部内径$d_{底}$

$$d_{底}=d_{顶}+2\times 0.01h=4+2\times 0.01\times 100=6m（设烟囱高度为100m）$$

④ 烟囱内废气的平均流速

烟囱顶部废气通过的截面积

$$\frac{3.14\times 4^2}{4}=12.56m^2$$

烟囱底部废气通过的截面积

$$\frac{3.14\times 6^2}{4}-6\times 0.49=25.36m^2$$

式中　0.49——烟囱底部隔墙厚度，m。

烟囱的平均断面积为

$$\frac{12.56+25.36}{2}=18.96m^2$$

废气在烟囱中的平均流速

$$\frac{41.28}{18.97}=2.18m/s$$

烟囱的平均直径

$$d_{平}=\sqrt{\frac{4\times 18.96}{3.14}}=4.9m$$

⑤ 烟囱中废气的平均温度，当烟囱壁厚为0.5m时，每1m高烟囱内废气温度的下降量可按下式计算

$$\Delta t=\frac{a}{\sqrt{D}}$$

式中 a——系数，取0.6；

D——烟囱的平均外径，m。

$$D=\frac{1}{2}(d_{顶}+d_{底})+2\times0.5=\frac{1}{2}\times(4+6)+2\times0.5=6\text{m}$$

$$\Delta t=\frac{0.6}{\sqrt{6}}=0.25℃/\text{m}$$

烟囱出口处的废气温度为 $240-100\times0.25=215℃$

烟囱内废气的平均温度为 $t_{平}=\frac{240+215}{2}=227.5℃$

⑥ 废气通过烟囱时的摩擦阻力为 $\Delta p_{摩}$，摩擦系数 $\lambda=0.5$。

阻力系数 $K=0.5\times\frac{100}{4.9}=1.02$

$$\Delta p_{摩}=K\frac{v_0^2\rho_0}{2}\cdot\frac{T_t}{T_0}=1.02\times\frac{2.18^2\times1.376\times(273+227.5)}{2\times273}=6.11\text{Pa}$$

⑦ 烟囱出口突然扩大阻力 $\Delta p_{扩}$。

烟囱出口处废气流速 $v=\frac{41.28}{0.785\times4^2}=3.28\text{m/s}$

取突然扩大阻力系数 $K=1$ ［因为 $K_{扩}=\left(1-\frac{F_1}{F_2}\right)^2$，式中 F_2 为烟囱出口外大气面积，所以为无限大，则 $\frac{F_1}{F_2}\approx0$］。

$$\Delta p_{扩}=1\times\frac{3.28^2\times1.376\times(273+215)}{2\times273}=13.23\text{Pa}$$

故烟囱本身的阻力 $z_2=6.11+13.23=19.34\text{Pa}$

⑧ 取备用吸力

$$z_3=15\%\times z_1=0.15\times284.4=42.66\text{Pa}$$

⑨ 烟囱应当产生的总吸力

$$z_1+z_2+z_3=284.4+19.34+42.66=346.4\text{Pa}$$

⑩ 烟囱的高度

$$h=\frac{346.4}{\left(1.28\times\frac{273}{273+35}-1.376\times\frac{273}{273+227.5}\right)\times9.81}=92\text{m}$$

取烟囱的高度为100m，此计算结果与前面的假设基本一致。

上述计算所得烟囱高度是在大气压力为 1.013×10^5Pa时，由于空气和废气的密度需做压力校正，则当大气压力为 p 时，烟囱的高度应为

$$h_{校}=\frac{1.013\times10^5}{p}$$

烟囱不应建在山旁和风口处，以免受风的影响。两座焦炉合用一个烟囱，可以节约建筑

材料和投资，并加快施工进度，但此时烟囱底部应设横隔墙，以防两座焦炉在交换时吸力影响过大。

第三节　动量原理在焦炉上的应用

一、废气循环的意义和原理

焦炉立火道采用废气循环可以降低煤气中可燃成分和空气中氧的浓度，使燃烧过程变慢，并增加气流速度，从而拉长火焰。它有利于焦饼上下加热均匀，改善焦炭质量，缩短结焦时间，增加产量并降低炼焦耗热量。还可以通过增加炭化室高度和容积，提高焦炉劳动生产率，降低单位产品的基建投资，故大型焦炉广为采用废气循环技术。

下降气流火道底部的吸力虽然大于上升气流火道底部的吸力，但依靠以下推动力，可以将部分废气由下降气流火道底部经循环孔抽入上升气流火道。

① 火道底部由斜道口及烧嘴喷出煤气和空气流所产生的喷射力，将下降气流的废气吸入上升气流火道。

② 因上升气流火道温度一般比下降气流火道温度高而产生的热浮力差，使下降气流的废气吸入上升气流火道。

二、废气循环的基本方程式

动量原理指出："流体在稳定流动时，作用于流体某一区域上的外力在某一坐标轴方向上的总和，等于在此区域两端单位时间内流过的流体在该方向上的动量变化。"由此可分析图 9-6 中虚线区域煤气和空气进入火道时喷射作用所引起的动量变化。

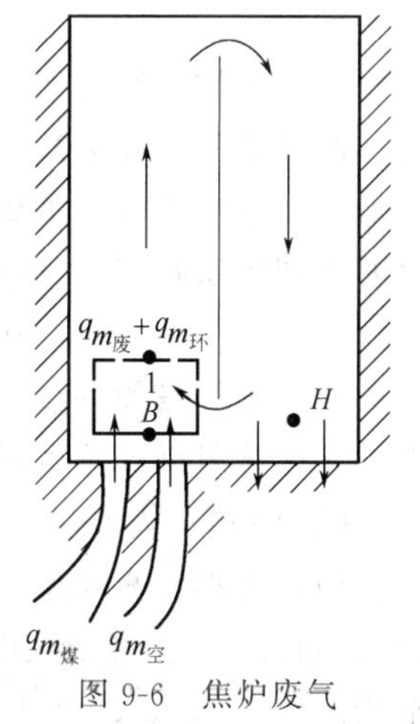

图 9-6　焦炉废气循环示意图

B 面上的动量为　$q_{m_煤} v_煤 + q_{m_空} v_空$

式中　$q_{m_煤}$，$q_{m_空}$——由斜道口（或烧嘴）喷出的煤气、空气质量流量，kg/s；

$v_煤$，$v_空$——由斜道口（或烧嘴）喷出的煤气、空气实际流速，m/s。

1 面上的动量为　$(q_{m_废} + q_{m_环}) v_{(废+环)}$

式中　$q_{m_废} + q_{m_环}$、$v_{(废+环)}$——废气及吸入的循环废气质量流量(kg/s)和流速(m/s)。

作用于虚线区域的合力为　$(p_B - p_1)A_火$

式中　p_B，p_1——作用于 B 面和 1 面上的压力，Pa；

$A_火$——立火道断面积，m^2。

$$(q_{m_废} + q_{m_环}) v_{(废+环)} - (q_{m_煤} v_煤 + q_{m_空} v_空) = (p_B - p_1) A_火$$

将此式换算为 0℃下的体积流量和密度，可得

$$\frac{q_{V_{0f}}^2 (1+x)^2}{A_火^2} \rho_{0f} \cdot \frac{T_{上废}}{273} - \frac{q_{V_{0m}}^2}{A_火 \ A_{煤斜}} \cdot \rho_{0m} \frac{T_{煤斜}}{273} - \frac{q_{V_{0k}}^2}{A_火 \ A_{空斜}} \cdot \rho_{0k} \frac{T_{空斜}}{273} = p_B - p_1$$

式中　q_V——体积流量，m^3/s，符号右下角注字，分别表示废气（f）、煤气（m）和空气（k）；

ρ_0——密度，kg/m^3，符号意义同上；

x——废气循环量占燃烧废气量体积分数，%；

A——截面积，m^2，右下角注字“煤斜”指煤气斜道，烧焦炉煤气时用烧嘴，“空斜”指空气斜道；

T——绝对温度，K，右下角注字“上废”指上升气流火道中废气平均温度，其他同上。

上式只说明煤气和空气喷射力对废气循环的作用，为进一步分析废气循环量和火道中气体流动时阻力和浮力的关系，由图 9-6 可列出 1-H 间的循序上升与下降气流方程式

$$a_H = a_1 + h(\rho_k - \rho_{上废})g - h(\rho_k - \rho_{下废})g - \sum_{1\text{-}h}\Delta p$$

由于 a_H 和 a_1 可视作同一水平，故等式左右均用外界大气压相减，并简化得

$$p_H = p_1 + h(\rho_{下废} - \rho_{上废})g - \sum_{1\text{-}h}\Delta p$$

式中　h——火道高度，m；

$\sum_{1\text{-}h}\Delta p$——上升气流火道底至下降气流火道底的气流阻力。

将上两式相加，整理后可得

$$\frac{q_{V_{0m}}^2}{A_火\ A_{煤斜}}\cdot\rho_{0m}\cdot\frac{T_{煤斜}}{273} + \frac{q_{V_{0k}}^2}{A_火\ A_{空斜}}\cdot\rho_{0k}\cdot\frac{T_{空斜}}{273} - \frac{q_{V_{0f}}^2(1+x)^2}{A_火^2}\cdot\rho_{0f}\cdot\frac{T_{上废}}{273} + h\rho_{0f}\left(\frac{273}{T_{下废}} - \frac{273}{T_{上废}}\right)g = (p_H - p_B) + \sum_{1\text{-}h}\Delta p \quad (9\text{-}21)$$

式(9-21) 左边第一、二、三、四顶分别为煤气喷射力、空气喷射力、火道中废气的剩余喷射力、上升火道和下降火道的浮力差，分别以符号 $\Delta h_煤$、$\Delta h_空$、$\Delta h_废$、$\Delta h_浮$ 表示。等式右边的（$p_H - p_B$）即循环孔阻力它与 $\sum_{1\text{-}h}\Delta p$ 之和即总阻力 $\sum_总\Delta p$，则式(9-21) 可写成

$$\Delta h_煤 + \Delta h_空 - \Delta h_废 + \Delta h_浮 = \sum_总 \Delta p \quad (9\text{-}22)$$

由上式知，废气循环的推动力是煤气和空气的有效喷射力和上升与下降火道的浮力差，废气循环量的多少取决于所能克服的阻力。上式推导中没有考虑循环废气与火道中废气的汇合阻力，也没有考虑喷射力的利用率，故计算的废气循环量大于实际，据模拟试验表明，如喷射力利用系数按 0.75 计算时，所得结果与实际比较一致，即式(9-22) 宜改成

$$0.75\times(\Delta h_煤 + \Delta h_空 - \Delta h_废) + \Delta h_浮 = \sum_总 \Delta p \quad (9\text{-}23)$$

实际上废气循环量还取决于烧嘴、斜道和循环孔的位置，但在理论公式中难于计入。

三、废气循环量的计算

【例 9-6】 按 JN43 型焦炉以焦炉煤气加热，计算其废气循环量。

原始数据：炭化室装煤量为 18t 干煤，周转时间 17h，相当耗热量 2342kJ/kg，$Q_低 = 17910kJ/m^3$。火道内火焰温度 1650℃，上升气流火道顶部废气温度 1440℃，下降气流废气平均温度 1360℃，进入立火道空气温度 1200℃，焦炉煤气出烧嘴时温度 600℃，$\rho_{0k} = 1.285kg/m^3$，$\rho_{0m} = 0.45kg/m^3$，$\rho_{0f} = 1.208kg/m^3$，$a = 1.2$。

解 （1）流量计算

① 进入一个燃烧室干煤气流量

$$\frac{18\times1000\times2342}{17\times17910} = 138.457m^3/h$$

② 进入一个火道的干煤气流量

$$\frac{138.457}{3600\times(12+1.2+1.4)} = 0.00263m^3/s$$

其中供入端部两个火道的煤气量分别为中部的 1.2 倍、1.4 倍。

③ 按 20℃饱和水汽含量为 2.35%，进入火道的湿煤气流量

$$\frac{0.00263}{1-0.0235}=0.00269\text{m}^3/\text{s}$$

④ $\alpha=1.2$ 时，进入火道的湿空气量

$$0.00263\times5.328=0.014\text{m}^3/\text{s}$$

式中　5.328——饱和温度 20℃、相对湿度 0.6 时，1m^3 干煤气燃烧需湿空气量，m^3。

⑤ 进入火道的废气量

$$0.00263\times6.026=0.0159\text{m}^3/\text{s}$$

式中　6.026——上述条件下 1m^3 干煤气燃烧产生的湿废气量，m^3。

(2) 炉体主要尺寸（按平均值）

① 火道断面：$0.493\times0.35=0.1726\text{m}^2$

② 斜道出口断面：$0.084\times0.08=0.00672\text{m}^2$

③ 跨越孔断面：$0.321\times0.186=0.0597\text{m}^2$

④ 循环孔断面：$0.321\times0.158=0.0507\text{m}^2$

⑤ 火道高度：3.6m

⑥ 火道当量直径：0.409m

⑦ 烧嘴出口断面：$\frac{\pi}{4}\times0.048^2=0.0018\text{m}^2$

(3) 总推动力计算

① 煤气出口喷射力

$$\Delta h_{煤}=\frac{q_{V_{0m}}^2}{A_{火}\ A_{烧嘴}}\cdot\rho_{m}\cdot\frac{T_{烧嘴}}{273}=\frac{0.00269^2}{0.1726\times0.0018}\times0.45\times\frac{273+600}{273}$$
$$=0.0335\text{Pa}$$

② 空气出口喷射力

$$\Delta h_{空}=\frac{q_{V_{0k}}^2}{A_{火}\ A_{空斜}}\cdot\rho_{0k}\cdot\frac{T_{空斜}}{273}=\frac{0.014^2}{0.1726\times0.00672\times2}\times1.285\times\frac{273+1200}{273}$$
$$=0.586\text{Pa}$$

③ 剩余喷射力

$$\Delta h_{废}=\frac{q_{V_{0f}}^2(1+x)^2}{A_{火}^2}\cdot\rho_{f}\cdot\frac{T_{上废}}{273}=\frac{0.0159^2\times(1+x)^2}{0.1726^2}\times1.208\times\frac{273+1545}{273}$$
$$=0.0683\times(1+x)^2$$

④ 上升与下降火道浮力差

$$\Delta h_{浮}=h\rho_{0f}\left(\frac{273}{T_{下废}}-\frac{273}{T_{上废}}\right)g$$
$$=3.6\times1.208\times273\times\left(\frac{1}{273+1360}-\frac{1}{273+1545}\right)\times9.81$$
$$=0.726\text{Pa}$$

式中，$T_{上废}$ 采用火焰温度与上升气流顶部温度的平均值。

(4) 总阻力计算

① 上升气流火道阻力，取 $\lambda=0.05$

$$\Delta p_{上火}=\lambda\ \frac{h}{d}\cdot\frac{q_{V_{0f}}^2(1+x)^2}{A_{火}^2}\cdot\frac{\rho_{0f}}{2}\cdot\frac{T_{上废}}{273}$$

$$=0.05\times\frac{3.6}{0.409}\times\frac{0.0159^2\times(1+x)^2}{0.1726^2}\times\frac{1.208}{2}\times\frac{273+1545}{273}=0.015\times(1+x)^2$$

② 下降气流火道阻力

$$\Delta p_{下火}=0.05\times\frac{3.6}{0.409}\times\frac{0.0159^2\times(1+x)^2}{0.1726^2}\times\frac{1.208}{2}\times\frac{273+1360}{273}$$

$$=0.0135\times(1+x)^2$$

③ 跨越孔阻力：包括两个90°转弯和出入跨越孔时的缩小和扩大阻力。

$$\Delta p_{跨}=\frac{q_{V_{0f}}^2(1+x)^2}{2}\cdot\rho_{0f}\cdot\frac{T_{废}}{273}\left[0.5\times\left(\frac{1}{A_{跨}^2}-\frac{1}{A_{火}^2}\right)+\left(\frac{1}{A_{跨}}-\frac{1}{A_{火}}\right)^2+\frac{2K_{90°}}{A_{火}^2}\right]$$

$$=\frac{0.0159^2\times(1+x)^2}{2}\times1.208\times\frac{273+1440}{273}\times\left[0.5\times\left(\frac{1}{0.0597^2}-\frac{1}{0.1726^2}\right)+\left(\frac{1}{0.0597}-\frac{1}{0.1726}\right)^2+\frac{2\times1.5}{0.1726^2}\right]=0.330\times(1+x)^2$$

式中由于考虑了扩大和缩小阻力，故按火道断面处的流速计算转弯阻力，$K_{90°}=1.5$。

④ 循环孔阻力

$$\Delta p_{环}=\frac{q_{V_{0f}}^2x^2}{2}\cdot\rho_{0f}\cdot\frac{T_{下废}}{273}\left[0.5\times\left(\frac{1}{A_{环}^2}-\frac{1}{A_{火}^2}\right)+\left(\frac{1}{A_{环}}-\frac{1}{A_{火}}\right)^2+\frac{2K_{90°}}{A_{火}^2}\right]$$

$$=\frac{0.0159^2x^2}{2}\times1.208\times\frac{273+1360}{273}\times$$

$$\left[0.5\times\left(\frac{1}{0.0507^2}-\frac{1}{0.1726^2}\right)+\left(\frac{1}{0.0507}-\frac{1}{0.1726}\right)^2+\frac{2\times1.5}{0.1726^2}\right]$$

$$=0.432x^2$$

（5）废气循环量计算　按式(9-23)有

$$0.75\times[0.0335+0.586-0.0683\times(1+x)^2]+0.726$$

$$=(0.015+0.0135+0.330)(1+x)^2+0.432x^2$$

整理后得　$0.842x^2+0.819x-0.7815=0$

解上式得　$x\approx59.3\%$

四、废气循环和防止短路的讨论

（1）废气循环推动力　用焦炉煤气加热时，按上例焦炉煤气和空气的有效喷射力为$0.75\times[0.0335+0.586-0.0683\times(1+0.593)^2]=0.335$Pa，而$\Delta h_{浮}=0.726$Pa，说明浮力差大于有效喷射力。但当减小烧嘴直径和斜道口断面时，喷射力将增加；当气体预热温度降低或交换时间缩短（使上升与下降火道气流温差减小）时，浮力差将减小。用高炉煤气贫化焦炉煤气时，不仅能降低可燃物浓度，使燃烧速度减慢，还可以增加煤气喷射力，使废气循环量增加，从而拉长火焰。但焦炉煤气贫化有使焦炉煤气系统阻力增加及易发生堵塞的缺点。

（2）废气循环的阻力　由上例计算表明：

跨越孔阻力为　$0.330\times(1+0.593)^2=0.837$Pa

循环孔阻力为　$0.432\times0.593^2=0.152$Pa

立火道阻力为　$(0.015+0.0135)\times(1+0.593)^2=0.0723$Pa

火道摩擦阻力甚微，跨越孔阻力起主要作用。阻力增加时，在一定推动力下，废气循环量将减少。因此设计上可根据要求火焰高度，通过改变跨越孔或循环孔断面大小，改变废气循环量。

（3）废气循环量的自动调节作用　由计算可知，流量变化时，喷射力和阻力均改变，浮力差则可视为不受流量影响。因此，当用高炉煤气加热时，因煤气、废气流量增加，使喷射力和阻力增加，浮力差的作用相对减小，故废气循环量减小。这样，如炉内调节装置不变，用焦炉煤气加热时，废气循环量较大，有利于改善高向加热均匀性；而用高炉煤气加热时，废气循环量自动减小，以适应高炉煤气火焰较长的特点。此外，当流量一定，高向加热均匀性变差时，上升和下降火道的温度差增加，浮力差增大，使废气循环量自动增加，从而使高向加热均匀性得到改善。

以上分析和计算说明，废气循环有明显的自动调节作用。

（4）短路产生的条件和防止措施　所谓短路是指上升气流的煤气和空气不经过立火道燃烧，而由循环孔被直接抽入下降气流斜道中燃烧，这将破坏焦炉的正常加热制度和损坏炉体，应予以防止。当浮力差和喷射力减少，而阻力增加时，废气循环量就会减少。废气循环计算式最后为一个一元二次方程式，即 $ax^2+bx+c=0$，当该方程的解 $x=\frac{-b\pm\sqrt{b^2-4ac}}{2a}<0$ 时，就意味着产生短路。由上例可见，a、b 均为正值，当 c 值也为正值时，即喷射力和浮力差小于跨越孔阻力项中 $(1+x)^2$ 前的系数时，将发生短路。生产中可能引起短路的情况如下。

① 刚换向时，下降气流火道温度高于上升气流火道温度，即浮力差为负值。换向间隔时间长，气体流量小，上升与下降火道间的温差大时，换向初期浮力差负值增大，容易短路，但换向后一定时间会自动消失。

② 结焦时间过长或焖炉保温期间，加热气体量减少，使喷射力降低，并因上升和下降火道温度趋于一致，使浮力差也大为减小，故易引起短路。

③ 炉头火道由于炉体散热，炉头火道在上升气流时温度仍常低于相邻火道，故浮力差为负值，再加上炉头火道的斜道口断面较大，使气流出口流速减小，从而降低喷射力，此外，炉头火道容易因裂缝发生荒煤气串漏、降低温度而增加阻力，故易发生短路。为防止这种现象，JN43-58-Ⅱ型焦炉的炉头一对火道间已不设废气循环孔，但易出现炉头部位焦饼上部生焦。

④ 火道内沉积裂解碳或被弄脏时，系统阻力增加，如达到一定程度，就可能产生短路。

⑤ 装煤初期，如有大量荒煤气经炉墙裂缝或烘炉孔未堵严处漏入火道时，增加了火道阻力，此时看火孔为正压，火道有可能短路。为消除这种短路，可将装煤炉室两侧短路火道的看火孔打开，使一部分气体逸出，以减小阻力，增加浮力，消除短路。当看火孔为负压时，如看火孔没盖严，也可能因大量空气抽入而引起短路。

五、变量气流

焦炉加热用煤气沿炉组的纵长方向和沿燃烧室长向的气流分布，流量属均匀变化的流动，称为变量气流。

焦炉加热煤气主管、横管、炉内横砖煤气道、小烟道、分烟道、两分式焦炉的水平烟道和荒煤气的集气管等通道中气体的流动均属变量气流。它与前面以恒量气流为基础导出的柏努利方程式的根本区别在于气流均匀变化所引起的动量变化。

1. 变量气流基本方程式

对于分配通道中流动气体（见图 9-7），流量是在均匀变化的，因此应该用一维水平变量流动的微分方程式来描述气流的运动规律。除了考虑静压力、位压力、动压力、直管阻力

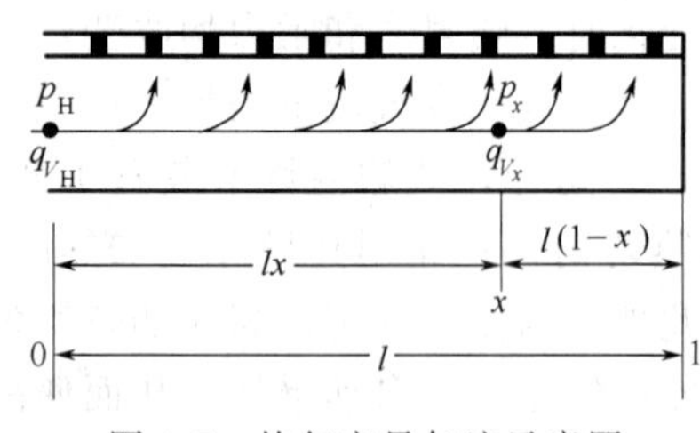

图 9-7 均匀变量气流示意图

以外，还应考虑动量变化引起的压力降。由此可导出变量气流微分方程式

$$\mathrm{d}p+\mathrm{d}h+\frac{\rho}{2}\mathrm{d}v^2+\frac{v}{\Delta y\Delta z}\rho\mathrm{d}q_V=0$$

此即水平流动时的变量气流基本方程。将此方程用于通道断面不变，做均匀变量的气流时，如图 9-7 所示取距离水平通道开端 x 处的截面列变量气流方程，上式可写成

$$\mathrm{d}p_x+\mathrm{d}h_x+\frac{\rho}{2}\cdot\frac{\mathrm{d}q_{V_x}^2}{A^2}+\frac{v_x}{A}\rho\mathrm{d}q_{V_x}=0 \qquad (9\text{-}24)$$

式中 $\mathrm{d}p_x$ ——运动气体的静压力变化；

$\mathrm{d}h_x$ ——运动气体经 lx 距离的摩擦阻力；

$\frac{\rho}{2}\cdot\frac{\mathrm{d}q_{V_x}^2}{A^2}$——运动气体的动压力变化；

$\frac{v_x}{A}\rho\mathrm{d}q_{V_x}$ ——运动气体因变量产生的动量。

其中，q_V、p、v 均为变量，经积分、简化、整理可推导出分配通道的变量气流公式

$$p_x=p_\mathrm{H}+\frac{q_{V_\mathrm{H}}^2}{A^2}\times\frac{\rho}{2}\left\{2\times[1-(1-x)^2]-\frac{\lambda l}{3D}[1-(1-x)^3]\right\} \qquad (9\text{-}25)$$

对于集合通道，可得类似的集合通道变量气流方程式

$$p'_x=p_\mathrm{K}+\frac{q_{V_\mathrm{K}}^2}{A^2}\times\frac{\rho}{2}\left\{2\times[1-(1-x)^2]+\frac{\lambda l}{3D}[1-(1-x)^3]\right\} \qquad (9\text{-}26)$$

式中 p_x，p'_x——水平通道长向距开端 lx 处的静压力，Pa；

p_H，p_K ——水平通道入口、集合通道出口处气体的静压力，Pa；

q_{V_H}，q_{V_K} ——水平通道入口、集合通道出口处气体的总流量，$\mathrm{m^3/s}$；

A，l，D ——通道的截面积（$\mathrm{m^2}$）、长度（m）和当量直径（m）；

λ ——摩擦系数；

x ——由通道入口处至某处 x 点的相对距离，m。

上述公式以单向流动为出发点，并做了下述假设，故与实际会有某些误差。

① 方程中未考虑由于流入或流出使气流平行流动有所破坏。

② 公式中仅考虑了摩擦阻力，实际上气体在逐渐分流和汇流时，还存在转弯等复杂的局部阻力。

③ 在变量气流通道中，有时气体温度也随 x 变化，故取温度为定值的计算也有一定误差。

2. 小烟道内静压分布及实现蓄热室长向气流均匀分布的方法

由分配通道的变量气流方程式可以分析上升气流小烟道内的静压分布。当 $x=0$ 时，p_x 即小烟道入口端（外端）的静压力，即

$$p_{x=0}=p_\mathrm{H}$$

$x=1$ 时，p_x 即小烟道内侧中心隔墙处（里端）的静压力，即

$$p_{x=1}=p_{\mathrm{H}}+\frac{q_{V_{\mathrm{H}}}^{2}}{A^{2}}\cdot\frac{\rho}{2}\left(2-\frac{\lambda l}{3D}\right)$$

故上升气流时小烟道里、外端的静压差为

$$\Delta p_{\max}=p_{x=1}-p_{x=0}=\frac{q_{V_{\mathrm{H}}}^{2}}{A^{2}}\cdot\frac{\rho}{2}\left(2-\frac{\lambda l}{3D}\right)$$

同理，可导得下降气流时小烟道里、外端的静压差为

$$\Delta p'_{\max}=p'_{x=1}-p'_{x=0}=\frac{q_{V_{\mathrm{K}}}^{2}}{A^{2}}\cdot\frac{\rho}{2}\left(2+\frac{\lambda l}{3D}\right)$$

小烟道内一般$\frac{\lambda l}{3D}<2$，因此无论上升还是下降气流，即小烟道无论是呈分配通道还是集合通道，都是内侧静压大于外侧。如箅子孔上部沿蓄热室全长的静压力内外相同，以保证蓄热室内气流均匀分布，则箅子砖上下的静压差沿蓄热室长向的分布如图 9-8 所示。

上升气流时，$\Delta p_2>\Delta p_1$，里大外小，使内侧流量大。

下降气流时，$\Delta p'_1>\Delta p'_2$，外大里小，使外侧流量大。

同时，蓄热室内侧温度高于外侧（散热量大），浮力较大，更促使上升时内侧流量加大，下降时外侧流量加大。这种压力分布，导致蓄热室内气流在上下流动的同时，还有横向窜流，其总趋向是：上升气流时，从外侧下部向里侧上部流动，下降气流时，从里侧上部向外侧下部流动，结果造成气流不均匀的分布，使传热面积不能充分利用。

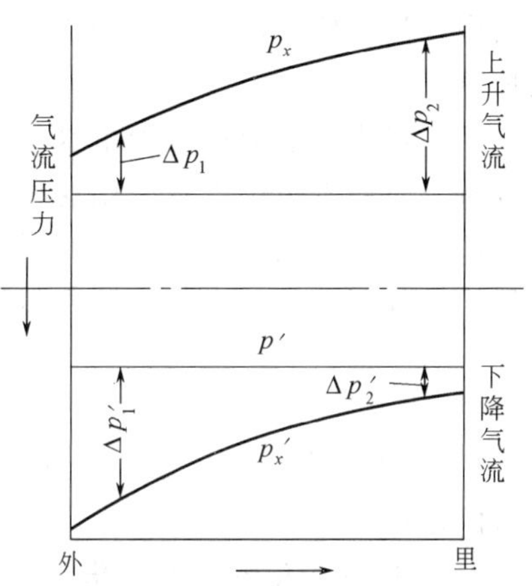

图 9-8　箅子砖上下的静压差沿蓄热室长向的分布

为改善气流分布，对不同炉型可采取如下措施。

（1）采用扩散型箅子砖孔　在外侧配置内径为下大上小的收缩箅子砖，里侧配置内径为下小上大的扩散型箅子砖。这种排列方式，由于阻力系数不同，故既能适应上升气流，也能满足下降气流的压力分布，使气体流量分布均匀。中国 JN43 型焦炉的扩散型箅子砖孔尺寸分布见表 9-1。

表 9-1　JN43 型焦炉的扩散型箅子砖孔尺寸分布

箅子砖段(孔数)		1(2×7)		2(2×8)		3(2×8)		4(2×8)		5(2×8)		6(2×7)		7(2×7)	
蓄热室		煤	空	煤	空	煤	空	煤	空	煤	空	煤	空	煤	空
尺寸/mm	上孔	32	32	35	30	35	35	40	40	75	65	65	65	65	65
	下孔	68	68	60	65	60	70	60	60	40	40	40	40	35	35

据实验表明，当上下底面积比<0.4 时，扩散孔的阻力系数比收缩孔的阻力系数约大30%。当上下底面积比接近 0.4 时，扩散孔和收缩孔的阻力系数接近一致。表 9-1 仅第 4 段的箅子砖孔上下底面积比接近 0.4，其他均小于 0.4。这样在上升气流时，由于小烟道外侧箅子孔上下的压力差小，设置阻力系数较小的收缩型箅子孔。向内逐渐增大箅子孔的上下底面积比，经第 4 段后转为阻力系数较大的扩散型箅子孔，以抵消内侧较大的压力差。从而使

箅子孔上的静压接近一致，使气流分布趋于均匀。转为下降气流，内侧的箅子孔当气流由上往下流动时属阻力系数较小的收缩孔，这与下降气流时内侧箅子孔上下压力差较小的情况相适应。小烟道外侧因气流由上而下，则箅子孔属阻力系数较大的扩散形，以适应该处下降气流时较大的压力差。因此这样的箅子砖孔及其分布，既适应上升气流，也适应下降气流的压力分布。

（2）增加小烟道断面　降低小烟道内气流速度，使小烟道内外静压差减少。设计中一般将入口煤气流速限制在 2.5m/s 以下。

（3）采用分格蓄热室　煤气和空气全下喷。其小烟道仅用于汇集下降气流的废气，对上升气流的分布不起作用。中国的 JNX 型、宝钢引进的新日铁 M 型焦炉就采用这种结构。

（4）采用单向小烟道　蓄热室可不设中心隔墙，小烟道一端为进气盘，另一端为废气盘（仅出废气）。其箅子砖上下静压差总是进气端小、出气端大，箅子砖不必制成结构复杂的扩散孔型，只要按小烟道长向的压力分布，配置有规律变化的孔径即可。这种焦炉只要在一侧设烟道。

（5）将小烟道分成若干个水平格　分别与相应的蓄热室格相连接，以实现气流的长向均匀分布。迪迪尔焦炉就是采用这种结构。

（6）小烟道变径　小烟道断面自外向里逐渐变小，蓄热室分格，由此改善蓄热室长向气流的均匀分布。例如卡尔·斯蒂尔焦炉就是采用这一种结构。

复习思考题

1. 推导焦炉内的上升气流公式，并说明热浮力的影响因素及分别在上升气流与下降气流时的作用。

2. 某焦炉炭化室底部到集气管中心距离为 7.5m，按推焦前吸气管下方的炭化室底部相对压力保持 0～5Pa 的规定，计算集气管压力应规定在多少？设结焦末期炭化室内荒煤气温度为 800℃时，其密度 $\rho_0=0.35\text{kg/m}^3$；荒煤气经焦炭层、上升管到集气管测压点的阻力为 4.9Pa；大气温度为 0℃，空气密度 $\rho_{0k}=1.293\text{kg/m}^3$。

3. 如何利用气体流动公式，按上升气流看火孔压力保持－5～5Pa 的规定，计算蓄热室顶部吸力？

4. 掌握烟囱的工作原理。

5. 了解烟囱工艺尺寸的计算方法。

6. 废气循环时造成短路的原因有哪些？并说明防止措施。

7. 了解废气循环量的计算方法。

第十章　炼焦炉的传热

第一节　焦炉内的传热

焦炉火道中火焰和热废气的热量通过对流和辐射向炉墙传递，废气温度最高达1400～1600℃，焦炉煤气燃烧过程中因热解而产生的高温游离碳有强烈的辐射能力，故辐射传热量占90%～95%。火道中气流速度较慢，故对流传热量仅占5%～10%。

一、对流传热

稳定对流传热量可用牛顿冷却定律计算

$$Q_{对}=\alpha_{对}(t_{气}-t_{墙})A \tag{10-1}$$

式中　$Q_{对}$——单位时间内热废气向炉墙的平均对流传热量，kJ/h；

$\alpha_{对}$——对流传热系数，W/(m^2·℃)；

$t_{气}$，$t_{墙}$——废气和炉墙表面的平均温度，℃；

A——传热面积，m^2。

火道中气体流动包括强制对流和热浮力引起的自然对流，其对流给热系数，可分别按以下关系计算。

强制湍流

$$\frac{\alpha_{对}d}{\lambda}=Nu=0.023Re^{0.8}Pr^{0.33} \tag{10-2}$$

强制层流

$$Nu=2(Re\cdot Pr)^{0.33} \tag{10-3}$$

自然对流

$$Nu=0.59(Gr\cdot Pr)^{0.25} \tag{10-4}$$

式中　d——火道的水力直径，m；

λ——废气的热导率，W/(m·℃)；

Nu——努塞尔数，反映对流传热强弱的无量纲数；

Re——废气的雷诺数$\left(\frac{dv\rho}{\mu}\right)$；

Pr——废气的普兰特数$\left(\frac{c_p\mu}{\lambda}\right)$；

Gr——废气的格拉斯霍夫数$\left(\frac{\beta g\Delta t d^3\rho^2}{\mu^2}\right)$；

c_p——废气比定压热容，kJ/(m^3·℃)；

μ——废气黏度，Pa·s；

Δt——废气与墙面的温差，℃；

β——废气热膨胀系数，℃$^{-1}$。

将式(10-2)、式(10-3)、式(10-4) 代入式(10-1) 得

湍流时

$$Q_{对}=\frac{\lambda}{d}[0.023Re^{0.8}Pr^{0.33}+0.59(Gr\cdot Pr)^{0.25}](t_{气}-t_{墙})A \tag{10-5}$$

层流时

$$Q_{对}=\frac{\lambda}{d}[2(Re\cdot Pr)^{0.33}+0.59(Gr\cdot Pr)^{0.25}](t_{气}-t_{墙})A \tag{10-6}$$

近似计算时，$\alpha_{对}$ 可按以下气体在粗糙砖通道内流过时的计算式计算

$$\alpha_{对}=12.55\frac{v_0^{0.8}}{d^{0.333}}\left(\frac{T_{平均}}{273}\right)^{0.25} \tag{10-7}$$

式中　v_0 ——通道内气体在标准状态下的流速，m/s；

$T_{平均}$——通道内气体平均温度，K。

二、辐射传热

1. 气体辐射的一般计算

焦炉火道中热废气向炉墙的传热属于气体向包围住它的固体表面间的辐射热交换过程。由传热学已知，气体被当作灰体时，它的辐射能力 $E_{气}$ 服从斯蒂芬-波尔茨曼定律。

$$E_{气}=\varepsilon_{气}E_0=5.76\varepsilon_{气}\left(\frac{T_{气}}{100}\right)^4 \tag{10-8}$$

式中　E_0 ——绝对黑体的辐射能力，W/m^2；

$\varepsilon_{气}$——气体的黑度；

5.76 ——绝对黑体的辐射常数，$W/(m^2\cdot K^4)$；

$T_{气}$——气体的温度，K。

$\varepsilon_{气}$ 是辐射气体分压 p、气层厚度 L 和温度 t 的函数，即 $\varepsilon_{气}=f(pL,t)$。焦炉废气中的主要辐射成分为 CO_2 和水汽，它们的黑度 ε_{CO_2} 和 ε_{H_2O} 可由图 10-1 和图 10-2 查取。图中表示

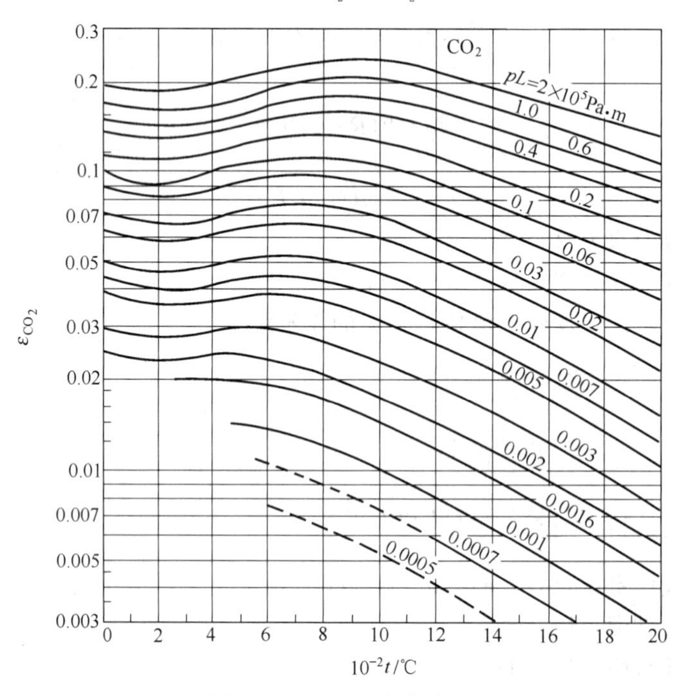

图 10-1　CO_2 黑度曲线图

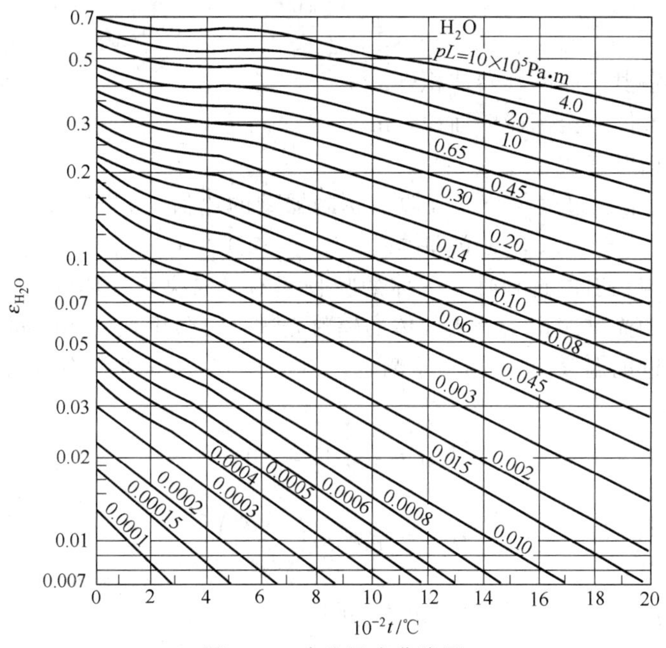

图 10-2　水汽黑度曲线图

0.1MPa 的总压下，CO_2 和水汽的黑度与 pL 及 t 的关系。p 单位为 MPa，L 单位为 m。由于分压 p_{H_2O}对水汽黑度的影响要比 L 的影响大些，所以计算时，由图10-2查出的 ε_{H_2O}还要乘上由图 10-3 查出的和分压 p_{H_2O}有关的校正系数 β，即为 $\beta\varepsilon_{H_2O}$。

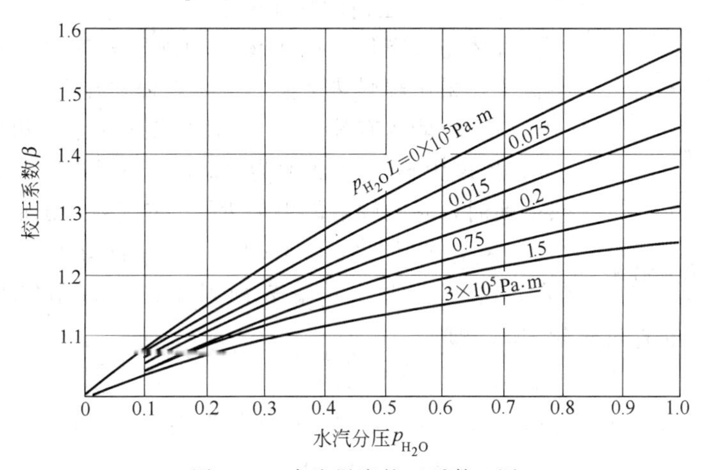

图 10-3　水汽黑度校正系数 β 图

当气体中同时含有 CO_2 和水汽时，混合气体的黑度为

$$\varepsilon_{气}=\varepsilon_{CO_2}+\beta\varepsilon_{H_2O}-\Delta\varepsilon \tag{10-9}$$

式中 $\Delta\varepsilon$ 是 CO_2 和水汽的辐射波长部分重合，辐射能相互吸收而减小的校正值。一般废气中该值不大，仅 0.02～0.04，可忽略不计，只在精确计算或（$p_{CO_2}+p_{H_2O}$）L 值很大时才考虑，可从有关资料查取。

气层有效厚度 L 决定于气体的体积和形状，当气体与包围着它的固体表面进行辐射热交换时，L 可按下式计算

$$L=\eta\frac{4V}{A} \tag{10-10}$$

式中 V——充满辐射气体的容器体积，m^3；

A——包围气体的全部器壁面积，m^2；

η——气体辐射有效系数。

η说明气体辐射能经过气体自身吸收后达到器壁的比值。它与待求的黑度及容器体积、形状有关，一般为0.85～1.0，对立方体或球体$\eta=0.9$。

由于气体吸收与辐射的选择性，气体的吸收率不仅取决于气体的p、L和t，还取决于落入气体内辐射能的光谱。由于落入气体的辐射光谱来自包围住气体的固体外壳，因此这些辐射光谱取决于器壁的温度$t_{固}$。据实验测定，CO_2和H_2O的吸收率A_{CO_2}和A_{H_2O}可按下式近似计算

$$A_{CO_2}=\varepsilon_{CO_2}\left(\frac{T_{CO_2}}{T_{固}}\right)^{0.65} \tag{10-11}$$

$$A_{H_2O}=\beta\varepsilon_{H_2O}\left(\frac{T_{H_2O}}{T_{固}}\right)^{0.45} \tag{10-12}$$

式中 ε_{CO_2}——按$p_{CO_2}L\left(\frac{T_{固}}{T_{CO_2}}\right)$和$t_{固}$由图10-1查取；

ε_{H_2O}——按$p_{H_2O}L\left(\frac{T_{固}}{T_{H_2O}}\right)$和$t_{固}$由图10-2查取。

混合气体的吸收率$A_{气}=A_{CO_2}+A_{H_2O}-\Delta A$，式中$\Delta A=\Delta\varepsilon$，一般可忽略不计。简化计算时，可按$A_{气}=\varepsilon_{气}$，只是此时$\varepsilon_{气}$值根据$pL$和$t_{固}$查取。

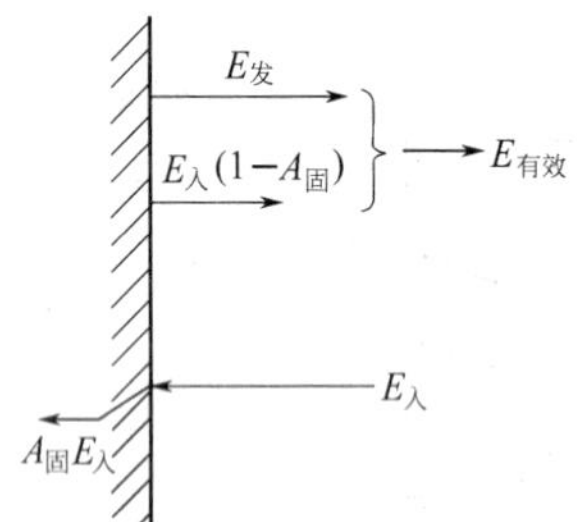

图10-4 炉墙的有效辐射

2. 焦炉火道内的气体辐射

气体与包围住它的固体壁面间的辐射热交换可运用有效辐射概念，采用辐射热交换的一般方程式导出。

(1) 炉墙的有效辐射 如图10-4所示，焦炉炉墙的温度为$T_{固}$，黑度为$\varepsilon_{固}$，吸收率为$A_{固}$，当炉墙与火道内焰气进行辐射热交换时，它的辐射能力为$E_{发}$，焰气射到炉墙表面上的辐射能力为$E_{入}$，被其吸收了$A_{固}E_{入}$，余下部分$E_{入}(1-A_{固})$又反射到焰气中去，因此由炉墙表面射出的总辐射能为$E_{发}+E_{入}(1-A_{固})$，称为该表面的有效辐射$E_{有}$，即

$$E_{有}=E_{发}+E_{入}(1-A_{固}) \tag{1}$$

由炉墙表面射出的$E_{有}$与焰气射入的$E_{入}$之差称净辐射能$q_{净}$，即

$$q_{净}=E_{有}-E_{入} \tag{2}$$

或

$$E_{入}=E_{有}-q_{净}$$

代入式(1)得 $E_{有}=E_{发}+(E_{有}-q_{净})(1-A_{固})$

整理后得

$$E_{有}=\frac{E_{发}}{A_{固}}-\left(\frac{1}{A_{固}}-1\right)q_{净} \tag{3}$$

由斯蒂芬干波尔曼定律知物体的辐射能力为

$$E_{发}=5.76\varepsilon_{固}\left(\frac{T_{固}}{100}\right)^4 \tag{4}$$

将式(4)代入式(3)得

$$E_{有}=\frac{\varepsilon_{固}}{A_{固}}\cdot 5.76\left(\frac{T_{固}}{100}\right)^4-\left(\frac{1}{A_{固}}-1\right)q_{净} \tag{5}$$

此式为导出各种辐射热交换的基本公式。

(2) 火道内焰气的有效辐射热　与上述类同，可导出焰气的有效辐射 $E_{有}$。

$$E'_{有}=\frac{\varepsilon_{气}}{A_{气}}\cdot 5.76\left(\frac{T_{气}}{100}\right)^4-\left(\frac{1}{A_{气}}-1\right)q'_{净} \tag{6}$$

式中　$q'_{净}$——焰气的净辐射能。

(3) 火道内焰气对固体壁面的辐射换热　气体与包围住它的墙面辐射换热时，角度系数为1，即认为 $E_{有}$ 全部落在焰气中，$E'_{有}$全部落在炉墙表面上，故净辐射能为

$$q_{净}=E_{有}-E'_{有}\quad q'_{净}=E'_{有}-E_{有}$$

即

$$q'_{净}=-q_{净}$$

则由焰气向炉墙的辐射换热量为

$$q=q'_{净}=-q_{净}=E'_{有}-E_{有} \tag{7}$$

将式(5)、式(6) 代入式(7) 得

$$q=\frac{\varepsilon_{气}}{A_{气}}\cdot 5.76\left(\frac{T_{气}}{100}\right)^4-\left(\frac{1}{A_{气}}-1\right)q_{净}-\frac{\varepsilon_{固}}{A_{固}}\cdot 5.76\left(\frac{T_{固}}{100}\right)^4-\left(\frac{1}{A_{固}}-1\right)q_{净}$$

$$=5.76\left[\frac{\varepsilon_{气}}{A_{气}}\left(\frac{T_{气}}{100}\right)^4-\frac{\varepsilon_{固}}{A_{固}}\left(\frac{T_{固}}{100}\right)^4\right]-q\left(\frac{1}{A_{气}}+\frac{1}{A_{固}}-2\right)$$

对一般固体，由克希霍夫定律知 $\varepsilon_{固}=A_{固}$，因此上式整理得

$$q=\frac{5.76}{\frac{1}{A_{固}}+\frac{1}{\varepsilon_{固}}-1}\left[\frac{\varepsilon_{气}}{A_{气}}\left(\frac{T_{气}}{100}\right)^4-\left(\frac{T_{固}}{100}\right)^4\right] \tag{10-13}$$

式(10-13) 适用于焦炉火道内热废气对炉墙的辐射传热计算。

【例 10-1】 某焦炉火道的平均断面为 0.493m×0.350m，火道高 3.7m，废气中 CO_2 为 23.28%，水汽为 4.24%，废气平均温度 1500℃，火道侧墙面平均温度 1300℃，废气量为 $0.032m^3/s$，计算废气对炉墙的传热量。

解 (1) 对流传热量 $q_{对}$ 的计算

火道水力直径　$$d=\frac{4\times 0.493\times 0.350}{2\times(0.493+0.350)}=0.409m$$

火道内废气流速　$$v_0=\frac{0.032}{0.493\times 0.350}=0.186m/s$$

对流给热系数　$$\alpha_{对}=12.55\times\frac{0.186^{0.8}}{0.409^{0.333}}\times\left(\frac{273+1500}{273}\right)^{0.25}$$

$$=7.02kJ/(m^2\cdot h\cdot ℃)$$

$$=1.95W/(m^2\cdot ℃)$$

对流传热量　$$q_{对}=1.95\times(1500-1300)=390W/m^2$$

(2) 辐射传热量 $q_{辐}$

气层厚度为

$$L=\eta\frac{4V}{A}=0.9\times\frac{4\times 0.493\times 0.350\times 3.7}{2\times(0.493\times 0.350+0.350\times 3.7+0.493\times 3.7)}=0.35m$$

由于火道内气体吸力很小，气体总压可按 0.1MPa 计，则

$$p_{CO_2}L=0.2328\times 0.35\times 0.1=0.00815MPa\cdot m=0.0815\times 10^5 Pa\cdot m$$

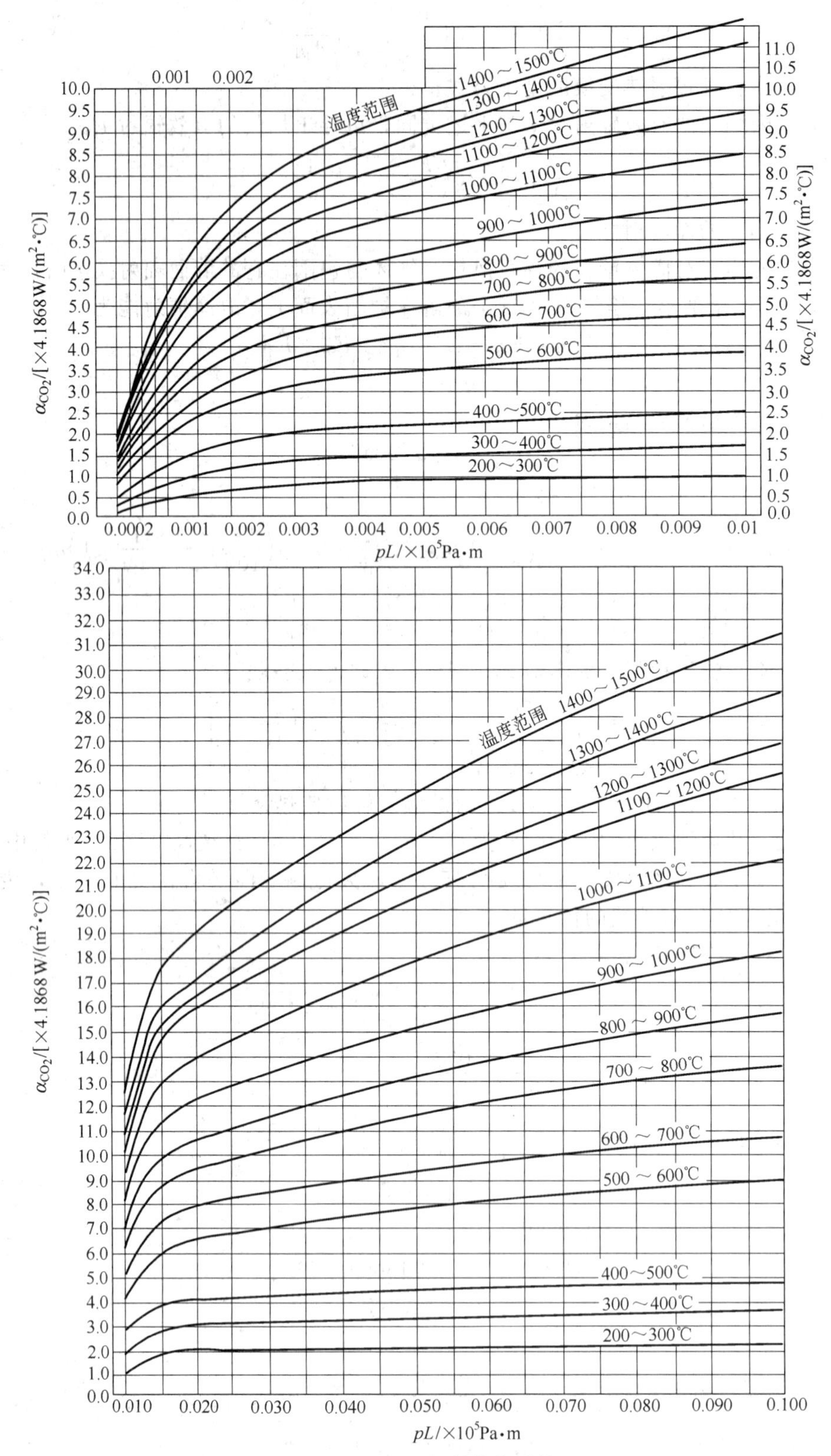

图 10-5 CO_2 辐射传热系数

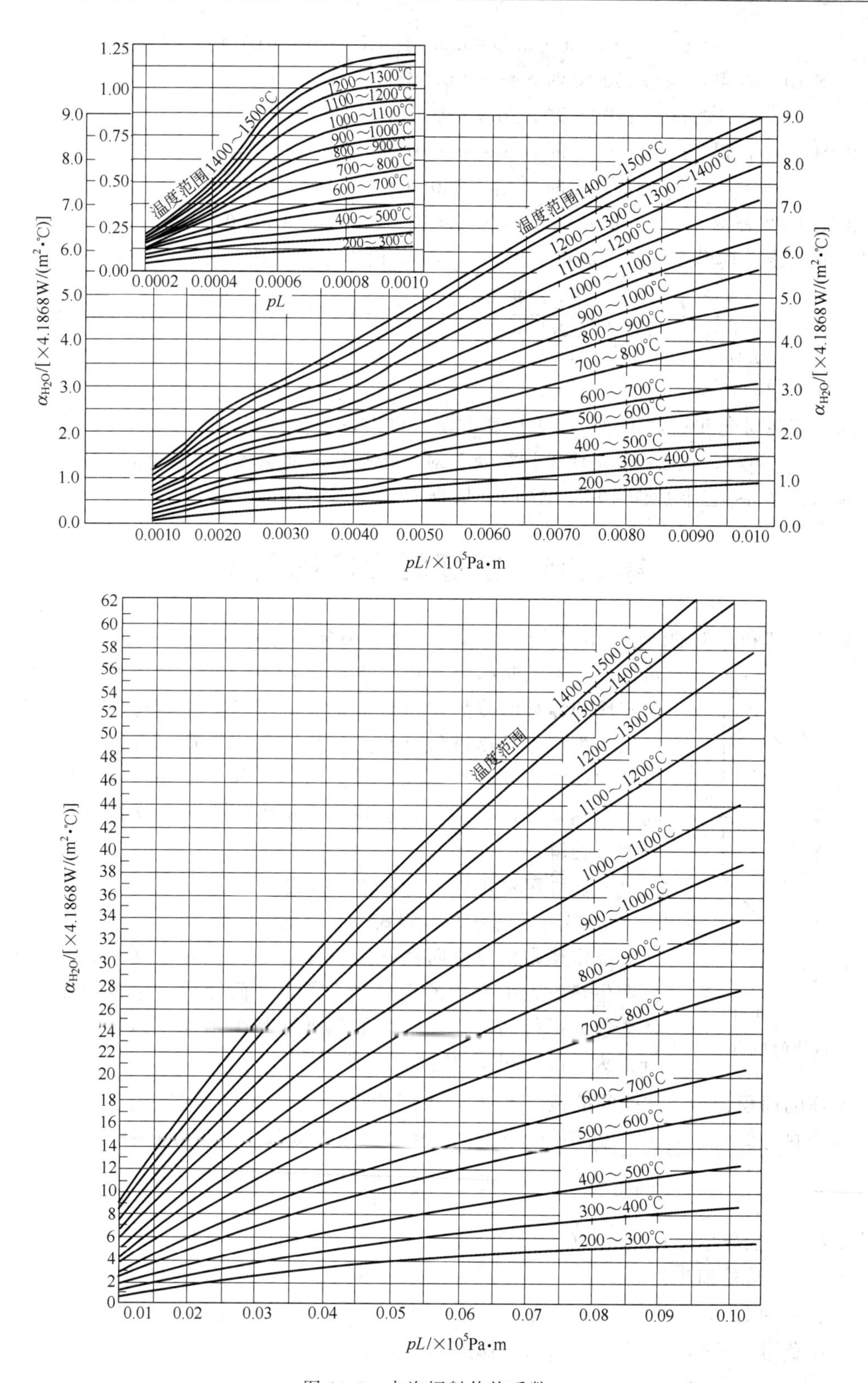

图 10-6　水汽辐射传热系数

$$p_{H_2O}L=0.0424\times0.35\times0.1=0.00148\text{MPa}\cdot\text{m}=0.0148\times10^5\text{Pa}\cdot\text{m}$$

由图 10-1 查得：$t_{气}=1500℃$时，$\varepsilon_{CO_2}=0.065$

$t_{固}=1300℃$时，$A_{CO_2}=0.076$

由图 10-2 查得：$t_{气}=1500℃$时，$\varepsilon_{H_2O}=0.013$

$t_{固}=1300℃$时，$A_{H_2O}=0.017$

由图 10-3 查得 $\beta=1$，故 $\varepsilon_{气}=0.065+0.013=0.078$，$A_{气}=0.076+0.017=0.093$。表面粗糙的硅砖，其黑度自有关资料查得 $\varepsilon_{固}=0.8$。由上述数据按式(10-13) 可计算得

$$q_{辐}=\frac{5.76}{\frac{1}{0.093}+\frac{1}{0.8}-1}\times\left[\frac{0.078}{0.093}\times\left(\frac{273+1500}{100}\right)^4\times\frac{273+1500}{100}\right]=11340\text{W/m}^2$$

计算表明 $q_{辐}\gg q_{对}$。

同时存在对流和辐射传热时，为计算方便，可以辐射传热 $\alpha_{辐}$ 形式表达辐射热交换，即 $q_{辐}=\alpha_{辐}(t_{气}-t_{固})$，但 $\alpha_{辐}$ 只是便于计算及与对流传热比较而引入，并不反映辐射现象本质。CO_2 和水汽的 $\alpha_{辐}$ 已制成图 10-5、图 10-6 供查取。

第二节　炉墙和煤料的传热

炭化室墙和煤料的温度，由于周期装煤、出焦，故随结焦时间进行而改变，属不稳定传热过程，若忽略结焦过程煤料热解产生的气、液相的对流传热，炭化室墙和煤料的传热均可近似地看成不稳定导热过程。对于比较简单的一维稳态导热过程可利用傅里叶公式计算，为研究炭化室墙和煤料这样比较复杂的不稳定导热过程，并进而获得温度场、结焦时间和供热量等计算结果，必须建立更加完整的数学模型，并找出适当的方程解。

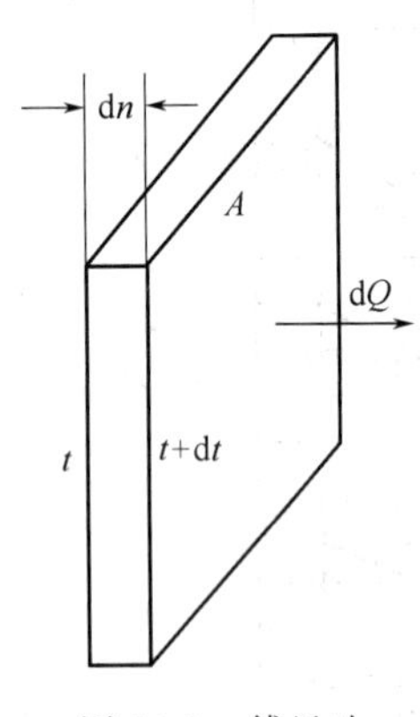

图 10-7　傅里叶定律的说明

一、稳定热传导及其基本方程式

1. 热传导的基本方程式——傅里叶定律

此定律是用以说明在确定物体各点间存在温度差时，因热传导而产生热流大小变化的定律。为了说明问题，设想在物体中存在着两个彼此平行的平面，它们的温度在整个平面上是均匀分布的，并分别为 t 和 $t+\mathrm{d}t$，如图 10-7 所示。

平面的面积为 A，彼此间的距离为 $\mathrm{d}n$，根据傅里叶定律：单位时间内通过给定面积的热量与导热方向的截面积及温度梯度成正比。用算式表示为每小时通过面积 A 的热量为

$$\frac{\mathrm{d}Q}{\mathrm{d}\tau}=-\lambda A\frac{\mathrm{d}t}{\mathrm{d}n} \tag{10-14}$$

式中　λ——热导率，W/(m·℃)；

A——传热面积，m^2；

τ——时间，h。

式中负号表示热量传递方向与温度梯度的方向相反。

2. 平壁稳定热传导

下面讨论热传导中最简单的平壁稳定热传导。当稳定热传导中，单位时间内传热量（不

随时间而变）为定值，则式(10-14）中的$\frac{dQ}{d\tau}$可以用Q代之。若为单层传热，则垂直于热流的面积A不随时间而变，平壁厚为δ，已知平壁的两个表面分别维持均匀而一定的温度t_1和t_2，取坐标轴如图10-8所示。

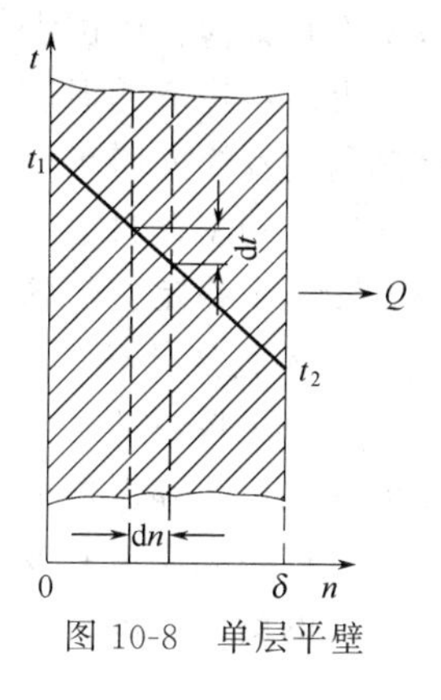

图10-8　单层平壁

给定的边界条件是：$n=0$，$t=t_1$；$n=\delta$，$t=t_2$。

温度只沿与表面垂直的n的方向发生变化，因此温度场是单向一度的。假设材料的热导率λ是常数，以壁内两个等温面划定一个厚度为dn的微元层，根据导热基本定律，对这个薄层$Q=-\lambda\frac{dt}{dn}A$分离变数后即得

$$dt=-\frac{Q}{\lambda A}dn$$

按上述的边界条件积分上式得

$$Q=\lambda\frac{A}{\delta}(t_1-t_2) \tag{10-15}$$

式(10-15）为单层平壁稳定热传导的基本方程式。

二、焦炉内的热传导

通过燃烧室墙传给煤料的热量，可按单层平壁稳定热传导方程（傅里叶定律）近似计算。

$$Q=\frac{\lambda}{\delta}A(t_1-t_2) \tag{10-16}$$

式中　λ——炉墙热导率（硅砖和黏土砖的λ见表10-1)，W/(m·℃)；

δ——炉墙厚度，m；

A——炉墙面积，m^2；

t_1，t_2——火道侧和炭化室侧炉墙的平均温度，℃。

【例10-2】 某焦炉立火道侧炉墙温度（平均）为1100℃，炭化室侧炉墙温度为950℃，黏土砖炉墙厚度$\delta=0.09$m，试计算1h每平方米炉墙的传热量。

解　由表10-1查得：黏土砖的热导率$\lambda=1.28$W/(m·℃)

表10-1　硅砖和黏土砖的λ值

温度/℃		200	300	400	500	600	700	800	900	1000	1100	1200	1300
λ/[W/(m·℃)]	硅砖	1.17	1.24	1.33	1.47	1.54	1.60	1.67	1.74	1.81	1.88	1.95	1.99
	黏土砖	0.87	0.93	0.99	1.02	1.07	1.10	1.13	1.16	1.22	1.28	—	—

则传热量　$Q=\frac{\lambda}{\delta}A(t_1-t_2)=\frac{1.28}{0.09}\times(1100-950)=2133.3\text{W/m}^2$

如炭化室墙改成硅砖，硅砖的热导率$\lambda=1.88$W/(m·℃)

则传热量　$Q=\frac{\lambda}{\delta}A(t_1-t_2)=\frac{1.88}{0.09}\times(1100-950)=3133.3\text{W/m}^2$

即传热速度为黏土砖的$\frac{3133.3}{2133.3}=1.47$倍。

显然，采用强度高、热导率大的高密度硅砖砌筑的减薄炉墙，可以增大传热速率，缩短结焦时间，提高焦炉生产能力。由式(10-16）可知，炭化室墙愈薄，传热愈快，一般炉墙厚度每改变1mm，结焦时间约变化5～6min，但考虑到炉墙的蓄热作用和墙体的强度，炭化

室墙不宜太薄，中国大中型焦炉炭化室墙厚度一般 100～105mm，小型焦炉为90～95mm。

提高燃烧室的温度可以增加传热速率。缩短换向周期虽可提高燃烧室的平均温度，但对废热利用及换向时煤气漏损不利，故当前为提高燃烧室温度以强化生产，主要应从寻找适合焦炉生产的耐火材料着手，同时应解决随之而来的适应于高温下生产的焦炉机械化问题。

三、不稳定传热的基本概念和结焦时间的计算

1. 不稳定传热的基本概念

用稳定传热的基本概念来确定炭化室炉墙的平均传热量，并不能反映焦炉炉墙和煤料的热流变化情况和温度变化情况。因炉墙和煤料各层的温度和热流随时间而变，属于不稳定传热，当炉墙和煤料看成是由单向传热的等温面组成的平壁时，其温度是该等温面所在的距离和时间的函数，即

$$t=f(\tau,\delta)$$

式中　t，τ，δ——分别为温度、时间和距离（厚度）。

研究单向导热的不稳定传热主要是解决 t、τ 和 δ 三者之间的关系。就焦炉炉墙和煤料而言，也就是要解决火道温度、结焦时间和炭化室宽度（包括炉墙厚度）之间的关系。

通过对煤料在炭化室内不稳定传热的理论推导，可以得到以下表示火道温度、焦饼中心温度、炭化室宽度和结焦时间的关系式

$$\frac{t_c-t}{t_c-t_0}=A_1e^{-\mu_1^2Fo} \tag{10-17}$$

$$Bi=\frac{\lambda_c\delta}{\lambda\delta_c}$$

$$Fo=\frac{\alpha\tau}{\delta^2}$$

$$\alpha=\frac{\lambda}{c\rho}$$

式中　t_c，t，t_0——分别表示火道温度、焦饼中心温度和入炉煤料的温度，℃；

A_1，μ_1——取决于 Bi 数（A_1、μ_1 与 Bi 数的关系见表 10-2）；

Bi——皮沃数；

λ，λ_c——煤料、炉墙的热导率，W/(m·℃)；

δ，δ_c——炭化室宽度之半与炉墙的厚度，m；

Fo——导热数（傅里叶数），反映时间对传热的影响；

α——煤料的导温系数，m^2/h；

τ——结焦时间，h。

煤料的导温系数中，c 为煤料的比热容，ρ 为煤料的密度，λ 为煤料的热导率。它代表物体所具有的温度变化能力。

表 10-2　A_1、μ_1 与 Bi 数的关系

Bi	0	1.0	1.5	2.0	3.0	4.0	5.0	6.0	7.0	8.0	9.0	10.0	15.0	∞
μ_1	0.0000	0.8603	0.9882	1.0769	1.1925	1.2646	1.3138	1.3496	1.3766	1.3978	1.4149	1.4289	1.4729	1.5780
A_1	1.0000	1.1192	1.1537	1.1784	1.2102	1.2228	1.2403	1.2478	1.2532	1.2569	1.2598	1.2612	1.2677	1.2732

2. 结焦时间的计算

（1）库拉克夫法　由式(10-17)，当结焦终了时 $t=t_k$，则

$$\frac{t_c-t_k}{t_c-t_0}=A_1 e^{-\mu_1^2 Fo}$$

或
$$\frac{t_k-t_0}{t_c-t_0}=1-A_1 e^{-\mu_1^2 Fo} \tag{10-18}$$

库拉克夫通过对不同结构焦炉上测得的炼焦耗热量，焦饼中心温度和火道温度的数据，利用式(10-18)计算出结焦炉料 λ 和 α 与焦饼中心温度的关系，如图 10-9、图 10-10所示。

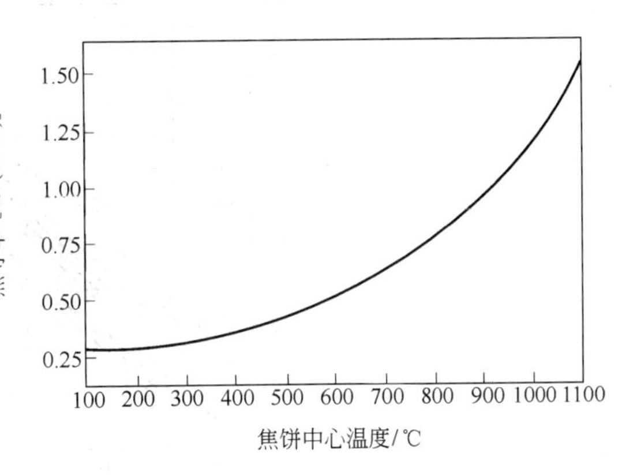

图 10-9　结焦炉料的平均有效热导率与焦饼中心温度的关系

库拉克夫还绘制了不同炉墙厚度条件下的$\frac{t_k-t_0}{t_c-t_0}$与$\frac{\alpha\tau}{\delta^2}$的关系（见图 10-11），以利结焦时间或火道温度的计算。

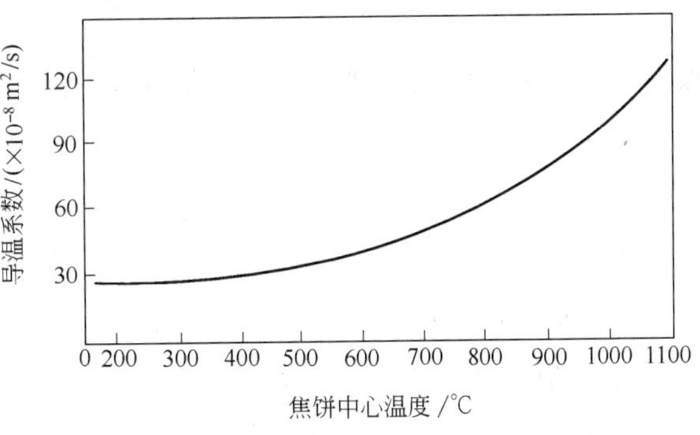

图 10-10　结焦炉料的平均有效导温系数与焦饼中心温度的关系

（2）郭树才法　大连理工大学郭树才于 1964 年得出以式(10-18)为基础，通过六种类型 30 个硅砖焦炉的实际生产数据，并用以下公式计算炉墙和煤料的热物理参数。

炉砖热导率　$\lambda_c=2.93+2.51\times\frac{t}{1000}$

煤料热导率　$\lambda=0.81+0.75\times\frac{t_k-800}{1000}$

煤料导温系数

$$\alpha=\left(14+20.3\times\frac{t_k-600}{1000}\right)\times10^{-4}$$

得到相应的 Bi 数，并以下述指数式关联$\frac{\alpha\tau}{\delta^2}$、$Bi$ 和$\frac{t_k-t_0}{t_c-t_0}$：

$$\frac{\alpha\tau}{\delta^2}=a(Bi)^b\left(\frac{t_k-t_0}{t_c-t_0}\right)^c$$

由 30 个生产数据的数理统计，求出系数 a、b、c，得出以下关联式

$$\tau=3.84\times\frac{\delta^2}{\alpha}\times\left(\frac{\lambda_c\delta}{\lambda\delta_c}\right)^{-0.43}\times\left(\frac{t_k-t_0}{t_c-t_0}\right)^2 \tag{10-19}$$

上式为二元一次线性方程，对于一定的 Bi 数，在对数坐标上，$\frac{\alpha\tau}{\delta^2}$与$\frac{t_k-t_0}{t_c-t_0}$呈线性关系，据此将式(10-19)制成图 10-12，以利计算。

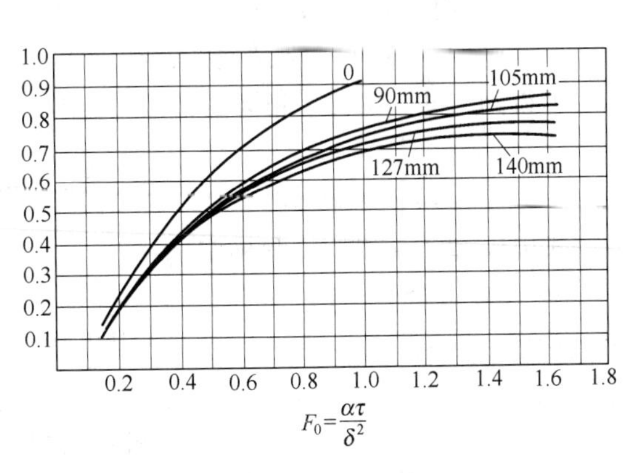

图 10-11　$\frac{t_k-t_0}{t_c-t_0}$与$\frac{\alpha\tau}{\delta^2}$的关系图

（3）费洛兆波法　根据炭化室炉墙和

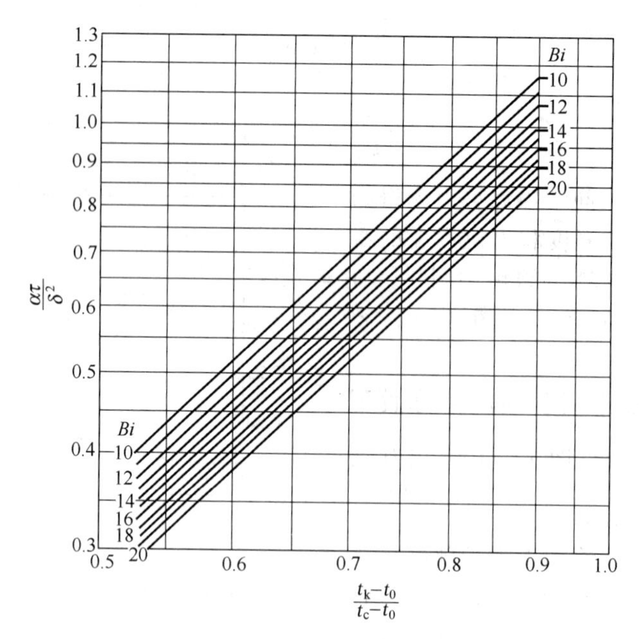

图 10-12 $\frac{\alpha\tau}{\delta^2}$、$\frac{t_k-t_0}{t_c-t_0}$与 Bi 数关系

煤料双层平壁不稳定导热平衡的简化方程

炉墙 $$\frac{\partial t_c}{\partial \tau}=\alpha_c\frac{\partial^2 t_c}{\partial x^2} \tag{1}$$

煤料 $$\frac{\partial t}{\partial \tau}=\alpha\frac{\partial^2 t}{\partial x^2} \tag{2}$$

在下列单值条件下，对上述方程进行分解。

① 火道侧墙面：$x=\delta+\delta_c$ 处，$t_c=t_c$（定值）；

② 炭化室侧墙面：$x=\delta$ 处，$t_c=t$，$\lambda_c\frac{\partial t_c}{\partial x}=\lambda\frac{\partial t}{\partial x}$；

③ 炭化室中心处：$x=0$ 处，$\frac{\partial t}{\partial x}=0$；

④ $\tau=0$ 时，在 $\delta\leqslant x\leqslant\delta+\delta_c$ 处，$t_c=t_x$；

在 $0\leqslant x\leqslant\delta$ 处，$t=0$。

可得到与式(10-18) 相同的公式(式中 $t_0=0$)

$$\frac{t_k}{t_c}=1-a\mathrm{e}^{-\mu^2\frac{\alpha\tau}{\delta^2}} \tag{10-20}$$

式中 μ 和 a 由以下方程确定

$$\tan\mu\tan\frac{k_\alpha^{1/2}}{k_L}\mu=\frac{1}{k_\varepsilon} \tag{10-21}$$

$$a=\frac{2\left[1-\frac{t_x}{t_c}\left(1-\cos\frac{k_\alpha^{1/2}}{k_L}\mu\right)\right]}{\mu\left[\left(1+k_\varepsilon\frac{k_\alpha^{1/2}}{k_L}\right)\sin\mu\cos\frac{k_\alpha^{1/2}}{k_L}\mu+\left(k_\varepsilon+\frac{k_\alpha^{1/2}}{k_L}\right)\cos\mu\sin\frac{k_\alpha^{1/2}}{k_L}\mu\right]} \tag{10-22}$$

式中 $k_{\alpha}^{1/2}=\sqrt{\frac{\alpha}{\alpha_{c}}}$；$k_{L}=\frac{\delta}{\delta_{c}}$；$k_{\varepsilon}=\sqrt{\frac{\lambda c\rho}{\lambda_{c}c_{c}\rho_{c}}}=\frac{\rho c}{\rho_{c}c_{c}}\sqrt{\frac{\alpha}{\alpha_{c}}}$

式(10-22) 中，对于一般焦炉 $t_x/t_c=0.92$，则式(10-21)、式(10-22) 可绘制成图 10-13、图 10-14 的算图。

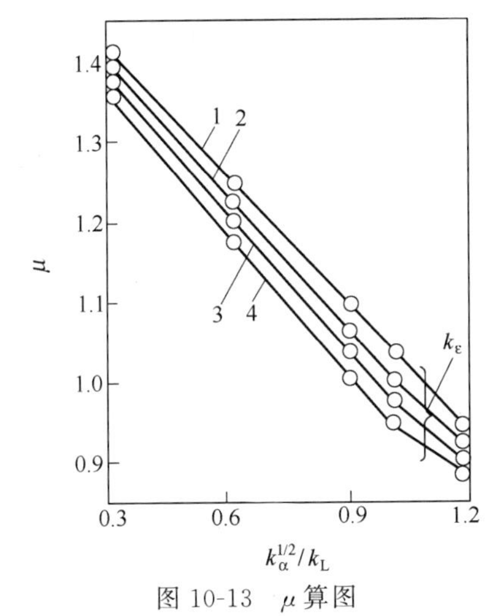

图 10-13 μ 算图

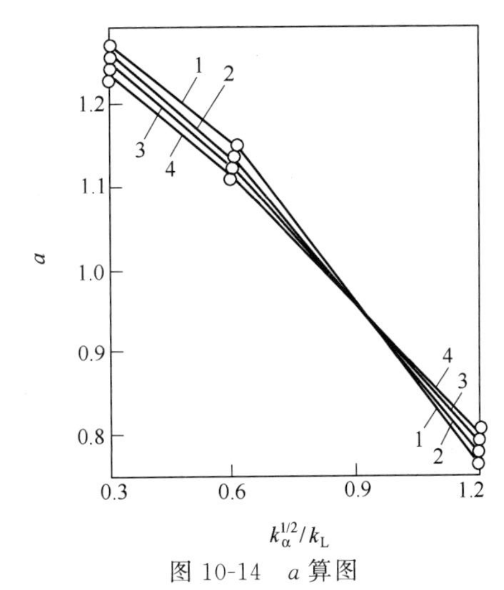

图 10-14 a 算图

（图 10-13、图 10-14 中的 1,2,3,4 线一一对应）

近似估算时，考虑炉墙用硅砖的热物理性质基本一致，则

$$k_{\alpha}^{1/2}=0.208\times\sqrt{\alpha\times10^{4}}$$

$$k_{\varepsilon}=9.85\times10^{-5}\times\rho\sqrt{\alpha\times10^{4}}$$

$$\alpha\times10^{4}=33.2+9.1\times\frac{t_{k}-1000}{100}+2.6\times\left(\frac{t_{k}-1000}{100}\right)^{2}$$

【例 10-3】 某硅砖焦炉的炭化室宽度 $2\delta=450$mm，炉墙厚 $\delta_c=100$mm，$t_k=1050$℃，立火道换向后 20s 温度为 1350℃，换向期间火道温度下降 60℃，装炉煤堆密度 $\rho=740$kg/m^2，装炉煤温度 $t_0=20$℃，在炉墙温度下硅砖热导率 $\lambda_c=6.2$W/(m·℃)。计算结焦时间。

解 (1) 库拉克夫法 由图 10-11、图 10-12 查得 $t_k=1050$℃时，$\lambda=4.93$W/(m·℃)，$\alpha=40\times10^{-4}$m^2/h。

故
$$Bi=\frac{6.2\times0.225}{0.1\times4.93}=2.83$$

由表 10-2 可查得 $\mu_1=1.1729$；$A_1=1.2048$

$$t_c=1350-\frac{60}{2}=1320℃,\quad \frac{t_c-t_k}{t_c-t_0}=\frac{1320-1050}{1320-20}=0.208$$

则
$$\tau=\frac{0.225^2}{40\times10^{-4}\times1.1729^2}\times2.303\times\lg\frac{1.2048}{0.208}=16.2\text{h}$$

(2) 郭树才法 $\lambda_c=2.93+2.15\times\frac{1320}{1000}=6.24$W/(m·℃)

$$\lambda=0.81+0.75\times\frac{1050-800}{1000}=0.999\text{W/(m·℃)}$$

$$\alpha=\left(14+20.3\times\frac{1050-600}{1000}\right)\times10^{-4}=23.135\times10^{-4}\mathrm{m^2/h}$$

$$\tau=3.84\times\frac{0.225^2}{23.135\times10^{-4}}\times\left(\frac{6.24\times0.225}{0.1\times0.999}\right)^{-0.43}\times\left(\frac{1050-20}{1320-20}\right)^2=16.9\mathrm{h}$$

（3）费洛兆波法　$\alpha\times10^4=33.2+\frac{9.1\times(1050-1000)}{1000}+2.6\times\left(\frac{1050-1000}{100}\right)^2$

$$=38.4\mathrm{m^2/h}$$

$$k_{\mathrm{L}}=\frac{\delta}{\delta_{\mathrm{c}}}=\frac{0.225}{0.1}=2.25$$

$$k_{\alpha}^{1/2}=0.208\times\sqrt{\alpha\times10^4}=0.208\times\sqrt{38.4}=1.29$$

$$k_{\alpha}^{1/2}/k_{\mathrm{L}}=\frac{1.29}{2.25}=0.573$$

$$k_{\varepsilon}=9.85\times10^{-5}\times\rho\sqrt{\alpha\times10^4}=9.85\times10^{-5}\times740\times\sqrt{38.4}=0.45$$

查图 10-13、图 10-14 得 $\mu=1.21$，$a=1.14$

则
$$\frac{1050}{1320}=1-1.14\times\exp\left(-1.21^2\times\frac{38.4\times10^{-4}\times\tau}{0.225^2}\right)=0.795$$

得
$$\tau=\frac{2.303\times0.225^2}{1.21^2\times38.4\times10^{-4}}\times\lg\frac{1.14}{1-0.795}=15.5\mathrm{h}$$

第三节　蓄热室的传热

一、蓄热室的传热及其计算

1. 蓄热室传热的特点

焦炉蓄热室的作用是回收废气的热量，即蓄热室内通过废气时，格子砖被加热，换向后，格子砖将蓄积的热量传给空气或贫煤气。因此格子砖是热量的传递者，由于定期换向，蓄热室各部位的温度在上升气流（格子砖冷却期）和下降气流（格子砖加热期）期间，随时间呈周期变化（见图 10-15）。加热期间，格子砖表面平均温度逐渐升高，进入蓄热室的废气与格子砖表面间的温度差逐渐降低，传热量减少，使离开蓄热室的废气温度逐渐升高。冷却期间，同样的原因使空气（或贫煤气）的预热温度逐渐降低。因此换向周期过长，传热效率将明显降低。

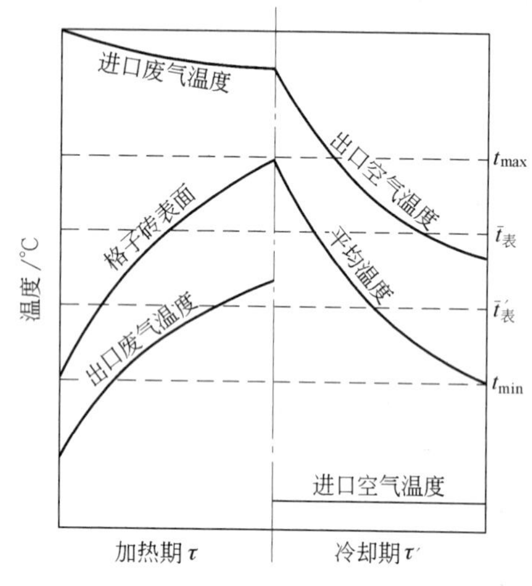

图 10-15　蓄热室温度变化图

蓄热室传热虽不同于壁面两侧冷热流体间的换热过程，但如把蓄热室的加热和冷却看成一个周期，在该周期内废气传给格子砖的热量与格子砖传给冷气体的热量相等。故一个周期内的传热过程，可以看成由废气通过格子砖将热量传给冷气体，其传热量可用间壁换热基本方程式雷同的公式计算，即

$$Q=KA\Delta t_{平均} \tag{10-23}$$

式中　Q——整个加热与冷却全周期内废气传给冷气体的热量，kJ/周期；

K——整个加热与冷却全周期内废气至冷气体的总传热系数（蓄热室总传热系数），W/(m²·℃)；

A——格子砖传热面积，m²；

$\Delta t_{平均}$——废气和冷气体的对数平均温度差，℃。

计算格子砖的换热面积是焦炉设计的主要内容之一，由式(10-23)可知，要求出 A 的值，必先算出 K、$\Delta t_{平均}$ 和 Q。Q 值可从废气通过蓄热室的温度降来求出（或冷气体经蓄热室升温而吸收的热量）。关键是求出 $\Delta t_{平均}$ 和总传热系数 K。

2. 对数平均温度差 $\Delta t_{平均}$

蓄热室内炉墙、格子砖和气体的温度均随时间做周期性的变化，用式(10-23)计算时，把蓄热室传热近似当作稳定传热过程，即把蓄热室的传热量、进出口的废气和冷气体的温度均看成不随时间变化的定值。故 $\Delta t_{平均}$ 仍可用以下对数平均值公式进行计算

$$\Delta t_{平均}=\frac{(t_2-t_1')-(t_1-t_2')}{\ln\frac{t_2-t_1'}{t_1-t_2'}} \tag{10-24}$$

式中　t_1，t_2——进入和离开蓄热室的废气温度，℃。

t_1'，t_2'——进入和离开蓄热室的空气或贫煤气温度，℃。

除 t_1' 外，其他温度均采用整个换向周期内的平均值。

3. 蓄热室总传热系数 K

以全周期分析蓄热室传热过程，传热量可写成如下形式

$$Q=KA(\bar{t}-\bar{t}') \tag{1}$$

式中　$\bar{t}$——废气在加热期（τ）内的平均温度，℃；

$\bar{t}'$——冷气体在冷却期（τ'）内的平均温度，℃。

加热期内废气传给蓄热面 A（包括格子砖和与气体接触的墙面）的热量为

$$Q_1=\alpha\tau(\bar{t}-\bar{t}_{表})A \tag{2}$$

式中　α——热废气对蓄热面的给热系数，W/(m²·℃)；

τ——加热期时间，h/周期；

$\bar{t}_{表}$——加热期内蓄热面的平均温度，℃。

冷却期内蓄热面传给冷气体的热量为

$$Q_2=\alpha'\tau'(\bar{t}_{表}'-\bar{t}')A \tag{3}$$

式中　α'——蓄热面对冷气体的给热系数，W/(m²·℃)；

τ'——冷却期时间，h/周期；

$\bar{t}_{表}'$——冷却期内蓄热面的平均温度，℃。

蓄热室忽略热损失时，$Q=Q_1+Q_2$ 推导后得

$$\frac{Q_1}{AK}=\frac{Q}{A}\left(\frac{1}{\alpha\tau}+\frac{1}{\alpha'\tau'}\right)+(\bar{t}_{表}-\bar{t}_{表}') \tag{4}$$

如能求出 $\bar{t}_{表}$ 和 $\bar{t}_{表}'$，即可得 K 的计算式。按图 10-15 分析 $\bar{t}_{表}$ 和 $\bar{t}_{表}'$，整理后得

$$\bar{t}_{表}-\bar{t}_{表}'=\frac{Q}{A}\times\frac{2R-1}{\delta\rho c\eta} \tag{5}$$

式中　δ，ρ，c——格子砖的半壁厚（m）、密度（kg/m^3）和比热容 [kJ/(kg·℃)]；

η——格子砖热利用系数。

将式(4) 代入式(5) 则得

$$\frac{1}{K}=\frac{1}{\alpha\tau}+\frac{1}{\alpha'\tau'}+\frac{1}{\varphi} \tag{10-25}$$

式中　φ——格子砖内部传热系数，$\varphi=\delta\rho c\eta g$，其中 η 和 g 均与砖的导热系数 λ 和导温系数 a 有关，可分别由图 10-16、图 10-17 查取，图中 $\tau_0=\tau+\tau'$；

α，α'——加热期、冷却期给热总系数，$\alpha=0.75(\alpha_{对}+\alpha_{辐})$，$\alpha'=(\alpha'_{对}+\alpha'_{辐})$。

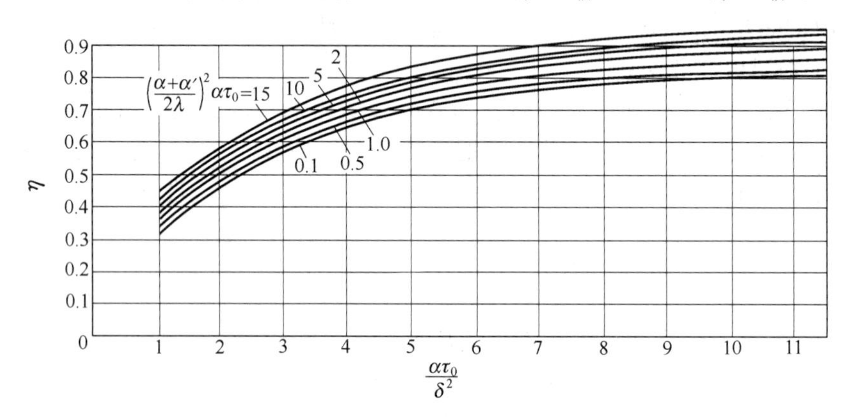

图 10-16　格子砖热利用系数 η 图

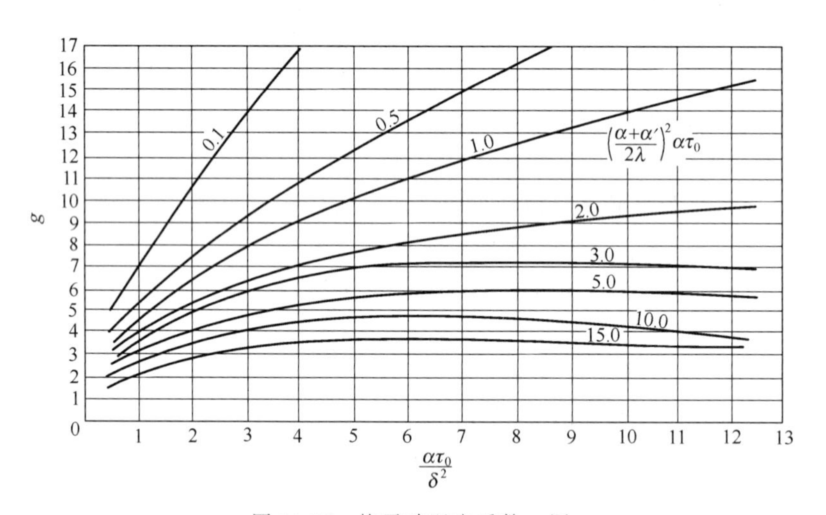

图 10-17　格子砖温度系数 g 图

二、提高蓄热室换热效率的途径

① 选择合理的格子砖几何尺寸，提高单位体积的格子砖的换热面积。常用几种格子砖的性能指标见表 10-3。

② 提高格子砖的传热系数 K。K 与 δ、ρ、c、η、g 成正比例关系，其中 g 和 η 的值决定于$\frac{\alpha\tau_0}{\delta^2}$和$\left(\frac{\alpha+\alpha'}{2\lambda}\right)^2\alpha\tau_0$，由图 10-16、图 10-17 可知，导温系数越大，则 g 和 η 的值越大。因此增加 ρ、c、α 的值可以提高总传热系数 K。

表 10-3　几种格子砖的性能指标

项　　目	形　　式		
	九　孔	蜂窝式	百叶窗式
壁厚/mm	15	约 5	6
自由断面率/%	43.6	43	43
蓄热体积率/%	56	50	49
F /(m^2/m^3)	64.4	120	129
F_0/(m^2/m^3)	114.1	238	265

③ 提高蓄热室内气流均匀分布程度，定期清扫格子砖的积灰，能充分发挥格子砖表面的蓄热作用，严密封墙改善绝热，可以避免吸入冷空气，并减少散热。

复习思考题

1. 了解焦炉内的几种传热方式。
2. 了解废气对炉墙及煤料对炉墙传热量的计算方法。
3. 提高蓄热室换热效率的途径有哪些?

第十一章　炼焦炉的加热制度及特殊操作

为使焦炉生产达到稳定、高产、优质、低耗、长寿的目的，要求各炭化室的焦饼在规定的结焦时间内沿长向和高向均匀成熟，为保证焦炭的均匀成熟，需制定并严格执行焦炉加热制度。

焦炉加热是一个受多种因素影响的复杂过程。焦炉操作、装煤量、入炉煤水分、煤气温度和组成等的变化都会影响焦饼的均匀成熟度以及生产的稳定性，为此要根据各自的变化及时调节供热。这就要求根据每座焦炉在调整时期所得的实际数据按照不同的周转时间，制定相应的加热制度，并要严格执行，以实现焦炉的稳定生产。

焦炉加热调节中一些全炉性的指标，如结焦时间、标准（火道）温度、机焦两侧煤气流量、支管压力、标准蓄热室顶部吸力、烟道吸力、孔板直径、交换开闭器进风口尺寸等，把这些指标叫做焦炉的基本加热制度。

一般结焦时间改变，各项指标均要做相应改变，因此对于不同的结焦时间，应有相应的加热制度。如表 11-1 所示为 JN43-80 型焦炉的基本加热制度实例。

表 11-1　JN43-80 型焦炉加热制度实例（炭化室宽 450mm，结焦时间 16.5h）

加热煤气种类	标准温度/℃		煤气流量/(m^3/h)			煤气压力/Pa		烟道吸力/Pa		孔板直径/mm	
	机	焦	总	机	焦	机	焦	机	焦	机	焦
焦炉	1300	1350	8980	—	—	1540	—	180	180	42	—
高炉	1290	1340	—	25200	29200	820	800	230	240	100	105

加热煤气种类	风门开度/mm		烟道温度/℃		蓄热室顶部吸力/Pa							
					机侧				焦侧			
	机	焦	机	焦	上煤	上空	下煤	下空	上煤	上空	下煤	下空
焦炉	65/70	65/70	237	258	45～50	45～50	65～70	65～70	45～50	45～50	65～70	65～70
高炉	130	150	230	250	30	38	70	68	27	40	80	76

第一节　温度制度及其调节

为确保炭化室内的焦炭均匀成熟，提高炼焦过程中化学产品的产率和质量，降低炼焦耗热量，保证焦炉稳定而均衡的生产，并最大限度地延长炉体寿命，制定合理的温度制度有着重要意义。

一、标准温度

焦炉的每个燃烧室有若干个立火道，各火道温度存在一定的差异。为了均匀加热和便于检查控制，在每个燃烧室的机侧、焦侧各选择一个具有代表性的能够反映出机焦两侧平均火道温度的火道，该火道叫做测温火道，也叫标准火道。选择时要避开装煤孔、装煤车轨道和纵拉条。基于这些考虑，一般选机侧中部和焦侧中部的火道为测温火道。如JN43-80型焦炉每个燃烧室有28个火道，选机侧7号和焦侧22号火道。机侧、焦侧测温火道的平均温度控制值即为标准温度。该项指标是在规定的结焦时间内保证焦饼成熟的主要温度指标。各种类型焦炉的标准温度可参考表11-2。

表11-2　各种类型焦炉的标准温度

炉　型	炭化室平均宽度/mm	结焦时间/h	标准温度/℃		锥度/mm	测温火道号数	加热煤气种类
			机　侧	焦　侧			
JN55型	450	17	1330	1380	70	8,25	焦炉煤气
			1300	1350	70	8,25	高炉煤气
JN43-58-Ⅱ型(407mm)	407	15	1290	1340	50	7,22	焦炉煤气
			1285	1335	50	7,22	高炉煤气
JN43-58-Ⅱ型(450mm)	450	17	1300	1350	50	7,22	焦炉煤气
			1285	1335	50	7,22	高炉煤气
JNX60-87型	450	18	1295	1355	60	8,25	焦炉煤气
JN60-82型	450	18	1295	1355	60	8,25	焦炉煤气
JN43-80型	450	16	1300	1350	50	7,22	焦炉煤气
两分下喷	420	16	1300	1340	40	6,17	焦炉煤气
ПВР型	407	16	1285	1345	50	7,22	焦炉煤气
奥托式	450	17	1290	1350	60	6,22	高炉煤气
JN66型	350	12	1290	1310	20	3,12	焦炉煤气

焦饼中心温度是确定标准温度的依据。对于标准温度的选择和确定，一般是根据已投产的焦炉（同类型）的实践资料来确定，然后再考虑以下几个方面。

① 在规定的结焦时间下，根据实测的焦饼中心温度和焦饼成熟情况来确定标准温度。实践证明，焦饼中心温度为1000℃±50℃，上下温差不超过100℃，就可保证焦饼均匀成熟。在生产中，同一结焦时间内，标准温度每改变10℃，一般焦饼中心温度可相应变化25～30℃。

② 标准温度不仅与焦饼的结焦时间有密切联系，还与加热煤气种类、炉型、煤料等有关。

③ 在任何结焦时间下，确定的标准温度应不超过耐火材料的极限温度，对硅砖焦炉，由于其荷重软化点为1620℃，所以标准温度最高不超过1450℃，最低不得低于1100℃。

④ 标准温度与配煤水分有关。一般情况下，配煤水分每波动1%，焦饼中心温度将变化25～30℃，标准温度则变化6～8℃。

由生产实践经验得出，大型焦炉的结焦时间改变时，标准温度的变化大致见表11-3。

表11-3　标准温度与结焦时间的关系

结焦时间/h	＜14	14～18	18～21	21～25	＞25
结焦时间每变1h,标准温度的变化量/℃	＞40	25～30	20～25	10～15	基本不变

结焦时间过短即强化生产时，标准温度显著提高。因炉温较高，容易出现高温事故，烧坏炉体，并且炭化室、上升管内石墨生长过快，产生焦饼成熟不均，会造成焦饼难推，焦炭也易碎。所以一般认为炉宽450mm的焦炉结焦时间不应低于16h，炉宽407mm的焦炉结焦时间不低于14h。

二、直行温度

直行温度是指全炉各燃烧室机侧、焦侧测温火道（标准火道）所测得的温度值。直行温度的测量目的是检查焦炉沿长向各燃烧室温度分布的均匀性和昼夜温度的稳定性。

1. 直行温度的测定

焦炉火道温度因受许多因素的影响而变动，为使火道温度满足全炉各炭化室加热均匀的目的，应定时测量并及时调节，使测量火道温度符合标准温度值。

测量直行温度时，火道温度在换向后处于下降气流时测量，一般为换向后下降气流过5min（或10min）后测量（因为在5min之内温度变化太快）。测量部位在炉底部烧嘴和调节砖间的火道处。一般每次测量由交换机室端的焦侧开始测量，由机侧返回。两个交换时间内全部测完，测量时间和顺序应固定不变，每隔4h测量一次，测量速度要均匀，一般每分钟测量6～7个火道。因测各火道温度时所处时间不同，温度下降值也不同，所以测得的火道温度不能代表火道的真实温度，各火道温度没有可比性，故比较各火道温度时需先进行校正，分别校正到换向后20s时的温度。当采用换向后5min开始测量时，根据各区段火道温度在换向期间不同时间的测量，分别校正。当采用换向后10min开始测量时，由于换向后下降气流火道温度下降缓慢，可一次性校正；为防止焦炉砌体被烧熔，硅砖焦炉测温点在换向后的最高温度不得超过1450℃，这是因为燃烧室最高温度的部位在距火道底1～1.3m处，因硅砖的荷重软化温度为1620℃左右，再加上火道测温点比最高温度点（燃烧点）低100～150℃，且火道温度在整个结焦周期内有波动（波动值25～30℃），故火道底部温度应控制在比硅砖荷重软化温度低200℃左右，即不超过1450℃才是安全的，故若有接近1400℃的火道，应及时处理，以免发生高温事故。黏土砖焦炉还由于高温蠕变，标准温度不应超过1100℃。

2. 直行温度的评定

由于火道温度始终随着相邻炭化室的装煤、结焦、出焦而变化，所以用其昼夜平均温度计算均匀系数$K_{均}$来表明全炉各炭化室加热的均匀性。

$$K_{均}=\frac{(M-A_{机})+(M-A_{焦})}{2M}$$

式中　M——焦炉燃烧室数（检修炉和缓冲炉除外）；

$A_{机}$，$A_{焦}$——机侧、焦侧测温火道温度偏差超过其平均温度±20℃（边炉±30℃）的个数。

直行温度不但要求均匀，而且要求直行温度的平均值应稳定，整个焦炉炉温的稳定性用$K_{安}$表示。

$$K_{安}=\frac{2N-(A'_{机}+A'_{焦})}{2N}$$

式中　N——昼夜直行温度的测定次数；

$A'_{机}$，$A'_{焦}$——机侧、焦侧平均温度与加热制度所规定的标准温度偏差超过±7℃的次数。

3. 直行温度稳定性的调节

焦炉生产中，由于有许多因素的变化而导致直行温度的稳定性发生波动，为了使火道温度满足全炉各炭化室加热均匀、焦炭均匀成熟的要求，必须定时测量，及时调节，使直行温度符合标准温度，从而生产出优质产品。

(1) 装煤量和装炉煤水分　炭化室装煤力求稳定，每炉装煤的波动范围不大于装煤量的±1%。装入炭化室的煤量不得低于规定值的99%，若少于规定值约1t以上时要二次装煤，否则必然破坏直行温度的均匀性和稳定性，同时使焦炭的质量和产量受到影响。

装炉煤水分稳定与否，对直行温度的均匀性和稳定性影响很大。配煤水分每变化1%，炉温变化5～7℃，相当于干煤耗热量增减60kJ/kg左右，则供焦炉加热的煤气量相应要增减2.5%左右，才可以保持焦饼的成熟度不变，如果装炉煤水分改变了，加热的调节跟不上去，就会使炉温产生波动，自然界中雨水以及来煤直接进配煤槽都会使煤料水分发生波动，所以应采取相应的措施以稳定装炉煤水分，并及时调整炉温，保证焦饼均匀成熟。

(2) 加热用煤气的发热值　加热用煤气的发热值与煤气的组成、温度、压力、湿度等有关。这些因素的不稳定，影响了煤气的发热值的不稳定，也引发了焦炉炉温的不稳定。例如，煤气管道有很长的管线暴露在大气中，受到春、夏、秋、冬的温差变化，甚至在一天之内，温度变化也可达5～10℃，可见直行温度保持恒定是困难的，再加上装煤水分、炉体散热、台风、大雨等对炉温的影响，更加大了控制炉温的难度。因此必须不断地总结经验，掌握各种大气变化对炉温变化的规律，采取相应的措施，争取调节的主动权，使各种因素对直行温度的影响减到最低。

(3) 空气过剩系数　煤气燃烧总是在一定的空气量的配合下进行的，炉温的高低不仅与煤气量有关，还与空气过剩系数有关。当空气过剩系数过小时，煤气量相对过多，这部分煤气就会燃烧不完全，使温度降低。反之，空气过剩系数过大时，使火道底部温度偏高，造成焦饼上下温差加大，容易使焦饼上部产生生焦。

空气过剩系数除可以用仪器测量外，还可以通过观察火焰及时地、粗略地判断空气过剩系数的大小。生产中，通常较多的是用肉眼来观察火焰，判断煤气和空气的配合是否恰当，有无“短路”，烧嘴有无破裂，喷嘴有无掉落和砖煤气道有无漏气等情况。根据经验，当用焦炉煤气加热时，正常火焰是稻黄色；火焰发暗且冒烟，空气少，煤气多，即空气过剩系数过小；火焰发白，短而不稳，空气多，煤气少，即空气过剩系数过大；火焰相对较亮，火道温度高，煤气、空气过剩系数适当。此外，空气过剩系数还和大气温度及风向有关。风向和气温的改变对炉温稳定性的影响是比较容易观察到的。由于大气的密度发生变化，炉内的热浮力就产生变化，从而使炉内燃烧系统吸力和空气过剩系数发生变化。如迎风侧的蓄热室走廊气温低，空气密度大，而且风的速度头大，因此在进风口开度和分烟道吸力不变的情况下，进炉的空气量增多，燃烧系统吸力变小，看火孔压力增大；而在背风侧则相反。这样就引起了机侧、焦侧炉温的波动。在冬季和夏季也有着同样的影响，这时进风口开度和分烟道吸力应做适当调整。

根据实际观察可及时调节空气量和煤气量，一般总是同时进行调节：如煤气量增减较小时，用调节烟道吸力的方法来调节空气量；而当煤气量增减较大时，烟道吸力要配合风口开度来调节空气过剩系数的大小。

根据生产经验，正常结焦时间下煤气流量、烟道吸力与直行平均温度关系如表11-4所示。

表11-4　正常结焦时间下煤气流量、烟道吸力与直行平均温度的关系

炉型和孔数	煤气流量/(m^3/h)	烟道吸力/Pa	直行平均温度/℃
65孔大型焦炉	±(200～300)	±4.7	±(2～3)
36～42孔大型焦炉	±100	±4.7	±(2～3)
25孔小型焦炉	±50	±(2.9～4.9)	±(5～7)

（4）检修时间　检修时，焦炉均已装煤，且大多数处于结焦前期，所以炉温趋于下降，下降的幅度与检修时间有关，检修时间越长，下降幅度越大。如检修2h，炉温下降量为5～8℃。结焦时间较长时，检修时间也长，炉温波动大，为减少对直行温度准确性的影响，应将较长的检修时间分段来进行。

总之对直行温度稳定性的调节，要经常保持一个合适的加热制度，并保持加热制度的稳定，调节不能过于频繁，且幅度不能过大。应注意以下几点。

① 在测量直行温度时要避免因测温时间的不均匀性所带来的误差，要求测温时间准确，速度均匀，避免直行温度产生较大误差。

② 调节温度时，煤气调节幅度不宜过大，因为温度变化远远滞后于煤气流量的调节，煤气流量调节后，一般要经过3～5h才能明显体现出来。若要改变炉温的上升或下降趋势，时间还要更长一些。另外，调节也不宜过于频繁，频繁调节和调幅过大都会引起直行温度的波动。

③ 要根据结焦时间的长短及时调节煤气流量。由于某些原因，造成了同一班次各炉计划的结焦时间不统一，应根据计划的结焦时间长短提前增减煤气流量，以保证直行温度的稳定。若影响了推焦或装煤，要如实填写推焦和装煤时间。若按正点推焦时间和装煤时间填写，会使下一循环计划结焦时间发生变化而影响炉温的波动，使直行稳定遭到破坏。

④ 除测量炉温外，要不断地总结经验，经常检查出炉焦饼的成熟情况，注意观察燃烧室火焰的燃烧情况，尽量做到准确调节，保持直行温度的稳定性，使焦饼在预定的结焦时间内均匀成熟。

4．直行温度均匀性的调节

直行温度均匀性的调节是在保证直行温度稳定性的前提下调节的。通过对焦炉长向各燃烧室煤气量和空气量均匀性的调节，炉温的均匀性必将有明显的好转，但在生产中，还会有很多因素影响炉温的均匀性，如下所述。

（1）周转时间和出炉操作　每个燃烧室的温度均随相邻炭化室所处的不同结焦时期而变化，中间部位燃烧室在一个周期内会呈现三个高峰和两个低谷，其差值为30～40℃。周转时间越长，推焦越不均衡，直行温度均匀性越差。为避免调节上的混乱，当炉温偏差小于±15℃时，不能只看一两次的测温结果，而应看2～3d的昼夜平均温度，确定了偏高或偏低时，再进行调节。

（2）炉体情况　焦炉煤气加热时，当蓄热室串漏、格子砖堵塞、斜道区裂缝或堵塞都会使空气量供应不足，从而使火道内煤气相对过剩而燃烧不完全导致炉温下降。当炭化室和燃烧室串漏较重时，部分荒煤气在燃烧室内燃烧会使局部温度升高；若串漏严重，则燃烧室可燃气体过量，火道内不能完全燃烧并有冒烟现象，使炉温下降。因此在调节直行温度时，需了解炉体的情况，若有损坏要尽可能加以修补。

（3）煤气量的调节　供给各燃烧室的煤气量相同（边炉燃烧室除外），才能保证直行温度均匀。各燃烧室的煤气量大小的控制主要靠安装在煤气支管上的分配孔板来调节，各燃烧室煤气量的均匀分配，是靠孔板直径沿焦炉方向适当的排列来实现的。

对于下喷式焦炉，用焦炉煤气加热时，每个火道的煤气量可用装在立管上的小孔板来控制，几种焦炉的分配孔板排列如表11-5所示。

表 11-5　几种焦炉的小孔板排列

大型焦炉	火道号	1	2	3	4	5	6	7	8	9	10	11
	孔板直径/mm	13.2	12.0	11.1	11	11.1	11.1	11.2	11.2	11.3	11.3	11.4
	火道号	12	13	14	15	16	17	18	19	20	21	22
	孔板直径/mm	11.4	11.5	11.5	11.6	11.6	11.6	11.7	11.8	11.8	11.9	12.0
	火道号	23	24	25	26	27	28	29	30	31	32	
	孔板直径/mm	12.1	12.2	12.3	12.4	12.5	12.6	12.7	12.8	13.2	14.2	
JN43-58-Ⅱ型焦炉	火道号	1	2	3	4	5	6	7	8	9	10	11
	孔板直径/mm	11.8	10.4	9.1	9.2	9.3	9.3	9.4	9.4	9.5	9.5	9.5
	火道号	12	13	14	15	16	17	18	19	20	21	22
	孔板直径/mm	9.6	9.6	9.7	9.7	9.7	9.8	9.8	9.8	9.9	9.9	10
	火道号	23	24	25	26	27	28					
	孔板直径/mm	10	10.1	10.1	10.2	10.7	12					
二分下喷复热式焦炉	火道号	1	2	3	4	5	6	7	8	9	10	11
	孔板直径/mm	11.8	10.8	9.3	9.4	9.5	9.6	9.6	9.6	9.7	9.8	9.9
	火道号	12	13	14	15	16	17	18	19	20	21	22
	孔板直径/mm	9.8	9.8	9.9	9.9	10.0	10.1	10.2	10.3	10.4	10.6	11.8
	火道号	23										
	孔板直径/mm	12.5										

分配孔板一般安装在交换旋塞前，煤气量的均匀分配与管道中的阻力有关。管道中的阻力主要在交换旋塞、煤气支管、横管、砖煤气道和烧嘴处，只有当燃烧系统的阻力均匀一致，孔板排列才能使煤气分配量相同。在生产中，实际上影响煤气量主要是由于交换旋塞的开度不正、孔板安装不正或不清洁、旋塞堵塞、砖煤气道串漏或结石墨以及燃烧室烧嘴的堵塞或脱落等，从而造成了直行温度均匀性变差。因此调节直行温度均匀性时，不要轻易更换孔板，应该先查看以上影响因素，并消除这些影响因素。

下喷式焦炉可根据安装的孔板直径，通过测量横管压力，找出管道中不正常阻力部位，消除了影响因素后，一般情况下炉温就可上升。只有当这些影响因素短时间不能消除时，才更换孔板，以解决煤气量的不足。为了调温准确，正常生产时，一般用孔板来调节煤气流量而不用旋塞调节。一般大型焦炉孔板直径每改变 1mm，直行温度变化15～20℃。值得注意的是：分析直行温度时，一定要对照横排温度，只有在保证横排温度均匀性的基础上，才可调节直行温度的均匀性。

（4）空气量的调节　燃烧室温度不仅与煤气量大小有关，同时也与空气量有关。各燃烧室煤气量均匀一致时，还应考虑空气量的均匀一致。进入各燃烧室的空气量由进风口开度和分烟道的吸力决定，除边炉外，进风口的开度应全炉一致。根据边燃烧室煤气量为中部进风量的70%～75%，确定边炉进风口开度为中部的 35%～40%，次边炉进风口开度为 85%～90%。

进风口开度、废气砣杆的高度应保持一致。废气砣落下时，进入各燃烧室的空气量主要由交换开闭器翻板的开度来调节。为使蓄热室顶部吸力一致，交换开闭器翻板开度应按距烟囱远近而定，一般把中间部位的交换开闭器翻板开度配置在中间，使两端的翻板有调节余地。

总之，直行温度偏高或偏低时，要查明原因，准确处理。

三、冷却温度

为了将测出的测温火道温度换算成换向后 20s 的最高温度，以便比较全炉温度的均匀性及防止某个测温火道温度超过极限温度，需测出换向期间下降气流测温火道温度的下降值，即冷却温度。

当焦炉出焦采用 9-2、2-1 串序时，应选择 8～10 个加热正常并连续的燃烧室，当采用 5-2 串序时，选择 6 个连续的燃烧室的测温火道测量冷却温度。这是由于和这些燃烧室相邻的炭化室处于不同的结焦时间，测出后的平均值具有代表性。测量分机侧、焦侧进行，测量方法是从换向后火道内火焰刚消失时，即相当于换向后 20s 开始，以每分钟测量一次的速度进行，直到下次换向时或换向前 2～3min 停止。测量后，应将看火孔盖关闭，以免影响测量温度的准确性。

将测量结果按机侧（或焦侧）同一测温时间的各测温火道的温度计算平均值，其计算的每分钟平均温度与换向后 20s 时的平均温度之差，即为各时间的冷却温度下降量。以温度下降量和换向时间分别为纵、横坐标，分机侧、焦侧绘出曲线，此曲线称作冷却曲线。如图 11-1 所示，从曲线中可查出直行温度测量后各时间与交换后所需的冷却温度下降量。

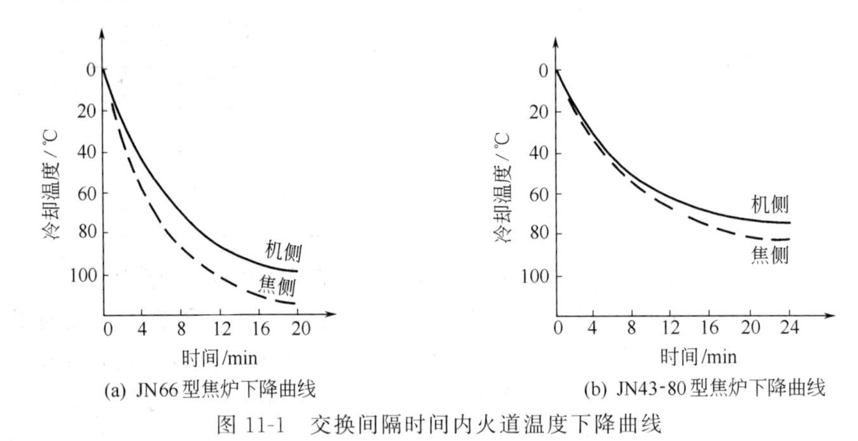

图 11-1 交换间隔时间内火道温度下降曲线

表 11-6 是 42 孔 JN43-80 型焦炉测出的冷却温度记录。如换向后 9min 测得的焦侧 8 号

表 11-6 JN43-80 型焦炉焦侧冷却温度下降量测定记录

燃烧室号		4	5	6	7	8	9	10	11	12	平均/℃	下降量/℃
换向开始后的时间/min	1/3	1340	1370	1350	1380	1340	1345	1335	1345	1345	1350.0	
	1	1330	1360	1340	1370	1335	1330	1340	1340	1330	1341.7	8.3
	2	1320	1350	1325	1360	1325	1320	1340	1330	1320	1332.3	17.7
	3	1310	1345	1315	1350	1315	1310	1330	1320	1310	1322.8	27.2
	4	1305	1340	1310	1340	1310	1305	1330	1320	1305	1318.4	31.6
	5	1300	1335	1305	1335	1305	1300	1325	1315	1300	1314.4	35.6
	6	1295	1335	1300	1335	1305	1290	1320	1310	1300	1310.0	40.0
	7	1290	1335	1295	1335	1300	1285	1315	1305	1295	1306.2	43.8
	8	1280	1330	1290	1330	1300	1280	1310	1300	1290	1301.7	48.3
	9	1285	1325	1285	1325	1295	1275	1305	1300	1290	1289.4	51.6
	10	1275	1320	1280	1320	1295	1275	1305	1295	1290	1295.0	55.0
	11	1275	1320	1275	1320	1285	1270	1300	1285	1285	1290.6	59.4
	12	1275	1320	1275	1320	1285	1265	1300	1280	1280	1289.5	65.5
	13	1270	1315	1275	1315	1285	1265	1300	1280	1280	1287.3	62.7
	14	1270	1315	1270	1315	1285	1260	1295	1280	1280	1285.6	64.4
	15	1265	1310	1270	1310	1285	1260	1290	1275	1275	1282.3	67.7
	16	1245	1290	1245	1290	1285	1235	1270	1250	1265	1261.7	88.3

燃烧室直行温度为1295℃，查对应时间的温度下降量为51.6℃，因此该火道温度换向后20s的校正温度为：1295+51.6=1346.6℃。

冷却温度必须在焦炉正常操作和加热制度稳定的条件下测量，在测量时不能改变煤气流量、烟道吸力、进风口开度及提前或延迟推焦等。

冷却温度与煤气的组成、换向周期、火道温度、结焦时间、空气过剩系数等因素有关，生产中当结焦时间或加热制度变化较大时，应重测冷却温度；当结焦时间稳定时，冷却温度每年至少重测一次。

四、横排温度

同一燃烧室横向所有火道的温度叫做横排温度。炭化室的宽度从机侧到焦侧逐渐增加，装煤量也逐渐增加，除两侧炉头火道外（由于炉头温度因散热而较低），从机侧到焦侧火道温度应均匀上升，即机侧、焦侧测温火道的温度差值与炭化室的锥度值大致相同。生产时，为使焦饼沿炭化室长向均匀成熟和炉头不出现生焦，需用横排温度检查燃烧室从机侧到焦侧的温度分布情况。

1．横排温度的测量方法

为了避免换向后温度下降的影响，规定在换向后5min（或10min）开始测量，并按一定的顺序和一定的速度测量。一般单号燃烧室从机侧测向焦侧，双号燃烧室从焦侧测向机侧，测温速度要均匀，每分钟大约测量10个火道。

2．横排温度的评定

由于同一燃烧室相邻火道测量的时间相差极短，且只需了解同一燃烧室各火道温度相对的均匀性，所以不需要将所测温度进行校正。为了评定横排温度的好坏，将所测得的横排温度绘成横排温度曲线（绘制时，以火道号按顺序为横坐标，以温度为纵坐标进行），再将机焦两侧标准温度以规定的两侧温差为斜率绘成一直线作为标准线（其位置应在横排曲线的中间部位）。各火道温度（炉头温度除外）与标准线相比，一般规定偏差大于±15℃者为不合格火道，并按下式计算横排温度均匀系数

$$横排温度均匀系数=\frac{考核火道数-不合格火道数}{考核火道数}$$

式中考核火道数不包括机焦两侧炉头各两个边火道，如JN43-80型焦炉为24个考核火道。

每个燃烧室的横排温度曲线是调节各横排火道温度的依据。有时为了分析调节砖与煤气烧嘴排列是否合理，蓄热室顶部吸力值确定的是否适当，还需要计算一个区段的横排温度均匀系数。其计算范围常取10个燃烧室或全炉，绘制成10排或全炉的平均温度横排曲线。10排平均的火道温度与标准线偏差规定不大于±7℃，或相邻火道温度差不超过±10℃，全炉平均各火道温度与标准线差值在±5℃。

3．横排温度的调节

新开工生产的焦炉由于各处漏气等原因得不到较好的横排温度曲线，只有经过喷浆、灌浆、大量漏气基本消除以及加热制度稳定后，才能进行横排温度调节。

横排温度调节可分为粗调和细调，调节时间约为半年左右。粗调主要是调节加热设备，处理个别高温点和低温点，调匀蓄热室顶部吸力，稳定加热制度；细调主要通过调节煤气量和空气量，进一步调整各调节装置，以较少的配比量达到较高的横排温度均匀系数，调节出合理的加热制度，最终获得焦饼的均匀成熟，使焦炉尽快达到所设计的生产能力。

焦炉在投产后的短期内，结焦时间还未正常，炭化室漏气的情况仍在继续，加热制度处于不稳定状态，此时应按轻重缓急对横排温度进行初步调节，其工作内容主要是调整加热设备。调均蓄热室顶部吸力，处理个别高温点和低温点，避免烧坏炉体，稳定加热制度，保持正常的焦炭成熟条件。

出现高温点的原因，一般是喷嘴不严、从丝口漏气或直径偏大、炭化室局部串漏荒煤气造成的。应采取相应措施进行处理。但对炭化室的串漏除加强监督外，可酌情换小喷嘴，待炭化室挂结石墨后，再恢复正常。

出现低温点的原因一般是喷嘴孔径偏小、砖煤气道漏气或被石墨堵塞、空气量不足等原因造成的。可相应采取如换大喷嘴、透掉石墨、往砖煤气道喷浆、透斜道等办法解决。

出现锯齿形横排温度曲线，可能是单双号调节旋塞开关不正或堵塞和两交换行程不一致所造成的。

炉头温度偏低多半是蓄热室封墙、小烟道两叉部等处不严密，漏入冷空气所致。

细调时，一般先选择相邻的5～10排燃烧室进行，从调试中寻找最佳的加热制度，然后推广到全炉。细调过程中，每次应小量调节，调节后要计算空气过剩系数和横排温度均匀系数以及绘制横排曲线，检查燃烧情况，调整蓄热室顶部吸力。必要时还要调整烧嘴和调节砖的排列，最终达到燃烧室中煤气量和空气量均匀分布的目的。

调节过程中常见的不正常现象原因很多：如集气管压力升高，可能是炭化室往燃烧室串漏了煤气；横排曲线两头低中间高，可能是炉头封墙和蓄热室封墙不严；若灌浆后增加煤气量和空气量温度仍上不去，可能是砖煤气道串漏；对于中小型两分式焦炉，有时出现机侧、焦侧倒温差现象，这是由于机侧、焦侧火道数相同，上升侧的煤气燃烧后由于火道高度较低，使其产生的热量大部分带到了下降侧，而使机侧、焦侧温度同时增加，当焦侧温度上升时，燃烧产生的废气量多于机侧温度上升时产生的废气量，机侧蓄热室温度高，从机侧预热上升的空气温度也高，所以提高了机侧温度。解决倒温差现象的办法是加大机侧的空气量，降低空气预热温度，从而降低机侧的燃烧温度，并且产生大量的废气量，使带到焦侧的热量增多，最终可提高焦侧的温度。横排温度出现高温点，可能是下喷式焦炉喷嘴不严，所以应更换喷嘴；横排温度出现低温点，或空气量不足，或煤气流量受阻减小，解决办法是检查喷嘴是否堵塞，砖煤气道是否漏气或是否被石墨堵塞。

五、炉头温度

炉头温度是指机侧、焦侧炉头的第一个火道温度，测量的目的是及时掌握炉头温度的变化，并检测其均匀性。由于炉头火道散热多，温度较低且波动大，为防止炉头焦饼不熟，以及装煤后炉头降温过多，使炉砖开裂变形，需定期测量炉头温度。炉头温度的平均值与该侧的标准温度差值应小于±150℃。当推焦炉数减少，降低燃烧室温度时，应保持炉头温度不低于1100℃。当大幅度延长结焦时间时，应保持在950℃以上。炉头温度不能过低，但也不能过高，若炉头焦过火，会造成摘取炉门后焦炭大量塌落，给推焦造成困难。

炉头温度和直行温度测量相似，但所测结果不做冷却校正。测量完毕，分别计算机侧、焦侧炉头平均温度（边炉除外）。为评定炉头温度的好坏，还应算出炉头温度均匀系数，以各炉头火道温度与上述平均温度相差不大于±50℃为合格，且边炉不计系数。

一般规定每月测量两次，当结焦时间过长、过短或炉体衰老时，应增加测量次数。

六、焦饼中心温度

焦饼中心温度是焦炭成熟的标志，也是标准温度制定的依据。为了解所制定的标准温度是否合理，焦饼在长向、高向是否成熟均匀，需选择加热正常的炉号，在推焦前半小时测量焦饼的中心温度。在机侧、焦侧各取上、中、下三点分别测量，取其平均值作为焦饼中心温度，并分别求出两侧焦饼的上、下温度差，温差越大，焦炭质量越差，一般焦饼上下温差不超过 100℃。焦饼中心温度一般规定为 1000℃±50℃。

如需了解结焦过程的温度变化，可在装煤后从钢管中插入热电偶，每隔 1h 测量一次温度，到 850℃以上时，再改用高温计测量。

正常生产条件下，焦饼中心温度规定每月测量一次。当更换加热煤气、改变结焦时间、配煤比变动较大或改变标准温度使机侧、焦侧温度变化较大时，也应测焦饼中心温度。

有些厂利用在机焦两侧各插入一根钢管，用细铁丝吊入不锈钢片，靠移动不锈钢片位置来测各点的焦饼中心温度。也可以用红外测温仪在推焦时测焦饼表面温度来推算焦饼中心温度，国内外还有在推焦杆上安装红外测温仪，在推焦过程中，测炭化室墙的温度后，换算出焦饼中心温度。

七、蓄热室顶部温度

测量蓄热室顶部温度的目的是防止格子砖烧熔或高炉灰熔结，检查蓄热室顶部温度是否正常，及时发现有无局部高温、串漏、下火等情况。测量从交换机端开始，在两个交换时间内测完一侧或两侧。为了测出较高的温度，交换后立即开始测量。当用焦炉煤气加热时，测上升气流蓄热室，当用高炉煤气加热时，测下降气流蓄热室。测温点选在蓄热室顶部中心隔墙处或最高温度处，测温处有测温孔。

测量后分别计算机侧、焦侧蓄热室顶部平均温度（边蓄热室除外）。规定硅砖蓄热室顶部温度最高不得超过 1320℃，黏土砖蓄热室温度最高不得超过 1250℃，尤其是黏土砖蓄热室，因其荷重软化温度低，所以蓄热室顶部温度不能过高。

定期测量蓄热室顶部温度还可了解焦炉的蓄热及预热等情况，可发现炉体结构是否完整、有无短路等，若蓄热室温度不正常，应查找原因。蓄热室顶部温度一般规定每月至少测量一次。

八、小烟道温度

小烟道温度就是废气的排出温度。测量的目的是检查蓄热室的蓄热效率，即检查蓄热室热交换情况是否良好。为判断主墙的串漏情况，要求小烟道温度不应高于 450℃，最低不应低于 200℃。温度太高可能是炉体不严造成漏气、格子砖积灰、烧熔或蓄热室产生“下火”所致；温度太低将影响烟囱的吸力。

小烟道温度一般在下降气流时测量，测量部位在煤气、空气蓄热室的交换开闭器两叉处。在正常情况下，每季度测量一次，在改变标准温度时应增加测定次数。烧高炉煤气时，煤气、空气蓄热室小烟道温度差别太大时，若无特殊情况属于废气分配不当引起，测温方法是将玻璃温度计在交换前放入交换开闭器测温孔内，深度约 200mm，换向后 10min 看结果。

九、炉顶空间温度

炉顶空间温度是指炭化室顶部空间在结焦时间 2/3 时的荒煤气温度。炉顶空间温度的高低对化学产品的产率、质量和炉顶结石墨的速度有直接的关系。炉顶空间温度过高，降低化学产品产率和质量，上升管内石墨生长较快；温度过低，既不利于化学产品的生成，也影响炭化室上部焦饼的成熟度。所以炉顶空间温度应控制在 800℃±30℃，一般不应超过 850℃。炉顶空间温度每月测量一次，每次测 3 个炭化室。测时用热电偶测量，测温的位置在靠近上升管的装煤孔与煤料顶部之间的正中空间，因此测得的值由于炉墙对热电偶的热辐射较实际炉顶空间温度要高。

第二节 压力制度及其调节

制定正确的压力制度能起到保护炉体、增加炉体寿命、稳定焦炉正常加热和保证整个结焦时间内生产安全的作用。焦化厂制定了用各部位不同的压力指标来协调整个焦炉的正常运行的规定，这些压力指标称为焦炉的压力制度。制定压力制度的依据有如下几点。

① 炭化室内的煤气压力在整个结焦期内均应保持正压，只要保持吸气管下方炭化室底部在结焦末期为正压，就能保证全炉炭化室内各点在任何情况下均为正压，并以此压力确定集气管压力。

② 在焦炉操作的所有情况下（正常操作、改变结焦时间、停止出炉、停止加热等），燃烧系统各处压力必须小于相邻的炭化室压力。

③ 在同一结焦时间内，沿加热系统高度方向的压力分布应当稳定，控制合适的蓄热室顶部吸力是实现这一原则的必由之路。

一、集气管压力

集气管内各点压力是不相同的，两端部最高，越靠近吸气管，压力越低。为了保证在整个结焦时间内，炭化室各部位的压力稍大于燃烧系统的压力（有助于结石墨密封炉墙和炉底）及外界的大气压力（避免空气漏入炭化室烧掉焦炭和化学产品，并防止砌体出现熔洞渣蚀等可能），规定炭化室底部压力在结焦末期不小于 5Pa 为原则来确定集气管压力。

炭化室底部压力由集气管压力控制，通过调节集气管压力使吸气管下方的炭化室底部在结焦末期的压力为正压。这是因为吸气管两端压力高，中部压力低，65 孔焦炉集气管两端与中部压差可达 80Pa。结焦初期炭化室压力大，到末期压力小，只要结焦末期吸气管中部压力为正值，整个集气管压力就都为正值。所以集气管压力是根据炭化室底部压力的上述要求自行测量后规定。对于双集气管的焦炉，两个集气管的压力应保持相等，以防煤气倒流。一般大型焦炉集气管压力为 100～120Pa，中型焦炉为 80～100Pa。若集气管压力降低时，炭化室将出现负压操作，由于空气吸入炭化室，使荒煤气不完全燃烧而产生大量的游离碳，容易堵塞上升管、集气管、吸气管以及回收车间的煤气设备和煤气管道，并使煤气质量变差，从而影响焦炉的正常操作和炉温稳定。长期负压操作还将严重损坏炉体，因此必须严格控制集气管压力。目前，中国大中型焦炉的集气管已做到自动记录并能自动调节。

对于新砌的焦炉炭化室墙体不可能非常严密，集气管压力应比正常生产时高 30～50Pa。由于最初荒煤气会通过砖缝漏入燃烧系统，从而使荒煤气热解生成的游离碳尽快填塞砖缝而密封，生产一段时间后，炭化室无明显串漏，可将集气管压力恢复到正常生产时的压力，这样可保持炭化室产生的荒煤气不与燃烧系统相互串漏。

1. 炭化室底部压力的测量

测量的目的是检查和确定集气管压力，测定吸气管下方的炭化室底部在结焦末期的压力是否大于 5Pa。测量方法是：装煤后，将长 1.2m、直径 12mm 的铁管插入炭化室的炉门测压孔内，插入前，将插入炭化室一端的铁管用石棉绳塞住。测量时，管端应处于离炭化室墙 20mm、离炉底 300mm 的位置，不能打开上升管盖，蒸汽应关严，然后用金属钎子将测压铁管通透，直到冒出黄烟为止，测压铁管外端用胶管与测压表相连。

当集气管压力稳定于规定的范围时，集气管压力与炭化室底部压力上下同时读数，共读三次，求其平均值。变动集气管压力，再与炭化室底部压力同时读数，不得少于三次，其中须有一次是使炭化室底部压力为负值时的读数，最后一次于推焦前30min测量。

若测量结焦周期内炭化室底部压力的变化情况，当炭化室装煤后与集气管接通时，开始时用不小于40×10^5Pa的U形压力表进行测量，每隔1h测量一次，当炭化室内压力减小后改用斜型微压计测量，直到推焦前炭化室与集气管切断时为止。测量时，集气管压力始终稳定在规定的压力值。

当炭化室压力小于5Pa时，应将集气管压力提高，使炭化室底部压力保持在5Pa，记录此时的集气管压力值，该压力值即为这一结焦时间下应保持的集气管压力，一般规定为每月测量一次。

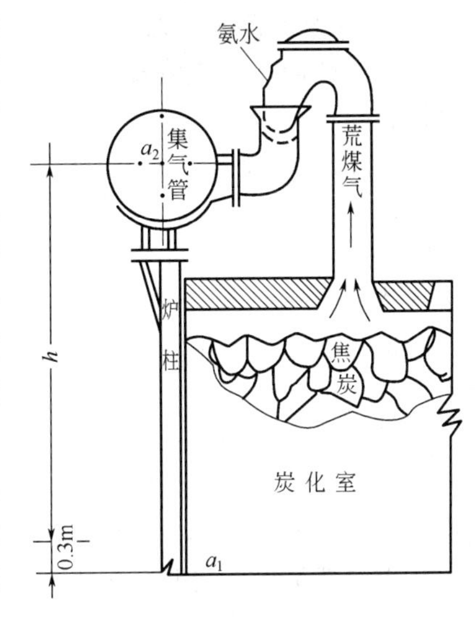

图 11-2　集气管与炭化室位置示意图

2. 用集气管压力控制炭化室底部压力

如图 11-2 所示，荒煤气进入炭化室顶部后经上升管、桥管处冷却进入集气管，经集气管后的煤气进入吸气管。若推焦前在吸气管下部炭化室底部测压孔（距炉底 0.3m 处）测的相对压力 a_1 为 5.0Pa，温度为 700℃时的荒煤气密度为 0.098kg/m³，炭化室底部到集气管中心距为 $h=7$m，阻力为 5.0Pa，空气密度在大气温度 28℃时为$\rho_0=1.173$kg/m³，集气管压力应规定在

$$a_2=a_1+hg(\rho_k-\rho_气)-\sum\Delta p \tag{11-1}$$

式中　a_1 ——炭化室底部相对压力，Pa；

a_2 ——集气管相对压力，Pa；

ρ_k ——空气密度，kg/m³；

$\rho_气$ ——炭化室底部荒煤气的密度，kg/m³；

$\sum\Delta p$ ——荒煤气经焦炭层、上升管道集气管测压点的阻力，Pa。

将以上数据代入式(11-1) 得

$$a_2=5.0+7\times9.8\times(1.173-0.098)-5.0=73.91\text{Pa}$$

考虑到大气温度对浮力的影响，冬天集气管压力比夏天大一些。要定期检查集气管压力是否合适，也要定期测量吸气管下方的炭化室底部在结焦末期的压力。

二、蓄热室顶部吸力

蓄热室顶部吸力的大小影响着各燃烧室系统的气体流量，即影响着空气流量、废气流量的均匀分配以及横排温度的分布，各蓄热室顶部吸力的一致性还影响到了焦炉直行温度的均匀性，所以蓄热室顶部吸力是控制加热均匀的重要手段。

在整个换向周期内，蓄热室温度因下降气流而升高，从而使蓄热室顶部吸力降低，故在不同时间内测得的蓄热室顶部吸力没有可比性，只有采用测相对值的方法，即选择某一加热系统的蓄热室为标准蓄热室，该蓄热室的吸力绝对值一般在换向周期的一半时间测得，其他各同向气流的蓄热室吸力和标准蓄热室吸力相比得到其差值，即相对值。由于各蓄热室吸力在换向期间的变化大致相同，所以测得的相对值才有可比性。标准蓄热室选择的依据如下。

① 炉体状况良好，即该蓄热室连通的燃烧系统应不串漏、不堵塞。

② 煤气设备良好，无卡砣现象，风口盖板严密，调节装置有足够的调节余量，且一组标准蓄热室的同一调节装置（如砣高度、翻板开度、孔板大小等）的开度基本一致，调节设备灵活。

③ 选择的标准蓄热室吸力稳定，且要位于炉组中部，便于测量，避免选择炭化室压力波动大而有可能受到影响的蓄热室。

④ 燃烧室温度均匀，即所选蓄热室相连的燃烧室横排温度要均匀，测温火道与直行温度平均值差值不大。

所选择的标准蓄热室顶部吸力测量、调节合格后，才能测量和调节其他的蓄热室顶部吸力。

1. 焦炉煤气加热时蓄热室顶部吸力的调节

标准蓄热室顶部吸力的绝对值是用斜型微压计的负端测量，每次测量标准蓄热室顶部吸力距换向后的时间应相同，在相邻的两个换向时间内分别测完机焦两侧上升与下降气流的吸力。

在正常情况下，测调全炉吸力前应检查以下内容。

① 蓄热室的风门开度，使砣杆高度和旋塞开度均匀一致。

② 在规定的蓄热室顶部吸力下，与标准蓄热室相连的上升气流火道看火孔压力及空气过剩系数的情况。

③ 焦炉的加热制度情况。

④ 蓄热室顶部吸力是否稳定，气流上升与下降的吸力差是否一致。

此外，为了消除炭化室往加热系统串漏荒煤气的影响，应在标准蓄热室上方炭化室装煤2h以后，再开始测调吸力。测量时，先检查两个标准蓄热室顶部吸力合格后，在换向后3min开始测量。将斜型微压计调好零点，将负端接标准蓄热室的测压孔。微压计正端（相对端）接被测的各蓄热室，若测得的相对值为正值，表示该蓄热室的吸力小于标准蓄热室的吸力值；反之，则为负值。测量时，斜型微压计正端、负端插入测压孔的深度要相同，插入的深度在第一斜道孔和第二斜道孔之间的位置处。测量后，将上升气流的相对值减去相邻蓄热室下降气流的相对值，即为这对蓄热室的吸力差与一对标准蓄热室的吸力差相比的差值。

如果所测的蓄热室吸力普遍比标准蓄热室偏正或偏负，可调标准蓄热室的吸力。如果原标准蓄热室的吸力是合理的，上升气流时不超过±2Pa，下降气流时不超过±3Pa，即为正常操作，此时可在原来蓄热室吸力的基础上，变动烟道吸力，这样可避免调节大量的翻板位置。若蓄热室顶部吸力有一部分偏离标准蓄热室顶部吸力，有较多的翻板需要调节，要注意开翻板的数量和关翻板的数量应接近，否则引起局部系数变化较大，但烟道吸力不变，就会引起空气过剩系数改变，此时就必须变动烟道吸力。全炉蓄热室顶部吸力每周测量1～2次。

测量蓄热室顶部吸力时要注意以下几点：当加热制度不正常时不测；出炉计划打乱，吸力不正常时不测；刮风、下雨时不测；加热煤气压力不稳定和烟道吸力不稳定时不测；处于推焦期或装煤后的初期不测。

2. 蓄热室阻力的测量

蓄热室顶部和底部之间的压力差标志着蓄热室内格子砖的阻力，为了解蓄热室内格子砖因长期操作被堵塞的程度，以便及时消除堵塞，应定期测定、检查格子砖的堵塞情况。

测量时，在测压孔用斜型微压计测量上升或下降气流在每个蓄热室的小烟道与蓄热室顶部之间的压力差。在气流交换3min后，从炉端的蓄热室开始逐个测量，将微压计正端与蓄热室顶部测压孔相连，其负端与小烟道的测压孔相连，将读出的压差值加以记录，并记录测压时的加热制度，要求分别计算煤气和空气在蓄热室上升和下降气流的压力值的平均值。

上升气流蓄热室上下压力差是蓄热室浮力与阻力之差，所以蓄热室内阻力越大，其测得的压差越小；下降气流蓄热室上下压力差是蓄热室浮力与阻力之和，所以蓄热室内阻力越大，其测得的压差越大。蓄热室上升气流与下降气流产生的浮力近似相等，所以异向气流上下压力差的差值近似为蓄热室的阻力之和，据此可知蓄热室阻力的大小。

一般规定蓄热室阻力每季度测量一次。

三、看火孔压力

在各周转时间内看火孔压力均应保持在（0±5)Pa 范围内。这样就可以保证在整个结焦过程中任何时间、任何一点加热系统的压力都不小于同高度的炭化室压力。实际生产中，以看火孔压力为准来确定燃烧系统其他各点压力是比较方便的。所以，看火孔压力是确定蓄热室顶部吸力的依据，应定期测量。测量时，看火孔压力过高不利于炉顶测温操作，且炉顶区温度高使横拉条容易氧化损坏，过低在测温时会吸入空气或吸入煤尘，对炉体有害。为消除换向周期的波动，看火孔压力的测量也可采用测相对值的方法。两分式焦炉因有水平集合烟道，所以阻力较大，使炉头和中部看火孔压力差别较大，在确定看火孔压力时，要考虑炉组长向和燃烧室长向的压差，不使个别看火孔压力过大（如大于 5Pa)，造成立火道底部压力大于炭化室底部压力的不良后果。

看火孔压力与燃烧室压力分布有一定关系，与炉内温度也有关。若使用高炉煤气加热时，看火孔压力应偏高一些（10Pa 或更高一些)，蓄热室顶部吸力将有所降低，边火道温度将有所提高。当拉条温度平均在 350～400℃时，可降低看火孔压力，使看火孔保持负压（－5～0Pa)，这样可降低拉条温度，减少炉顶散热。

看火孔压力每季度测量一次，用斜型微压计测量上升气流，在换向后 5min 开始测量，将测量胶管的一端与斜型微压计的正端相连，另一端与金属测压管相连，插入看火孔的深度约 150mm，逐个测量。测量由一侧一端开始，由另一侧返回，连续两个换向周期测完，并计算平均压力值。当结焦时间和空气过剩系数 α 值一定时，上升气流蓄热室的吸力和看火孔压力的关系符合上升气流公式。

四、全炉压力（五点压力）分布

五点压力是指看火孔压力， 上升气流时煤气、空气蓄热室顶部压力及下降气流时煤气、空气蓄热室顶部压力。通过五点压力了解全炉燃烧系统的压力分布和各部位的阻力情况，从而了解炉体状态。

测量方法如下，测量前先准备斜型微压计 3 台，量程为 50～150Pa，15m 长的胶皮管 2 根，5m 长的胶皮管 3 根，50mm 和 1200mm 的铁管各 2 根，150mm 铁管 1 根。把其中一台压力计作为标准，来校正另外两台斜型压力计。试好压力表和胶皮管，直至不漏气为止。选定一吸力正常、温度较好、结焦时间在装煤 4h 时的蓄热室号，作为平常测量标准吸力的炉号。3 台微压计的位置如图 11-3 所示，例如交换后将甲测

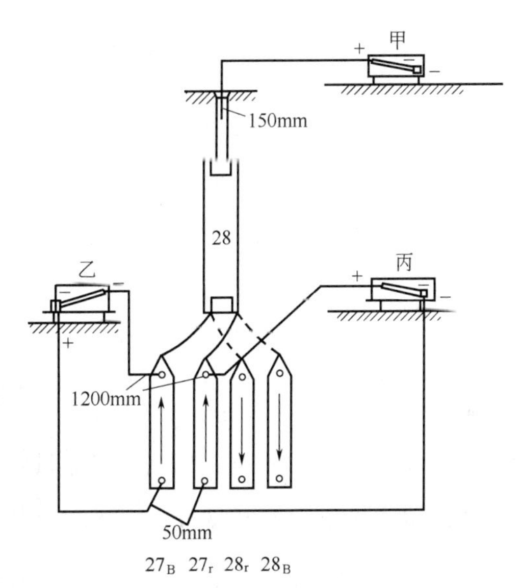

图 11-3 五点压力测量示意图

压计的150mm铁管插入28号燃烧室上升气流8号火道看火孔，把乙、丙的1200mm铁管插入27号空气蓄热室（27_B）和煤气蓄热室（27_r）测压孔，又将乙、丙的50mm铁管插入27_B、27_r交换开闭器单叉处，同时读数，读完后即将乙、丙的50mm铁管取出读数，并读炉顶压力。接着测下降气流时28_r、28_B蓄热室测压孔与交换开闭器处的压力，同时测量蓄热室测压孔的绝对吸力。测量时注意：禁止变动加热制度，各台表读数一定要同时进行，炉顶用的压力表应随时对好零点。

五、例题

【例11-1】 某座65孔的焦炉。周转时间为16h，每炉装干煤量16.2t，湿煤含水9.5%，炼焦耗热量为2366kJ/kg(湿煤)，煤气热值为17770kJ/m³，煤气密度为0.47kg/m³，煤气温度为30℃，煤气总管压力5000Pa。流量表设计参数为：设计压力3500Pa，煤气温度20℃，饱和水汽含量0.0173kg/m³，密度0.46kg/m³。求工作状态下煤气表流量q_{V_1}？

解 标准状态下煤气流量为

$$q_{V_0}=\frac{q_s N}{Q_{低}\tau}B\times1000$$
$$=\frac{2366\times65}{17770\times16}\times\frac{16.2\times100}{100-9.5}\times1000$$
$$=9682\text{m}^3/\text{h}$$

30℃时，$f'=0.0304\text{kg/m}^3$

$$K_T=\sqrt{\frac{(\rho_0+f)(0.804+f)T}{(\rho_0'+f')(0.804+f')T'}}$$
$$=\sqrt{\frac{(0.46+0.0173)\times(0.804+0.0173)\times(273+20)}{(0.47+0.0304)\times(0.804+0.0304)\times(273+30)}}$$
$$=0.953$$

$$K_p=\sqrt{\frac{p'}{p_0}}$$
$$=\sqrt{\frac{101325+5000}{101325+3500}}$$
$$=1.007$$

$$q_{V_1}=\frac{q_{V_0}}{K_T K_p}$$
$$=\frac{9682}{0.953\times1.007}$$
$$=10089\text{m}^3/\text{h}$$

一般企业在实际操作中，将K_p、K_T制成表格以便查取。

【例11-2】 某65孔焦炉，炭化室平均宽度为407mm，锥度为50mm的焦炉，总煤气耗量为10000m³/h，求机侧、焦侧煤气流量？

解 焦侧炭化室平均宽度 $S_{焦}=\frac{407+432}{2}=419.5\text{mm}$

机侧炭化室平均宽度 $S_{机}=\frac{407+382}{2}=394.5\text{mm}$

焦机侧流量比 $$\frac{q_{V焦}}{q_{V机}}=\frac{419.5}{394.5}\times1.05=1.12$$

则
$$q_{V机}=10000\times\frac{1}{1.12+1}=4720m^3/h$$
$$q_{V焦}=10000\times\frac{1.12}{1.12+1}=5280m^3/h$$

【例 11-3】 某 65 孔焦炉的周转时间为 16h，焦炉煤气用量为 $10000m^3/h$，煤气主管压力为 1000Pa，孔板直径为 40mm，分管直径为 50mm，煤气温度 30℃，标准状态下密度为 $0.46kg/m^3$，求：

① 当煤气流量不变，孔板直径换为 35mm 时，煤气主管压力应为多少？

② 当煤气主管压力不变，流量减至 $8000m^3/h$ 时，孔板直径应改变为多少？

解 ① 65 孔焦炉有 66 个燃烧室，设两个边燃烧室供应的煤气量为中部的 75%，则分管流量为

$$q_{V分}=\frac{q_V}{64+2\times0.75}=\frac{10000}{65.5}=153m^3/h$$

则分管流速为

$$v=\frac{q_{V分}}{\frac{\pi}{4}D^2\times3600}=\frac{153}{\frac{\pi}{4}\times0.05^2\times3600}$$
$$=21.7m/s$$

孔板与分管的断面面积之比为

$$\frac{f}{F}=\frac{d^2}{D^2}=\frac{0.04^2}{0.05^2}=0.64$$

查得阻力系数 $K=1.31$，则孔板阻力为

$$\Delta p_{孔}=K\frac{v_0^2}{2}\rho_0\left(1+\frac{t}{273}\right)$$
$$=1.31\times\frac{21.7^2}{2}\times0.46\times\frac{303}{273}$$
$$=157Pa$$

故分管阻力为

$$\Delta p_{分}=\Delta p_{主}-\Delta p_{孔}$$
$$=1000-157=843Pa$$

如将孔板直径更换为 $d'=35mm$，则孔板与分管的断面积比为

$$\frac{f'}{A}=\frac{0.035^2}{0.05^2}=0.49$$

查得阻力系数 $K'=4.74$。

在流量相同的情况下有

$$\Delta p_{孔}=\Delta p_{孔}\frac{K'}{K}=157\times\frac{4.74}{1.31}=568Pa$$

因为流量不变，故分管阻力不变，则更换孔板后主管压力为

$$\Delta p_{主}=\Delta p_{分}+\Delta p_{孔}=843+568=1411Pa$$

② 煤气流量变为 $8000m^3/h$ 后，分管阻力变为

$$\Delta p'_{分}=\Delta p_{分}\left(\frac{q'_V}{q_V}\right)^2=843\times\left(\frac{8000}{10000}\right)^2=540\text{Pa}$$

如主管压力保持不变，则孔板阻力为

$$\Delta p''_{孔}=1000-540=460\text{Pa}$$

分管中流速

$$v'=\frac{\frac{8000}{65.5}}{\frac{\pi}{4}\times0.05^2\times3600}=17.3\text{m/s}$$

$$\Delta p''_{孔}=K''\frac{v'^2}{2}\rho_0\left(1+\frac{t}{273}\right)$$

$$=K''\times\frac{17.3^2}{2}\times0.46\times\frac{303}{273}=76.4K''$$

$$K''=\frac{\Delta p''_{孔}}{76.4}=\frac{460}{76.4}=6.0$$

由 $K''=6.0$，查得孔板与分管断面积之比为 0.46，则更换后的孔板直径为

$$d'=\sqrt{0.46}\times0.05=0.034\text{m}=34\text{mm}$$

【例 11-4】 煤气流量为 9000m³/h，分烟道吸力为 180Pa，当煤气流量为 9200m³/h，保持空气过剩系数不变，分烟道吸力应调到多少？

解 $$\alpha'_{分}=180\times\left(\frac{9200}{9000}\right)^2=188\text{Pa}$$

如考虑上升下降的浮力差为 25Pa，则分烟道吸力值变为

$$\alpha'_{分}=(180-25)\times\left(\frac{9200}{9000}\right)^2+25=187\text{Pa}$$

【例 11-5】 某焦炉原分烟道吸力为 200Pa，空气过剩系数 $\alpha=1.2$，当进风口开度和煤气量不变时，如将分烟道吸力调至 210Pa，求空气过剩系数为多少？

解 $$\alpha'=1.2\times\sqrt{\frac{210}{200}}=1.23$$

按上述计算调整分烟道吸力时，看火孔压力将产生变化。调节幅度越大时，看火孔压力变化越大。

根据经验，JN43-80 型 65 孔焦炉每改变流量 200m³/h，42 孔焦炉每改变流量 100m³/h 时，分烟道吸力相应改变 5Pa。

但按这个方法调整分烟道吸力时，空气过剩系数是有所改变的，因此，只能在煤气流量变化不大的范围内使用，如 65 孔 JN43-80 型焦炉煤气流量变化在±400m³/h，42 孔 80 型煤气流量变化在±200m³/h 的范围内，此时空气过剩系数的变化约为±2.5%以内。

【例 11-6】 某焦炉从交换开闭器测压点到炉顶看火孔高度为 8.8m，从交换开闭器测压点到分烟道测压点高度为 2.8m，当煤气流量为 9000m³/h 时，分烟道吸力为 180Pa，当煤气流量改为 10000m³/h 时，分烟道吸力应调多少？

解 $$\alpha_2=9\times8.8+5\times2.8+(180-9\times8.8-5\times2.8)\times\left(\frac{10000}{9000}\right)^2=200\text{Pa}$$

【例 11-7】 为保持合理的加热制度必须同时调整进风口开度和分烟道吸力。

① 流量改变后，风口开度不变，只改变烟道吸力。某焦炉在结焦时间为 16h，分烟道

吸力为230Pa，现将结焦时间延长1h，流量减少了6%，若风口开度不变，交换开闭器翻板开度不变，烟道吸力变为多少？

解　设下降气流段的浮力比上升气流段大$\Delta h=23\text{Pa}$，即

$$\alpha_{烟道}=\sum\Delta p+\Delta h$$

结焦时间16h条件下，加热系统阻力

$$\sum\Delta p=230-23=207\text{Pa}$$

当流量减少了6%，则加热系统的阻力降低为原来的$0.94^2=0.88$倍。

即此时阻力为$\sum\Delta p=207\times0.88=182\text{Pa}$，因此烟道吸力应改为$182+23=205\text{Pa}$。

此时炉内压力分布改变，空气过剩系数不变。

② 保持进风口阻力不变，接上例，若原风口开度为200mm，当流量减少6%后，风口与烟道吸力同时做相应改变，设空气通过交换开闭器的阻力为50Pa，保持该阻力不变，风口与烟道吸力各为多少？

解　风口开度为　　$200\times0.94=188\text{mm}$

由于进风口阻力不变，因此流量减少后上升气流小烟道至分烟道翻板前的阻力降低为原来的0.88倍。

上升气流小烟道至分烟道原先的阻力为

$$207-50=157\text{Pa}$$

$$157\times0.88=138\text{Pa}$$

则分烟道吸力为　　$138+23+50=211\text{Pa}$

气量改变后加热系统浮力变化较少，可忽略不计，而上升气流阻力发生变化，故此时看火孔压力变大，若仍保持看火孔压力为零，风口开度与烟道吸力应做适当调整。

③ 流量改变，保持看火孔压力空气过剩系数不变。续上例，当流量减少6%后，α值不变，看火孔压力仍保持为零，风口与烟道吸力如何调节？

解　从交换开闭器测压点到炉顶面高度为8.8m，上升气流段浮力为$8.8\times9=79.2\text{Pa}$，当看火孔压力为零时，上升气流的浮力等于上升气流炉内阻力加进风口阻力。

气量改变后炉内阻力为　　$0.88\times(79.2-50)=25.7\text{Pa}$

为保持看火孔压力不变，进风口阻力应增加到$79.2-25.7=53.5\text{Pa}$，进风口应改小。若进风口改变后阻力系数不变，进风口开度应调到

$$200\times0.94\times\sqrt{\frac{50}{53.5}}=181\text{mm}$$

此时分烟道吸力为　　$138+53.5+23=215\text{Pa}$

④ 气量及空气过剩系数不变，只改变看火孔压力。续上例，将看火孔压力由0改至−5Pa。

解　在气体量不变情况下，使整个加热系统的吸力增加5Pa，则分烟道吸力应调到

$$215+5=220\text{Pa}$$

交换开闭器处吸力由53.5Pa增加到$53.5+5=58.5\text{Pa}$，进风口开度应改为

$$181\times\sqrt{\frac{53.5}{58.5}}=173\text{mm}$$

⑤ 大气温度变化较大时，进风口开度与分烟道吸力调节。由于大气温度变化而使空气密度发生变化，从而引起炉内浮力和实际温度下的空气体积改变，造成经进风口入炉空气量

和加热系统压力分布发生变化，为保持空气量、空气过剩系数和看火孔压力不变，需同时调节进风口开度和分烟道吸力。续上例，当大气温度由35℃降至0℃，仍保持原来空气量、空气过剩系数及看火孔压力，其进风口与分烟道吸力应如何调节？

解 当大气温度由35℃降至0℃时，炉内温度不变，交换开闭器至看火孔浮力增加值为

$$8.8\times1.28\times273\times\left(\frac{1}{273}-\frac{1}{273+35}\right)\times9.8=12.5\text{Pa}$$

式中 1.28——湿空气（0℃）的密度，kg/m^3。

为保持看火孔压力不变，可用增加进风口阻力来抵消浮力增加，为此进风口阻力应为

$$58.5+12.5=71\text{Pa}$$

由阻力计算公式可知，为保持进风量不变，视进风口阻力系数近似不变，故冬季进风口开度应为

$$L=\sqrt{\frac{58.8}{71}\times\frac{273}{308}}\times173=126\text{mm}$$

交换开闭器至分烟道测压点由于高度差较小，浮力变化可以不计，则冬季分烟道吸力改为

$$220+12.5=233\text{Pa}$$

【例 11-8】 蓄热室顶吸力与几个因素的关系。

（1）吸力差与空气过剩系数的关系 蓄热室顶部上升与下降气流吸力差近似地与空气过剩系数的平方成正比。利用这个关系，可以计算改变空气过剩系数后的吸力差值。

焦炉某侧的空气系数为1.12，蓄热室顶上升下降气流吸力差为15Pa，如空气过剩系数要调到1.2，那么上升下降气流蓄顶吸力差应调到多少？

解

$$\alpha_{上}-\alpha_{下}=15\times\left(\frac{1.2}{1.12}\right)^2=17\text{Pa}$$

即应调到蓄顶吸力差为17Pa，如果上升气流吸力不变，则应使下降气流吸力增加17－15＝2Pa。

（2）吸力差与周转时间的关系 当周转时间改变时，蓄热室顶部上升与下降气流吸力差应随之改变。周转时间与煤气流量成反比，吸力差与周转时间的平方成反比，此关系忽略了耗热量因素，所以只适用于结焦时间改变较少的情况，如下式

$$\frac{\alpha_{上}-\alpha_{下}}{\alpha'_{上}-\alpha'_{下}}=\left(\frac{\tau'}{\tau}\right)^2$$

当保持看火孔压力不变时，上升气流吸力随周转时间的变化很少。因此在正常周转时间内可使上升气流吸力固定不变，只改变下降气流吸力。

当周转时间为19h时，上升气流蓄热室顶部吸力为52Pa，看火孔压力为2Pa，当周转时间变为18h时，保持看火孔压力不变，上升气流蓄热室顶部吸力应调到多少？

解 蓄热室顶部至看火孔高度为6.18m，每米高浮力为9.5Pa，则该段浮力为9.5×6.18＝59Pa，故蓄热室顶部至看火孔的阻力为59－2－52＝5Pa。当周转时间改为18h时，该段阻力为

$$5\times\left(\frac{19}{18}\right)^2=6\text{Pa}$$

设浮力不变，则18h时上升气流蓄热室顶部吸力为

$$59-2-6=49\text{Pa}$$

（3）大气温度对蓄热室顶部吸力的影响　在实际操作中，往往遇到大气温度变化较大时，如白天与夜晚、冬天与夏天，蓄热室顶吸力与空气系数会发生变化。冬天，在蓄热室走廊温度为5℃，上升气流蓄热室顶吸力为50Pa，下降气流蓄顶吸力为70Pa，烟道吸力190Pa，空气系数为1.25，当夏天蓄热室走廊温度为40℃时，分析炉内空气量及吸力的变化。

解　分两种情况讨论：

① 进风门开度不变及上升气流蓄热室顶吸力不变。蓄热室顶吸力等于进风口至蓄顶的阻力减去蓄热室浮力。进风口到蓄热室顶距离（以JN43-58-Ⅱ型焦炉为例）为2.5m，上升气流蓄热室中空气平均温度取600℃，则冬季蓄热室内浮力为

$$2.5\times\left(\frac{1.28\times273}{278}-\frac{1.28\times273}{873}\right)\times10=21\text{Pa}$$

上升气流蓄热室阻力取6Pa，则交换开闭器进风口阻力为

$$50-6+21=65\text{Pa}$$

夏天蓄热室内浮力为

$$2.5\times\left(\frac{1.28\times273}{313}-\frac{1.28\times273}{873}\right)\times10=18\text{Pa}$$

冬天与夏天如果以同样多的空气量通过交换开闭器，则气流所产生阻力与绝对温度成正比。因而夏天交换开闭器所产生阻力为

$$65\times\frac{273+40}{273+5}=73\text{Pa}$$

此时上升气流蓄热室顶吸力应为73＋6－18＝61Pa。

如保持上升气流蓄热室顶吸力仍为50Pa，则空气量就会减少。此时，交换开闭器阻力将为50＋18－6＝62Pa。因而空气量将减少为原来的 $\sqrt{\frac{62}{73}}=0.921$ 倍。空气过剩系数将变为0.921×1.25＝1.15。

上升与下降气流蓄热室顶的压力差将等于0.921×(70－50)＝17Pa。

下降气流蓄热室顶吸力变为50＋17＝67Pa。

② 如进风门开度和烟道吸力保持不变，烟道中动压头取10Pa，交换开闭器到烟道测压点的距离等于2.8m，废气温度300℃，则该段浮力

冬天时：　$$2.8\times\left(\frac{1.28\times273}{278}-1.22\times\frac{273}{573}\right)\times10=19\text{Pa}$$

夏天时：　$$2.8\times\left(\frac{1.28\times273}{313}-1.22\times\frac{273}{573}\right)\times10=15\text{Pa}$$

加热系统总阻力：

在冬天为：　$190-10-19=161\text{Pa}$

在夏天为：　$190-10-15=165\text{Pa}$

夏天与冬天，以同样空气量通过进风口，则阻力差为73－5＝8Pa。所以夏天加热系统总阻力应该是161＋8＝169Pa。

这样空气量减少 $\sqrt{165/169}=0.985$，空气系数变为1.25×0.985＝1.23。

交换开闭器阻力为　$$73\times\frac{165}{169}=70.8\text{Pa}$$

上升气流蓄热室顶吸力为　　70.8+6－18=58.8Pa

下降气流蓄热室顶吸力为　$58.8+0.985^2\times20=78.2$Pa

从上述两种情况计算可看出：当大气温度升高较多时，若不改变进风口开度，且保持上升气流蓄热室顶吸力不变，则空气过剩系数（煤气量不变）和下降气流蓄热室顶吸力下降较多，燃烧情况会发生变化；当烟道吸力与进风口开度均不变，虽然空气系数改变不大，但上升与下降气流蓄热室顶的吸力却增加较多，使横排温度发生改变。因此在大气温度发生较大变化时，需要改变交换开闭器进风口开度和烟道吸力以保持上升气流蓄热室顶吸力与空气系数不变。

【例 11-9】 下喷式焦炉横排小孔板简易计算。

解　(1) 计算依据

① 横管压力一般在 800Pa，横管两端压差小于 20Pa。所以横管内各点压力可看作相同。

② 煤气进入各火道内其阻力集中在小孔板上，经计算小孔板阻力占总阻力 90%。

③ 各火道所需煤气量的比与炭化室宽度的平方成正比。即各火道所需煤气量与孔板孔径面积成正比，与其直径平方成正比。即孔板直径与炭化室宽度成正比。

④ 炉头火道因散热等因素，所需煤气量为该侧火道所需煤气量的 1.5 倍；第二火道为 1.2 倍。

(2) 计算方法　炭化室平均宽 450mm，锥度 50mm，第 3 火道炭化室宽 429.64mm，第 26 火道炭化室宽 470.36mm。该两火道炭化室宽度比 470.36/429.64=1.097。当第 3 火道孔板孔径为 9.2mm 时，其第 26 火道孔径为 $9.2\times1.097=10.09$mm，用坐标纸以此二火道孔板直径划直线得各孔板直径。

第 1 火道孔板孔径等于机侧平均孔径乘以 $\sqrt{1.5}$，第 2 火道孔板孔径乘以 $\sqrt{1.2}$。

【例 11-10】 某焦炉用高炉煤气加热，此时上升气流煤气蓄热室顶部吸力是自动调节的，保持定值。煤气主管压力 700Pa，标准煤气蓄热室顶部吸力 40Pa，空气蓄热室顶部的吸力 44Pa，上升气流煤气斜道的阻力 14Pa，空气斜道阻力 10Pa。当煤气主管压力波动的范围是±100Pa 时，计算它对上升气流煤气和空气蓄热室顶部吸力的影响。

解　对上升气流煤气蓄热室顶部吸力影响：因煤气主管压力增加 100Pa，其压力比为 800/700=1.14，则现在上升煤气斜道的阻力应增加 $1.14\times14-14=2$Pa。又因为是保持煤气蓄热室顶部吸力不变，所以分烟道吸力的自动增加可使立火道底部压力降低 2Pa。

对上升气流空气蓄热室顶部吸力的影响：地下室加热煤气主管压力为 700Pa 时，从进风口到立火道底部的阻力为 $44+7.5\times2.2+10=70$Pa，式中 44 是空气蓄热室顶部吸力，7.5 是进风口到蓄热室顶部的每米热浮力平均值，2.2 是进风口到蓄热室顶的高度 (m)。10 是空气斜道的阻力。现阻力系数不变，阻力增加到 70+2=72Pa，则空气量增加了 $\left(\sqrt{\frac{72}{70}}-1\right)\times100\%=1.4\%$，而空气斜道阻力增加了 $1.014^2\times10-10=0.28$Pa，则空气蓄热室顶部吸力增加 2－0.28=1.72Pa，则空气、煤气蓄热室顶部的压差由 4Pa 变为 5.72Pa。压差变大，α 值变小（煤气量的增加大于空气量的增加）。

反之，如果煤气压力减少 100Pa，则使空气蓄热室顶部吸力减小了 1.72Pa，使压差变小，α 值增大。

从上面计算可看出，此焦炉尽管没有改变煤气蓄热室顶部吸力，但由于加热煤气压力的波动，导致分烟道吸力的改变，从而影响空气蓄热室顶部的吸力。因此，在不同时刻以上升气流煤气蓄热室顶部吸力为标准测量与其他上升气流空气蓄热量顶部的压差，所得的结果不尽相同，这是测量方法本身带来的差别，会造成假象且难以判断，从而往往造成调节失误。

另外，大多数焦炉在测量时保持分烟道吸力不变。为此，仍以上述数据为例，来分析加热煤气主管压力波动时，对上升煤气和空气蓄热室吸力的影响。

假定 $1m^3$ 高炉煤气燃烧后生成 $1.72m^3$ 的废气，分烟道的吸力是 200Pa。当煤气主管压力波动 100Pa 时，对上升煤气、空气蓄热室顶吸力的影响分析如下。

如果主管压力增加 100Pa，则煤气量增加到 $\sqrt{\frac{800}{700}}=1.069$ 倍。

因分烟道吸力不变，这样到分烟道的阻力基本不变，因此煤气量的增加而增加的阻力要靠空气量减少而降低的阻力来弥补。现已知煤气量增加了 6.9%，考虑废气中还有剩余的氧，燃烧 $1m^3$ 煤气所增加的废气约为 $0.8m^3$，使废气量的增加值达

$$6.9\%\times0.8\approx5\%$$

煤气量和废气量的增加导致阻力增加。如上面所述，由于分烟道吸力不变，故所增加的阻力要由空气量的减少来弥补，弥补量约为 5%。

原来空气与煤气之比为　　$\sqrt{\frac{10}{14}}=0.845$

现在空气与煤气之比为　　$(0.845-0.05)/1.069=0.74$

上升气流煤气斜道的阻力　　$14\times1.069^2=16Pa$

上升气流空气斜道的阻力　　$16\times0.74^2=8.8Pa$

上述数据表明煤气和空气蓄热室顶的压差由原来的 4Pa 上升到现在的 7.2Pa，这要比控制上升气流煤气蓄热室顶部吸力不变时大得多。采用控制分烟道吸力不变后，当煤气量增加时，空气量不仅不能随着增加，反而有所下降。

第三节　炼焦炉加热的特殊操作

一、延长结焦时间和停产保温

炼焦炉因某种原因短时间内不能生产，如用煤供应不足、配煤不均、焦炭外运暂时造成困难及对生产焦炉的设备做较小的生产检修等情况，一般均采用延长结焦时间的办法来进行。

1. 延长结焦时间

一般大型焦炉的结焦时间大于 20～22h 时进行的低负荷的生产，称为在延长结焦时间状态下的生产。随着结焦时间的延长，焦炭成熟后停留在炭化室中的时间将延长，此时煤气发生量减少，焦炉所规定的炉温将随之降低。但炉温的降低有一定的限度，一般大型硅砖焦炉火道的平均温度不应低于 1200℃，以保持炉头温度，防止炉头温度低于 700℃引起体积剧变而开裂。对于中小型焦炉（硅砖），如平均宽度为 300mm 的焦炉，火道温度不低于 1100℃，这时的结焦时间约为 14h。结焦时间继续延长，炉温不能再下降。焦炭在炭化室内成熟后要停留相当长的时间才被推出，这种情况下的低负荷生产属于延长结焦时间下的生产。

(1) 结焦时间延长的幅度　延长结焦时间，煤气发生量减少。若焦炉由外界供给煤气加热，延长结焦时间的幅度可认为不受限制。若由自身供给煤气时，则由于焦炉散热量增加，

耗热量也增加，以本炉逐渐减少的煤气量满足耗热量的增加，那么结焦时间延长的幅度就要受到限制。此种情况不仅受到炉温的限制，还受到砌体材质、焦炉状况等因素的影响。根据经验，在炉体状况良好的情况下，大型硅砖焦炉的生产能力可以降到生产能力的15%，中小型焦炉降到20%。大型焦炉最长结焦时间为100h，中小型焦炉约为60～80h。

在有计划延长结焦时间时，为保证操作稳定、炉温均匀和炉体维护，应控制延长结焦时间的幅度。

(2) 炉温的调节　结焦时间延长后，由于炭化室墙蓄积热量的逐渐减少，焦炉总供热强度将逐渐降低。结焦时间延长，使直行温度波动较大，再加上炉体表面散热相对加大，边火道墙面及蓄热室封墙裂纹增多而易漏入空气，煤气压力降低，上升气流蓄热室顶部吸力提高等因素，使边火道温度降低，中部火道温度升高，横排温度曲线变成“馒头”形状，即两头低中间高。有废气循环的焦炉还容易出现短路而烧坏炉体。所以用高炉煤气加热的焦炉，当温度控制发生困难时，为使火道温度最低不低于950～1000℃，可改用焦炉煤气加热，也可间断加热控制炉温，或去掉边火道的调节砖，集中力量提高边火道温度。

如果用焦炉煤气加热时，应更换炉组沿长向各煤气分管的孔板，降低上升气流蓄热室吸力，勤测勤调直行温度，防止低温、低压和焦炭过火。对下喷式焦炉，要往中部火道下喷直管中加铁丝或更换小孔板，也可增加火道喷嘴直径来增加边火道煤气的相对流量。此时机侧、焦侧标准温差可适当减小。对侧入式焦炉，可在2～3火道之间加放挡砖，采用间接加热的方法。

总之，边火道温度应不低于950℃，标准火道温度应不低于1160℃。

(3) 压力的调节　焦炉延长结焦时间后，焦炉加热用煤气量减少，为保证煤气主管压力不小于500Pa，应适当减小煤气支管孔板的直径。

集气管压力应控制在比正常生产时大10～20Pa，防止炭化室负压操作。操作时，可采取以下措施：当荒煤气量太小时，要降低吸气管的吸力，使集气管压力稳定；可关小氨水流量，避免集气管温度急剧下降；将桥管处的水封翻板关小；将集气管中通入焦炉煤气和惰性气体或水蒸气以保压。以上方法可根据需要配合使用，使用时应同时将回收车间的鼓风、冷凝系统做相应的调整操作，以保持集气管压力稳定。

(4) 炉体密封以及维护　结焦时间延长使炉温及炭化室的压力波动较大，容易引起炉砖收缩开裂，造成炉体串漏。所以要加强对蓄热室封墙、测压孔、交换开闭器、双叉（或单叉）连接口的密闭，要对炉体喷补、灌浆和密封，加强炉门口、装煤孔、上升管盖等部位的密闭，即这些部位应用煤泥封闭，防止串漏，尤其是结焦末期的串漏。由于温度下降，炉体有所收缩，大小弹簧吨位发生变化，因此要及时调整弹簧的吨位，应与正常生产时相一致。为保护炉体，还应加强铁件的管理，且出炉操作时间要短，一般不超过7～8min。

2. 停产保温

较大规模的技术改造，特别是对焦炉设备进行改造，如更换焦炉集气管、上升管、机焦两侧操作台等，这些项目的施工需一定的时间作保证。为满足施工时间和安全条件的要求，一般用延长结焦时间的办法是不合适的，所以要对焦炉进行短时间的停产保温，以使恢复生产时不需要烘炉就能很快转入正常的生产。

停产保温也叫焖炉保温，它是焦炉操作中比较特殊的工艺，只有在焦炉有外界供给煤气的情况下，才能采取停产保温的办法。停产保温有满炉保温和空炉保温两种方法。

当停产时间仅几天、十几天时，炉门又较严密，可采用带焦保温的办法，即满炉保温。

这样炭化室墙缝石墨不易烧掉，有利于炉墙严密。由于焦炭停留在炉内，整个焦炉的蓄热能力大，只要温度控制得当，焖炉结束后，推焦一般无困难。

若停产时间过长时，焦炭容易在炭化室内烧掉，并在炉墙上结渣，损坏炉体并造成推焦困难，这时以空炉保温为好。

空炉保温操作比较简单，适用的范围大。如既适用于大、中、小型焦炉，也适用于焦炉上某种设备的大修、中修以及技术改造范围广的场合。但空炉保温也有其自身的缺点，如炉墙石墨烧掉严重，尤其是当有空气从炉门或炉头不严密处漏入炭化室时，此种现象更为严重。所以空炉保温操作时，应事先对炉门、炭化室炉头等部位进行严格的密封工作，并且在投产前必须喷补。

近年来，国内焦化厂应用满炉保温操作时，在保证工程顺利施工的时间要求下，证明了炉体基本不受损害，所以此种保温方法给焦炉设备的大修、中修技术改造工程项目创造了良好的施工条件和安全条件，故此处将以满炉保温作为重点进行介绍。

停产保温操作主要包括：焖炉前炉体各部位的密封，焖炉前炉体原始状况的检查，温度制度和压力制度的确定，温度的测量和管理，正常生产的恢复等。

（1）停产保温前炉体的密封　炉体的密封是停产保温必做的准备工作。焖炉时，炉体密封的是否严密，很大程度上决定着焖炉操作能否成功。此项工作包括：在焖炉前，将整个炉顶表面进行彻底的打扫吹风和灌浆；炉肩、保护板上部的密封；炉台部位密封、蓄热室部位的密封及对蓄热室封墙全部进行刷浆等。

（2）焖炉前炉体状况的检查　需检查炉体伸长情况、炉柱曲度、炭化室墙面以及其他部位、大小弹簧负荷的测量等。

（3）焖炉前加热制度和压力制度的确定　焦炉停产时，为了安全，应在焖炉前将结焦时间延长到25～26h较为合适。当煤气发生量减小到集气管正压难以维持之前，应使荒煤气系统与鼓风机切断，在吸气管上堵盲板，使炭化室成为一个独立系统。延长结焦时间的幅度，可参考表11-7。

表11-7　延长结焦时间的幅度

结焦时间/h	＜20	20～24	＞24
每昼夜允许延长的结焦时间/h	2	3	4

为了保证焦饼的成熟指标，保证炉头温度不得低于950℃，标准火道温度比正常生产期间要低，为1050～1100℃（空炉保温时，炉头温度不得低于800℃）。焖炉期间焦炉所需的热量只是用来弥补焦炉散热以及废气带走的热量。所以标准火道温度只是比正常时要低一些。

为确保炉体的完整性、严密性，要求集气管压力维持正压，有充压煤气或惰性气体时，比正常生产压力大10～20Pa，保证集气管不吸入空气，以免爆炸。几种炉型的焦炉在焖炉时，集气管压力的控制方法如表11-8所示。

表11-8　焦炉焖炉时集气管压力的控制方法

炉型	炭化室孔数	集气管压力/Pa	控制方法
JN43型	65	25	通入充压煤气，集气管与炭化室断开
ПВР型	65	38	通入蒸汽，由放散管通入回炉煤气
奥托式	36	130	由加热煤气管道引ϕ400mm管道往集气管内充压循环，集气管与炭化室连通

为了防止炉顶温度过高，或烧掉砖缝中的石墨，要求看火孔压力在刚焖炉时保持在−5～15Pa，随后可逐渐减少负压。为保证看火孔的压力在其规定的范围内，还要保证比炭化室底部气体压力小10～20Pa。

此外还应控制加热煤气流量。以某焦炉为例，当结焦时间τ为26h时，焦炉孔数为1×36孔，干煤耗热量$q_{相}$为2.34kJ/kg，煤气发热量$Q_{低}$为18.82kJ/m^3，每炉装入干煤量$B_{干}$为16.2t/孔，生产时需要的煤气流量按下式计算

$$q_{V_0}=\frac{NB_{干}\ q_{相}\times 1000}{\tau Q_{低}} \tag{11-2}$$

代入数据得

$$q_{V_0}=\frac{36\times 16.2\times 2.34\times 1000}{26\times 18.82}\approx 2800\text{m}^3/\text{h}$$

每小时供给的总热量为

$$2800\times 18.82\times 10^{-3}=52.7\text{kJ/h}$$

设废气带走的热量为21%，则废气带走的热量为

$$52.7\times 21\%=11.07\text{kJ/h}$$

焦炉炉体散热为总供热量的10%，即炉体散热为

$$52.7\times 10\%=5.27\text{kJ/h}$$

总的热量损失为

$$11.07+5.27=16.34\text{kJ/h}$$

焖炉时期的煤气用量为

$$q_{V_{焖}}=\frac{16.34\times 10^3}{18.82}=868\text{m}^3/\text{h}$$

由于焖炉时选择的标准温度低于26h的结焦时间的标准温度，所以实际煤气流量小于计算值。

(4) 焖炉时直行温度的测量与调节　测量焖炉期的各项温度和压力，既是检查加热制度是否合格与稳定，同时也是进行炉温调节和压力调节的依据。测量与调节直行温度的目的是检查焖炉期间机焦两侧纵向温度分布的均匀性和全炉温度的稳定性，焖炉时直行温度的均匀性和正常生产时相似。供给各燃烧室的煤气的均匀性，以及空气量的均匀性都是直行温度均匀性的基础，当两者比例合适，直行温度的均匀性就可以得到保证。焖炉期间，直行温度的稳定性主要取决于全炉总供热量的调节，供热量又由煤气和空气适当的配合而构成。所以影响直行温度稳定性的因素有全炉的煤气量、空气量、空气过剩系数以及大气温度的变化等。

由于焖炉时，供给全炉的煤气量减少很多，所以已不能用原煤气流量计进行测量，改用斜型差压计来标定煤气流量。若焖炉过程中炉温过高，可降低煤气和空气总量，还可采取间断加热的方法。间断加热是降低炉温的有效措施，相应的煤气量要减少。间断加热的炉温变化如图11-4所示。调节过程中，不能盲目调节，应准确采取调节措施，使对炉温的影响控制在较小的范围。

除以上内容外，焖炉期间还应做好对横排温度、炉头温度、蓄热室顶部温度及燃烧系统各部位压力的测量与调节工作。

(5) 焖炉结束后焦炉的生产恢复　生产恢复前要做好的工作包括：计划安排的所有施工项目应全部完成并验收合格，施工现场全部清理干净，应保证四大车能正常行驶；炉门密封

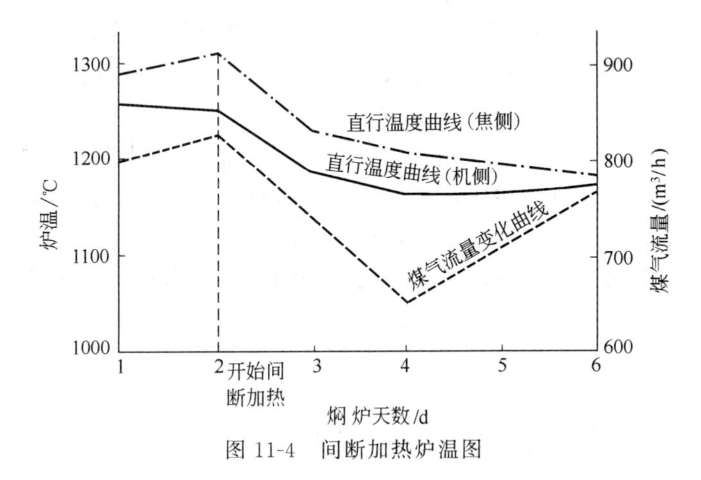

图 11-4　间断加热炉温图

的泥料应拆除，立火道喷嘴的铁丝应抽出，大小弹簧负荷调整到正常生产时的数值，炉体伸长、炉柱曲度测量完毕；推焦时仍按正常生产时的串序方式进行，并详细记录推焦电流，注意异常现象，推焦后全面检查炭化室、炉墙、砌体情况，并记录后和焖炉前加以对照；装煤操作和正常操作相同；最后连接上升管、集气管、吸气管，其操作和开工生产相同。

恢复焦炉正常生产时要更换全炉孔板，更换后和正常生产时孔板直径相同，并恢复分烟道吸力、蓄热室顶部吸力、交换开闭器进风口面积。焖炉结束后，结焦时间定的较长，一般为 26～30h，如表 11-9 所列，应按规定将结焦时间缩短到设计结焦时间或所需的结焦时间。

表 11-9　缩短结焦时间幅度

结焦时间/h	＞24	20～24	18～24	＜18
每昼夜允许缩短时间/h	3	2	1	0.5

二、焦炉停产加热和重新供热

在实际生产中往往会遇到设备检修等原因，需停止送煤气，所以存在有计划的停送煤气的操作，有时也会遇到突发事故不能正常送煤气的特殊操作。停煤气时，如何使炉温下降缓慢，不至于由于炉温的急剧下降，损坏炉体，或者在送煤气时，如何防止爆炸或防止煤气中毒事故发生，这是焦炉停止加热时遇到的主要问题。

1. 焦炉停止加热

（1）有计划的停送煤气　这种停煤气操作是在有准备的条件下停送煤气的。首先将鼓风机停转，然后关闭煤气总管调节阀门，注意观察停煤气前的煤气压力变化。鼓风机停转后，立即关闭上升一侧的加减旋塞，后关闭下降一侧的加减旋塞，保持总压力在 200Pa 以下即可。短时间停送煤气，可将机侧、焦侧分烟道翻板关小，保持 50～70Pa 吸力。若时间较长，应将总、分烟道翻板、交换开闭器翻板、进风口盖板全关。废气砣关闭，便于对炉体保温。注意上升管内压力变化，若压力突然加大，应全开放散。若压力不易控制，将上升管打开，切断自动调节器，将手动翻板关小，严格控制集气管压力，使压力比正常操作略大20～30Pa 即可。每隔 30min 或 40min 交换一次废气。停送煤气后，应停止推焦。若停送煤气时间较长，应密闭保温，并每隔 4h 测温一次。若遇其他情况，随时抽测。

（2）无计划停送煤气　指的是遇到下列情况时突然停送煤气的操作。常见有：煤气管压力低于 500Pa；煤气管道损坏影响正常加热；烟道系统发生故障，不能保证正常的加热所需的吸力；交换设备损坏，不能在短时间内修复等。如果遇到这些情况，应立即停止加热，进行停煤气处理。处理时首先关闭煤气主管阀门，其余的操作同有计划停送煤气的操作相同。

2. 重新供热

停送煤气后，若故障已排除，可进行送煤气操作。若交换机停止交换时，可以开始交换，将交换开闭器翻板、分烟道翻板恢复原位，然后打开煤气预热器将煤气放散，并应用蒸汽吹扫。当调节阀门前压力达 2000Pa 时，检测其含氧量（做爆发试验）合格后关闭放散管，打开水封。当交换为上升气流时，打开同一侧的加减旋塞，恢复煤气，并注意煤气主管压力和烟道吸力，此时可将集气管放散关闭。当集气管压力保持在 200～250Pa 时，根据集气管压力大小情况，打开吸气弯管翻板，尽快恢复正常压力。

三、焦炉更换加热煤气

更换煤气时，总是煤气先进入煤气主管，主管压力达到一定要求之后，才能送往炉内。

1. 往主管送煤气

做好更换煤气的准备工作。检查管道各部件是否处于完好状态，加减旋塞，贫煤气阀及所有的仪表开关均需处于关闭状态。水封槽内放满水，打开放散管，使煤气管道的调节翻板处于全开状态并加以固定。当抽盲板时，应停止推焦；抽盲板后，将煤气主管的开闭器开到 1/3 时，放散煤气约 20～30min，连续三次做爆发试验，均合格后关闭放散管。总管压力上升为 2500～3000Pa 时，开始向炉内送煤气。

2. 焦炉煤气换用高炉煤气

首先停止焦炉煤气预热器和除碳孔的运作，交换气流后，将下降气流交换开闭器上空气盖板的链子（或小轴）卸掉，下面盖好薄石棉板，然后拧紧螺丝，关闭下降气流焦炉煤气旋塞，将下降气流煤气砣小链（小轴）上好，然后调节烟道吸力，并调节空气上升气流交换开闭器进风口，以适合高炉煤气加热。换向后，逐个打开上升气流高炉煤气加减旋塞或贫煤气阀门（先打开 1/2），往炉内送高炉煤气。经过多次重复上述工作之后，将加减旋塞开正，直到进风口适合于高炉煤气的操作条件。

3. 高炉煤气更换为焦炉煤气

首先将混合煤气开闭器关闭，交换为下降气流后，从管道末端开始关闭高炉煤气加减旋塞或贫煤气阀门。卸下煤气小轴，连接好空气盖板，取下石棉板，然后手动换向。逐个打开焦炉煤气加减旋塞（先打开 1/2），往炉内送焦炉煤气。重复进行以上工作，直至全部更换。将交换开闭器进风口调节为焦炉煤气的开度，烟道吸力调节到使用焦炉煤气时的吸力，然后将焦炉煤气的旋塞开正。焦炉煤气系统正常运转后，然后确定加热制度。根据煤气温度开预热器和除碳孔。高炉煤气长期停用时要堵上盲板，并吹扫出管道内的残余煤气。操作时要注意：严禁两座炉同时送气，禁止送煤气时出焦，严禁周围有火星和易燃易爆的物品。

第四节　焦炉常见事故及处理

焦炉生产过程中，会出现这样或那样的事故，除前面介绍的焦饼难推、推焦乱笺等常见事故外，焦炉生产还容易出现以下异常情况。

一、出炉操作中，全厂突然停电

当推焦或平煤时突然断电，应用手摇装置将炉内的推焦杆或平煤杆推出，防止烧损或变形。还需将走行包闸松开，用手摇装置对上炉门，用扳手将炉门横铁螺丝拧紧，等恢复供电后再进行正常操作。

若停电时间超过10min以上，应做如下处理：将导焦栅退出，移动拦焦车将炉门对上，将导焦栅内红焦扒出，红焦要处理到凉焦台或有水源的地方，用水熄灭红焦。

发生红焦落地应做如下处理：迅速组织人力处理，熄灭并清除轨道上的红焦使熄焦车尽快通行。

停电发生在装煤途中，司机应立即拉下控制开关将各控制器放回零位，然后用手摇装置关闭闸板。若装煤时烟火很大，不能靠近装煤车时，可用铁棒、长铁管设法把装煤车推走，并尽快把炉盖盖上。此外，利用手摇装置，把平煤杆从炭化室摇出。

二、下暴雨时的处理

下暴雨时，雨水会流入炭化室或燃烧室内，而焦炉多为硅砖砌筑，硅砖不能适应温度急剧变化，易遭破坏，使焦炉寿命受到影响。另外炭化室内焦炉温度很高，水流入炭化室后，就会急速汽化、膨胀而易产生爆炸，因此应采取必要的处理措施。

① 炉顶积水，应及时组织人员将水扫走。

② 炉盖缝隙要及时密封，如来不及可用煤车斗子的煤来封住炉盖缝隙。

③ 看火孔及砖缝处用煤泥灰浆堵严。

三、推焦杆掉到炭化室内的处理方法

① 如果推焦杆上的齿条与传动齿轮上的齿脱离较近，可用铁板螺丝等物往回垫，使之与传动齿轮上的齿互相咬住，启动推焦装置，使推焦杆上齿条上的齿与传动齿轮上的齿互相啮合。

② 若推焦杆上的齿条上的齿与传动齿轮上的齿脱离得太远，可用钢丝绳一端系在推焦杆上，另一端系在传动齿轮上，启动传动装置。传动齿轮一转，就可将推焦杆拉回来。

③ 若推焦杆在行驶途中停电，应组织人力，用手摇装置把推焦杆摇回原位。

四、炼焦炉局部损坏的处理

通常局部损坏采用的方法是热修，即在热态下的抢修。热修方法有喷补和抹补。在焦炉砌体有较细的裂纹或墙面有凹陷较浅的损坏时，采用喷补的方法。对于焦炉砌体有较大的裂缝和墙面凹陷较深的部位，应采用抹补的方法。

当焦炉损坏较严重，如炉头部分倒塌，蓄热室出高温事故时采用局部翻修的方法。在焦炉内部严重损坏的情况下，才停炉进行冷修。

此部分详细内容见第七章。

复习思考题

1. 如何选择代表火道？确定标准温度的依据是什么？
2. 如何测量直行温度？
3. 如何评定直行温度的均匀性和稳定性？
4. 进行直行温度温度性的调节应从哪几方面考虑？
5. 如何评定横排温度的均匀性？
6. 测量冷却温度、炉头温度、小烟道温度、蓄热室顶部温度的目的分别是什么？
7. 如何测量焦饼中心温度？
8. 测量炭化室顶部空间温度的意义何在？
9. 制定压力制度的原则是什么？

10. 控制集气管压力的目的是什么?
11. 为什么要测量并控制看火孔压力?
12. 选择标准蓄热室的依据是什么?
13. 如何测量蓄热室顶部吸力?
14. 测量五点压力的目的是什么?
15. 什么是焦炉的强化生产? 强化生产时应该注意哪些问题?
16. 焦炉延长结焦时间和焖炉保温有何区别?
17. 焦炉进行延长结焦时间时其横排温度如何调节?
18. 焖炉保温期间如何保证炉体的严密性?
19. 焦炉何时需要停止加热?
20. 焦炉重新供热时需要注意哪些事项?
21. 了解更换煤气时的步骤。
22. 掌握焦炉常见事故的处理方法。

参 考 文 献

[1] 向英温，杨先林. 煤的综合利用基础知识问答. 北京：冶金工业出版社，2002.
[2] 苏宜春. 炼焦工艺学. 北京：冶金工业出版社，2004.
[3] 姚昭章. 炼焦学. 第3版. 北京：冶金工业出版社，2005.
[4] 李哲浩. 炼焦生产问答. 北京：冶金工业出版社，2003.
[5] 周敏，倪献智，李寒旭. 炼焦工艺学. 北京：中国矿业大学出版社，1994.
[6] 向英温，李静安. 炼焦炉的特殊操作. 北京：冶金工业出版社，2003.
[7] 徐振刚，刘随芹. 型煤技术. 北京：煤炭工业出版社，2001.
[8] 王惠中等. 煤化学. 北京：矿业大学出版社，1980.
[9] 张健. 炼焦企业一线工人操作技能及安全生产管理实用手册. 合肥：安徽文化音像出版社，2004.
[10] 贺永德. 现代煤化工技术手册. 第2版. 北京：化学工业出版社，2011.
[11] 徐帮学. 炼焦生产新工艺、新技术与焦炭质量分析测试实用手册. 长春：吉林音像出版社，2003.
[12] 于振东，蔡承祐等. 焦炉生产技术. 沈阳：辽宁科学技术出版社，2003.
[13] 潘立慧，魏松波 . 炼焦新技术 . 北京：冶金工业出版社，2006.
[14] 高晋生. 煤的热解、炼焦和煤焦油加工. 北京：化学工业出版社，2010.
[15] 杨建华，邱金山，王水明，钱虎林，许万国. 北京：化学工业出版社，2014.